RISC-V
工程技术丛书

嵌入式系统应用开发

基于RISC-V架构玄铁处理器

主　编　王宜怀　贾俊铖

副主编　陈　林　索明何　许佳捷

清华大学出版社
北京

内 容 简 介

本书以全志科技的 RSIC-V 架构 64 位玄铁 C906 内核 D1-H 芯片为蓝本,以知识要素为核心,遵循构件化原则,阐述嵌入式系统应用开发方法。硬件载体为基于 D1-H 构建的通用嵌入式计算机 AHL-D1-H,可以满足基本实践需要。全书共 13 章,其中,第 1 章简要阐述嵌入式系统的知识体系、学习误区与学习建议;第 2 章给出指令系统与汇编语言语法;第 3 章给出 D1-H 硬件最小系统;第 4 章以 GPIO 为例给出规范的工程组织框架;第 5 章给出嵌入式硬件构件与底层驱动构件基本规范;第 6 章阐述串行通信接口UART,并给出第一个带中断的实例。第 1~6 章囊括了学习嵌入式系统入门环节的完整要素。第 7~10章给出了定时器、PWM、Flash 在线编程、ADC、DMA、SPI、I2C、系统时钟与看门狗等模块。第 11 章介绍实时操作系统。第 12 章给出嵌入式人工智能的应用。第 13 章给出进一步的学习导引。

本书提供丰富的教学资源,适用于高等学校嵌入式系统的教学或技术培训,也可供嵌入式系统应用技术人员研发时参考。

图书在版编目(CIP)数据

嵌入式系统应用开发: 基于 RISC-V 架构玄铁处理器/王宜怀,贾俊铖主编. --北京:清华大学出版社,2025.7. --(RISC-V 工程技术丛书). -- ISBN 978-7-302-69550-9

Ⅰ. TP332.021

中国国家版本馆 CIP 数据核字第 20254D5K43 号

责任编辑:刘 星 李 晔
封面设计:李召霞
责任校对:王勤勤
责任印制:丛怀宇

出版发行:清华大学出版社
      网 址:https://www.tup.com.cn, https://www.wqxuetang.com
      地 址:北京清华大学学研大厦 A 座   邮 编:100084
      社 总 机:010-83470000   邮 购:010-62786544
      投稿与读者服务:010-62776969, c-service@tup.tsinghua.edu.cn
      质量反馈:010-62772015, zhiliang@tup.tsinghua.edu.cn
      课件下载:https://www.tup.com.cn,010-83470236
印 装 者:三河市铭诚印务有限公司
经 销:全国新华书店
开 本:186mm×240mm   印 张:19.75   字 数:444 千字
版 次:2025 年 8 月第 1 版   印 次:2025 年 8 月第 1 次印刷
印 数:1~1500
定 价:69.00 元

产品编号:107867-01

序
FOREWORD

为了突破传统指令集架构授权壁垒，降低学术机构、芯片企业和开发者参与芯片设计和创新的门槛，加州大学伯克利分校在2010年启动了旨在探索开源指令集架构的研究项目——RISC-V。作为新一代指令集架构，RISC-V以其简洁、高效、模块化和可扩展的特点，以及开源开放的生态模式受到了全球开发者和企业的广泛关注。

经过十多年的快速发展，RISC-V已经在工业控制、汽车电子、智慧家居、边缘计算等领域展现出明显创新优势，并逐渐向更高性能的AI计算、高性能计算等领域拓展。在全球范围内，越来越多的企业和研究机构加入了RISC-V生态，形成了快速增长的发展势头。据媒体报道，RISC-V处理器在2022年的出货量已突破100亿颗，充分表明RISC-V生态正在蓬勃发展，正成为全球商业芯片设计的重要架构之一。

尽管RISC-V已经被广泛应用，但相比传统指令集架构仍缺乏系统化的学习资源，产业界普遍缺少熟练的RISC-V架构专业人才。人才是推进RISC-V生态发展的基石，必须培养掌握RISC-V体系结构、软硬件协同设计与创新实践能力的新时代复合型人才，实现人才队伍与技术生态的共同壮大，来迎接架构创新的浪潮。

在这一背景下，我们很高兴看到教育界和产业界正在合作构建系统化的教学体系。苏州大学王宜怀教授基于产教融合理念，构建了以嵌入式开发通用知识体系为骨架、RISC-V硬件为实践工具的教学方法论，这套清晰的教学方法论为学生勾勒了清晰的能力成长路径。王教授基于RISC-V架构玄铁处理器，开发了适合教学的定制开发板——AHL-D1-H，并通过真实工程项目带领学生掌握系统级开发方法，加深对RISC-V设计哲学和硬件特性的理解。书中始终贯彻模块化设计、工程组织与测试规范，与工业级开发流程保持高度一致。从"架构认知"到"功能实现"，再到"工程规范"，循序渐进，全面提升学习者的实战与工程能力。这些教学实践也正契合了RISC-V最初的设计初衷之一——成为易于教学和学习的开放指令集。

当前，RISC-V已从"技术热点"走向"产业落地"，行业对嵌入式开发者的综合素质要求越发全面，本书的教学理念与实践价值愈加凸显。诚挚期望每一位对RISC-V怀有热情的读者，能在本书指引下，投身这场由RISC-V驱动的技术变革，为行业发展贡献新力量。

李春强

阿里巴巴达摩院资深技术专家

前 言
PREFACE

  嵌入式系统即嵌入式计算机系统,其概念最初源于传统测控系统对计算机系统的需求。计算机系统可为通用计算机系统与嵌入式计算机系统,通用计算机已经在科学计算、通信、日常生活等各个领域产生了重要影响,在后 PC 时代,嵌入式系统的广阔应用是计算机发展的重要特征,包括机器人、工业控制、汽车电子、嵌入式人工智能、物联网、手机等产品开发。近年来,RISC-V 架构国产嵌入式芯片不断出现,如何将其纳入嵌入式技术的基础教学,是值得研究的课题。经过三年多的开发研究,苏州大学嵌入式人工智能与物联网实验室完成了硬件系统、集成开发环境、底层驱动构件、样例程序等工作。在此基础上,并依托前期"十二五"普通高等教育本科国家级规划教材和国家级本科一流课程的积累,遵循把复杂问题简单化的基本理念,按照由浅入深的原则,撰写本书。

  本书以全志科技的 RSIC-V 架构 64 位玄铁 C906 内核 D1-H 芯片为蓝本,以知识要素为核心,遵循构件化原则,阐述嵌入式系统应用开发方法。硬件载体为基于 D1-H 构建的通用嵌入式计算机 AHL-D1-H,可以满足基本实践需要。

  书中以嵌入式硬件构件及底层软件构件设计为主线,基于嵌入式软件工程的思想,按照"通用知识—驱动构件使用方法—测试实例—构件制作过程"的顺序,逐步阐述嵌入式技术基础。需要特别说明的是,虽然撰写图书与教学必须以某一特定芯片为蓝本,但作为嵌入式技术基础,本书试图阐述嵌入式通用知识要素。因此,本书以知识要素为基本立足点设计芯片底层驱动,使得应用程序与芯片无关,具有通用嵌入式计算机(GEC)性质。书中将大部分驱动的使用方法提前阐述,而驱动构件的设计方法后置,目的是先学会使用构件进行实际编程,再理解构件的设计方法。因构件设计方法部分有一定的难度,对于不同要求的教学场景,也可不要求学生理解全部构件的设计方法,讲解一两个即可。

  本书具有以下特点。

  (1)把握通用知识与芯片相关知识之间的平衡。书中对于嵌入式"通用知识"的基本原理,以应用为立足点,进行语言简洁、逻辑清晰的阐述,同时注意芯片相关知识之间的衔接,使读者在更好地理解基本原理的基础上理解芯片应用的设计,同时反过来加深对通用知识的理解。

  (2)把握硬件与软件的关系。嵌入式系统是软件与硬件的综合体,嵌入式系统设计是一个软件、硬件协同设计的工程,不能像通用计算机那样,将软件、硬件完全分开来看。特别是对电子系统智能化嵌入式应用来说,没有对硬件的理解就不可能写好嵌入式软件,同样没有对软件的理解也不可能设计好嵌入式硬件。因此,本书注重把握硬件知识与软件知识之间的关系。

(3) 对底层驱动进行构件化封装。书中对每个模块均根据嵌入式软件工程基本原则并按照构件化封装要求编制底层驱动程序,同时给出详细、规范的注释及对外接口,为实际应用提供底层构件,方便移植与复用,从而在实际项目开发中节省大量时间。

(4) 设计合理的测试用例。书中所有源程序均经测试通过,并在本书的配套教学资源中提供测试用例,避免了例程的书写或固有错误带来的麻烦。这些测试用例为读者验证与理解带来方便。

(5) 配套教学资源提供了所有模块的完整底层驱动构件化封装程序与测试用例。需要使用 PC 程序的测试用例,还提供了 PC 的 C♯源程序、芯片资料、套件用户手册等,另外制作了教学课件及微课视频,并且教学资源的版本将会适时更新。

本书由王宜怀、贾俊铖、陈林、索明何、许佳捷编写,苏州大学嵌入式人工智能与物联网实验室的研究生参与了程序开发、书稿内容整理及有关资源建设,他们卓有成效的工作使得本书更加充实。阿里云计算有限公司、全志科技的技术人员提供了许多技术支持,在此一并表示诚挚的感谢。

配套资源

- **程序代码、实验指导、芯片资料、软件工具、套件用户手册、硬件电路图、硬件开发板及相关资源**:扫描目录上方的二维码下载。
- **教学课件、教学大纲等资源**:到清华大学出版社官方网站本书页面下载,或者扫描封底的“书圈”二维码在公众号下载。
- **微课视频(385 分钟,24 集)**:扫描书中相应章节中的二维码在线学习。

注:请先扫描封底刮刮卡中的文泉云盘防盗码进行绑定后再获取配套资源。

鉴于作者水平有限,书中难免存在不足之处,恳望读者提出宝贵意见和建议。

苏州大学　王宜怀

2025 年 6 月

微课视频清单

视 频 名 称	时长/min	书 中 位 置
第 01 讲-第 1 章 课程导引及初识嵌入式系统(1.1)	10	1.1 节节首
第 02 讲-第 1 章 嵌入式系统概述（1.2～1.6）	16	1.2 节节首
第 03 讲-第 2 章 RISC-V 指令系统与汇编语言语法	30	第 2 章章首
第 04 讲-第 3 章 D1-H 硬件最小系统	23	第 3 章章首
第 05 讲-第 4 章 GPIO-C 语言(4.1～4.3)	31	4.1 节节首
第 06 讲-第 4 章 GPIO-构件的制作过程(4.4)	18	4.4 节节首
第 07 讲-第 4 章 GPIO-汇编语言(4.5)＋单步调试方法	12	4.5 节节首
第 08 讲-第 5 章 嵌入式硬件构件与底层驱动构件基本规范	20	第 5 章章首
第 09 讲-第 6 章 串行通信(6.1～6.2)	18	6.1 节节首
第 10 讲-第 6 章 UART 构件的制作过程(6.3)	10	6.3 节节首
第 11 讲-第 6 章 中断机制及中断编程步骤(6.4)	17	6.4 节节首
第 12 讲-第 7 章 7.1～7.2 定时器	14	7.1 节节首
第 13 讲-第 7 章 7.3 PWM	12	7.3 节节首
第 14 讲-第 7 章 7.4 输入捕捉	6	7.4 节节首
第 15 讲-第 8 章 8.1 Flash 在线编程	7	8.1 节节首
第 16 讲-第 8 章 8.2 ADC	15	8.2 节节首
第 17 讲-第 8 章 8.3 DMA	8	8.3 节节首
第 18 讲-第 9 章 串行外设接口 SPI 模块(9.1)	17	9.1 节节首
第 19 讲-第 9 章 集成电路互联总线 I2C 模块(9.2)	17	9.2 节节首
第 20 讲-第 10 章 系统时钟与看门狗	15	第 10 章章首
第 21 讲-第 11 章 实时操作系统初步(11.1～11.3)	21	11.1 节节首
第 22 讲-第 11 章 RTOS 中同步与通信的应用编程方法(11.4)	20	11.4 节节首
第 23 讲-第 12 章 物体认知系统	18	第 12 章章首
第 24 讲-第 13 章 进一步学习导引	10	第 13 章章首

目 录
CONTENTS

配套资源

第 4 章　GPIO 及程序框架 67

▶ 视频讲解：61 分钟.3 集

## 第1章

概　　述

本章导读　嵌入式系统的学习离不开硬件体系,本书以 RISC-V 架构玄铁 C906 内核 D1-H 芯片为核心构建了 AHL-D1-H 开发板,用于嵌入式系统教学及开发实践。本章作为全书导引,主要内容包括:

(1) 从运行第一个嵌入式程序开始,使读者直观认识到嵌入式系统就是一个实实在在的微型计算机;

(2) 给出嵌入式系统的基本概念、由来、发展简史、分类及特点;

(3) 给出嵌入式系统的学习困惑、知识体系及学习建议;

(4) 给出微控制器与应用处理器简介;

(5) 归纳嵌入式系统的常用术语,以便对嵌入式系统的基本词汇有初步认识,为后续内容的学习打下基础;

(6) 给出嵌入式系统常用的 C 语言基本语法概要,以便快速掌握本书所用到的 C 语言基础知识。

1.1　初识嵌入式系统

视频讲解

嵌入式系统即嵌入式计算机系统(Embedded Computer System),它不仅具有通用计算机的主要特点,还具有自身独有的特点。嵌入式系统通常不单独以通用计算机面目出现,而是隐含在各类具体的智能产品,如手机、机器人、自动驾驶系统等之中。嵌入式系统在嵌入式人工智能、物联网、工厂智能化等领域起核心作用。

由于嵌入式系统是一门理论与实践密切结合的课程,为了使读者能够更好、更快地学习嵌入式系统,本书以苏州大学嵌入式实验室开发的 RISC-V 架构的 AHL-D1-H 嵌入式开发套件为蓝本,阐述嵌入式系统开发方法。下面就以这个小小的微型计算机为起点,开启嵌入式系统的学习之旅。

1.1.1　运行硬件系统

1. 了解实践硬件

AHL-D1-H 嵌入式开发套件外观如图 1-1 所示。为了读者可以更好地基于玄铁 C906

图 1-1 AHL-D1-H 嵌入式开发
套件外观

内核 D1-H 芯片学习嵌入式系统,本书采用了许多创新性设计,努力降低成本。

需要说明的是,嵌入式系统是软硬件高度融合的系统,不建议采用仿真软件进行学习,那样可能会浪费许多时间,甚至让人产生放弃进入嵌入式系统大门的想法。

AHL-D1-H 嵌入式开发套件的基本组成见表 1-1,该套件是一个典型的嵌入式系统,虽然体积很小,但它包含了微型计算机的基本要素。可以充分利用这个套件的硬件、软件、文档、开发环境等资源,较好地完成嵌入式系统入门阶段的学习。

表 1-1 AHL-D1-H 嵌入式开发套件的基本组成

资 源 类 型	基 本 组 成
AHL-D1-H 硬件	① 板载微处理器:阿里平头哥玄铁 C906 内核的 D1-H;
	② 5V 转 3.3V 电源、红绿蓝三色灯、复位按键等;
	③ 两路 USB 转 TTL 串口,通过 Type-C 接口与 PC 相连,供程序下载调试及用户串口使用;
	④ 引出芯片的所有对外接口引脚,如 GPIO、UART、ADC、SPI、PWM 等;
	⑤ 提供一路默认的温度传感器(热敏电阻),可测量环境温度;
	⑥ 基本技术指标:主频 1GHz,板内芯片外接 512MB RAM,256MB Flash,工作温度为 $-25\sim+125℃$;
	⑦ 基础软件:板内驻留 BIOS、RT-Thread 实时操作系统;
	⑧ 开发环境:AHL-GEC-IDE(for D1-H)
软件及文档资料	电子资源:百度搜索苏州大学嵌入式学习社区官网→教材→AHL-D1-H

实际学习时,只要自行配备一根标准的 Type-C 数据线[①]用于下载调试,即可进行编程实践。

2. 测试实践硬件

出厂时已经将电子资源中的硬件测试工程"03-Software\CH01\Test-AHL-D1-H"中的机器码(.hex)下载到这个嵌入式计算机内,只要给它供电,其中的程序就可以运行了,步骤如下。

步骤 1,使用 Type-C 数据线给主板供电。将 Type-C 数据线的小端连接主板,另一端接工具机[②]的 USB 接口。

步骤 2,观察程序运行效果。现象如下:红、绿、蓝各灯每 5s、10s、20s 状态变化,对外表现为三色灯的合成色,其实际效果如图 1-2 所示。即开始时为暗,依次变化为红、绿、黄

---

① Type-C 数据线是 2014 年面市的基于 USB 3.1 标准接口的数据线,没有正反方向的区别,可承受 10 000 次反复插拔。注意,是 Type-C 数据线,不能只是充电线。

② 工具机可以是笔记本计算机、个人计算机(Personal Computer,PC)等。

（红＋绿）、蓝、紫（红＋蓝）、青（蓝＋绿）、白（红＋蓝＋绿），周而复始。

合成色				红+绿		红+蓝	蓝+绿	红+蓝+绿				红+绿		红+蓝	蓝+绿	红+蓝+绿				红+绿
	暗	红	绿	黄	蓝	紫	青	白	暗	红	绿	黄	蓝	紫	青	白	暗	红	绿	黄
蓝灯																				
绿灯																				
红灯																				

时间/s：0　5　10　15　20　25　30　35　40　45　50　55　60　65　70　75　80　85　90　95

图 1-2　三色灯实际效果

只要可以运行，说明硬件系统基本没有问题，我们就可以利用它来进行嵌入式系统入门阶段的学习。实际上，玄铁 C906 内核的 D1-H 芯片构成的通用嵌入式计算机 AHL-D1-H 功能十分丰富，通过编程可以完成智能化领域的许多重要任务，本书将由此带领读者逐步进入嵌入式系统的广阔天地。

接下来，快速尝试自己编译并下载一个程序到 AHL-D1-H 开发板中运行，期望通过这个过程，消除对嵌入式软件开发的畏难心理。

1.1.2　实践体系简介

AHL-D1-H 名称中的首部 AHL 三个字母是"Auhulu"的缩写，中文名字为"金葫芦"，英文名字为"Auhulu"，其含义是"照葫芦画瓢"[①]。与一般的嵌入式系统实验箱不同，该开发套件不仅可以作为嵌入式系统教学使用，还是一套较为完备的嵌入式微型计算机应用开发系统。

AHL-D1 嵌入式开发套件由硬件部分、软件部分、教学资源三部分组成。

1. 硬件部分

AHL-D1-H 以 RISC-V 架构阿里平头哥玄铁 C906 内核 D1-H 为核心，辅以硬件最小系统，集成红、绿、蓝三色灯，复位按钮，二路 TTL-USB 串口，外接 Type-C 线，从而形成完整的通用嵌入式计算机（General Embedded Computer，GEC），配合本书及配套资源中的补充阅

---

① 照葫芦画瓢：比喻照着样子模仿，简单易行，出自宋·魏泰《东轩笔录》第一卷。古希腊哲学家亚里士多德说过："人从儿童时期起就有模仿本能，他们用模仿而获得了最初的知识，模仿就是学习。"孟子则曰："大匠诲人必以规矩，学者亦必以规矩。"其含义是高明的工匠教人手艺必定依照一定的规矩，而学习的人也就必定依照一定的规矩。本书借此，期望通过建立符合软件工程基本原理的"葫芦"，为"照葫芦画瓢"提供坚实基础，达到降低学习难度之目标。

读材料,可以使读者方便地进行嵌入式系统的学习与开发。

2. 集成开发环境

嵌入式软件开发有别于个人计算机软件开发的一个显著的特点在于:它需要一个交叉编译和调试环境,即工程的编辑和编译所使用的工具软件通常在 PC 上运行,这个工具软件通常称为集成开发环境(Integrated Development Environment,IDE),而编译生成的嵌入式软件的机器码文件则需要通过写入工具下载到目标机上执行。这里的工具机就是人们通常使用的台式计算机或笔记本计算机。本书的目标机就是随书所附的 AHL-D1-H 开发套件。

本书使用的集成开发环境为苏州大学研发的 AHL-GEC-IDE,具有编辑、编译、链接等功能,特别是配合"金葫芦"硬件,可直接运行、调试程序,根据芯片型号不同兼容常用的嵌入式集成开发环境。注意:PC 的操作系统需要使用 Windows 10/11 版本。

3. 下载安装 IDE 及获得本书的配套资源

(1) 下载安装 IDE。可以通过百度搜索"苏州大学嵌入式学习社区"官网下载。AHL-GEC-IDE 下载路径:金葫芦专区→AHL-GEC-IDE。下载后,在 Windows 10/11 下安装该开发环境,安装方法参见附录 A,配套资源中的套件用户手册亦有说明。

(2) 获得本书的配套资源。获得路径:教材→AHL-D1-H。配套资源中包含芯片资料、套件用户手册、补充阅读材料、常用软件工具等。

4. 编译、下载与运行第一个嵌入式程序

在正确安装 AHL-GEC-IDE 及获得本书配套资源的前提下,可以进行第一个嵌入式程序编译、下载与运行,以便直观体会嵌入式程序的运行。

具体方法参见附录 A。

有了初步的直观体验后,下面开启嵌入式系统的学习之旅。首先了解嵌入式系统的定义、发展简史、分类及特点。

1.2 嵌入式系统的定义、发展简史、分类及特点

1.2.1 嵌入式系统的定义

嵌入式系统(Embedded System)有多种多样的定义,但本质是相同的。美国 CMP Books 出版的 Jack Ganssle 和 Michael Barr 的著作 *Embedded System Dictionary*[1] 给出的嵌入式系统的定义为:**嵌入式系统是一种计算机硬件和软件的组合,也许还有机械装置,用于实现一个特定功能。在某些特定情况下,嵌入式系统是一个大系统或产品的一部分。** 手机、数字手表、电冰箱、微波炉、无人飞机等均是嵌入式系统的实例。

电气与电子工程师学会(Institute of Electrical and Electronics Engineers,IEEE)给出的嵌入式系统定义为:嵌入式系统是控制、监视或者辅助装置、机器和设备运行的装置。

---

① GANSSLE J,BARR M. 英汉双解嵌入式系统词典[M]. 马广云,潘琢金,彭甫阳,译. 北京:北京航空航天大学出版社,2006.

国家标准 GB/T 22033—2017《信息技术 嵌入式系统术语》给出的嵌入式系统定义为：嵌入式系统是置入应用对象内部起信息处理和控制作用的专用计算机系统。它是以应用为中心，以计算技术为基础，软硬件可剪裁，对功能、可靠性、成本、体积、功耗有较严格要求的专用计算机系统，其硬件至少包含一个微控制器或微处理器。

总的来说，可以从计算机本身的角度概括表述嵌入式系统。嵌入式系统，即嵌入式计算机系统，它是不以计算机面目出现的"计算机"，这个计算机系统隐含在各类具体的产品之中，这些产品中的计算机程序起到了重要作用。

1.2.2 嵌入式系统的由来及发展简史

1. 嵌入式系统的由来

通俗地说，计算机是因科学家需要一个高速的计算工具而产生的。20 世纪 70 年代，电子计算机在数字计算、逻辑推理及信息处理等方面表现出非凡的能力。而在通信、测控与数据传输等领域，人们对计算机技术给予了更大的期待。这些领域的应用与单纯的高速计算要求不同，主要表现在：直接面向控制对象；嵌入具体的应用产品中，而非以计算机的面貌出现；能在现场连续可靠地运行；体积小，应用灵活；突出控制功能，特别是对外部信息的捕捉与丰富的输入/输出功能等。可以看出，满足这些要求的计算机与满足高速数值计算的计算机是不同的。因此，微控制器（单片机）①技术得以产生并发展。为了区分这两种计算机类型，通常把满足海量高速数值计算的计算机称为通用计算机系统，而把嵌入实际应用系统中实现嵌入式应用的计算机称为嵌入式计算机系统，简称嵌入式系统。可以说，是通信、测控与数据传输等领域对计算机技术的需求推动了嵌入式系统的产生。

2. 嵌入式系统的发展简史

1946 年，世界上第一台电子数字积分计算机（The Electronic Numerical Integrator And Calculator，ENIAC）问世。它由美国宾夕法尼亚大学莫尔电工学院制造，重达 30t，总体积约 90m³，占地 170m²，耗电 140kW/h，运算速度为每秒 5000 次加法。ENIAC 的出现，标志着计算机时代开始。其中，最重要的部件是中央处理器（Central Processing Unit，CPU），它是一台计算机的运算和控制核心。CPU 的主要功能是解释指令和处理数据，其内部含有运算逻辑部件，即算术逻辑运算单元（Arithmetic Logic Unit，ALU）、寄存器部件和控制部件等。

1971 年，Intel 公司推出了单芯片 4004 微处理器（Micro Processor Unit，MPU），它是世界上第一个商用微处理器，Busicom 公司就是用它制作电子计算器的，这就是嵌入式计算机的雏形。1976 年，Intel 公司又推出了 MCS-48 单片机（Single Chip Microcomputer，SCM），这个内部含有 1KB 只读存储器（Read Only Memory，ROM）、64B 随机存取存储器（Random Access Memory，RAM）的简单芯片成了世界上第一个单片机，开创了将 ROM、RAM、定时器、并行口、串口及其他各种功能模块等 CPU 外部资源，与 CPU 一起集成到一

---

① 微控制器与单片机这两个术语的含义基本是一致的，本书后面除讲述历史之外，一律使用微控制器一词。

个硅片上生产的时代。1980 年,Intel 公司对 MCS-48 单片机进行了完善,推出了 8 位 MCS-51 单片机,并获得巨大成功,开启了嵌入式系统的单片机应用模式。至今,MCS-51 单片机仍有较多应用。这类系统大部分应用于一些简单、专业性强的工业控制系统中,早期主要使用汇编语言编程,后来大部分使用 C 语言编程,一般没有操作系统的支持。

经过 20 世纪 80—90 年代的不断发展,进入 21 世纪,嵌入式系统芯片制造技术快速发展,融合了以太网与无线射频技术,成为物联网(Internet of Things,IoT)及嵌入式人工智能的关键技术基础。

值得一提的是,ARM 微处理器的出现,较快地促进了嵌入式系统的发展。而 RISC-V 架构在极短的时间内便引起了业界的高度关注,迅速在全世界范围内兴起和风靡,在国内也引起了广泛的关注,同时给嵌入式系统的发展注入了新鲜的血液。

在嵌入式系统的发展历程中,RISC-V 架构处理器已经具备了替代传统商用嵌入式处理器的能力。但是由于 RISC-V 诞生时间较晚,在很多方面还需要系统而翔实的文献资料来帮助初学者快速掌握这一门新兴的处理器架构。本书以 RISC-V 架构处理器为蓝本阐述嵌入式应用,有助于跟踪这一新的发展。有关 RISC-V 的来龙去脉将在第 2 章中阐述。

1.2.3 嵌入式系统的分类

嵌入式系统的分类标准有很多。可以按照处理器位数来分,也可以按照复杂程度来分,这些分类方法各有特点。因为应用于不同领域的嵌入式系统,其知识要素与学习方法有所不同,从嵌入式系统的学习角度来看,可以按应用范围简单地把嵌入式系统分为电子系统智能化(微控制器)和计算机应用延伸(应用处理器)这两大类,二者的主要区别在于可靠性、数据处理量、工作频率等方面。相对于应用处理器来说,微控制器的可靠性要求更高,数据处理量较小,工作频率较低。

1. 电子系统智能化类(微控制器类)

电子系统智能化类的嵌入式系统,主要用于工业控制、现代农业、家用电器、汽车电子、测控系统、数据采集等,这类应用所使用的嵌入式处理器一般被称为微控制器。从形态上看,这类嵌入式系统产品,更类似于早期的电子系统,但内部计算程序起核心控制作用。这对应于 ARM 公司的面向各类嵌入式应用的微控制器内核 Cortex-M 系列及面向实时应用的高性能内核 Cortex-R 系列。相对于 Cortex-M 系列来说,Cortex-R 系列主要针对高实时性应用,如硬盘控制器、网络设备、汽车应用(安全气囊、制动系统、发动机管理)等。从学习与开发角度,电子系统智能化类的嵌入式应用,需要终端产品开发者面向应用对象设计硬件、软件,注重二者的协同开发。因此,开发者必须掌握底层硬件接口、底层驱动及软硬件密切结合的开发调试技能。电子系统智能化类的嵌入式系统,即微控制器,是嵌入式系统的软硬件基础,是学习嵌入式系统的入门环节,且为重要的一环。从操作系统角度看,电子系统智能化类的嵌入式系统,可以不使用操作系统,也可以根据复杂程度及芯片资源的容纳程度,使用操作系统。电子系统智能化类的嵌入式系统使用的操作系统通常是实时操作系统(Real Time Operating System,RTOS),如轻量级鸿蒙 LiteOS、RT-Thread、mbedOS、

MQXLite、FreeRTOS、μCOS-Ⅲ、μCLinux、VxWorks 和 eCos 等。

2. 计算机应用延伸类（应用处理器类）

计算机应用延伸类的嵌入式系统，主要用于平板计算机、智能手机、电视机顶盒、企业网络设备等，这类应用所使用的嵌入式处理器一般被称为应用处理器（Application Processor），一般也称为多媒体应用处理器（Multimedia Application Processor，MAP）。这类嵌入式系统产品，从形态上看，更接近通用计算机系统；从开发方式上看，也类似于通用计算机的软件开发方式。从学习与开发角度看，计算机应用延伸类的嵌入式应用，终端产品开发者大多购买厂商制作好的硬件实体在嵌入式操作系统下进行软件开发，或者还需要掌握少量的对外接口方式。因此，从知识结构角度看，学习这类嵌入式系统，对硬件的要求相对较少。计算机应用延伸类的嵌入式系统，即应用处理器，也是嵌入式系统学习中重要的一环。但是，从学习规律角度看，若想全面学习掌握嵌入式系统，应该先学习掌握微控制器，然后在此基础上，进一步学习掌握应用处理器编程，而不要倒过来学习。从操作系统角度看，计算机应用延伸类的嵌入式系统一般使用非实时嵌入式操作系统，通常称为嵌入式操作系统（Embedded Operation System，EOS），如 Android、Linux、iOS、Windows CE 等。当然，非实时嵌入式操作系统与实时操作系统也不是明确划分的，只是粗略分类，侧重有所不同而已。现在的 RTOS 的功能在不断提升，一般的嵌入式操作系统也在提高实时性。

当然，工业生产车间经常看到利用工业控制计算机、个人计算机控制机床、生产过程等，这些可以说是嵌入式系统的一种形态。因为它们完成特定的功能，且整个系统不被称为计算机，而是另有名称，如磨具机床、加工平台等。但是，从知识要素角度看，这类嵌入式系统不具备普适意义，本书不讨论这类嵌入式系统。

1.2.4　嵌入式系统的特点

与通用计算机系统相比，嵌入式系统的存储资源相对匮乏、速度较低，对实时性、可靠性、知识综合要求较高。嵌入式系统的开发方法、开发难度、开发手段等，均不同于通用计算机程序，也不同于常规的电子产品。嵌入式系统是在通用计算机发展的基础上，面向测控系统逐步发展起来的。因此，从与通用计算机对比的角度来认识嵌入式系统的特点，对学习嵌入式系统具有实际意义。

1. 嵌入式系统属于计算机系统，但不单独以通用计算机的面目出现

嵌入式系统不仅具有通用计算机的主要特点，还具有自身独有的特点。嵌入式系统也必须要有软件才能运行，但其隐含在种类众多的具体产品中。同时，通用计算机种类屈指可数，而嵌入式系统不仅芯片种类繁多，而且由于应用对象大小各异，嵌入式系统作为控制核心，已经融入各个行业的产品之中。

2. 嵌入式系统开发需要专用工具和特殊方法

嵌入式系统不像通用计算机那样，有了计算机系统就可以进行应用软件的开发。一般情况下，微控制器或应用处理器的芯片本身不具备开发功能，必须要有一套与相应芯片配套的开发工具和开发环境。这些开发工具和开发环境一般基于通用计算机上的软硬件设备，

以及逻辑分析仪、示波器等。开发过程中往往有工具机(一般为 PC 或笔记本计算机)和目标机(实际产品所使用的芯片)之分,工具机用于程序的开发,目标机作为程序的执行机,开发时需要交替结合进行。编辑、编译、链接生成机器码在工具机完成,通过写入调试器将机器码下载到目标机中,进行运行与调试。

3. 使用 MCU 设计嵌入式系统,数据与程序空间采用不同存储介质

在通用计算机系统中,程序存储在硬盘上。实际运行时,通过操作系统将要运行的程序从硬盘调入内存(RAM),运行中的程序、常数、变量均在 RAM 中。一般情况下,在以 MCU 为核心的嵌入式系统中,其程序被固化到非易失性存储器[①]中。变量及堆栈使用 RAM 存储器。

4. 开发嵌入式系统涉及软件、硬件及应用领域的知识

嵌入式系统与硬件紧密相关,嵌入式系统的开发需要硬件和软件的协同设计、协同测试。同时,由于嵌入式系统专用性很强,通常是用于特定应用领域,如嵌入手机、冰箱、空调、各种机械设备、智能仪器仪表中,起核心控制作用,且功能专用。因此,进行嵌入式系统的开发,还需要对领域知识有一定的理解。当然,一个团队协作开发一个嵌入式产品,其中各个成员可以扮演不同角色,但对系统的整体理解与把握并相互协作,有助于一个稳定且可靠的嵌入式产品的诞生。

1.3 嵌入式系统的学习困惑、知识体系及学习建议

1.3.1 嵌入式系统的学习困惑

关于嵌入式系统的学习方法,因学习经历、学习环境、学习目的、已有的知识基础等不同,可能在学习顺序、内容选择、实践方式等方面有所不同。但是,应该明确哪些是必备的基础知识,哪些应该先学,哪些应该后学;哪些必须通过实践才能了解;哪些是与具体芯片无关的通用知识,哪些是与具体芯片或开发环境相关的知识。

嵌入式系统的初学者应该通过选择一个具体的 MCU 作为蓝本,通过学习实践,获得嵌入式系统知识体系的通用知识,其基本原则是:入门较快、硬件成本较少、软硬件资料规范、知识要素较多、学习难度较低。

微处理器与微控制器种类繁多,不同公司、不同机构也可能出于自身利益的考虑,给出一些误导性宣传,特别是国内芯片制造技术的落后及其他相关情况,人们对微控制器及应用处理器的发展,在认识与理解上存在差异,一些初学者对此有些困惑。下面简要分析初学者可能存在的三个困惑。

(1)嵌入式系统学习困惑之一:选择入门芯片问题。在了解嵌入式系统分为微控制器与应用处理器两大类之后,入门芯片选择的困惑表述为:是选微控制器还是应用处理器作为入门芯片呢?从性能角度看,与应用处理器相比,微控制器工作频率低、计算性能弱、稳定性高、可靠性强。从所使用操作系统的角度看,与应用处理器相比,开发微控制器程序一般

---

① 目前,非易失性存储器通常为 Flash 存储器,其特点介绍参见 8.1 节。

使用 RTOS,也可以不使用操作系统;而开发应用处理器程序,一般使用非实时操作系统。从知识要素的角度看,与应用处理器相比,开发微控制器程序一般更需要了解底层硬件;而开发应用处理器终端程序,一般是在厂商提供的驱动基础上基于操作系统开发,更像开发一般 PC 软件的方式。从上述分析可以看出,要想成为一名知识结构合理且比较全面的嵌入式系统工程师,应该选择一个较典型的微控制器作为入门芯片,且从无操作系统(No Operating System,NOS)学起,由浅入深,逐步推进。

关于学习芯片的选择还有一个困惑,就是系统的工作频率。一个常见的误区是认为应选择工作频率高的芯片进行入门学习,表示更先进。实际上,工作频率高可能给初学者的学习过程带来不少困难。

实际上,嵌入式系统设计不是追求芯片的计算速度、工作频率、操作系统等因素,而是追求稳定、可靠、维护、升级、功耗、价格等指标。

(2) 嵌入式系统学习困惑之二:关于操作系统问题。是 NOS、RTOS 还是 EOS? 操作系统选择的困惑表述为:开始学习时,是选择无操作系统(NOS)、实时操作系统(RTOS),还是一般嵌入式操作系统(EOS)? 学习嵌入式系统的目的是开发嵌入式应用产品,许多人想学习嵌入式系统,不知道该从何学起,具体目标也不明确。于是,看了一些培训广告,看了书店中种类繁多的嵌入式系统的图书,或上网以"嵌入式系统"为关键词进行搜索,然后参加培训或看书,开始学习。一些初学者,往往随便选择一个嵌入式操作系统就开始学习了。不十分恰当的比喻,有点儿像"盲人摸象",只了解其一个侧面。这样难以对嵌入式产品的开发过程有全面了解。许多初学者选择"xxx 嵌入式操作系统+xxx 处理器"的嵌入式系统的入门学习模式,本书认为是不合适的。本书的建议是:首先把嵌入式系统软件与硬件基础打好,再根据实际应用需要,选择一种实时操作系统(RTOS)进行实践。读者必须明确认识到,RTOS 是开发某些嵌入式产品的辅助工具和手段,不是目的。况且,一些小型或微型嵌入式产品并不需要 RTOS。因此,一开始就学习 RTOS,并不符合"由浅入深、循序渐进"的学习规律。

对于面向微控制器的应用,一般选择 RTOS,如 RT-Thread、mbedOS、MQXLite、FreeRTOS、μCOS-Ⅲ 和 μCLinux 等。RTOS 种类繁多,实际使用何种 RTOS,一般需要由工作单位确定。基础阶段主要学习 RTOS 的基本原理,并学习在 RTOS 之上的软件开发方法,而不是学习如何设计 RTOS。面向应用处理器的应用,一般选择 EOS,如 Android、Linux、Windows CE 等,可根据实际需要进行有选择的学习。

对于嵌入式操作系统,一定不要一开始就学,这样会走很多弯路,也会使读者对嵌入式系统感到畏惧。等读者的软件硬件基础打好了,再学习嵌入式操作系统就会感到容易理解。实际上,众多 MCU 嵌入式应用,并不一定需要操作系统或只需要一个小型 RTOS,也可以根据实际项目需要学习特定的 RTOS。一定不要被一些嵌入式实时操作系统培训宣传所误导,而忽视实际嵌入式系统软件和硬件基础知识的学习。无论如何,以开发实际嵌入式产品为目标的学习者,不要把过多的精力花在设计或移植 RTOS、EOS 上面。正如很多人使用 Windows 操作系统,而只有 Microsoft 公司设计 Windows 操作系统;许多人"研究"Linux

系统,但从来没有使用它开发过真正的嵌入式产品;人的精力是有限的,学习必须有所选择。有的学习者,学了很长时间的嵌入式操作系统移植,而不进行实际嵌入式系统产品的开发,最后,仍然开发不出一个稳定的嵌入式系统小产品,偏离了学习目标,甚至放弃了嵌入式系统领域。

(3)嵌入式系统学习困惑之三:关于如何平衡软件与硬件的问题。以 MCU 为核心的嵌入式技术的知识体系必须通过具体的 MCU 来体现、实践与训练。但是,无论选择任何型号的 MCU,其芯片相关的知识均只占知识体系的 20% 左右,剩余 80% 左右是通用知识。但是,这 80% 左右的通用知识,必须通过具体实践才能掌握,因此学习嵌入式技术要选择一个系列的 MCU。但是,嵌入式系统均含有硬件与软件两大部分,它们之间的关系如何呢?

有些学者,仅从电子角度认识嵌入式系统,认为"嵌入式系统=MCU 硬件系统+小程序"。这些学者大多具有良好的电子技术基础知识。实际情况是,早期 MCU 内部 RAM 小、程序存储器外接,需要外扩各种 I/O,没有像现在的 USB、嵌入式以太网等较复杂的接口,因此,程序占总设计量的 50% 以下,使人们认为嵌入式系统是"电子系统",以硬件为主、程序为辅。但是,随着 MCU 制造技术的发展,不仅 MCU 内部 RAM 越来越大,Flash 进入 MCU 内部改变了传统的嵌入式系统开发与调试方式,固件程序可以被更方便地调试与在线升级,许多情况与开发 PC 程序的难易程度相差无几,只不过开发环境与运行环境不是同一载体而已。这些情况使得嵌入式系统的软硬件设计方法发生了根本变化。特别是因软件危机而发展起来的软件工程学科对嵌入式系统软件的发展也产生了重要影响,产生了嵌入式系统软件工程。

有些学者,仅从软件开发角度认识嵌入式系统,甚至有的仅从嵌入式操作系统认识嵌入式系统。这些学者,大多具有良好的计算机软件开发基础知识,认为硬件是生产厂商的事,他们没有认识到,嵌入式系统产品的软件与硬件均是需要开发者设计的。本书作者常常接到一些关于嵌入式产品稳定性的咨询电话,发现大多数是由于软件开发者对底层硬件的基本原理不理解造成的。特别是,有些功能软件开发者,过分依赖底层硬件驱动软件的设计,自己对底层驱动原理知之甚少。实际上,一些功能软件开发者,名义上是在做嵌入式软件,但仅是使用嵌入式编辑、编译环境与下载工具而已,本质上与开发通用 PC 软件没有两样。而底层硬件驱动软件的开发,若不全面考虑高层功能软件对底层硬件的可能调用,也会使得封装或参数设计得不合理或不完备,导致高层功能软件的调用相对困难。

从上述内容可以看出,若把一个嵌入式系统的开发孤立地分为硬件设计、底层硬件驱动软件设计、高层功能软件设计,那么一旦出现了问题,就可能难以定位。实际上,嵌入式系统设计是一个软件和硬件协同设计的工程,不能像通用计算机那样,将软件和硬件完全分开来看,要在一个大的框架内协调工作。在一些小型公司,需求分析、硬件设计、底层驱动、软件设计、产品测试等过程可能是由同一个团队完成的,这就需要团队成员对软件、硬件及产品需求有充分认识,才能协作完成开发。甚至许多实际情况是在一些小型公司里这个"团队"可能就是一个人。

学习嵌入式系统以软件为主还是以硬件为主?或是如何选择切入点?如何在软件与硬

件之间找到平衡？对于这些困惑的建议是：要想成为一名合格的嵌入式系统设计工程师，在初学阶段，必须重视打好嵌入式系统的硬件与软件基础。以下是从事嵌入式系统设计二十多年的一位美国学者 John Catsoulis 在 *Designing Embedded Hardware* 一书中对于以上问题的总结：嵌入式系统与硬件紧密相关，是软件与硬件的综合体，没有对硬件的理解就不可能写好嵌入式软件，同样没有对软件的理解也不可能设计好嵌入式硬件。

充分理解嵌入式系统软件与硬件相互依存关系，对嵌入式系统的学习有良好的促进作用。一方面，不能只重视硬件，而忽视编程结构、编程规范、软件工程的要求、操作系统等知识的积累；另一方面，不能仅从计算机软件角度，把通用计算机学习过程中的概念与方法生搬硬套到嵌入式系统的学习实践中，而忽视嵌入式系统与通用计算机的差异。在嵌入式系统学习与实践的初始阶段，应该充分了解嵌入式系统的特点，根据自身已有的知识结构，制定适合自身情况的学习计划。其目标应该是打好嵌入式系统的硬件与软件基础，通过实践，为成为合格的嵌入式系统设计工程师建立起基本知识结构。学习过程可以通过具体应用系统为实践载体，但不能拘泥于具体系统，应该有一定的抽象与归纳。例如，有的初学者开发一个实际控制系统，没有使用实时操作系统，但不要认为实时操作系统不需要学习，要注意知识学习的先后顺序与时间点的把握。又例如，有的初学者以一个带有实时操作系统的样例为蓝本进行学习，但不要认为，任何嵌入式系统都需要使用实时操作系统，甚至把一个十分简明的实际系统加上一个不必要的实时操作系统。因此，片面认识嵌入式系统，可能导致学习困惑。应该根据实际项目需要，锻炼自己分析实际问题、解决问题的能力。这是一个需要静下心来的较长期的学习与实践过程，不能期望通过短期培训完成整体知识体系的建立，应该重视自身实践，全面地理解与掌握嵌入式系统的知识体系。

1.3.2 嵌入式系统的知识体系

从由浅入深、由简到繁的学习规律来说，嵌入式学习的入门应该选择微控制器，而不是应用处理器，应通过对微控制器基本原理与应用的学习，逐步掌握嵌入式系统的软件与硬件基础，然后在此基础上进行嵌入式系统其他方面知识的学习。

本书主要阐述以 MCU 为核心的嵌入式技术基础与实践。要完成一个以 MCU 为核心的嵌入式系统应用产品设计，需要有硬件、软件及行业领域的相关知识。硬件主要有 MCU 的硬件最小系统、输入/输出外围电路、人机接口设计。软件设计可能包含固化软件的设计，也可能包含 PC 软件的设计。行业知识需要通过协作、交流与总结获得。

概括地说，学习以 MCU 为核心的嵌入式系统，需要以下软件和硬件基础知识与实践训练，即以 MCU 为核心的嵌入式系统的基本知识体系如下[①]。

（1）掌握硬件最小系统与软件最小系统框架。硬件最小系统是包括电源、晶振、复位、写入调试器接口等可使内部程序得以运行的、规范的、可复用的核心构件系统[②]。软件最小

---

① 有关名词解释详见 1.4 节，本书将逐步学习这些内容。
② 将在本书第 3 章阐述。

系统框架是一个能够点亮发光二极管的，甚至带有串口调试构件的，包含工程规范完整要素的可移植与可复用的工程模板[①]。

（2）掌握常用基本输出的概念、知识要素、构件使用方法及构件设计方法。如通用 I/O（GPIO）、模/数转换（ADC）、数/模转换（DAC）、定时器模块等。

（3）掌握若干嵌入式通信的概念、知识要素、构件使用方法及构件设计方法。如串行通信接口 UART、串行外设接口 SPI、集成电路互联总线 I2C、CAN、USB、嵌入式以太网、无线射频通信等。

（4）掌握常用应用模块的构件设计方法、使用方法及数据处理方法。常用应用模块包括显示模块（LED、LCD、触摸屏等）、控制模块（控制各种设备，包括 PWM 等控制技术）等。数据处理包括图形、图像、语音、视频等处理或识别等。

（5）掌握一种实时操作系统的基本用法与基本原理。作为软件辅助开发工具的实时操作系统，也可以作为一个知识要素。可以选择其中一种（如 mbedOS、MQXLite、μC/OS 等）进行学习实践，在没有明确目的的情况下，没必要选择几种同时学习。学好其中一种，当有必要使用另一种实时操作系统时，再学习，也可触类旁通。

（6）掌握嵌入式软硬件的基本调试方法，如断点调试、打桩调试、printf 调试方法等。在嵌入式系统的调试过程中，特别要注意确保在正确的硬件环境下调试未知软件，在正确的软件环境下调试未知硬件。

这里给出的是基础知识要素，关键还是看如何学习，是直接使用他人做好的驱动程序，还是开发人员自己完全掌握知识要素，从底层开始设计驱动程序，同时熟练掌握驱动程序的使用，体现在不同层面的人才培养中。而应用中的硬件设计、软件设计、测试等都必须遵循嵌入式软件工程的方法、原理与基本原则。因此，嵌入式软件工程也是嵌入式系统知识体系的有机组成部分，只不过，它融于具体项目的开发过程之中。

若是主要学习应用处理器类的嵌入式应用，也应该在了解 MCU 知识体系的基础上，选择一种嵌入式操作系统（如 Android、Linux 等）进行学习实践。目前，App 开发也是嵌入式应用的一个重要组成部分，可选择一种 App 开发进行实践（如 Android App、iOS App 等）。

与此同时，在 PC 上，利用面向对象编程语言进行测试程序、网络侦听程序、Web 应用程序的开发及对数据库的基本了解与应用，也应逐步纳入嵌入式应用的知识体系中。此外，理工科的公共基础本身就是学习嵌入式系统的基础。

1.3.3　基础阶段的学习建议

多年来，嵌入式开发工程师们逐步探索与应用构件封装的原则，把硬件相关的部分封装为底层构件，统一接口，努力使高层程序与芯片无关，从而在各种芯片应用系统移植与复用，并降低学习难度。学习的关键就变成了解底层构件设计方法，掌握底层构件的使用方式，在此基础上，进行嵌入式系统设计与应用开发。当然，掌握底层构件的设计方法，学会实际设

---

① 将在本书第 4 章和第 6 章阐述。

计一个芯片的某一模块的底层构件,也是本科学生应该掌握的基本知识。对于专科学生,可以直接使用底层构件进行应用编程,但也需要了解知识要素的抽取方法与底层构件的基本设计过程。对于看似庞大的嵌入式系统知识体系,可以使用"电子札记"的方式进行知识积累与补缺补漏,任何具有一定理工科基础的学生,通过一段稍长时间的静心学习与实践,都能学好嵌入式系统。

下面针对嵌入式系统的学习困惑,从嵌入式系统的知识体系角度,对广大渴望学习嵌入式系统的读者提出五点基础阶段的学习建议。

(1)遵循"先易后难,由浅入深"的原则,打好软硬件基础。跟随本书,充分利用本书提供的软硬件资源及辅助视频材料,逐步实验与实践[①];充分理解硬件基本原理,掌握功能模块的知识要素,掌握底层驱动构件的使用方法,掌握1或2个底层驱动构件的设计过程与方法;熟练掌握在底层驱动构件基础上,利用C语言编程实践。理解学习嵌入式系统,必需勤于实践。关于汇编语言问题,随着MCU对C语言编译的优化支持,可以只了解几个必需的汇编语句,但必须通过第一个程序理解芯片初始化过程、中断机制、程序存储情况等区别于PC程序的内容;最好认真理解一个真正的汇编实例。另外,为了测试的需要,最好掌握一门PC方面面向对象的编程高级语言(如C♯),本书电子资源中给出了C♯快速入门的方法与实例。

(2)充分理解知识要素、掌握底层驱动构件的使用方法。本书对诸如GPIO、UART、定时器、PWM、ADC、DAC、Flash在线编程等模块,首先阐述其通用知识要素,随后给出其底层驱动构件的基本内容。期望读者在充分理解通用知识要素的基础上,学会底层驱动构件的使用方法。即使只有这一点,也要下一番功夫。俗话说,书读百遍,其义自见。有关知识要素涉及硬件基本原理,以及对底层驱动接口函数功能及参数的理解,需反复阅读、反复实践,查找资料,分析、概括及积累。对于硬件,只要在深入理解MCU的硬件最小系统基础上,对上述各硬件模块逐个实验理解,逐步实践,再通过自己动手完成一个实际小系统,就可以基本掌握底层硬件基础。同时,这个过程也是软硬件结合学习的基本过程。

(3)基本掌握底层驱动构件的设计方法。对本科学历以上的读者,至少掌握GPIO构件的设计过程与设计方法(见第4章)、UART构件的设计过程与设计方法(见第6章),透彻理解构件化开发方法与底层驱动构件封装规范(见第5章),从而对底层驱动构件有较好的理解与把握。这是一份细致、需要静心的任务,力戒浮躁,才能理解其要义。书中的底层驱动构件吸取了软件工程的基本原理,学习时需要注意其基本规范。

(4)掌握单步跟踪调试、打桩调试、printf输出调试等调试手段。在初学阶段,充分利用单步跟踪调试了解与硬件打交道的寄存器值的变化,理解MCU软件干预硬件的方式。单步跟踪调试也用于底层驱动构件设计阶段。不进入子函数内部执行的单步跟踪调试,可用

---

① 这里说的实验主要指通过重复或验证他人的工作,其目的是学习基础知识,这个过程一定要经历。实践是自己设计,有具体的"产品"目标。如果你能花500元左右自己做一个具有一定功能的小产品,且能稳定运行1年以上,就可以说接近入门了。

于整体功能跟踪。打桩调试主要用于编程过程中,功能确认。一般编写几条程序语句后,即可打桩,调试观察。通过串口 printf 输出信息在 PC 屏幕上显示,是嵌入式软件开发中重要的调试跟踪手段,与 PC 编程中 printf 函数功能类似,只是在嵌入式开发中 printf 输出是通过串口输出到 PC 屏幕,在 PC 上需用串口调试工具显示,由 printf 直接将结果显示在 PC 屏幕上。

(5) 日积月累,勤学好问,充分利用本书及相关资源。学习嵌入式切忌急功近利,需要日积月累、循序渐进、充分掌握与应用"电子札记"方法。同时,要勤学好问,下真功夫、细功夫。人工智能学科里有个术语叫无教师指导学习模式与有教师指导学习模式,无教师指导学习模式比有教师指导学习模式复杂许多。因此,要多请教良师,少走弯路。此外,本书提供了大量经过打磨的、比较规范的软硬件资源,充分用好这些资源,可以更上一层楼。

以上建议,仅供参考。当然,以上只是基础阶段的学习建议,要成为合格的嵌入式系统设计工程师,还需要注重理论学习与实践、通用知识与芯片相关知识、硬件知识与软件知识的平衡。要在理解软件工程基本原理的基础上,理解硬件构件与软件构件等基本概念。在实际项目中锻炼,并不断学习与积累经验。

1.4　微控制器与应用处理器简介

嵌入式系统的主要芯片为两大类:面向测控领域的微控制器类与面向多媒体应用领域的应用处理器类,本节给出其基本含义及特点。

1.4.1　MCU 简介

1. MCU 的基本含义

MCU 是单片微型计算机(单片机)的简称,早期的英文名是 Single-chip Microcomputer,后来大多称之为微控制器(micro-controller)或嵌入式计算机(embedded computer)。现在 micro-controller 已经是计算机中一个常用术语,但在 1990 年之前,大部分英文词典并没有这个词。我国学者一般使用中文"单片机"一词,缩写使用 MCU,来自英文"Microcontroller Unit",本书后面的简写一律以 MCU 为准。MCU 的基本含义是:在一块芯片内集成了中央处理器(CPU)、存储器(RAM/ROM 等)、定时器/计数器及多种输入/输出(I/O)接口的比较完整的数字处理系统。图 1-3 给出了典型的 MCU 组成框图。

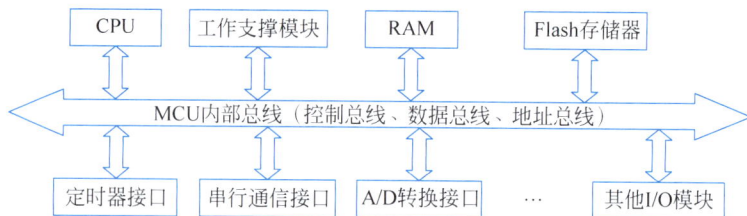

图 1-3　一个典型的 MCU 组成框图

MCU 是在计算机制造技术发展到一定阶段的背景下出现的，它使计算机技术从科学计算领域进入智能化控制领域。从此，计算机技术在两个重要领域——通用计算机领域和嵌入式（embedded）计算机领域都获得了极其重要的发展，为计算机的应用开辟了更广阔的空间。

就 MCU 的组成而言，它包含计算机的基本组成单元，由运算器、控制器、存储器、输入设备、输出设备五部分组成，只不过这些都集成在一块芯片内，这种结构使得 MCU 成为具有独特功能的计算机。

2. 嵌入式系统与 MCU 的关系

何立民先生说："有些人搞了十多年的 MCU 应用，不知道 MCU 就是一个最典型的嵌入式系统[①]。"实际上，MCU 是在通用 CPU 基础上发展起来的，具有体积小、价格低、稳定可靠等优点，它的出现和迅猛发展，是控制系统领域的一场技术革命。MCU 以其较高的性价比、灵活性等特点，在现代控制系统中具有十分重要的地位。大部分嵌入式系统以 MCU 为核心进行设计。MCU 从体系结构到指令系统都是按照嵌入式系统的应用特点专门设计的，它能很好地满足应用系统的嵌入、面向测控对象、现场可靠运行等方面的要求。因此，以 MCU 为核心的系统是应用最广的嵌入式系统。在实际应用时，开发者可以根据具体要求与应用场合，选用最佳型号的 MCU 嵌入实际应用系统中。

3. MCU 出现之后测控系统设计方法发生的变化

测控系统是现代工业控制的基础，它包含信号检测、处理、传输与控制等基本要素。在 MCU 出现之前，人们必须用模拟电路、数字电路实现测控系统中的大部分计算与控制功能，这样使得控制系统体积庞大，易出故障。MCU 出现以后，测控系统设计方法逐步产生变化，系统中的大部分计算与控制功能由 MCU 的软件实现。其他电子线路成为 MCU 的外围接口电路，承担输入、输出与执行动作等功能，而计算、比较与判断等原来必须用电路实现的功能，可以用软件取代，大大提高了系统的性能与稳定性，这种控制技术称为嵌入式控制技术。在嵌入式控制技术中，核心是 MCU，其他部分依次展开。

1.4.2 以 MCU 为核心的嵌入式测控产品的基本组成

一个以 MCU 为核心，比较复杂的嵌入式产品或实际嵌入式应用系统，通常包含模拟量的输入、模拟量的输出，开关量的输入、开关量的输出及数据通信的部分。而所有嵌入式系统中最为典型的则是嵌入式测控系统。图 1-4 给出了一个典型的嵌入式测控系统框图。

1. MCU 工作支撑电路

MCU 工作支撑电路也就是 MCU 硬件最小系统，它保障 MCU 能正常运行，如电源电路、晶振电路及必要的滤波电路等，甚至可包含程序写入器接口电路。

2. 模拟信号输入电路

实际模拟信号一般来自相应的传感器。例如，要测量室内的温度，就需要温度传感器。

① 何立民. 嵌入式系统的定义与发展历史[J]. 单片机与嵌入式系统应用，2004，(1)：6-8.

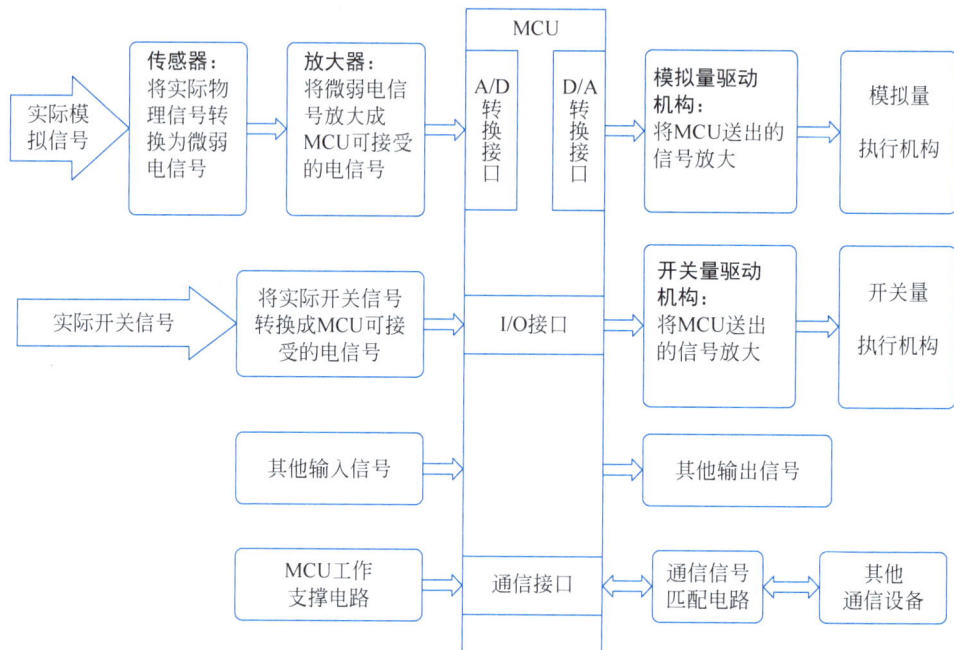

图 1-4 一个典型的嵌入式测控系统框图

但是,一般传感器将实际的模拟信号转成的电信号都比较微弱,MCU无法直接获取该信号,需要将其放大,然后经过模/数转换变为数字信号,进行处理。目前许多MCU内部包含ADC模块,实际应用时也可根据需要外接ADC芯片。常见的模拟量有温度、湿度、压力、重量、气体浓度、液体浓度、流量等。对MCU来说,应使模拟信号通过ADC变成相应的数字序列进行处理。

3. 开关量信号输入电路

实际开关信号一般也来自相应的开关类传感器。例如,光电开关、电磁开关、干簧管(磁开关)、声控开关、红外开关等,一些儿童电子玩具中就有一些类似的开关。手动开关也可作为开关信号送到MCU中。对MCU来说,开关信号只有0和1两种可能值的数字信号。

4. 其他输入信号或通信电路

其他输入信号通过某些通信方式与MCU沟通。常用的通信方式有异步串行(UART)通信、串行外设接口(SPI)通信、并行通信、USB通信、网络通信等。

5. 输出执行机构电路

在执行机构中,有开关量执行机构,也有模拟量执行机构。开关量执行机构只有"开""关"两种状态。模拟量执行机构需要连续变化的模拟量控制。MCU一般不能直接控制这些执行机构,需要通过相应的隔离和驱动电路实现。还有一些执行机构,既不是通常的开关量控制,也不是数/模转换量控制,而是"脉冲"量控制,如控制调频电动机,MCU则通过软件对其控制。

1.4.3 MAP 简介

多媒体应用处理器(Multimedia Application Processor,MAP)简称应用处理器。MAP是在低功耗 CPU 的基础上扩展了音视频功能和专用接口的超大规模集成电路。与 MCU相比,MAP 的最主要特点是:工作频率高,硬件设计更为复杂,软件开发需要选用一个嵌入式操作系统,计算功能更强,抗干扰性能较弱,较少直接应用于控制目标对象。一般情况下,MAP 芯片价格高于 MCU。

MAP 是伴随着便携式移动设备特别是智能手机而产生的。手机的技术核心是一个语音压缩芯片,称为基带处理器,发送时对语音进行压缩,接收时解压缩,传输码率只是未压缩的几十分之一,在相同的带宽下可服务更多的用户。而智能手机上除通信功能外还增加了数码相机、音乐播放、视频图像播放等功能,基带处理器已经没有能力处理这些新增的功能。另外,视频、音频(高保真音乐)处理的方法和语音不一样,语音只要能听懂,达到传达信息的目的就可以了;视频要求亮丽的彩色图像,动听的立体声伴音,使人能得到最大的感官享受。为了实现这些功能,需要另外一个协处理器专门处理这些信号,它就是 MAP。

针对便携式移动设备,MAP 的性能需要满足以下三点。

(1) 低功耗。这是因为 MAP 用在便携式移动设备上,通常用电池供电,节能显得格外重要,使用者给电池充满电后希望使用尽可能长的时间。通常,MAP 的核心电压是 0.9~1.2V,接口电压是 2.5V 或 3.3V,待机功耗小于 3mW,全速工作时 100~300mW。

(2) 体积微小。因为 MAP 主要应用在手持式设备中,每毫米空间都很宝贵。MAP 通常采用小型 BGA 封装,引脚数有 300~1000 个,锡球直径是 0.3~0.6mm,间距是 0.45~0.75mm。

(3) 具备尽可能高的性能。目前的便携式移动设备具备了蓝牙耳机、无线宽带(Wi-Fi)、GPS 导航、3D 游戏等功能,新的功能仍在积极开发中,这些功能都对 MAP 的性能提出了更高的要求。

实际上,随着芯片越来越复杂,MCU 与 MAP 之间的界限越来越模糊,就犹如早期的MCU 与 DSP 一样,现在已经不加以区分。类似地,MCU 与 MAP 都是微型计算机范畴,应用开发方法也趋同,本书后面不明确区分它们。

1.5 嵌入式系统常用术语

在学习嵌入式应用技术的过程中,经常会遇到一些名词术语。从学习规律的角度,初步了解这些术语有利于随后的学习。因此,本节对嵌入式系统的一些常用术语给出简要说明。

1.5.1 与硬件相关的术语

1. 封装

集成电路的封装(package)是指用塑料、金属或陶瓷等材料把集成电路封在其中。封装可以保护芯片，并使芯片与外部世界连接。常用的封装形式可分为通孔封装和贴片封装两大类。

通孔封装主要有单列直插封装（Single-In-line Package，SIP）、双列直插封装（Dual-In-line Package，DIP）、Z 型直插式封装（Zigzag-In-line Package，ZIP）等。

常见的贴片封装主要有小外形封装（Small Outline Package，SOP）、紧缩小外形封装（Shrink Small Outline Package，SSOP）、四方扁平封装（Quad-Flat Package，QFP）、塑料薄方封装（plastic-Low-profile Quad-Flat Package，LQFP）、塑料扁平组件式封装（Plastic Flat Package，PFP）、插针网格阵列封装（ceramic Pin Grid Array package，PGA）、球栅阵列封装（Ball Grid Array package，BGA）等。

2. 印制电路板

印制电路板（Printed Circuit Board，PCB）是组装电子元件用的基板，是在通用基材上按预定设计形成点间连接及印制元件的印制板，是电路原理图的实物化。它的主要功能是提供集成电路等各种电子元器件固定、装配的机械支撑；实现集成电路等各种电子元器件之间的布线和电气连接（信号传输）或电绝缘；为自动装配提供阻焊图形，为元器件插装、检查、维修提供识别字符和图形等。

3. 动态随机存储器与静态可读写随机存储器

动态随机存储器（Dynamic Random Access Memory，DRAM），由一个 MOS 管组成一个二进制存储位。MOS 管的放电导致表示 1 的电压会慢慢降低。一般每隔一段时间就要控制刷新信息，给其充电。DRAM 价格低，但控制烦琐，接口复杂。

静态随机存储器（Static Random Access Memory，SRAM），一般由四个或者六个 MOS 管构成一个二进制位。当电源有电时，SRAM 不用刷新，可以保持原有的数据。

4. 只读存储器

只读存储器（Read Only Memory，ROM）的数据可以读出，但不可以修改。通常用于存储一些固定不变的信息，如常数、数据、换码表、程序等。ROM 具有断电后数据不丢失的特点。ROM 有固定 ROM、可编程 ROM（即 PROM）和可擦除 ROM（即 EPROM）三种。

PROM 的编程原理是通过大电流将相应位的熔丝熔断，从而将该位改写成 0，熔丝熔断后不能再次改变，所以只改写一次。

EPROM（Erasable PROM）是可以擦除和改写的 ROM，它用 MOS 管代替了熔丝，因此可以反复擦除、多次改写。擦除是用紫外线擦除器来完成的，很不方便。有一种用低电压信号即可擦除的 EPROM 称为电可擦除 EPROM，简写为 E^2PROM 或 EEPROM（Electrically Erasable Programmable Read-Only Memory）。

5. 闪速存储器

闪速存储器简称闪存，是一种新型快速的 E^2PROM。由于工艺和结构上的改进，闪存比普通的 E^2PROM 的擦除速度更快，集成度更高。闪存相对于传统的 E^2PROM 来说，其最大的优点是系统内编程，也就是说，不需要另外的器件来修改内容。闪存的结构随着时代的发展而有些变动，尽管现代的快速闪存是系统内可编程的，但仍然没有 RAM 使用起来方便。擦写操作必须通过特定的程序算法来实现。

6. 模拟量与开关量

模拟量是指时间连续、数值也连续的物理量,如温度、压力、流量、速度、声音等。在工程技术上,为了便于分析,常用传感器、变换器将模拟量转换为电流、电压或电阻等电学量。

开关量是指一种二值信号,用两个电平(高电平和低电平)分别表示两个逻辑值(逻辑 1 和逻辑 0)。

1.5.2 与通信相关的术语

1. 并行通信

并行通信是指数据的各位同时在多根并行数据线上进行传输的通信方式,数据的各位同时由源到达目的地;适合近距离、高速通信;常用的有 4 位、8 位、16 位、32 位等同时传输。

2. 串行通信

串行通信是指数据在单线(电平高低表征信号)或双线(差分信号)上,按时间先后一位一位地传送,其优点是节省传输线,但相对于并行通信来说,速度较慢。在嵌入式系统中,串行通信一词一般特指用串行通信接口(UART)与 RS-232 芯片连接的通信方式。下面介绍的 SPI、I2C、USB 等通信方式也属于串行通信,但由于历史发展和应用领域的不同,它们分别使用不同的专用名词来命名。

3. 串行外设接口

串行外设接口(Serial Peripheral Interface,SPI)也是一种串行通信方式,主要用于MCU 扩展外围芯片使用。这些芯片可以是具有 SPI 接口的 ADC、时钟芯片等。

4. 集成电路互联总线

集成电路互联总线是一种由 PHILIPS 公司开发的两线式串行总线,有的图书也记为IIC 或 I2C,主要用于用户电路板内 MCU 与其外围电路的连接。

5. 通用串行总线

通用串行总线(Universal Serial Bus,USB)是 MCU 与外界进行数据通信的一种新方式,其速度快、抗干扰能力强,在嵌入式系统中得到了广泛的应用。USB 不仅成为通用计算机上最重要的通信接口,也是手机、家电等嵌入式产品的重要通信接口。

6. 控制器局域网

控制器局域网是一种全数字、全开放的现场总线控制网络,目前在汽车电子中应用最广。

7. 边界扫描测试协议

边界扫描测试协议是由联合测试行动组(Joint Test Action Group,JTAG)开发,对芯片进行测试的一种方式,可将其用于对 MCU 的程序进行载入与调试。JTAG 能获取芯片寄存器等内容,或者测试遵守 IEEE 规范的元器件之间引脚的连接情况。

8. 串行线调试技术

串行线调试(Serial Wire Debug,SWD)技术使用 2 针调试端口,是 JTAG 的低针数和高性能替代产品,通常用于小封装微控制器的程序写入与调试。SWD 适用于所有 ARM 处理器,兼容 JTAG。

关于通信相关的术语还有嵌入式以太网、无线传感器网络、ZigBee、射频通信等,本章不再进一步介绍。

1.5.3 与功能模块相关的术语

1. 通用输入/输出

通用输入/输出(General Purpose I/O,GPIO)即基本输入/输出,有时也称为并行 I/O。作为通用输入引脚时,MCU 内部程序可以读取该引脚,知道该引脚是 1(高电平)或 0(低电平),即开关量输入。作为通用输出引脚时,MCU 内部程序向该引脚输出 1(高电平)或 0(低电平),即开关量输出。

2. 模/数转换与数/模转换

模/数转换(Analog to Digital Convert,ADC)的功能是将电压信号(模拟量)转换为对应的数字量。在实际应用中,这个电压信号可能由温度、湿度、压力等实际物理量经过传感器和相应的变换电路转化而来。经过 ADC,MCU 就可以处理这些物理量。与之相反,数/模转换(Digital to Analog Convert,DAC)的功能则是将数字量转换为电压信号(模拟量)。

3. 脉冲宽度调制器

脉冲宽度调制器(Pulse Width Modulator,PWM)是一个数/模转换器,可以产生一个高电平和低电平之间重复交替的输出信号,这个信号就是 PWM 信号。

4. 看门狗

看门狗(Watch Dog)是为了防止程序跑飞而设计的一种自动定时器。当程序跑飞时,由于无法正常清除看门狗定时器,看门狗定时器会自动溢出,使系统程序复位。

5. 液晶显示器

液晶显示器(Liquid Crystal Display,LCD)是电子信息产品的一种显示器件,可分为字段型、点阵字符型、点阵图形型三类。

6. 发光二极管

发光二极管(Light Emitting Diode,LED)是一种将电流顺向通到半导体 PN 结处而发光的器件,常用于家电指示灯、汽车灯和交通警示灯。

7. 键盘

键盘是嵌入式系统中最常见的输入设备。识别键盘是否有效被按下的方法有查询法、定时扫描法和中断法等。

与功能模块相关的术语很多,这里不再进一步介绍,读者可在学习时逐步积累。

1.6 C 语言概要

本书涉及的嵌入式人工智能程序使用 C 语言编程,未学过 C 语言的读者可以通过本节了解 C 语言,然后通过运行实例,"照葫芦画瓢"地进行嵌入式人工智能编程实践。对 C 语言比较熟悉的读者,可以跳过本节。

C 语言是在 20 世纪 70 年代问世的。1978 年,美国电话电报公司(AT&T)贝尔实验室正式发布了 C 语言。由 B. W. Kernighan 和 D. M. Ritchit 合著的 *THE C PROGRAMMING LANGUAGE* 一书简称为 *K&R*,也有人称之为 K&R 标准。但是,在 *K&R* 中并没有定义一个完整的标准 C 语言,后来由美国国家标准学会在此基础上制定了一个 C 语言标准,于 1983 年发表,通常称之为 ANSI C 或标准 C。

1.6.1 运算符

C 语言使用的运算符分为算术、逻辑、关系和位运算及一些特殊的运算符。表 1-2 列出了 C 语言的常用运算符及使用方法示例。

表 1-2 C 语言的常用运算符及使用方法示例

运 算 类 型	运 算 符	简 明 含 义	示 例
算术运算	＋ － ＊ /	加、减、乘、除	N＝1,N＝N＋5 等同于 N＋＝5,N＝6
	％	取模运算	N＝5,Y＝N％3,Y＝2
逻辑运算	||	逻辑或	A＝TRUE,B＝FALSE,C＝A||B,C＝TRUE
	&&	逻辑与	A＝TRUE,B＝FALSE,C＝A&&B,C＝FALSE
	!	逻辑非	A＝TRUE,B＝!A,B＝FALSE
关系运算	＞	大于	A＝1,B＝2,C＝A＞B,C＝FALSE
	＜	小于	A＝1,B＝2,C＝A＜B,C＝TRUE
	＞＝	大于或等于	A＝2,B＝2,C＝A＞＝B,C＝TRUE
	＜＝	小于或等于	A＝2,B＝2,C＝A＜＝B,C＝TRUE
	＝＝	等于	A＝1,B＝2,C＝(A＝＝B),C＝FALSE
	!=	不等于	A＝1,B＝2,C＝(A!＝B),C＝TRUE
位运算	～	按位取反	A＝0b00001111,B＝～A,B＝0b11110000
	≪	左移	A＝0b00001111,A≪2＝0b00111100
	≫	右移	A＝0b11110000,A≫2＝0b00111100
	&	按位与	A＝0b1010,B＝0b1000,A&B＝0b1000
	^	按位异或	A＝0b1010,B＝0b1000,A^B＝0b0010
	|	按位或	A＝0b1010,B＝0b1000,A|B＝0b1010
增量和减量运算	＋＋	增量运算符	A＝3,A＋＋,A＝4
	－－	减量运算符	A＝3,A－－,A＝2
复合赋值运算	＋＝	加法赋值	A＝1,A＋＝2,A＝3
	－＝	减法赋值	A＝4,A－＝4,A＝0
	≫＝	右移位赋值	A＝0b11110000,A≫＝2,A＝0b00111100
	≪＝	左移赋值	A＝0b00001111,A≪＝2,A＝0b00111100
	＊＝	乘法赋值	A＝2,A＊＝3,A＝6
	|＝	按位或赋值	A＝0b1010,A|＝0b1000,A＝0b1010
	&＝	按位与赋值	A＝0b1010,A&＝0b1000,A＝0b1000
	^＝	按位异或赋值	A＝0b1010,A^＝0b1000,A＝0b0010

续表

运算类型	运 算 符	简明含义	示　　例
复合赋值运算	%=	取模赋值	A=5,A%=2,A=1
	/=	除法赋值	A=4,A/=2,A=2
指针和地址运算	*	取内容	A=*P
	&	取地址	A=&P
输出格式转换	0x	无符号十六进制数	0xa=0d10
	0o	无符号八进制数	0o10=0d8
	0b	无符号二进制数	0b10=0d2
	0d	带符号十进制数	0d10000001=−127
	0u	无符号十进制数	0u10000001=129

1.6.2　数据类型

C语言的数据类型有**基本类型**和**构造类型**两大类。

1. 基本类型

C语言的**基本类型**主要有字节型、整数型、实数型(分单精度浮点型与双精度浮点型),如表1-3所示。

表1-3　C语言的基本数据类型

数据类型		简明含义	位数	字节数	值　　域
字节型	signed char	有符号字节型	8	1	−128～+127
	unsigned char	无符号字节型	8	1	0～255
整数型	signed short	有符号短整型	16	2	−32 768～+32 767
	unsigned short	无符号短整型	16	2	0～65 535
	signed int	有符号短整型	16	2	−32 768～+32 767
	unsigned int	无符号短整型	16	2	0～65 535
	signed long	有符号长整型	32	4	−2 147 483 648～+2 147 483 647
	unsigned long	无符号长整型	32	4	0～4 294 967 295
实数型	float	单精度浮点型	32	4	$-3.4\times10^{38}\sim+3.4\times10^{38}$
	double	双精度浮点型	64	8	$-1.7\times10^{308}\sim+1.7\times10^{308}$

2. 寄存器类型与空类型

嵌入式开发中还会遇到 register 类型的变量,下面给出简要说明。一般情况下,变量(包括全局变量、静态变量、局部变量)的值存放在内存中的。CPU 访问变量要通过三总线(即地址总线、数据总线和控制总线)进行,如果有一些变量使用频繁,则为存取变量的值需要花不少时间。为提高执行效率,C语言允许使用关键字 register 声明,将局部变量的值放在 CPU 中的寄存器中,需要用时直接从寄存器取出参加运算,不必再到内存中存取。关于 register 类型变量的使用需注意以下两点。

(1) 只有局部变量和形式参数可以使用寄存器变量,其他(如全局变量、静态变量)不能使用 register 类型变量。

（2）一个计算机系统中的寄存器数目是有限的，不能定义任意多个寄存器变量。C 编译器的优化编译选项会将一些变量优化到寄存器中，而对不应该被优化的外设地址类变量前需加 volatile。

C 语言中还有个空类型（void），它的字节长度为 0，主要有两个用途：一是明确地表示一个函数不返回任何值；二是产生一个同一类型的指针（可根据需要动态地为其分配内存）。

3. 构造类型概述

C 语言提供了基本类型（如 int、float、double、char 等）供用户使用，但是由于程序需要处理的问题往往比较复杂，而且呈多样化，已有的数据类型显然不能满足使用要求。因此，C 语言允许用户根据需要自己声明一些类型，如数组、结构体类型（structure）、枚举类型（enumeration）等，这些类型将不同类型的数据组合成一个有机的整体，这些数据之间是相互联系的，这些类型称为**构造类型**。下面介绍嵌入式编程中常用的数组、结构体类型和枚举类型。

4. 数组

在 C 语言中，数组是一个构造类型的数据，是由基本类型数据按照一定的规则组成的。构造类型还包括结构体类型，共用体类型。数组是有序数据的集合，数组中的每一个元素都属于同一个数据类型。用一个统一的数组名和下标唯一地确定数组中的元素。

1）一维数组的定义和引用

定义方式为：

```
类型说明符 数组名[常量表达式];
```

其中，数组名的命名规则和变量相同。定义数组的时候，需要指定数组中元素的个数，即常量表达式需要明确设定，不可以包含变量。例如，

```
int a[10];      //定义了一个整型数组,数组名为 a,有 10 个元素,下标 0~9
```

数组必须先定义，然后才能使用，而且只能通过下标一个一个地访问。使用形式如 a[2]。

2）二维数组的定义和引用

定义方式为：

```
类型说明符 数组名[常量表达式][常量表达式];
```

例如，

```
float   a[3][4];      //定义 3 行 4 列的单精度浮点数组 a,下标 0~2,0~3
```

其实，二维数组可以看成两个一维数组。可以把 a 看作一个一维数组，它有 3 个元素：a[0]、a[1]、a[2]，而每个元素又是一个包含 4 个元素的一维数组。二维数组的表示形式为：a[1][2]。

3）字符数组

用于存放字符数据（char 类型）的数组是字符数组。字符数组中的一个元素存放一个

字符。例如,

```
char c[6];
c[0] = 't';c[1] = 'a'; c[2] = 'b'; c[3] = 'l'; c[4] = 'e'; c[5] = '\0';
    //字符数组 c 中存放的就是字符串"table"。
```

在 C 语言中,是将字符串作为字符数组来处理的。但是,在实际应用中,关于字符串的实际长度,C 语言规定了一个"字符串结束标志",以字符 '\0' 作为标志(实际值 0x00)。即如果有一个字符串,前面 $n-1$ 个字符都不是空字符(即'\0'),而第 n 个字符是 '\0',则此字符的有效字符为 $n-1$ 个。

4)动态数组

动态数组是相对于静态数组而言的。静态数组的长度是预先定义好的,在整个程序中,一旦给定大小后就无法改变。而动态数组则不然,它可以随程序的需要重新指定大小。动态数组的内存空间是从堆(heap)上分配(即动态分配)的,是通过执行代码为其分配存储空间。当这些动态的存储空间不再使用时,需要通过程序进行释放。

在 C 语言中,可以通过 malloc()或 calloc()函数进行内存空间的动态分配,从而实现数组的动态变化,以满足实际需求。

5)数组如何模拟指针的效果

其实,数组名代表这个数组元素集合的首地址。可以通过数组名加位置的方式进行数组元素的引用。例如,

```
inta[5];        //定义了一个整型数组,数组名为 a,有 5 个元素,下标为 0~4
```

访问数组 a 的第 3 个元素方式有两种:一是 a[2];二是 *(a+2),关键是数组的名称本身就可以当作地址看待。

5. 结构体类型

1)结构体基本概念

C 语言允许用户将一些不同类型(当然也可以相同)的元素组合在一起定义成一个新的类型,这种新类型就是结构体。其中的元素称为结构体的成员或者域,且这些成员可以是不同的类型,成员一般用名字访问。结构体可以被声明为变量、指针或数组等,用于实现较复杂的数据结构。

声明一个结构体类型的一般形式为:

```
struct 结构体类型名{成员表列};
```

例如,可以通过下面的声明来建立结构体类型:

```
//声明一个结构体类型 Date
struct Date
{
```

```
int year ;          //年
int month ;         //月
int day ;           //日
};
```

结构体类型名用作结构体类型的标志,上面声明中的 Date 就是结构体类型名,花括号内是该结构体中的全部成员,由它们组成一个特定的结构体。上例中的 year、month、day 等都是结构体中的成员,结构体类型大小是其成员大小之和。在声明一个结构体类型时必须对各成员都进行类型声明,每一个成员称为结构体中的一个域。结构体的成员类型可以是另一个结构体类型,也就是说,可以嵌套定义,例如,

```
//声明一个结构体类型 Student
struct Student
{
int   num;                //包括一个整型变量 num
char  name[20];           //包括一个字符数组 name,可以容纳 20 个字符
      char  sex;          //包括一个字符变量 sex
int   age;                //包括一个整型变量 age
float  score;             //包括一个单精度型变量
struct  Date  birthday;   //包括一个 Date 结构体类型变量 birthday
char  addr[30];           //包括一个字符数组 addr,可以容纳 30 个字符
};
```

这样就声明了一个新的结构体类型 Student,它向编译系统声明:这是一种结构体类型,包括 num、name、sex、age、score、birthday 和 addr 等不同类型的数据项。应当说明,Student 是一个类型名,它和系统提供的标准类型(如 int、char、float、double)一样,都可以用来定义变量,只不过结构体类型需要事先由用户自己声明而已。在实际使用中,根据需要还可以通过 typedef 关键字将已定义的结构体类型命名为其他名字。

2)结构体变量的引用

结构体变量成员引用格式:

```
结构体变量名.成员名;
```

例如,

```
struct Student stu1; //定义一个 Student 类型的结构体变量 stu1
stu1.num = 10001;     //给 stu1 的成员 num 赋值 10001
stu1.age = 20;        //给 stu1 的成员 age 赋值 20
```

".".是成员运算符,它在所有运算符中优先级最高,因此可以把 stu1.num 和 stu1.age 当作一个整体来看待,相当于一个变量。如果成员本身又属于另一个结构体类型,则要用若干"."运算符,一级一级找到最低一级的成员,只能对最低一级的成员进行赋值或存取以及运算,例如,

```
struct Student   stu1;
stu1.birthday. year = 2000;
stu1.birthday.month = 12;
stu1.birthday.day = 30;
```

结构体变量成员和结构体变量本身都具有地址,且都可以被引用,例如,

```
struct Student   stu1;              //定义一个 Student 类型的结构体变量 stu1
printf ("％d", &stu1.num);          //输出 stu1.num 成员的地址
printf("％o",&stu1);                //输出结构体变量 stu1 的首地址
```

注:结构变量的地址主要用作函数参数,传递结构体变量的地址。

3)结构体指针

结构体指针是指存储一个结构体变量起始地址的指针变量。一旦一个结构体指针变量指向了某个结构体变量,就可以通过结构体指针对该结构体变量进行操作。如上例中的结构体变量 stu1,可以通过指针变量对它进行操作:

```
struct Student   stu1;              //定义结构体变量 stu1
struct Student   * p;               //定义结构体指针变量 p
p = &stu1;                          //将 stu1 的起始地址赋给 p
p－>num = 10001;
( * p).age = 20;
```

代码中定义了一个 struct Student 类型的指针变量 p,并将变量 stu1 的首地址赋值给指针变量 p,然后通过指针操作符"－>"引用其成员进行赋值。(* p)表示 p 指向的结构体变量,因此,(* p).age 也就等价于 stu1.age。在本书中,可以看到结构体指针是构建链式存储结构的基础。

6. 枚举类型

枚举类型是 C 语言的另一种构造数据类型,它用于声明一组命名的常数,当一个变量有几种可能的取值时,可以将它定义为枚举类型。所谓"枚举",是指将变量的可能值一一列举出来,这些值也称为"枚举元素"或"枚举常量"。变量的值只限于列举出来的值的范围内,可有效地防止用户提供无效值,枚举类型变量可使代码更加清晰,因为它可以描述特定的值。

枚举的声明基本格式如下:

```
enum 枚举类型名 {枚举值表};
```

例如,

```
enum color{red,green,blue,yellow,white};      //定义枚举类型 color
enum color select;                            //定义枚举类型变量 select
```

在 C 编译中,枚举元素是作为常量来处理的,它们不是变量,因此不能对它们进行直接赋值,但可以通过强制类型转换来赋值。枚举元素的值按定义的顺序从 0 开始,如 red 为 0,

green 为 1,blue 为 2,yellow 为 3,white 为 4。可以对枚举元素做判断比较,比较规则是按其在定义时的顺序号进行比较。

7. 用 typedef 定义类型

除了可以直接使用 C 语言提供的标准类型名(如 int、char、float、double、long 等)和自己定义的结构体、指针、枚举等类型外,还可以用 typedef 定义新的类型名来代替已有的类型名。例如,

```
typedef unsigned char    uint_8;
```

指定用 uint_8 代表 unsigned char 类型。下面的两个语句是等价的:

```
unsigned    char    n1;
```

等价于

```
uint_8   n1;
```

用法说明:

(1) 用 typedef 可以定义各种类型名,但不能用来定义变量。

(2) 用 typedef 只是对已经存在的类型增加一个类型别名,而没有创造新的类型。

(3) typedef 与 #define 有相似之处,例如,

```
typedef  unsigned int  uint_16;
#define  uint_16  unsigned int;
```

上面两个语句的作用都是用 uint_16 代表 unsigned int(注意顺序)。但事实上二者不同,#define 是在预编译时处理,它只能做简单的字符串替代,而 typedef 是在编译时处理。

(4) 当不同源文件中用到各种类型数据(尤其是像数组、指针、结构体、共用体等较复杂数据类型)时,常用 typedef 定义一些数据类型,并把它们单独存放在一个文件中,然后在需要用到它们时,用 #include 指令把该文件包含进来。

(5) 使用 typedef 有利于程序的通用与移植。特别是用 typedef 定义结构体类型,在嵌入式程序中常用到。例如,

```
typedef  struct  student
{
    char name[8];
    char class[10];
    int age;
}STU;
```

以上声明了新类型名 STU,代表一个结构体类型。可以用该新的类型名来定义结构体变量。例如,

```
STU  student1;        //定义 STU 类型的结构体变量 student1
STU  * S1;            //定义 STU 类型的结构体指针变量 * S1
```

8. 指针

指针是 C 语言中广泛使用的一种数据类型,运用指针是 C 语言最主要的风格之一。在嵌入式编程中,指针尤为重要。利用指针变量可以表示各种数据结构,可很方便地使用数组和字符串,并能像汇编语言一样处理内存地址,从而编写出精练而高效的程序。但是使用指针要特别细心,应计算得当,避免指向不适当区域。

指针是一种特殊的数据类型,在其他语言中一般没有。指针是指向变量的地址,实质上指针就是存储单元的地址。根据所指的变量类型不同,可以是整型指针(int *)、浮点型指针(float *)、字符型指针(char *)、结构指针(struct *)和联合指针(union *)。

1) 指针变量的定义

其一般形式为:

```
类型说明符 * 变量名;
```

其中,* 表示这是一个指针变量,变量名即为定义的指针变量名,类型说明符表示本指针变量所指向的变量的数据类型。例如,

```
int * p1;  // * 表示 p1 是指向整型数的指针变量,p1 的值是整型变量的地址
```

2) 指针变量的赋值

指针变量同普通变量一样,使用之前不仅要进行声明,而且必须赋予具体的值。未经赋值的指针变量不能使用,否则将造成系统混乱,甚至死机。指针变量的赋值只能赋予地址。例如,

```
int a;               //a 为整型数据变量
int * p1;            //声明 p1 是整型指针变量
p1 = &a;             //将 a 的地址作为 p1 初值
```

3) 指针的运算

(1) **取地址运算符 &**:取地址运算符 & 是单目运算符,其结合性为自右至左,其功能是取变量的地址。

(2) **取内容运算符 ***:取内容运算符 * 是单目运算符,其结合性为自右至左,用来表示指针变量所指变量的值。在 * 运算符之后跟的变量必须是指针变量。例如,

```
int a,b;             //a,b 为整型数据变量
int * p1;            //声明 p1 是整型指针变量
p1 = &a;             //将 a 的地址作为 p1 初值
a = 80;
b = * p1;            //运行结果:b = 80,即为 a 的值
```

注意:取内容运算符"*"和指针变量声明中的"*"虽然符号相同,但含义不同。在指

针变量声明中,"＊"是类型说明符,表示其后的变量是指针类型。而表达式中出现的"＊"则是一个运算符,用来表示指针变量所指变量的值。

(3) **指针的加减算术运算**:对于指向数组的指针变量,可以加/减一个整数 n(由于指针变量实质是地址,给地址加/减一个非整数就错了)。设 pa 是指向数组 a 的指针变量,则 pa＋n、pa－n、pa＋＋、＋＋pa、pa－－、－－pa 运算都是合法的。指针变量加/减一个整数 n 的意义是把指针指向的当前位置(指向某数组元素)向前或向后移动 n 个位置。

注意:数组指针变量前/后移动一个位置和地址加 1/减 1 在概念上是不同的。因为数组可以有不同的类型,各种类型的数组元素所占的字节长度是不同的。如指针变量加 1,即向后移动 1 个位置,表示指针变量指向下一个数据元素的首地址,而不是在原地址基础上加1。例如,

```
int a[5], * pa;      //声明 a 为整型数组(下标为 0~4),pa 为整型指针
pa = a;              //pa 指向数组 a,也是指向 a[0]
pa = pa + 2;         //pa 指向 a[2],即 pa 的值为 &pa[2]
```

注意:指针变量的加/减运算只能对数组指针变量进行,对指向其他类型变量的指针变量作加/减运算是毫无意义的。

4) void 指针类型

顾名思义,void ＊ 为"无类型指针",即用来定义指针变量,不指定它是指向哪种类型数据,但可以把它强制转换成任何类型的指针。

众所周知,如果指针 p1 和 p2 的类型相同,那么可以直接在 p1 和 p2 间互相赋值;如果 p1 和 p2 指向不同的数据类型,则必须使用强制类型转换运算符把赋值运算符右边的指针类型转换为左边指针的类型。例如,

```
float * p1;              //声明 p1 为浮点型指针
int * p2;                //声明 p2 为整型指针
p1 = (float * )p2;       //强制转换整型指针 p2 为浮点型指针值给 p1 赋值
```

而 void ＊ 则不同,任何类型的指针都可以直接给它赋值,无须进行强制类型转换:

```
void * p1;              //声明 p1 无类型指针
int * p2;               //声明 p2 为整型指针
p1 = p2;                //用整型指针 p2 的值给 p1 直接赋值
```

但这并不意味着,"void ＊"也可以无须强制类型转换地赋给其他类型的指针,也就是说,p2=p1 这条语句编译就会出错,而必须将 p1 强制类型转换成"int ＊"类型。因为"无类型"可以包容"有类型",而"有类型"则不能包容"无类型"。

1.6.3 流程控制

在程序设计中主要有三种基本控制结构:顺序结构、选择结构和循环结构。

1. 顺序结构

顺序结构就是从前向后依次执行语句。从整体上看,所有程序的基本结构都是顺序结构,中间的某个过程可以是选择结构或循环结构。

2. 选择结构

在大多数程序中都会包含选择结构。其作用是根据所指定的条件是否满足,决定执行哪些语句。在 C 语言中主要有 if 和 switch 两种选择结构。

1) if 结构

```
if (表达式) 语句项;
```

或

```
if (表达式)
    语句项;
else
    语句项;
```

如果表达式取值为真(除 0 以外的任何值),则执行 if 的语句项;否则,如果 else 存在,则执行 else 的语句项。每次只会执行 if 或 else 中的某一个分支。语句项可以是单独的一条语句,也可以是多则语句组成的语句块(要用一对花括号"{ }"括起来)。

if 语句可以嵌套,当有多个 if 语句时,else 与最近的一个 if 配对。对于多分支语句,可以使用 if … else if … else if … else …的多重判断结构,也可以使用下面讲到的 switch 开关语句。

2) switch 结构

switch 是 C 语言内部多分支选择语句,它根据某些整型和字符常量对一个表达式进行连续测试,当一常量值与其匹配时,它就执行与该变量有关的一个或多个语句。switch 语句的一般形式如下:

```
switch(表达式)
{
    case 常数 1:
        语句项 1;
        break;
    case 常数 2:
        语句项 2;
        break;
        …
    default:
        语句项;
}
```

根据 case 语句中所给出的常量值,按顺序对表达式的值进行测试,当常量与表达式值相等时,就执行这个常量所在的 case 后的语句块,直到碰到 break 语句,或者 switch 的末尾为止。若没有一个常量与表达式值相符,则执行 default 后的语句块。default 是可选的,如果它不存在,并且所有的常量与表达式值都不相符,则不做任何处理。

switch 语句与 if 语句的不同之处在于 switch 只能对等式进行测试,而 if 可以计算关系表达式或逻辑表达式。

break 语句在 switch 语句中是可选的,但是不用 break,则从当前满足条件的 case 语句开始连续执行后续指令,不判断后续 case 语句的条件,一直到碰到 break 或 switch 的末尾为止。为了避免输出不应有的结果,在每一个 case 语句之后都应加上 break 语句,使得每一次执行之后均可跳出 switch 语句。

3. 循环结构

C 语言中的循环结构常用 for 循环、while 循环与 do...while 循环。

1) for 循环

格式为:

```
for(初始化表达式; 条件表达式; 修正表达式)
    {循环体}
```

执行过程为:先求解初始化表达式;再转到条件表达式进行判断,若为假(0),则结束循环,转到循环下面的语句;如果其值为真(非 0),则执行"循环体"中的语句。然后求解修正表达式;再转到判断条件表达式处根据情况决定是否继续执行"循环体"。

2) while 循环

格式为:

```
while(条件表达式)
    {循环体}
```

当表达式的值为真(非 0)时执行循环体。其特点是:先判断后执行。

3) do...while 循环

格式为:

```
do
    {循环体}
while(条件表达式);
```

其特点是:先执行后判断。即当流程到达 do 后,立即执行循环体一次,然后才对条件表达式进行计算、判断。若条件表达式的值为真(非 0),则重复执行一次循环体。

4. break 和 continue 语句在循环中的应用

在循环中常常使用 break 语句和 continue 语句,这两个语句都会改变循环的执行情况。break 语句用来从循环体中强行跳出循环,终止整个循环的执行;continue 语句使其后语句不再被执行,进行新的一次循环(可以形象地理解为返回循环开始处执行)。

1.6.4 函数

所谓函数,即子程序,也就是"语句的集合",也就是说,把经常使用的语句群定义成函数,供其他程序调用,函数的编写与使用要遵循软件工程的基本规范。

使用函数时要注意:函数定义时要同时声明其类型;调用函数前要先声明该函数;传给函数的参数值,其类型要与函数原定义一致;接收函数返回值的变量,其类型也要与函数类型一致等。

函数返回值的方式为:

```
return 表达式;
```

return 语句用来立即结束函数,并返回一确定值给调用程序。如果函数的类型和 return 语句中表达式的值不一致,则以函数类型为准。对数值型数据,可以自动进行类型转换,即函数类型决定返回值的类型。

1.6.5 编译预处理

C 语言提供编译预处理的功能,"编译预处理"是 C 编译系统的一个重要组成部分。C 语言允许在程序中使用几种特殊的指令(它们不是一般的 C 语句)。在 C 编译系统对程序进行通常的编译(包括语法分析、代码生成、优化等)之前,先对程序中的这些特殊的指令进行"预处理",然后将预处理的结果和源程序一起再进行常规的编译处理,以得到目标代码。C 提供的预处理功能主要有宏定义、条件编译和文件包含。

1. 宏定义

```
#define 宏名 表达式
```

表达式可以是数字、字符,也可以是若干条语句。在编译时,所有引用该宏的地方,都将自动被替换成宏所代表的表达式。例如,

```
#define  PI  3.1415926     //以后程序中用到数字 3.1415926 就写 PI
#define  S(r)  PI*r*r       //以后程序中用到 PI*r*r 就写 S(r)
```

2. 撤销宏定义

```
#undef 宏名
```

3. 条件编译

```
#if   表达式
#else 表达式
#endif
```

如果表达式成立,则编译 #if 下的程序,否则编译 #else 下的程序,#endif 为条件编译的结束标志。

```
#ifdef   宏名              //如果宏名称被定义过,则编译以下程序
#ifndef  宏名              //如果宏名称未被定义过,则编译以下程序
```

条件编译通常用来调试、保留程序(但不编译),或者在需要对两种状况做不同处理时使用。

4. 文件包含

所谓"文件包含",是指一个文件将另一个文件的内容通过文件名的形式包含进来,其一般形式为:

```
#include   "文件名"
```

本章小结

1. 关于嵌入式系统的概念、分类与特点

关于嵌入式系统的概念,可以直观表述为嵌入式系统,即嵌入式计算机系统。嵌入式系统是不以计算机面目出现的"计算机",这个计算机系统隐含在各类具体的产品之中,且在这些产品中,计算机程序起到了重要作用。关于嵌入式系统的分类,可以按应用范围简单地把嵌入式系统分为电子系统智能化(微控制器类)和计算机应用延伸(应用处理器类)这两大类。关于嵌入式系统的特点,从与通用计算机比较的角度,可以表述为嵌入式系统是不单独以通用计算机的面目出现的计算机系统,它的开发需要专用工具和特殊方法,使用 MCU 设计嵌入式系统,数据与程序空间采用不同存储介质,开发嵌入式系统涉及软件、硬件及应用领域的知识等。

2. 关于嵌入式系统的学习方法问题

关于芯片选择,建议初学者使用微控制器而不是使用应用处理器作为入门芯片。开始阶段,不学习操作系统,着重打好底层驱动的使用方法、设计方法等软硬件基础。关于硬件与软件平衡的问题,可以描述为:嵌入式系统与硬件紧密相关,是软件与硬件的综合体,没有对硬件的理解就不可能写好嵌入式软件,同样没有对软件的理解也不可能设计好嵌入式硬件。关于学习基本方法,建议遵循"先易后难,由浅入深"的原则,打好软硬件基础;充分理解知识要素、掌握底层驱动构件的使用方法;基本掌握底层驱动构件的设计方法;掌握单步跟踪调试、打桩调试、printf 输出调试等调试手段。

3. 关于 MCU 的基本含义

MCU 是在一块芯片内集成了 CPU、存储器、定时器/计数器及多种输入/输出(I/O)接口的比较完整的数字处理系统。以 MCU 为核心的系统是应用最广的嵌入式系统,是现代测控系统的核心。MCU 出现之前,人们必须用纯硬件电路实现测控系统。MCU 出现以后,测控系统中的大部分计算与控制功能由 MCU 的软件实现,输入、输出与执行动作等通过硬件实现,带来了设计上的本质变化。MAP 是在低功耗 CPU 的基础上扩展音视频功能和专用接口的超大规模集成电路,其功能与开发方法接近 PC。

4. 关于嵌入式系统的常用术语

对于嵌入式系统的硬件、通信、功能模块等方面的术语,从这里开始认识,后续章节再理解。这里重点认识几个缩写词:GPIO、UART、ADC、DAC、PWM、SPI、I2C、LED 等,记住它们的英文全称、中文含义,有利于随后的学习,这是嵌入式系统的最基本内容。

习题

1. 简要总结嵌入式系统的定义、由来、分类及特点。

2. 归纳嵌入式系统的学习困惑,简要说明如何消除这些困惑。

3. 简要归纳嵌入式系统的知识体系。

4. 结合书中给出的嵌入式系统基础阶段的学习建议,从个人角度,你认为应该如何学习嵌入式系统?

5. 简要给出 MCU 的定义及典型内部框图。

6. 举例给出一个具体的、以 MCU 为核心的嵌入式测控产品的基本组成。

7. 简要比较中央处理器(CPU)、微控制器(MCU)与应用处理器(MAP)。

8. 列出嵌入式系统常用术语(中文名、英文缩写、英文全称)。

## 第 2 章

RISC-V指令系统与汇编语言语法

本章导读　本书基于 RISC-V 架构阐述嵌入式系统技术基础,本章给出 RISC-V 架构的基本指令系统及汇编语言基本语法,通过汇编环境了解指令对应的机器码,直观地基本理解助记符与机器指令的对应关系。虽然有一定的难度,但这些内容对理解启动过程及今后的深入学习有重要帮助。主要内容包括:

视频讲解

(1) RISC-V 架构概述;

(2) 寄存器与寻址方式;

(3) RISC-V 基本指令分类解析;

(4) RISC-V 汇编语言的基本语法。

需要学习 RISC-V 汇编的读者可以阅读全部内容,一般读者可简要了解 2.1 节。基本掌握任何一种架构的指令系统,当遇到新的架构时就不会感到陌生,其本质不变。学习指令系统的基本方法是:理解寻址方式、记住几个简单指令、利用汇编语言练习编程。

2.1　RISC-V 架构概述

RISC-V 是一个基于精简指令集计算机原则的开源指令集架构,随着 RISC-V 生态系统的发展,它将在微型计算机领域占有重要地位。

2.1.1　RISC 与 ISA 名词解释

1. 精简指令集计算机

精简指令集计算机(Reduced Instruction Set Computer,RISC)的特点是指令数目少、格式一致、执行周期一致、执行时间短,采用流水线技术等。它是 CPU 的一种设计模式,这种设计模式对指令数目和寻址方式都做了精简,使其实现更容易,指令并行执行程度更好,编译器的效率更高。这种设计模式的技术背景是:CPU 实现复杂指令功能的目的是让用户代码的执行更加便捷,但复杂指令通常需要几个指令周期才能实现,且实际使用较少;此外,处理器和主存之间运行速度的差别也变得越来越大。这样,人们发展了一系列新技术,使处理器的指令得以以流水线方式执行,同时降低处理器访问内存的次数。RISC 是对比于**复杂指令集计算机**(Complex Instruction Set Computer,CISC)而言的,可以粗略地认为,

RISC 只保留了 CISC 常用的指令,并进行了设计优化,更适合设计嵌入式处理器。

2. 指令集架构

指令集架构(Instruction Set Architecture,ISA)是与程序设计相关的计算机架构部分,包括数据类型、指令、寄存器、地址模式、内存架构、外部 I/O、中断和异常处理等。

2.1.2 RISC-V 简介

1. RISC-V 的由来

RISC-V 的读音为 risk-five,它由美国加州大学伯克利分校于 2010 年推出,是为了打破 ARM、Intel 等公司在指令集架构领域内的垄断,对抗高额的指令集专利授权费,而实现的一种性能强大、完全开放和免费的指令集架构。经过多年的发展,RISC-V 发明者为该架构提供了较为完整的软件工具链以及若干开源的处理器实例,得到了业界的高度重视。

2015 年,RISC-V 发明者创办了 SiFive 公司,并联合 Google 等公司创立了非营利性 RISC-V 基金会,并将 RISC-V 指令集相关的资料交由 RISC-V 基金会来处理。目前,RISC-V 基金会已吸引了全球 33 个国家超过 325 个组织加入,包括 Google、西部数据、三星、Microchip 等。RISC-V 基金会每年举行两次公开的专题研讨会,以促进 RISC-V 阵营的交流与发展,任何组织和个人均可以从 RISC-V 基金会网站上下载每次研讨会的资料。

2. RISC-V 在中国的发展

2017 年 5 月 8 日,第六届 RISC-V 研讨会在上海交通大学微电子大楼报告厅开幕,会议主题是"芯片架构的未来是什么",会议吸引了国内外 200 多人参加,大批的中国公司和爱好者参与其中。这也是该研讨会此前在美国举办五届来,首次在中国召开。

2018 年,中国 RISC-V 产业联盟及中国开放指令生态联盟成立,目标聚焦于 RISC-V 生态发展及产业落地。同年,阿里巴巴全资收购中天微,并将中天微和达摩院芯片业务进行整合,成立"平头哥半导体"。2019 年 7 月,平头哥发布了 RISC-V IP 核玄铁 910。它支持 16 核,主频可达 2.5GHz,单核性能达到 7.1CoreMark/MHz[①],较业界主流芯片性能提高 40%,较标准指令性能高出 20%。

2020 年 9 月,赛昉科技发布了首个基于 RISC-V 的人工智能处理平台"惊鸿 7100",主要面向自动驾驶、无人机、公共安全、交通管理和智能家居等领域。2020 年 12 月,赛昉科技发布了全球性能最高的 RISC-V 处理器内核——天枢系列处理器。该系列处理器针对性能和频率做了优化,基于 64 位内核,采用 12 级流水线和 7nm 工艺制程,频率最高可达 3.5GHz,由台积电代工,填补了 RISC-V 在高性能计算应用领域的空白。

2020 年,南京沁恒微电子推出了 CH32V103x 系列产品,该系列产品是基于 32 位 RISC-V 指令集(IMAC)及青稞 V3A 处理器设计的通用微控制器,挂载了丰富的外设接口和功能模块。其内部组织架构满足低成本低功耗嵌入式应用场景。2021 年,该公司推出了

---

① CoreMark 是一项基准测试,它的目标就是要测试处理器核心性能。CoreMark 能分析并为处理器管线架构和效率评分,CoreMark 已成为量测与比较处理器性能的业界标准基准测试。CoreMark 数字越大,意味着性能越高。

CH32V307x 系列产品,是基于 32 位 RISC-V 指令集(IMAFC)及青稞 V4F 处理器设计的通用微控制器,最高工作频率 144MHz,内置高速存储器,系统结构中多条总线同步工作,提供了丰富的外设功能和增强型 I/O 接口。

2022 年,全志科技正式发布阿里平头哥 64 位玄铁 C906 内核 RISC-V 架构 D1-H 处理器,1GHz+主频,可支持 Linux、RTOS 等操作系统,可应用于智能汽车、智能家电、智慧城市、智能商显、智能办公等多个领域,本书以该芯片为蓝本阐述嵌入式技术基础。

3. RISC-V 与 x86、ARM 架构的简明比较

相比于 RISC-V,读者可能会更了解 x86 与 ARM 这两种架构。表 2-1 给出了 RISC-V 与 x86、ARM 架构的简明比较。虽然 RISC-V 诞生得比较晚,但它简洁、完全开源,具有良好的发展前景。

表 2-1　RISC-V 与 x86、ARM 架构的简明比较

比较指标	x86	ARM	RISC-V
指令集类型	CISC	RISC	RISC
寄存器宽度/b	32、64	32、64	32、64
源码	不开源	不开源	开源
用户可控性	难以满足需求	现阶段满足需求,未来存在变数	可望满足需求
生态系统	比较成熟	比较成熟	逐步发展
授权费用	缺乏成熟的授权模式	架构授权费用高	无

2.2　寄存器与寻址方式

CPU **内部的寄存器**是其内部数据暂存的地方,数量一般不会很多,每个寄存器都有自己的名字,有的还具备特殊功能。寻址方式是指汇编程序的一条指令中操作数在哪里。本节给出了寄存器通用基础知识、RISC-V 架构主要寄存器、指令保留字简表与寻址方式,还给出了如何能知道一条汇编指令的机器码。

2.2.1　寄存器通用基础知识

以程序员视角,从底层学习一个 CPU,理解其内部寄存器用途是重要一环。计算机所有指令运行均由 CPU 完成,CPU 内部寄存器负责信息暂存,其数量与处理能力直接影响 CPU 的性能。对 CPU 内部寄存器的操作与对内存的操作不同之处在于,使用汇编语言编程时,对 CPU 内部寄存器的访问直接使用寄存器的名字,访问不需要经过地址、数据、控制三总线,而对内存的访问涉及地址单元,需要经过三总线,因此对寄存器的访问比对内存的访问速度快。

从共性知识角度及功能来看,CPU 内至少应该有数据缓冲类寄存器、栈指针类寄存器、程序指针类寄存器、程序状态类寄存器及其他功能寄存器。本节先从一般意义上阐述寄存器基础知识,2.2.2 节给出 RISC-V 架构的主要寄存器。

1. 数据缓冲类寄存器

CPU 内数量最多的寄存器是用于数据缓冲的寄存器，一些芯片的寄存器名称用 Register 的首字母加数字组成，如 r0、r1、r2 等，不同 CPU 其种类不同。例如，Intel x86 系列的通用寄存器主要有 EAX、EBX、ECX、EDX、ESP、EBP、ESI、EDI 等，ARM 系列的通用寄存器主要有 r0～r12。RISC-V 系列的通用寄存器主要有 x0～x31。有时这些通用寄存器采用统一编号，可以用于特殊功能。

2. 栈指针类寄存器

在微型计算机的编程中，有全局变量与局部变量的概念。从存储器角度看，对一个具有独立功能的完整程序来说，全局变量具有固定的地址，每次读写都是那个地址。而在一个子程序中开辟的局部变量不是这样，用 RAM 中的哪个地址不是固定的，采用"后进先出"（Last In First Out，LIFO）原则使用一段 RAM 区域，这段 RAM 区域被称为栈区[①]。它有个栈底的地址，是一开始就确定的，此时栈顶与栈底是重合的，当有数据进栈时，地址自动向一个方向变动，栈顶与栈底就分开了[②]，不然数据就放到同一个存储地址中了，CPU 中需要有个地方保存这个不断变化的地址，这就是栈指针（Stack Pointer）寄存器，简称 SP。至于数据进栈地址增加还是减小，取决于芯片的设计，但无论如何，出栈与进栈的地址变动方向总是相反。SP 的内容是下一个进栈数据的存储地址，或是下一个出栈数据的访问地址。

3. 程序指针类寄存器

计算机的程序存储在存储器中，CPU 中有个寄存器指示将要执行的指令在存储器中位置，这就是程序指针类寄存器。在许多 CPU 中，它的名字叫作程序计数寄存器，简称程序计数器（Program Counter，PC），PC 负责告诉 CPU 将要执行的指令在存储器的什么地方。

4. 程序运行状态类寄存器

CPU 在进行计算过程中，会出现诸如进位、借位、结果为 0、溢出等情况，CPU 内需要有个地方把它们保存下来，以便下一条指令结合这些情况进行处理，这类寄存器就是程序运行状态类寄存器。不同 CPU 其名称不同，有的叫作标志寄存器，有的叫作程序状态字寄存器等，大同小异。在这类寄存器中某一位，常用单个英文字母表示其含义，例如，N（Negative）表示有符号运算中结果为负、Z（Zero）表示结果为零、C（Carry）表示有进位、V（Overflow）表示溢出等。

5. 其他功能寄存器

在不同的 CPU 中，除了具有数据缓冲、栈指针、程序指针、程序运行状态类等寄存器之外，还有表示浮点数运算、中断屏蔽[③]等寄存器。

---

① 这里的栈，其英文单词为 Stack，在单片微型计算机中基本含义是 RAM 中存放临时变量的一个区域。现实生活中，Stack 的原意是临时叠放货物的地方，但是叠放的方法是一个一个码起来的，最后放好的货物，必须先取下来，才能取之前放的货物。在计算机科学的数据结构中，栈是允许在同一端进行插入和删除操作的特殊线性表。允许进行插入和删除操作的一端称为栈顶（Top），另一端称为栈底（Bottom）；栈底固定，而栈顶浮动；栈中元素个数为零时称为空栈。插入一般称为进栈（Push），删除则称为出栈（Pop）。栈也称为后进先出表。

② 地址变动方向是增还是减，取决于计算机。

③ 中断是暂停当前正在执行的程序，先去执行一段更加紧急程序的一种技术，它是计算机中的一个重要概念，将在第 8 章详细介绍。中断屏蔽标志，就是是否允许某种中断进来的标志。

2.2.2　RISC-V架构主要寄存器

RISC-V架构包含32个通用整数寄存器(x0~x31),有的芯片x0被预留为常数0,有的芯片x0作为程序计数器PC,其他为普通的通用整数寄存器,如表2-2所示。其中有七个临时寄存器(t0~t6),用于存放函数参数;12个保存寄存器(s0~s11),四个指针类寄存器(堆栈指针sp、全局指针gp、线程指针tp、帧指针fp),两个函数参数或返回值寄存器(a0~a1),六个函数参数寄存器(a2~a7)及返回地址寄存器ra等。

表2-2　RISC-V架构的主要通用整数寄存器

寄 存 器 名	ABI接口名称	英 文 描 述	中 文 描 述
x0	zero	Hardwired zero	常数0
x1	ra	Return address	返回地址
x2	sp	Stack pointer	堆栈指针
x3	gp	Global pointer	全局指针
x4	tp	Thread pointer	线程指针
x5~x7	t0~t2	Temporary	临时寄存器
x8	s0/fp	Saved register,frame pointer	保存寄存器或帧指针
x9	s1	Saved register	保存寄存器
x10~x11	a0~a1	Function argument,return value	函数参数或返回值
x12~x17	a2~a7	Function argument	函数参数
x18~x27	s2~s11	Saved register	保存寄存器
x28~x31	t3~t6	Temporary	临时寄存器

所谓临时寄存器,是指在函数调用过程中不保留这部分寄存器存储的值;与之对应的是保存寄存器,即在函数调用过程中保留这部分寄存器存储的值,这样可以减少保存和恢复寄存器的次数。全局指针GP优化对±2KB内全局变量的访问,线程指针tp优化对±2KB内线程局部变量的访问,主要由于操作系统中,fp和sp可以确定当前函数使用的栈空间。

表2-2中ABI是Application Binary Interface(应用程序二进制接口)的缩写,表示利用汇编语言进行编程时使用的名称。

在RISC-V的架构中,如果是32位架构(由RV32I表示),则每个寄存器的宽度为32位;如果是64位架构(由RV64I表示),则每个寄存器的宽度为64位。

2.2.3　指令保留字简表与寻址方式

CPU的功能是从外部设备获得数据,通过加工、处理,再把处理结果送到CPU的外部世界。设计一个CPU,首先需要设计一套可以执行特定功能的操作指令,这种操作指令称为**指令**。CPU所能执行的各种指令的集合称为该CPU的**指令系统**。表2-3给出了RISC-V架构处理器指令集概况。RISC-V的指令集使用模块化的方式进行组织,每一个模块使用一个英文字母来表示。RISC-V最基本也是唯一强制要求实现的指令集部分是由字母I表示的基本整数指令子集。使用该整数指令子集,便能够实现完整的软件编译器。其他的指令

子集部分均为可选的模块,具有代表性的模块包括 M/A/F/D/C

表 2-3　RISC-V 的模块化指令集

基本/扩展	类　　型	指令数	描　　述
基本指令集	RV32I	47	32 位地址空间与整数指令,支持 32 个通用整数寄存器
	RV32E	47	RV32I 的子集,仅支持 16 个通用整数寄存器
	RV64I	59	64 位地址空间与整数指令及一部分 32 位的整数指令
	RV128I	71	128 位地址空间与整数指令及一部分 64 位和 32 位的指令
扩展指令集	M	8	整数乘法与除法指令
	A	11	存储器原子操作指令,Load/Store 指令
	F	26	单精度(32 比特)浮点指令
	D	26	双精度(64 比特)浮点指令,必须支持 F 扩展指令
	C	46	压缩指令,指令长度为 16 位

以上模块的一个特定组合 IMAFD,也被称为"通用"组合,用英文字母 G 表示。为了提高代码密度,RISC-V 架构也可提供可选的"压缩"指令子集,用英文字母 C 表示。压缩指令的指令编码长度为 16 比特,而普通的非压缩指令的长度为 32 比特。为了进一步减少芯片面积,RISC-V 架构还提供一种"嵌入式"架构,用英文字母 E 表示。该架构主要用于追求极低面积与功耗的深嵌入式场景。该架构仅需要支持 16 个通用整数寄存器,而非嵌入式的普通架构则需要支持 32 个通用整数寄存器。

除了上述模块,还有若干模块,如 L、B、P、V 和 T 等。目前这些扩展大多数还在不断完善和定义中,尚未最终确定,因此不作详细论述。

1. 指令保留字简表

RISC-V 常用的指令大体分为数据操作指令、整数乘法与除法指令、转移指令、压缩指令、存储器原子(Atomic)操作指令和存储器读写指令等。表 2-4 列出了 RISC-V 的 54 个基本保留字,如需了解其他保留字可查阅电子资源中的《RISC-V 手册》。

表 2-4　RISC-V 基本保留字

类　　型		保　留　字	含　　义
数据传送类		auipc	生成与 PC 指针相关的地址
		la、lb、lh、li、lw、lhu、lbu	将存储器中的内容加载到寄存器中
		sb、sw、sh、mv	将寄存器中的内容存储到存储器中
		lui	将立即数存储到寄存器中
数据操作类	算术运算类	add、addi、sub、mul、div	加、减、乘、除指令
		slt、slti、sltu、sltui	比较指令
	逻辑运算类	and、andi、or、ori、xor、xori	按位与、或、异或
	移位类	sra、srai、sll、sll、srl、srli	算术右移、逻辑左移、逻辑右移
	csr 类	csrrw、csrrs、csrrc、csrrwi、csrrsi、csrrci	用于读写 CSR 寄存器
跳转类	无条件类	jal、jalr	无条件跳转指令
	有条件类	beq、bne、blt、bltu、bge、bgeu	有条件跳转指令

续表

类　型	保　留　字	含　义
其他指令	call、ret、fence、fengei、ecall、ebreak	调用指令、返回指令、存储器屏障指令、特殊指令

2. 寻址方式

指令是对数据的操作,通常把指令中所要操作的数据称为操作数,CPU 所需的操作数可能来自寄存器、指令代码、存储单元。而确定指令中所需操作数的各种方法称为**寻址方式**(addressing mode)。例如,lh　rd,offset(rs),表示从源地址 rs＋sign-extend(offset)读取两个字节,经符号位扩展后写入目标寄存器 rd[①]。

1) 立即数寻址(Immediate addressing)

在立即数寻址方式中,操作数直接通过指令给出[②]。数据包含指令编码中,随着指令一起被编译成机器码存储于程序空间中。例如,

```
li  rd,  imm             /* 加载立即数 imm 到 rd 寄存器中 */
addi  rd,rs,imm[11:0]      /* 将立即数低 12 位与 rs 中整数相加,结果写到 rd 寄存器 */
```

2) 寄存器寻址(Register addressing)

在寄存器寻址中,操作数来自寄存器。例如,

```
add  rd,rs1,rs2              /* 将寄存器 rs1 中整数值与 rs2 中整数值相加结果写回 rd 寄存器 */
```

3) 偏移寻址及寄存器间接寻址(Offset addressing and register indirect addressing)

在偏移寻址中,操作数来自存储单元,指令中通过寄存器及偏移量给出存储单元的地址。偏移量不超过 4KB(指令编码中偏移量为 12 位)。偏移量为 0 的偏移寻址也称为寄存器间接寻址。例如,

```
lw  rd,offset[11:0](rs)      /* 从地址 rs＋offset[11:0]处读取 32 位数据写入目的寄存器 rd */
sw  rs,offset[11:0](rd)      /* 将地址 rs 处的 32 位数据写入地址 rd＋offset[11:0]处 */
```

2.2.4　机器码的获取方法

在详细讲述指令类型之前,先了解如何获取汇编指令所对应的机器指令,虽然一般不会直接用机器指令进行编程,但是了解机器码的存储方式,对理解程序运行细节,特别是启动过程、操作系统调度等比较深入的知识十分有益。这个过程涉及三个文件：源文件、列表文件(.lst)、十六进制机器码文件(.hex)。

---

①　式中 rs 和 rd 分别表示源寄存器、目标寄存器,offset 表示偏移地址,rs 中的 r 为 register (寄存器)的首字母,s 为 source(源)的首字母,rd 中的 d 为 destination(目的地)的首字母。

②　也就是说,在汇编指令中直接出现的常数,就被称为立即数,简称 imm。

1. 运行源文件

运行样例程序的源文件,样例的目的是观察"li a0,0xDE"语句生成的机器码是什么,存放在何处,存储顺序是什么样的。

第1步,利用开发环境打开工程"03-Software\CH02\LST-ASM-D1-H",IDE 打开工程后会自动打开汇编主程序 main.s 文件。

第2步,利用在文件中查找文字内容的方式,定位到"[理解机器码存储]"处(单击菜单"编辑"→"查找和替换"→"文件查找和替换",输入"[理解机器码存储]",定位到 main.s 文档中相应的位置)。测试代码如下:

```
/*[理解机器码存储]*/
Label:
    /* 汇编指令 */
    LI   a0,0xDE
    /* printf 输出上述汇编指令的首地址(Label)及地址中的内容 */
    LA a0,data_format1              /* 输出格式送 a0 */
    LA a1,Label                     /* a1 中是 Label 地址 */
    LBU a2,0(a1)                    /* a2 中是 Label 地址中的数据 */
    CALL  printf
    …
```

第3步,编译、下载并运行样例程序,可看到输出窗口显示如图 2-1 所示的结果。

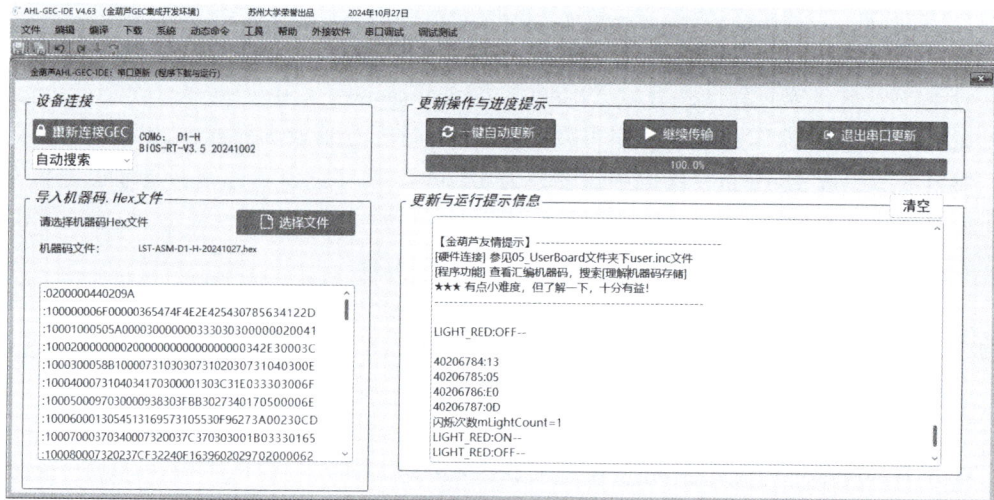

图 2-1 样例程序的运行结果

由此理解一下什么是地址,什么是地址中的内容。可以"照葫芦画瓢"地编程实践一下,打印出任何一个地址及其中所存储的内容。

2. 执行程序获得的信息

从图 2-1 显示的内容可以看出,标号代表的地址为 40206784,这就是指令"li a0,0xDE"机器码要存放的开始地址,各地址存储内容如表 2-5 所示。

表 2-5 指令"li a0,0xde"的存储细节

地址	40206784	40206785	40206786	40206787
内容	13	05	e0	0d

3. 列表文件.lst 中的信息

打开 Debug 文件夹中的.lst 文件,单击菜单"编辑"→"查找和替换"→"文件查找和替换",输入"[理解机器码存储]",定位到.lst 文档中的相应位置,可见该汇编指令存放于40206784 地址开始的单元,其机器码显示顺序为 0de00513。但是,读者可能有疑惑,字节的顺序与表 2-5 为何不一致呢? 事实上,有的计算机在低地址单元存放字的高字节,在高地址单元存放字的低字节。这种数据存储方式的区别是由不同 MCU 的存储模式决定的,这就是所谓的小端模式与大端模式。例如,D1-H 采用的是小端存储模式。所谓小端(little-endian)模式,是指将两字节以上数据的低字节放在存储器的低地址单元,高字节放在高地址单元。这样的一个 4 字节长度的数据 0x0de00513,小端模式存储方式的低地址到高地址存储顺序是:13 05 e0 0d[①]。由此也可以容易理解什么是大端(big-endian)模式。

4. 利用工具读出存储地址中的信息

读者可以试一试利用工具直接读出存储单元 40206784 中的信息,加深理解存储单元的地址与其中内容的概念。操作方法为:在 AHL-GEC-IDE 的环境中,利用顶部工具菜单进行读地址操作,之后连接终端,输入地址 40206784,即可读出。

5. 十六进制机器码文件.hex 中的信息

.hex 文件是由一行一行符合 Intel HEX 文件格式的文本构成的 ASCII 文本文件。在 Intel HEX 文件中,每行包含一个 HEX 记录,这些记录由对应机器语言码(含常量数据)的十六进制编码数字组成。

在.lst 文件中可以看到,编译给出的"li a0,0xde"指令对应的机器指令编码书写为0de00513,实际存储顺序如表 2-5 所示,即 1305E00D。在.hex 文件中搜索 1305E00D,发现在第 1658 行找到了相关记录,整行记录的详细释义比较复杂,超出了本书的范围,可查阅有关参考文献。需要说明的是,有时这样整体搜索不到,部分可能转行到下一记录行,需要根据部分搜索前后判断吻合后才能确定具体位置。

2.3 RISC-V 基本指令分类解析

本节在前面给出指令简表与寻址方式的基础上,按照数据传送类、数据操作类、跳转类、控制及状态寄存器类、其他指令 5 个方面,简要阐述 RV32I 的 54 条基本指令的功能。

2.3.1 数据传送类指令

数据传送类指令的功能有两种情况:一是取存储器地址空间中的数并传送到寄存器

---

① 注意是以字节为单位,不是以位为单位。

中,二是将寄存器中的数传送到另一寄存器或存储器地址空间中。数据传送类的基本指令有 10 条。

1. 取数指令

取数指令即将存储器中内容加载(load)到寄存器中,如表 2-6 所示。其中,lw、lh 和 lb 指令分别表示加载来自存储器单元的一个字、半字和单字节,进行符号位扩展至 32 位后写回指定寄存器 rd 中。lhu 和 lbu 指令分别表示加载来自存储器单元的半字和单字节,进行高位补 0 扩展①至 32 位后写回指定寄存器 rd 中。

表 2-6 取数指令

编号	指 令	说 明
(1)	la rd, symbol	将 symbol 的地址加载到寄存器 rd 中
(2)	li rd, imm	加载立即数 imm 到 rd 寄存器中
(3)	lb rd,offset[11:0](rs)	以 rs 寄存器的值为基地址,加上偏移量 offset,读取 1 字节数据,经符号位扩展后写入目标寄存器 rd 中
	lh rd,offset[11:0](rs)	同上,取 2 字节
	lw rd,offset[11:0](rs)	同上,取 4 字节
(4)	lbu rd,offset[11:0](rs)	以 rs 寄存器的值为基地址,在偏移量 offset 的地址加载处读取 1 字节数据,经过无符号扩展后写入目标寄存器 rd 中
	lhu rd,offset[11:0](rs)	同上,取 2 字节

该组指令访问存储器的地址均由操作数寄存器 rs 中的值与 12 位的立即数(进行符号位扩展)相加所得。

2. 存数指令

寄存器中的内容存储(store)至存储器中的指令如表 2-7 所示。sw、sh 和 sb 指令将 rs 寄存器中的字、低半字或低字节存储到存储器单元。存储器单元地址由 rd 与进行符号位扩展的偏移量 offset 之和决定。

表 2-7 存数指令

编号	指 令	说 明
(5)	sb rs,offset[11:0](rd)	将寄存器 rs 中的最低 1 字节存入内存地址 rd+offset 中
	sh rs,offset[11:0](rd)	同上,2 字节
	sw rs,offset[11:0](rd)	同上,4 字节
(6)	mv rd, rs	把寄存器 rs 复制到寄存器 rd 中,实际被扩展为 addi rd, rs, 0

3. 生成与指针 PC 相关地址指令

auipc 指令(如表 2-8 所示)将 20 位立即数的值左移 12 位(低 12 位补 0)成为一个 32 位数,将此数与该指令的 PC 值相加,将加法结果写回寄存器 rd 中。auipc 是英文 Add Upper Immediate to PC 的缩写,即高位立即数加 PC,为了移动页地址而设计的。

---

① 即无符号(unsigned)扩展。汇编指令是指令含义的英文助记符,学习汇编指令,需要弄清楚各个字母是哪个英文单词的缩写。

表 2-8　auipc 指令

编号	指　　令	说　　明
（7）	auipc　rd,imm	将立即数左移 12 位,加到 PC 上,结果写入寄存器 rd 中

4. lui 指令

lui 指令（如表 2-9 所示）,加载立即数到高位,即将 20 位常量加载到寄存器的高 20 位。
auipc 指令、lui 指令与 jalr 指令结合,可以实现访问任何 32 位 PC 相对地址的数据。

表 2-9　lui 指令

编号	指　　令	说　　明
（8）	lui　rd,imm	将立即数左移 12 位,并将低 12 位置零,写入寄存器 rd 中

2.3.2　数据操作类指令

数据操作主要指算术运算、逻辑运算、移位等。

1. 算术运算类指令

算术运算类指令有加、减、比较等,如表 2-10 所示。

表 2-10　算术类指令

编号	指　　令	说　　明
（9）	add　rd,rs1,rs2	rd＝rs1＋rs2,忽略算法溢出
	addi rd,rs1,imm[11:0]	rd＝rs1＋imm,忽略算法溢出
（10）	sub　rd,rs1,rs2	rd＝rs1－rs2,忽略算法溢出
（11）	mul　rd,rs1,rs2	rd＝rs1＊rs2,忽略算法溢出
（12）	div　rd,rs1,rs2	rd＝rs1/rs2,忽略算法溢出
（13）	slt　rd,rs1,rs2	若 rs1＜rs2 中的数,rd＝1,否则 rd＝0
	slti　rd,rs1,imm[11:0]	若 rs1＜imm,rd＝1,否则 rd＝0,imm 视为有符号数扩展
	sltu　rd,rs1,rs2	若 rs1＜rs2 中的数,rd＝1,否则 rd＝0,视为无符号数
	sltiu　rd,rs1,imm[11:0]	若 rs1＜imm,rd＝1,否则 rd＝0,imm 视为无符号数扩展

2. 逻辑运算类指令

逻辑运算类指令如表 2-11 所示。and、xor 和 or 指令把寄存器 Rn、Rm 的值逐位与、异
或和或操作。

表 2-11　逻辑运算类指令

编号	指　　令	说　　明
（14）	and　rd,rs1,rs2	rd＝rs1 & rs2,按位与
	andi　rd,rs1,imm[11:0]	rd＝rs1 & imm,imm 为符号位扩展的立即数
（15）	or　rd,rs1,rs2	rd＝rs1 | rs2,按位或
	ori　rd,rs1,imm[11:0]	rd＝rs1 | imm,imm 为符号位扩展的立即数
（16）	xor　rd,rs1,rs2	rd＝rs1 ⊕ rs2,按位异或
	xori　rd,rs1,imm[11:0]	rd＝rs1 ⊕ imm,imm 为符号位扩展的立即数

3. 移位类指令

移位类指令如表 2-12 所示。sra、srl 和 sll 指令,将寄存器 rs1 值由寄存器 rs2(低五位有效)或立即数 shamt[4:0]决定移动位数,执行算术右移、逻辑右移和逻辑左移操作。rd 为目标寄存器;rs1 为存放被移位数据寄存器;rs2 为存放移位长度寄存器;用 shamt[4:0]表示 shift amount,即移动量。

表 2-12　移位类指令

编号	指　　令	说　　明	举　　例
(17)	sra　rd,rs1,rs2 srai　rd,rs1,shamt[4:0]	b31　　　　　　　b0　→C	算术右移 sra t1,t2,t3
(18)	sll　rd,rs1,rs2 slli　rd,rs1,shamt[4:0]	C←□□□□…□□□□←0 b31　　　　　　　b0	逻辑左移 sll t1,t2,t3
(19)	srl　rd,rs1,rs2 srli　rd,rs1,shamt[4:0]	0→□□□□…□□□□→C b31　　　　　　　b0	逻辑右移 srl t1,t2,t3

2.3.3　跳转类指令

1. 无条件跳转指令

无条件跳转指令,即一定会发生跳转。无条件跳转指令如表 2-13 所示。

表 2-13　无条件跳转指令

编号	指　　令	跳 转 范 围	说　　明
(20)	jal　rd,offset (j 也是跳转指令)	−1～+1MB	该指令使用 20 位立即数(有符号数)作为偏移量 offset。该偏移量乘以 2,然后与该指令的 PC 相加,生成得到最终的跳转目标地址。把下一条指令的地址(即当前指令 PC+4),然后把 PC 设置为当前值加上符号位扩展的 offset,rd 默认为 x1
	jalr rd,offset(rs1)	任意	该指令使用 12 位立即数(有符号数)作为偏移量,与操作数寄存器 rs1 中的值相加得到最终的跳转目标地址。把 PC 设置为 rs1+sign-extend(offset),把计算出的地址的最低有效位设为 0,并将原 pc+4 的值写入 rd,rd 默认为 x1

2. 条件跳转指令

条件跳转指令如表 2-14 所示,beq、bne、blt、bltu、bge 和 bgeu 为条件跳转指令,该组指令使用 12 位立即数(有符号数)作为偏移量。该偏移量乘以 2,然后与该指令的 PC 相加,生成得到最终的跳转目标地址,因此仅可以跳转到前后 4KB 的地址区间。有条件跳转指令需要在条件为真时才会发生跳转。

表 2-14　条件跳转指令

编号	指　　　令	跳 转 范 围	说　　　明
(21)	beq　rs1,rs2,offset	−4～+4KB	等于转
	bne　rs1,rs2,offset	−4～+4KB	不等于转
	blt　rs1,rs2,offset	−4～+4KB	小于转,即 rs1<rs2 转,视为有符号数
	bltu　rs1,rs2,offset	−4～+4KB	小于转,即 rs1<rs2 转,视为无符号数
	bge　rs1,rs2,offset	−4～+4KB	大于转,即 rs1>rs2 转,视为有符号数
	bgeu　rs1,rs2,offset	−4～+4KB	大于转,即 rs1>rs2 转,视为无符号数

2.3.4　控制及状态寄存器类指令

控制及状态寄存器类指令如表 2-15 所示,该类指令的访问的是专用的控制及状态寄存器。

表 2-15　控制及状态寄存器类指令

编号	指　　　令	说　　　明
(22)	csrrw　rd,csr,rs1	设控制状态寄存器 csr 中的值为 t。把寄存器 rs1 的值写入 csr,再把 t 写入 rd
	csrrs　rd,csr,rs1	记控制状态寄存器 csr 中的值为 t。把 t 和寄存器 rs1 按位或的结果写入 csr,再把 t 写入 rd
	csrrc　rd,csr,rs1	记控制状态寄存器 cs 中的值为 t。把 t 和寄存器 rs1 按位与的结果写入 csr,再把 t 写入 rd
	csrrwi　rd,csr,imm[4:0]	把控制状态寄存器 csr 中的值复制到 rd 中,再把五位的零扩展的立即数 imm 的值写入 csr
	csrrsi　x0,csr,imm[4:0]	对于五位的零扩展的立即数中每一个为的位,把控制状态寄存器 csr 的对应位清零,等同于 csrsi csr, imm[4:0]
	csrrci　rd,csr,imm[4:0]	记控制状态寄存器 csr 中的值为 t。把 t 和五位的零扩展的立即数 imm 按位或的结果写入 csr,再把 t 写入 rd(csr 寄存器的第 5 位及更高位不变)

2.3.5　其他指令

未列入数据传输类、数据操作类、跳转类、CSR 类四大类的指令,归为其他指令。其他指令如表 2-16 所示。

表 2-16　其他指令

类　　型	编号	指　　　令	说　　　明
调用指令	(23)	call　rd, symbol	把下一条指令的地址(PC+8)写入 rd,然后把 PC 设为 symbol。等同于"auipc rd, offestHi,"再加上一条"jalr rd, offsetLo(rd)。"若省略了 rd,默认为 x1
		call	调用子程序

续表

类　　型	编号	指　　令	说　　明
返回指令	(24)	ret	从子过程返回。实际被扩展为"jalr x0,0(x1)"
空操作指令	(25)	nop	延时一个指令周期
存储器屏障指令	(26)	fence pred,succ	在后续指令中的内存 I/O 访问对外部(例如其他线程)可见之前,使这条指令之前的内存及 I/O 访问对外部可见。比特中的第 3～0 位分别对应于设备输入,设备输出,内存读写。例如,"fence r,rw"将前面读取与后面的读取和写入排序,使用 pred ＝ 0010 和 succ ＝ 0011 进行编码。如果省略了参数,则表示"fence iorw,iorw,"即对所有访存请求进行排序
	(27)	fence.i	使对内存指令区域的读写,对后续取指令可见
特殊指令	(28)	ecall	通过引发环境调用异常来请求执行环境
	(29)	ebreak	通过抛出断点异常的方式请求调试器

2.4　RISC-V 汇编语言的基本语法

能够在 MCU 内直接执行的指令序列是机器语言,用助记符号来表示机器指令便于记忆,这就形成了汇编语言。因此,用汇编语言写成的程序不能直接放入 MCU 的程序存储器中去执行,必须先转为机器语言。把用汇编语言写成的源程序"翻译"成机器语言的工具叫汇编程序或编译器(assembler),以下统一称为**汇编器**。

本书给出的所有汇编样例程序均在苏州大学的 AHL-GEC-IDE 开发环境下实现,汇编语言格式满足 GNU 汇编语法,下面简为 GNU 汇编。为了方便解释涉及的汇编指令,下面介绍一些汇编语法的基本信息[①]。

2.4.1　汇编语言的格式

汇编语言源程序可以用通用的文本编辑软件编辑,以 ASCII 码形式保存。具体的编译器对汇编语言源程序的格式有一定的要求,同时,编译器除了识别 MCU 的指令系统外,为了能够正确地产生目标代码以及方便汇编语言的编写,编译器还提供了一些在汇编时使用的指令、操作符号。在编写汇编程序时,也必须正确使用它们。由于编译器提供的指令仅是为了更好地做好"翻译"工作,并不产生具体的机器指令,因此这些指令被称为**伪指令**(pseudo instruction),也称为**汇编指示符**(assemble directives)。例如,伪指令告诉编译器:从哪里开始编译,到哪里结束,编译后的程序如何放置等相关信息。当然,这些相关信息必须包含在汇编源程序中,否则编译器就难以编译好源程序,难以生成正确的目标代码。

汇编语言源程序以行为单位进行设计,每行最多可以包含以下四部分。

---

① 参见《GNU 汇编语法》。

标号： 操作码 操作数 注释

1．标号（labels）

对于标号有下列要求及说明。

（1）如果一个语句有标号，则标号必须书写在汇编语句的开头部分。

（2）常见的标号分为文本标号和数字标号。

（3）文本标号在一个程序文件中是全局可见的，因此只能定义一次。

（4）文本标号通常被作为分支或跳转指令的目标地址。

（5）数字标号为 0～9 的数字，数字标号属于一种局部标号，需要时可以被重新定义。在被引用时，数字标号通常需要带上一个字母 f 或者 b 作为后缀，f 表示向前，"b"表示向后。

（6）编译器对标号中字母的大小写敏感，但指令不区分大小。

（7）标号长度基本不受限制，但实际使用时通常不超过 20 个字符。如果希望更多的编译器能够识别，则建议标号（或变量名）的长度小于 8 个字符。

（8）标号后必须带冒号"："。

（9）一行语句只能有一个标号，编译器将把当前程序计数器的值赋给该标号。

2．操作码（opcodes）

操作码包括指令码和伪指令和用户自定义宏，其中伪指令是指能够被 RISC-V 的编译器识别的伪指令。一般的 GNU 汇编语法中定义的伪操作均可在 RISC-V 汇编语言中使用。对于有标号的行，必须用至少一个空格或制表符（TAB）将标号与操作码隔开。对于没有标号的行，不能从第 1 列开始写指令码，应以空格或制表符开头。编译器不区分操作码中字母的大小写。

3．操作数（perands）

操作数可以是地址、标号或指令码定义的常数，也可以是由伪运算符构成的表达式。如果一条指令或伪指令有操作数，则操作数与操作码之间必须用空格隔开书写。操作数多于一个的，操作数之间用逗号"，"分隔。操作数也可以是青稞 V4F 内部寄存器，或者另一条指令的特定参数。操作数中一般都有一个存放结果的寄存器，这个寄存器在操作数的最前面。

（1）常数标识。编译器识别的常数有十进制（默认不需要前缀标识）、十六进制（用 0x 前缀标识）、二进制（用 0b 前缀标识）。

（2）圆点"."。如果圆点"."单独出现在语句操作码之后的操作数位置上，则代表当前程序计数器的值被放置在圆点的位置。例如，b. 指令代表转向本身，相当于永久循环。在调试时希望程序停留在某个地方可以添加这种语句，调试之后应删除。

4．注释（comments）

注释是说明文字，建议汇编语言的注释以"/ *"开始，以" * /"结束。注释可以包含多行，也可以独占一行。

2.4.2 常用伪指令简介

不同集成开发环境下的伪指令稍有不同，**伪指令书写格式与所使用的开发环境有关，参**

照具体的工程样例,可以"照葫芦画瓢"。

伪指令主要有用于常量以及宏的定义、条件判断、文件包含等。

1. 系统预定义的段

汇编程序用段来组织,通常划分为 3 个段:.text、.data 和.bss,其中,.text 是只读的代码区;.data 是可读可写的数据区,.bss 是可读可写且没有初始化的数据区。

```
.text       /* 表明以下进入代码段 */
.data       /* 表明以下进入数据段 */
.bss        /* 表明以下进入没有初始化的数据段 */
```

2. 常量的定义与使用方法

使用汇编指示符.equ 进行常量的定义。使用常量定义,能够提高程序代码的可读性,并且使代码维护更加简单。

```
.equ   NVIC_ICER,   0xE000E180
…
li   t0, NVIC_ICER          /* 将 0xE000E180 放到 t0 中 */
```

对于大多数汇编工具来说,一个典型的特性为可以在程序中插入数据。编译器的语法如下:

```
la    t3,NUMBER             /* 加载 NUMBER 的存储地址到寄存器 t3 中 */
lw    t4,(t3)               /* 将 NUMBER 处存储的 0x12345678 读到寄存器 t4 中 */
    …
    la
a0,HELLO_TEXT               /* 加载 HELLO_TEXT 的起始地址到寄存器 a0 中 */
    call   printf
        …                   /* 调用 printf 函数显示字符串,入口参数为 a0 */
        .align  4
    NUMBER:                 /* $2^4$ 字节对齐 */
        .word
0x12345678
    HELLO_TEXT:
        .string             /* 以'\0'结束的字符串 */
"hello\n"
```

为了在程序中插入不同类型的常量,汇编器中包含许多不同的伪指令,表 2-17 列出了常用的例子。

表 2-17　用于程序中插入不同类型常量的常用伪指令

插入数据的类型	汇 编 指 令
字	.word(如.word 0x12345678)
半字	.half(如.word 0x1234)
字节	.byte(如.byte 0x12)
字符串	.string(如.string "hello\n",只是生成的字符串以'\0'结尾)

3. 条件伪指令

.if 条件伪指令后面紧跟一个恒定的表达式（即该表达式的值为真），并且最后要以 .endif 结尾。中间如果有其他条件，可以用 .else 填写汇编语句。

.ifdef 标号表示如果标号被定义，则执行其后的代码。

4. 文件包含伪指令

```
.include  "filename"
```

.include 伪操作用于指示汇编器该汇编程序的逻辑文件名。利用它可以把另一个源文件插入当前的源文件一起汇编，成为一个完整的源程序。filename 是一个文件名，可以包含文件的绝对路径或相对路径，但建议将一个工程的相关文件放到同一个文件夹中，因此更多的时候使用相对路径。具体例子参见本书 4.5 节介绍。

5. 其他常用伪指令

除了上述的伪指令外，还有其他常用伪指令。

（1）.section 伪指令。用户可以通过 .section 伪指令来自定义一个段。例如，

```
.section  .isr_vector,  "a"    /* 定义一个 .isr_vector 段，"a"表示允许段 */
```

（2）.global 伪指令。.global 伪指令可以用来定义一个全局符号。例如，

```
.global  symbol         /* 定义一个全局符号 symbol */
```

（3）.extern 伪指令。.extern 伪指令的语法为：.extern symbol，声明 symbol 为外部函数，调用时可以遍访所有文件找到该函数并且使用它。例如，

```
.extern  main      /* 声明 main 为外部函数 */
jal  main          /* 进入 main 函数 */
```

（4）.align 伪指令。.align 伪指令可以通过添加填充字节使当前位置满足一定的对齐方式。语法结构为：.align [exp[, fill]]，其中，exp 为 0～16 的数字，表示下一条指令对齐至 2^{exp} 位置，若未指定，则将当前位置对齐到下一个字的位置，fill 给出为对齐而填充的字节值，可省略，默认为 0x00。例如，

```
.align  3     /* 把当前位置计数器值增加到 2³ 的倍数。如果已是 2³ 的倍数，则不作改变 */
```

（5）.end 伪指令。.end 伪指令声明汇编文件的结束。

此外，还有有限循环伪指令、宏定义和宏调用伪指令等，参见《GNU 汇编语法》。

本章小结

本章简要概述 RISC-V 架构、指令系统及汇编格式，有助于读者更深层次地理解和学习

RISC-V 软硬件的设计。

1. 关于 RISC-V 架构

了解 RISC-V 内部寄存器、寻址方式及指令系统，可为进一步学习和应用 RISC-V 提供基础，重点掌握 CPU 内部寄存器。

2. 关于 RISC-V 的指令系统

学习和记忆基本指令对理解处理器特性十分有益的。2.3 节给出的基本指令简表便于读者记忆基本指令保留字。另外，读者也需要了解汇编指令对应的机器指令、了解机器码的存储方式，这对理解程序运行细节十分有益。

3. 关于汇编程序及其结构

虽然本书使用 C 语言阐述 MCU 的嵌入式开发，但理解 1 或 2 个结构完整、组织清晰的汇编程序对嵌入式学习将有很大帮助，初学者应下功夫理解 1 或 2 个汇编程序。实际上，一些特殊功能的操作必须使用汇编完成，如初始化、中断、休眠等功能，都需用到汇编代码。本章 2.4 节给出了 RISC-V 汇编语言基本语法。

习题

1. RISC-V 有哪些基本寄存器？简要说明各寄存器的作用。
2. 说明对 CPU 内部寄存器的操作与对 RAM 中的全局变量操作有何异同点？
3. RISC-V 指令系统寻址方式有几种？简要叙述各自特点，并举例说明。
4. 给出任意十组不同指令的缩写来源。
5. 举例说明如何在.lst 和.hex 文件中找到一个指令机器码。
6. 举例说明何为小端存储方式。
7. 举例说明运算指令与伪运算符的本质区别。

第**3**章

D1-H硬件最小系统

本章导读　学习一种嵌入式微型计算机,首先要了解该芯片的基本硬件特点,本章概述 RISC-V 架构玄铁 C906 内核 D1-H 芯片的硬件特点。主要内容包括:

(1) D1-H 的存储器映像、中断源。

(2) 概述 D1-H 的引脚功能,设计其硬件最小系统。

视频讲解

(3) 以 D1-H 为例,构建出一种通用嵌入式计算机(AHL-D1-H)作为本书硬件实践平台。它以 D1-H 芯片为核心辅以最基本的外围电路,构成了 D1-H 硬件最小系统,使得 D1-H 的内部程序可以运行起来,在此基础上进行嵌入式系统技术基础的学习。

3.1　D1-H 微处理器概述

学习一个微处理器,可以从了解其基本功能、存储器映像、中断源、引脚功能开始,构建其硬件最小系统,使软件可以运行起来。

3.1.1　D1-H 的基本功能

本书以 D1-H 微处理器为蓝本阐述嵌入式技术基础。D1-H 微处理器是全志科技于 2022 年 1 月正式推出的基于 RISC-V 架构阿里平头哥玄铁 C906 内核的 64 位微处理器。D1-H 的工作频率达 1GHz,采用外部 RAM 及 Flash,封装形式:337 引脚 LFBGA 封装;工作范围−25～+125℃。D1-H 内部集成了音频接口、显示输出接口、GPIO、UART、Timer、RTC、PWM、SPI、I2C、ADC、WDG、USB 等;内部 SRAM 大小为 32KB,最高可外接 2GB 大小的 RAM;无片内 Flash,但支持 SPI 接口外接 Flash 芯片、SD 卡和 eMMC 等非易失存储器(Non Volatile Storage Medium,NVM),用于存储程序。D1-H 可用于工业控制、图像处理、音频处理等领域。

3.1.2　D1-H 的存储器映像

1. 存储器映像的概念

一个微处理器的**存储器映像**(memory mapping)是指将与 CPU 地址线直接相连的物理

空间当作存储器来看待,将其分成若干区间,确定可安排哪些实际的物理资源①。一般情况下,哪些地址服务于什么资源是芯片厂家规定好的,用户只能用而不能改。

这样说有些抽象,可以打开电子资源中 01-Document\D1-H 芯片资料\D1-H_User Manual_V1.0.pdf 文件,搜索"memory mapping"即可看到了 3.1 节给出了 D1-H 的存储器映像,即各个地址空间的用途。下面从实际用途给出部分功能简要描述。

2. D1-H 存储器映像部分功能简要描述

D1-H 内部含有 64 位玄铁 C906 RISC-V CPU,其地址总线为 32 位,对应的直接寻址空间为 4GB②,地址范围是 0x0000_0000~0xFFFF_FFFF。在这 4GB 空间内,安排了芯片启动固件、系统配置寄存器、片外 RAM 以及其他外设,如通用输入/输出等,以便 CPU 可以直接访问,表 3-1 给出了 D1-H 存储器映像部分功能简要描述,这个表主要根据 D1-H 芯片用户手册的 3.1 节(存储器映像)总结而来,以便了解 D1-H 芯片主存储器空间的用途。

表 3-1　D1-H 存储映射表

32 位地址范围	大小	用　　途
0x0000_0000~0x0000_BFFF	48KB	片内 ROM,内部引导程序(Boot ROM,BROM)固化于此处
...		
0x0002_0000~0x0002_7FFF	32KB	片内 SRAM
...		
0x0200_0000~0x0200_07FF	2 KB	GPIO 模块
0x0200_0C00~0x0200_0FFF	1 KB	PWM 模块
...		
0x4000_0000~0x7FFF_FFFF	1GB	外接 RAM 空间
...		

在基础学习阶段,只要能够了解用户程序的变量放在何处,程序放在何处即可。D1-H 芯片内部少量 RAM 不足以支持用户编程,内部没有 Flash 存储器,因此需要外接 RAM 及 Flash 存储芯片,这属于 D1-H 硬件最小系统设计范畴,具体将在 3.2 节中介绍。

3.1.3　D1-H 的中断源

学习一个微处理器,了解其中断源也是重要一环。所谓**中断**,是指 CPU 正常运行程序

---

① 要理解存储器映像概念,就要了解主存、辅存概念。CPU 指令可以直接访问的存储空间被称为主存储器空间,即主存。正在被运行的程序,必须存在于主存空间内,以便程序能自动运行。当然,一些芯片的实际程序可以存储在非易失的辅助存储器(即辅存)中,运行阶段由内部机制调入 CPU 可直接访问的主存中运行。所谓映像,是指主存的地址可以映射到包括辅存在内的其他物理资源上,以便 CPU 通过主存地址可以对这些物理资源进行访问。例如,第 4 章将阐述的 GPIO 寄存器,它不是存储器,但是它借用主存地址,CPU 就可以对它直接操作。为了与 CPU 内部的寄存器进行区分,就将这些具有固定地址的寄存器称为映像寄存器。

② 4GB 是这样计算出来的:存储单元以字节(Byte)为单位,1 条地址线可以寻址 2B(地址分别为 0、1);2 条地址线可以寻址 4B(地址分别为 00、01、10、11);……;10 条地址线可以寻址 1024B(即 1KB);……;20 条地址线可以寻址 1MB;……;30 条地址线可以寻址 1GB,则 32 条地址线可以寻址 4GB。

时，由于 CPU 内核异常或者外设模块发出请求事件，CPU 停止正在运行的程序，转去运行对应的处理程序，这个处理程序被称为**中断服务例程**（Interrupt Service Routine，ISR），运行 ISR 后，一般会返回原处继续运行[①]。该过程就好像一个人正在做一件事，突然被另外一件更紧急的事打断，转而去处理另外一件事，然后再回到原来那件事继续。

引起 CPU 中断的事件称为**中断源**，一个芯片具有哪些中断源是在芯片设计阶段确定的。

D1-H 内部含有一个平台级中断控制器（Platform-Level Interrupt Controller，PLIC），用于协助 CPU 处理中断问题，最多支持 256 个中断源的采样。用户通过对 PLIC 的有关寄存器编程，可以获得中断源的编号，并根据中断源编号调用相应的中断服务例程。D1-H 支持的中断源如表 3-2 所示，为了简洁，该表只给出几个例子，实际编程时，可直接查看样例工程的 03_MCU\startup\interr.h 文件，该文件中含有中断号枚举量（可通过搜索模块名找到），例如，D1_IRQ_UART0＝18，编程时可以直接使用 D1_IRQ_UART0。关于中断的编程方法将在第 6 章阐述。

表 3-2　D1-H 中断向量表

中断向量号	中 断 源	描 述
0～17	保留	
18～23	UART0～UART5	UART0～5 全局中断
24	保留	
25～28	TWI0～TWI3	TWI0～3 全局中断
29～30	保留	
31～32	SPI0～SPI1	SPI0～1 全局中断
33	保留	
34	PWM	PWM 全局
…	实际使用时，直接在工程的 03_MCU\startup\interr.h 文件中查中断号	

3.2　D1-H 的硬件最小系统

学习一个微处理器，必须让其能够运行程序。微处理器要能够运行程序，必须给它供电，还要给一些引脚加上特定的信号，这涉及硬件最小系统的概念。

3.2.1　硬件最小系统的概念

硬件最小系统是指能使用户程序能够运行所必需的最小规模的外围电路，它为芯片提供电源、晶振、复位和程序写入等服务。要使一个芯片可以运行程序，必须为它做好服务工作，也就是要找出哪些引脚需要我们提供服务，以满足用户程序运行。

要设计出微处理器的硬件最小系统，需从引脚功能分析入手。

[①]　有关中断的知识，将在 6.4 节较为详细地阐述。

3.2.2　D1-H 的引脚功能

1. D1-H 芯片引脚分类

本书使用的 D1-H 芯片为 337 引脚 LFBGA 封装,引脚排列参见 D1-H 数据手册的第 7 章,功能描述参见数据手册的第 4 章。

对于 D1-H 芯片的 337 个引脚,看似很多,只要从硬件最小系统概念出发,按照"需要我们为它提供服务的引脚,以及它为我们提供服务的引脚"分成两大类,需要我们为它提供服务的引脚就是硬件最小系统引脚。

2. D1-H 芯片的硬件最小系统引脚

经过分析,D1-H 的硬件最小系统引脚见表 3-3,也就是说,这些引脚需要我们为它服务好。主要有电源与地类、复位、晶振、外接 RAM 芯片、外接 Flash 芯片以及程序写入类引脚。

表 3-3　D1-H 硬件最小系统引脚表

序号	类　别	引　脚　名		功 能 描 述
1	电源与地类引脚	VDD-CPU、SYS		CPU、系统总线等供电
		AVCC		模拟部分电源,可为 ADC、DAC 等供电
		VCC-IO		数字部分电源,为 GPIOB、USB 等供电
		VCC-DRAM、VDD18-DRAM		为外接 RAM 芯片供电
		VCC-PC～VCC-PG		分别为 GPIO 模块的 C～G 口供电
		VCC-RTC、PLL、LVDS、TVIN、TVOUT、HDMI、EFUSE、DCXO、HPVCC		有关 RTC、PLL 等模块供电
		LDO-IN、LDOA-OUT、LDOB-OUT		内部 LDOA/B 输入/输出电压
		GND		地(90 个)
		GND-TVIN、AGND		TVIN、模拟地
2	复位引脚	RESET		双向引脚,需外接上拉电阻,作为输入,拉低可使芯片复位
3	晶振引脚	DXIN、DXOUT X32KIN、X32KOUT		外部无源晶振输入/输出引脚
4	外接 RAM 芯片引脚	地址	SA0～SA15、…	外接 RAM 芯片的地址线
		数据	SDQ0、SDQ1、…	外接 RAM 芯片的数据线
		控制	SCKP、SCKN、SCKE0、SCKE1、…	外接 RAM 芯片的控制线
5	外接 Flash 芯片引脚	S-CS0、S-MISO、S-WP、S-HOLD、S-CLK、S-MOSI		使用 SPI 接口外接 Flash 芯片
6	程序写入类引脚	固件交换启动(Fireware Exchange Launch,FEL)引脚		启动时检测该引脚状态以进入不同的工作模式,低电平进入 FEL 模式,该模式下可用全志开发工具烧写 Flash
		OTG 模块:USB0-DP、USB0-DM、PD21、USBVBUS		通过 OTG 接口可以进行程序的写入等功能

（1）**电源与地**。芯片要能工作,必须将电源与地接好。因制造工艺方面的原因,在芯片内部制造电容有难度,设计芯片外围硬件最小系统时,需要在靠近芯片的电源与地引脚之间接滤波电容[①]。在337引脚LFBGA封装的D1-H芯片中,有电源与地类引脚135个,这是为了更好地供电平衡,使芯片CPU及各个模块稳定地工作。

（2）**复位引脚**。复位,意味着芯片一切重新开始,其引脚名为RESET。若复位引脚有效(D1-H是低电平有效),则会引起芯片复位。D1-H芯片的复位引脚需要外接上拉电阻。若这个引脚再外接一个按钮(按下即两端导通)的一端,按钮的另一端接地,这个按钮就称为复位按钮,按下复位按钮然后放开,可使芯片复位。从复位时芯片是否处于上电状态来区分,复位可分为冷复位和热复位。芯片从无电状态到上电状态的复位属于冷复位,芯片处于带电状态时的复位叫热复位。操作复位按钮的复位属于热复位。从RAM的内容来看,冷复位后RAM的内容是随机的,热复位后RAM的内容会保持复位前的状态,即热复位并不会引起RAM中内容的丢失,实际编程时,可以利用这一特性判定热复位与冷复位。

（3）**晶振引脚**。计算机的工作需要一个时间基准,这个时间基准由时钟源(如晶振)电路提供。晶振电路为处理器提供稳定的时钟信号,确保其按预定频率工作。D1-H的DXIN引脚连接到外部晶振的输入端,用于接收来自外部晶振的时钟信号;DXOUT引脚连接到外部晶振的输出端,用于提供时钟信号回路,DXIN和DXOUT引脚通常用于高频晶振,例如,用于系统时钟或处理器时钟。X32KIN、X32KOUT引脚分别为32kHz外部晶振的输入端与输出端,主要用于实时时钟RTC或低功耗模式下的时钟源。

（4）**外接RAM芯片引脚**。D1-H的片内RAM大小仅有32KB,需要外接RAM芯片,RAM一般用来存储全局变量,静态变量,临时变量(堆栈空间)等。D1-H提供外接RAM芯片所需要的地址、数据、控制引脚。

（5）**外接Flash芯片引脚**。D1-H芯片无内置Flash,通过SPI接口外接Flash芯片。Flash作为一种非易失存储器,能够在断电的情况下保留数据,可用于存储程序代码、常量等。

（6）**程序写入类引脚**。芯片启动时检测FEL引脚状态以进入不同的工作模式,低电平进入FEL模式,该模式下可用全志开发工具烧写Flash,通过USB OTG接口可以将程序写入Flash中。高电平进入介质引导模式,该模式下可从非易失性存储介质中加载程序,以便运行用户程序。

3. 功能类引脚

除了需要为芯片服务的引脚(硬件最小系统引脚)之外,芯片的其他引脚若是向外提供服务的,则可称之为I/O端口资源类引脚,见表3-4。这些引脚一般具有多种复用功能。

---

　①　滤波电容容量大小的确定方法。一般来说,芯片手册会给出参考值,根据D1-H芯片手册,其滤波电容分别为$2\mu F$、10nF。相对容量大的电容滤低频波,容量小的电容滤高频波,这是因为大电容充放电比小电容充放电慢,而滤波就是基于电容充放电原理实现的。

表 3-4　D1-H 对外提供 I/O 端口资源类引脚表

端口号	引脚数	引脚名	硬件最小系统复用引脚
B	13	PTB[0-12]	PTB12、PTB9、PTB8、PTB5、PTB4、PTB1、PTB0
C	8	PTC[0-7]	PTC2、PTC3、PTC4、PTC5、PTC6、PTC7
D	23	PTD[0-22]	PTD16、PTD21
E	18	PTE[0-17]	
F	7	PTF[0-6]	
G	19	PTG[0-18]	
合计	88		
说明		本书中所涉及的 GPIO 端口如 PTB 引脚与 PB 引脚同义,均可作为 Port B 的缩写	

D1-H(337 引脚 LFBGA 封装)具有 88 个 I/O 引脚,这些引脚均具有多个功能,在芯片启动(或上电复位时),会立即被配置为高状态通用输入引脚,并具有内部上拉。启动过程将重新配置部分引脚(主要是硬件最小系统引脚)用于支持芯片的运行。芯片启动后,用户程序可按需配置其他引脚。

【思考一下】 把引脚分为硬件最小系统引脚与对外提供服务的功能类引脚对嵌入式系统的硬件设计有何益处?

3.2.3　D1-H 硬件最小系统设计

D1-H 硬件最小系统电路的介绍见电子资源的 02-Hardware 文件夹,下面给出简要说明。

1. 电源及其滤波电路

D1-H 的电源类引脚较多,用来减小电流环路并提供足够的电流,一些模块也有单独电源与地的引出脚。为了保持芯片电流平衡,电源分布于各边。为了使电源电压稳定,所有电源引出脚必须外接适当的滤波电容,以减小芯片运行对电源的影响。至于需要外接电容,是由于集成电路制造技术无法在芯片内部集成足够大的电容。电源滤波电路可改善系统的电磁兼容性、增强电路工作的稳定性。D1-H 拥有 23 个电源类引脚,本系统采用 5V 电源输入,转换为芯片工作电源(3.3V),CPU 需要 0.9V 电压,外接 RAM 需要 1.5V 电压,本书选取蕊源公司的 RY3408 和 RY3420 电源转换芯片用于产生上述电压。

【思考一下】 实际布板时,电源与地之间的滤波电容为什么要靠近芯片电源引脚?简要说明电容容量大小与滤波频率的关系。

2. 复位电路

复位电路如图 3-1 所示,芯片的复位引脚 RESET 平时被上拉到 3.3V,若按下复位按钮,则为低电平,芯片复位。电路中的电容可以减少抖动。

特别提示:本书基于 D1-H 构建的通用嵌入式计算机 AHL-D1-H 开发板,该板上的复位按钮的主要作

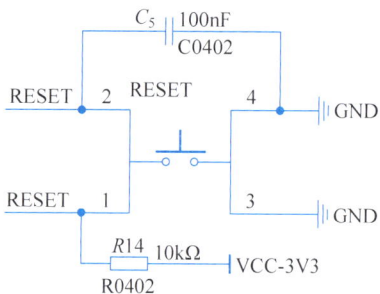

图 3-1　复位电路

用是：若用户程序因未知原因导致下载时 GEC 连接不上，则可以按下复位按钮，绿灯闪烁一下，继续操作六次以上，返回 BIOS 状态，绿灯闪烁，此时可继续连接下载用户程序。

3．晶振电路

晶振通过振荡的形式产生时钟源，为系统提供工作时钟。D1-H 通过内部 16MHz 晶振和外部 24MHz、32.768kHz 晶振为系统提供工作时钟，晶振连接在晶振输入引脚和晶振输出引脚之间，外部 24MHz、32.768kHz 晶振电路如图 3-2 所示。图 3-2(a)中 24MHz 无源晶振连接在芯片晶振输入引脚（DXIN 脚）与晶振输出引脚（DXOUT 脚）之间，两个电容称为起振电容。实际上，两个电容有一定偏差，否则晶振不会起振；而电容制造过程总会有一个微小的偏差，以满足起振条件。若使用内部时钟源，那么这个外接晶振电路就可以不焊接。

【思考一下】　通过查阅资料，了解一下晶振有哪些类型，简述其工作原理。

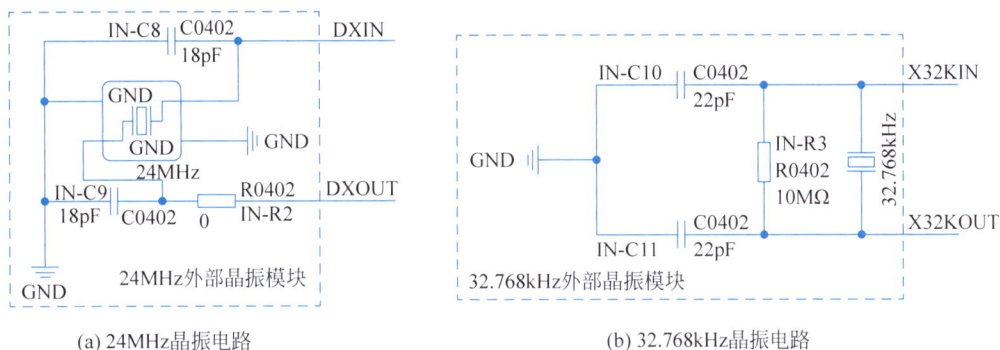

(a) 24MHz晶振电路　　　　　　　(b) 32.768kHz晶振电路

图 3-2　外部晶振电路

4．程序下载电路

嵌入式软件开发与 PC 软件开发主要的不同点在于，开发 PC 程序，就地运行；而开发嵌入式软件，PC 作为工具机，嵌入式程序必须下载到嵌入式终端才能运行。程序下载电路为程序下载提供了硬件基础。程序下载有许多方式，通过 Type-C 接口进行机器码的下载，称之为 OTG[①] 接口，它需要配合固件交换启动（FEL）引脚使用。当 D1-H 上电复位后，会检测 FEL 引脚的状态，若 FEL 引脚为低电平，则进入强制程序下载模式。OTG 接口亦可以为芯片供电，其电路如图 3-3 所示，FEL 电路如图 3-4 所示。

在本书中，OTG 用于写入 BIOS，随后在 BIOS 支持下，进行嵌入式系统的学习与应用开发。

5．外接 RAM 芯片电路

AHL-D1-H 的外接 RAM 芯片 DDR3 SDRAM，型号为 H5TQ4G63EFR-RDC，封装形式为 FBGA-96，容量大小为 512MB，地址范围是 0x4000_0000 ～ 0x6000_0000[②]。用途为运

---

①　OTG 是 On-The-Go 的缩写。2001 年 12 月由 USB 标准化组织公布，主要应用于不同设备间的数据交换，2014 年左右开始在市场普及。

②　起始地址 0x4000_0000 是由硬件电路决定的，大小为 0x2000_0000，转为十进制形式就是 512MB。因为 1MB=1024×1024=0x10_0000，512MB=512×1024×1024=0x2000_0000。

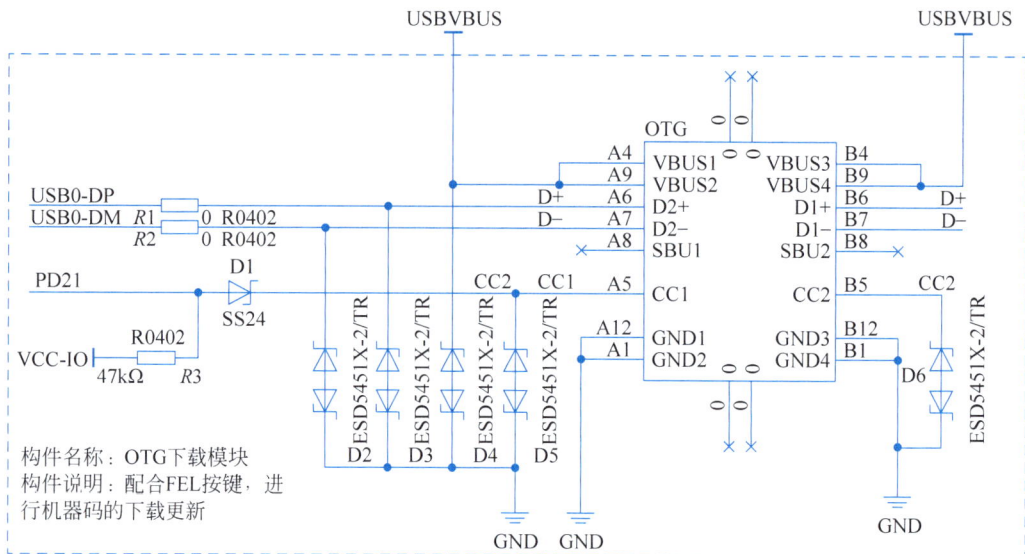

图 3-3　OTG 下载电路

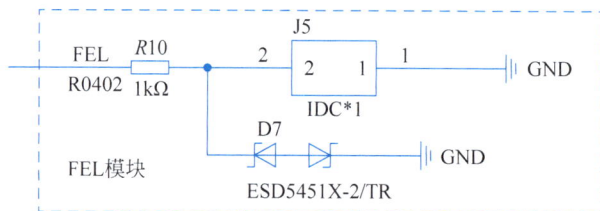

图 3-4　FEL 按键电路

行前导入程序,数据也在其中。具体电路参见电子资源 02-Hardware\AHL-D1-H 硬件电路图.pdf。

6. 外接 Flash 芯片电路

AHL-D1-H 的外接 Flash 片 Nand Flash,型号为 MX35LF2GE4AD-Z4I,封装形式为 WSON-8,接口为串行外设接口(Serial Peripheral Interface,SPI),容量大小为 256MB,映射的地址范围为 0x0000_0000-0x1000_0000。在 D1-H 芯片的内置非易失存储器中,生产厂家驻留了引导程序,可以在芯片启动时将外接 SPI 接口连接的 Flash 存储器中的程序导入 RAM 中运行。具体电路参见电子资源 02-Hardware\AHL-D1-H 硬件电路图.pdf。

3.3　由 D1-H 构建通用嵌入式计算机

嵌入式计算机一般来说是一个微型计算机,目前嵌入式系统开发模式大多数是从"零"做起,也就是说,硬件从 MPU(或 MCU)芯片做起,软件从自启动开始,这增加了嵌入式系统的学习与开发难度。MPU 性能的不断提高及软件工程概念的普及,为解决这些问题提供了契机。若能像通用计算机那样,把制作计算机与用计算机的工作两件事分开,便可以提高软件可移植性,降低嵌入式系统的开发门槛,这种方法对嵌入式人工智能、物联网、智能制造等嵌入式应用领域将会形成有力推动。

3.3.1　嵌入式系统应用开发方式存在的问题与解决办法

1. 嵌入式系统应用开发方式存在的问题

微处理器 MPU 是嵌入式设备的核心,承担着传感器采样、滤波处理、融合计算、通信、控制执行机构等功能。MPU 生产厂家往往配备一本厚厚的参考手册,少则几百页,多则近千页。许多厂家也会给出软件开发包(Software Development Kit,SDK)。但是,MPU 的应用开发人员通常需要花费太多的精力在底层驱动上,嵌入式系统应用的开发方式存在软硬件设计颗粒度低、可移植性弱等问题。

(1) 硬件设计颗粒度低。以窄带物联网(Narrow Band Internet of Things,NB-IoT)终端(Ultimate-Equipment,UE)为例说明硬件设计颗粒度问题。通常在 NB-IoT 终端 UE 的硬件设计中,首先应选一款 MPU、一款通信模组、一款 eSIM 卡,然后根据终端 UE 的功能,开始 MPU 最小系统设计、通信适配电路设计、eSIM 卡接口设计及其他应用功能设计,在这个过程中,有许多共性的步骤。

(2) 寄存器级编程,软件编程颗粒度低,门槛较高。MPU 参考手册属于寄存器级编程指南,是终端工程师的基本参考资料。例如,要完成一个串行通信程序,需要用到波特率寄存器、控制寄存器、状态寄存器、数据寄存器等,一般情况下,工程师会针对所使用的芯片,封装其驱动。即使利用厂家给出的 SDK,也要费一番周折。无论如何,有一定技术门槛,花费不少时间。此外,工程师面向个性产品制作,不具备社会属性,常常弱化可移植性。

(3) 可移植性弱,更换芯片困难,影响产品升级。一些厂家的某一嵌入式产品使用一个 MPU 芯片多年,有的芯片甚至已经停产,且价格较贵,但由于早期开发可移植性较弱,更换芯片需要较多的研发投入,因此,即使新的芯片性价比高,也较难更换。对于嵌入式设备开发,如何做到更换其型号,而原来的软件不变,是值得深入分析思考的。

2. 解决嵌入式设备开发方式颗粒度低与可移植性弱的基本方法

针对嵌入式系统应用开发方式存在颗粒度低、可移植性弱的问题,必须探讨如何提高硬件颗粒度、如何提高软件颗粒度、如何提高可移植性,做到这三个"提高",就可大幅度降低嵌入式系统应用开发的难度。

(1) 提高硬件设计的颗粒度。若能将 MPU 及其硬件最小系统、基本外设及其适配电路,做成一个整体,则可提高嵌入式系统硬件开发颗粒度。硬件设计也应该从元件级过渡到以硬件构件为主,辅以少量接口级、保护级元件,以提高硬件设计的颗粒度。

(2) 提高软件编程颗粒度。针对大多数以 MPU、MCU 为核心的嵌入式系统,可以通过面向知识要素角度设计底层驱动构件,将编程颗粒度从寄存器级提高到以知识要素为核心的构件级。以 GPIO 为例阐述这个问题。共性知识要素是:引脚复用成 GPIO 功能、初始化引脚方向;若定义成输出,则设置引脚电平;若定义成输入,则获得引脚电平,等等。寄存器级编程涉及引脚复用寄存器、数据方向寄存器、数据输出寄存器、引脚状态寄存器等。寄存器级编程因芯片不同,其地址、寄存器名字、功能而不同。可以面向共性知识要素编程,将寄存器级编程不同之处封装在内部,将编程颗粒度提高到知识要素级。

(3) 提高软硬件可移植性。对于特定厂家提供的 SDK,应注意可移植性。但是由于厂家之间的竞争关系,其社会属性被弱化。因此,让芯片厂家工程师从共性知识要素角度封装底层硬件驱动,有些勉为其难。科学界必须从共性知识要素本身角度研究这个问题。把共性抽象出来,面向知识要素封装,将个性化的寄存器屏蔽在构件内部,这样才能使得应用层编程具有可移植性。在硬件方面,遵循硬件构件的设计原则,提高硬件可移植性。

3.3.2 提出 GEC 概念的时机、GEC 定义与特点

1. 提出 GEC 概念的时机

要想能够做到提高编程颗粒度、提高可移植性,可以借鉴通用计算机(General Computer)的概念与做法,在一定条件下,研制通用嵌入式计算机(General Embedded Computer,GEC),将基本输入/输出系统(Basic Input and Output System,BIOS)与用户程序分离开来,实现彻底的工作分工。GEC 虽然不能涵盖所有嵌入式开发,但可涵盖其中大部分。

GEC 概念的实质是将面向寄存器编程提高到面向知识要素编程,从而提高编程颗粒度。但是,这样做也会降低实时性。弥补实时性降低的方法是提高芯片的运行时钟频率。目前 MPU 的总线频率是早期 MPU 总线频率的几十倍,甚至几百倍,因此,更高的总线频率为提高编程颗粒度提供了物理支撑。

另外,软件构件技术的发展与认识的普及也为提出 GEC 概念提供了机遇。嵌入式软件开发人员越来越认识到软件工程对嵌入式软件开发的重要支撑作用,也意识到掌握和应用软件工程的基本原理对嵌入式软件的设计、升级、芯片迭代与维护等方面,具有不可或缺的作用。因此,从"零"开始的编程,将逐步分化为构件制作与构件使用两个不同层次,也为嵌入式人工智能提供了先导基础。

2. GEC 定义及基本特点

通用嵌入式计算机(GEC)是一个具有特定功能的嵌入式计算机,但其软硬件开发方式类似于通用计算机的组装和软件开发。其与传统嵌入式设备开发区别体现在硬件与软件两个方面。在硬件上,把嵌入式设备硬件最小系统及面向具体应用的共性电路封装成一个整体,为用户提供 SOM 级可重用的硬件实体,并按照硬件构件要求进行原理图绘制、文档撰写及硬件测试用例设计。在软件上,把嵌入式软件分为 BIOS 程序与 User 程序两部分。BIOS 程序先于 User 程序固化于非易失存储器(如 Flash)中,启动时,BIOS 程序先运行,随后转向 User 程序。BIOS 面向知识要素的底层驱动构件,并为 User 程序提供函数原型级调用接口。

与传统嵌入式系统对比,GEC 具有硬件直接可测性、用户软件的编程快捷性与可移植性三个基本特点。

（1）GEC硬件的直接可测性。与一般嵌入式设备不同，GEC类似于PC，通电后可直接可运行内部的BIOS程序，BIOS驱动保留使用的小灯引脚，高低电平切换（在GEC上，可直接观察到小灯闪烁）。可利用AHL-GEC-IDE开发环境，使用串口连接GEC，直接将User序写入GEC，User程序中包含类似于PC程序调试的printf语句，通过串口向PC输出信息，实现了GEC硬件的直接可测性。

（2）GEC用户软件的编程快捷性。与一般MPU不同，GEC内部驻留的BIOS与PC上电过程类似，完成系统总线时钟初始化；提供一个系统定时器，提供时间设置与获取函数接口；BIOS内驻留了嵌入式常用驱动，如GPIO、UART、ADC、Flash、I2C、SPI、PWM等，并提供了函数原型级调用接口。利用User程序的不同框架，用户软件不需要从"零"编起，而是在相应框架基础上，充分应用BIOS资源，实现快捷编程。

（3）GEC用户软件的可移植性。与一般MPU软件不同，GEC的BIOS软件由GEC提供者研发完成，随GEC芯片而提供给用户，即软件被硬件化了，具有通用性。BIOS驻留了大部分面向知识要素的驱动，提供了函数原型级调用接口。在此基础上编程，只要遵循软件工程的基本原则，GEC用户软件就可具有较高的可移植性。

3.3.3　由D1-H构成的GEC

本书以D1-H为核心构建一种通用嵌入式计算机，命名为AHL-D1-H，作为本书的主要实验平台，在此基础上可以构建各种类型的GEC。

1. AHL-D1-H硬件系统基本组成

图3-5给出了D1-H硬件图，内含D1-H芯片及其硬件最小系统、三色灯、复位按钮、两个USB-Type-C口（其中一个通过USB转串口芯片提供二路UART接口）、DDR3存储器、电源模块1(5V转0.9V，CPU)、电源模块2(5V转3.3V)、电源模块1(5V转0.9V，SYS)、电源模块4(5V转1.5V，RAM)、温度传感器、SPI Nand Flash等基本组成，见表3-5。

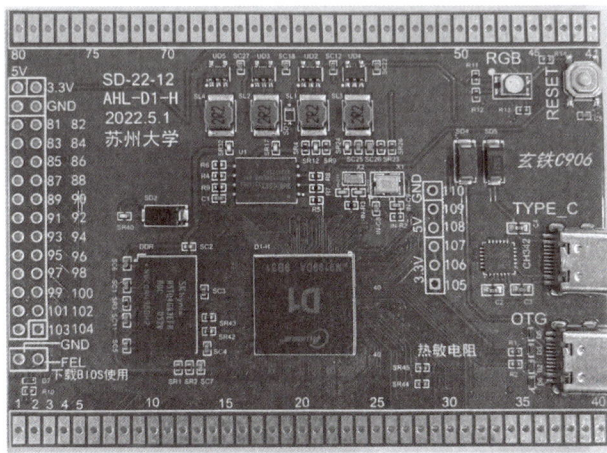

图 3-5　AHL-D1-H 硬件图

表 3-5 AHL-D1-H 的基本组成

序号	部 件	功 能 说 明
1	三色灯	红、绿、蓝
2	温度传感器	热敏电阻在温度变化情况下,有明显的电阻变化,可以利用这种性质来检测温度
3	USB-Type-C 串口	Type-C 接口,与工具计算机通信,下载程序,用户串口
4	FEL 接口	上电时通过拉低该接口(接地)使芯片进入 FEL 模式
5	复位按钮	用户程序不能写入时,按此按钮 6 次以上,绿灯闪烁,可继续下载用户程序
6	MPU	微处理器(D1-H):CPU 为 64 位 RISC-V 处理器 C906
7	5V 转 3.3V 电路	实验时通过 Type-C 线接 PC,5V 引入本板,在板上转为 3.3V
8	SPI Nand Flash	使用 SPI 通信的非易失性存储介质
9	DDR3	第三代双倍数据速率同步动态随机存取存储器(SDRAM)

下面对 AHL-D1-H 中的三色灯、USB-Type-C 口、SPI Nand Flash、复位按钮、DDR3 等做一个简要说明。

(1) LED 三色灯。红(R)、绿(G)、蓝(B)三色灯电路原理图,如图 3-6 所示。三色灯的型号为 1SC3528VGB01MH08,内含红、绿、蓝三个发光二极管。在图 3-6 中,每个二极管的负极外接限流电阻后接入 D1-H 引脚,只要 D1-H 内的程序控制相应引脚输出低电平,对应的发光二极管就亮起来了,达到软件控制硬件的目的。

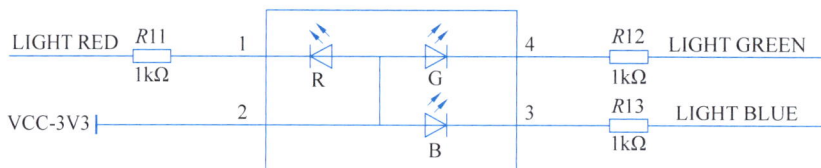

图 3-6 三色灯电路图

【思考一下】 上网查一下三色灯 1SC3528VGB01MH08 的芯片手册,其内部发光二极管的额定电流是多少? 为了延长三色灯的使用寿命,限流电阻应该适当增大还是适当减少? 限流电阻增大或减少带来的影响是什么?

(2) 热敏电阻。AHL-D1-H 除了其 MPU 内部有温度传感器外,图 3-5 的下侧还有一个区域标有"热敏电阻"字样,这是一个外接温度传感器,即热敏电阻,用于测量环境温度。其电路及编程方法将在 8.2 节中阐述。

(3) Type-C 串口。用于使用 Type-C 线将 GEC 与 PC 的 USB 连接起来,实质是串行通信连接,用 USB 接口模拟串口是为了使用方便,现在的 PC 和笔记本计算机已经逐步取消了串行通信接口,将在第 6 章对此进行阐述。

(4) FEL 接口。FEL 负责将外部数据写入本地的 NVM。在 Normal BROM 模式下,系统从 CPU0 启动,然后 BROM 中的程序读取 FEL 引脚的状态。若 FEL 引脚为高电平,则系统进入快速启动过程;若 FEL 引脚为低电平,则系统将跳转到强制升级过程。

(5) 复位按钮。图 3-5 的右上部有个按钮,其作用是热复位。其特别功能是,在短时间内连续按 6 次以上,GEC 进入 BIOS 运行状态,可以进行用户程序下载,用于解决特殊情况下用户程序导致的 BIOS 无法连接 PC 的问题,如用户程序不小心关闭中断,基于 BIOS 的串口程序下载服务需要开放中断。

(6) 微处理器(MPU)。本书选用的是以玄铁 C906 RISC-V 为核心的 D1-H 系列 MPU,后面在叙述过程中,也使用 MCU 一词,不区分 MCU 与 MPU,均作为微型计算机来看待。

(7) 5V 转 3.3V 电路。实验时通过 Type-C 线接 PC 机,5V 引入本板,在板上转为 3.3V。为 MCU 和用户的硬件供电。

(8) SPI Nand Flash。使用 SPI 通信的非易失性存储介质,Nand Flash 的特点是高读写速度以及低成本实现大容量存储空间。但因其无法按字节读取,所以程序需要先将之复制至 SDRAM 中,再从 SDRAM 运行。

(9) DDR3(SDRAM)。第三代双倍数据速率同步动态随机存取存储器(Double Data Rate Type 3 Synchronous Dynamic Random-Access Memory)是一种计算机内存规格。它属于 SDRAM 家族的内存产品,提供了相较于 DDR2 SDRAM 更高的运行效能与更低的电压,是 DDR2 SDRAM 的后继者,也是嵌入式设备中流行的内存产品规格。

2. AHL-D1-H 的对外引脚

AHL-D1-H 的对外引脚说明参见附录 A。

本章小结

1. 关于初识一个微处理器

初识一个 MPU 首先要从认识型号标识开始,可以从型号标识中获得芯片家族、产品类型、具体特性、引脚数目、Flash 大小、温度范围、封装类型等信息,这些信息是选择芯片的基本要求;其次了解 RAM 及 Flash 的大小、地址范围,以便设置链接文件,为程序编译及写入做好准备;最后了解中断源及中断向量号,为中断编程做准备。

2. 关于硬件最小系统

一个芯片的硬件最小系统是指可以使内部程序运行所必需的最低规模的外围电路,也可以包括写入器接口电路。使用一个芯片,必须完全理解其硬件最小系统。硬件最小系统引脚是我们必须为芯片提供服务的引脚,包括电源、晶振、复位接口等,做好这些服务之后,其他引脚就可以为用户提供服务了。硬件最小系统电路中着重掌握电容滤波原理及布板时靠近对应引脚的基本要求。

3. 关于利用 D1-H 芯片构建通用嵌入式计算机

引入通用嵌入式计算机概念的目的不仅是降低硬件设计复杂度,更重要的是降低软件开发难度。硬件上,使其只要供电就可工作,关键是其内部有 BIOS。BIOS 不仅可以驻留构件,还可以驻留实时操作系统,提供方便灵活的动态指令[①]等。在最小的硬件系统基础

---

① 动态指令用于扩展嵌入式终端的非预设功能,用于深度嵌入式开发中,这里了解即可,不作深入阐述。

上，辅以 Wi-Fi、NB-IoT、5G 等，可以形成不同应用的 GEC 系列，为嵌入式人工智能与物联网的应用提供技术基础。

习题

1. 说明 AHL-D1-H 的 RAM 及 Flash 大小、地址范围。

2. 中断的定义是什么？什么是内核中断？什么是非内核中断？给出 D1-H 芯片的中断个数。

3. 什么是芯片的硬件最小系统？它由哪几部分组成？简要阐述各部分的技术要点。

4. 谈谈你对通用嵌入式计算机的理解。

5. 若不用 D1-H 芯片的引脚直接控制三色灯，给出 D1-H 引脚通过三极管控制三色灯的电路。

6. 说明主存及映像寄存器的概念。

第 **4** 章

GPIO及程序框架

本章导读 本章是全书的重点和难点之一,需要深入透彻理解,达到快速且规范入门的目的。主要内容包括:

(1) GPIO 基础知识;

(2) 以 GPIO 构件为基础的编程方法,这是最简单的嵌入式系统程序,希望从这里进入嵌入式系统的大门;

(3) 给出 GPIO 构件的制作过程,这是第一个底层驱动构件设计样例,有一定难度;

(4) 给出汇编工程模板,利用汇编程序点亮一个发光二极管,通过这个例程,可以更透彻地理解软件是如何干预硬件工作的。

4.1 GPIO 基础知识

视频讲解

GPIO 是嵌入式应用开发最常用的功能,用途广泛,编程灵活,是嵌入式系统入门阶段的重点和难点之一。

4.1.1 GPIO 概念

输入/输出(Input/Output,I/O)接口,是 MCU 与外部设备进行数据交换的通道,它是由若干专用寄存器和相应控制逻辑组成的电路。在嵌入式系统中,接口种类很多,有人机交互接口,如键盘、显示器等;也有无人介入的接口,如串行通信接口、USB 接口、以太网接口等。

通用输入/输出(General Purpose Input/Output,GPIO)是 I/O 的最基本形式,其含义是:若作为输出引脚,则 MCU 内部程序可控制该引脚的状态,使得引脚输出 1 或 0,即开关量输出;若作为输入引脚,则 MCU 内部程序可以获取该引脚的状态,以确定该引脚是 1 或 0,即开关量输入。大多数 GPIO 引脚可以通过编程来设定其工作方式为输入或输出,称之为双向通用 I/O。

至于逻辑 1 或 0 与实际物理电平的对应,在采用正逻辑情况下,电源(V_{cc})代表高电平,对应数字 1;地(GND)代表低电平,对应数字 0。

4.1.2　输出引脚的基本接法

作为通用输出引脚,MCU 内部程序向该引脚输出高电平或低电平来驱动器件工作,即开关量输出,通常有两种接法:一种是直接连接负载接法,另一种是经过驱动电路连接负载,如图 4-1 所示。

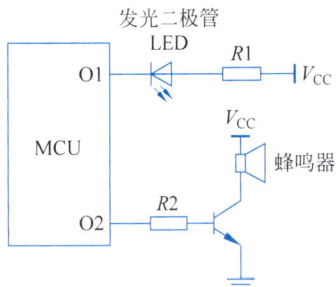

图 4-1　GPIO 引脚作为输出功能的外接电路

1. 直接连接负载

MCU 输出引脚 O1 直接连接发光二极管 LED 的负极,发光二极管 LED 的正极过限流电阻 $R1$①接电源 V_{CC}。由于二极管具有单向导电性,当 O1 引脚为高电平时,LED 不亮;当 O1 引脚为低电平时,LED 点亮。这种接法的驱动电流一般为 2~5mA,因为需要直接吸纳 MCU 引脚电流,而 MCU 引脚能直接承载的电流很小,所以这种接法较少使用。

2. 经过驱动电路连接负载

MCU 输出引脚 O2 通过一个 NPN 三极管驱动蜂鸣器,当 O2 引脚输出高电平时,三极管导通,蜂鸣器响;当 O2 引脚输出低电平时,三极管截止,蜂鸣器不响。由于 MCU 的引脚 O2 是过电阻 $R2$ 接 NPN 三极管的基极,因此这种接法只需吸纳 O2 引脚上的毫安级电流,即可控制需要驱动电流 100mA 左右的负载。若负载需要更大的驱动电流,则必须采用光电隔离外加其他驱动电路,但对 MCU 编程来说,没有任何影响。

4.1.3　上拉下拉电阻与输入引脚的基本接法

芯片输入引脚的外部有三种不同的连接方式:带上拉电阻的连接、带下拉电阻的连接和"悬空"连接。若 MCU 的某个引脚通过一个电阻接到电源(V_{CC})上,这个电阻被称为"上拉电阻";若 MCU 的某个引脚通过一个电阻接到地(GND)上,则相应的电阻被称为"下拉电阻"。这种做法使悬空的芯片引脚被上拉电阻或下拉电阻初始化为高电平或低电平。根据实际情况,上拉电阻与下拉电阻取值为 1~10kΩ,阻值大小与静态电流及系统功耗有关。

图 4-2 给出了一个 MCU 的输入引脚的三种外部连接方式。假设 MCU 内部没有上拉或下拉电阻,图 4-2 中的引脚 I3 上的开关 K3 采用悬空方式连接就不合适,因为 K3 断开时,引脚 I3 的电平不确定,其中,$R1 \gg R2$,$R3 \ll R4$,各电阻的典型取值为:$R1 = 10k\Omega$,$R2 = 200\Omega$,$R3 = 200\Omega$,$R4 = 10k\Omega$。

【思考一下】　上拉电阻的实际取值如何确定?

---

①　也可以称之为分压电阻。发光二极管导通发光时,一般压降稳定在 0.9V 左右,其他电压落在电阻 $R1$ 上,根据欧姆定律,电路中电流为($V_{CC} - 0.9$)/$R1$。

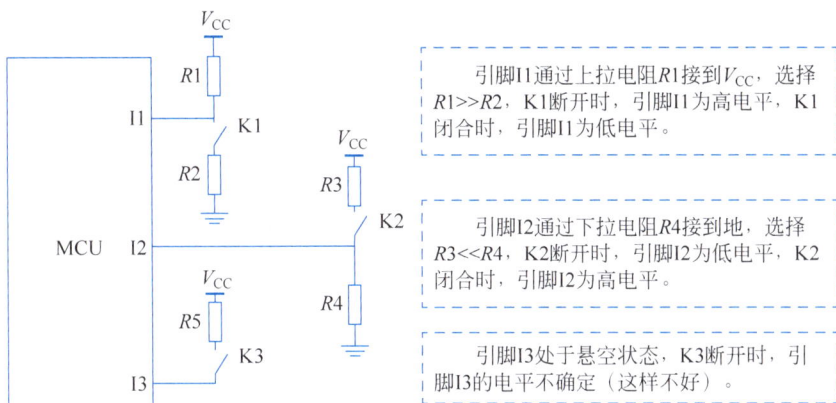

图 4-2　通用 I/O 引脚输入电路接法举例

4.2　软件干预硬件的方法

嵌入式系统编程的一个重要任务是软件干预硬件。为了能够较快地理解软件如何干预硬件,本节通过使用 GPIO 构件来点亮一盏小灯的编程,直观体会软件干预硬件的基本方法。该样例工程见电子资源"03-Software\CH04\GPIO-Output-Component"。

4.2.1　AHL-D1-H 的 GPIO 引脚

要使用 GPIO 构件编程,首先要了解开发板上哪些引脚具备 GPIO 功能。根据附录 A 中 AHL-D1-H 的对外引脚功能表(见表 A-2),GPIO 引脚分为 B~G 口,每个口有若干引脚可作为 GPIO 引脚。

(1) B 口有 6 个引脚,表 A-2 中标记为 PB11、PB10、PB7、PB6、PB3、PB2,对应 GEC 引脚分别为 GEC1~GEC5、GEC2。

(2) C 口有 2 个引脚,表 A-2 中标记为 PC1、PC0,对应 GEC 引脚分别为 GEC58、GEC59。

(3) D 口有 21 个引脚,表 A-2 中标记为 PD0~PD15,对应 GEC 引脚分别为 GEC81~96;表中标记 PD17~PD20、PD22,对应 GEC 引脚分别为 GEC98~GEC101、GEC102。

(4) E 口有 18 个引脚,表 A-2 中标记为 PE17~PE0,对应 GEC 引脚分别为 GEC63~GEC80。

(5) F 口有 7 个引脚,表 A-2 中标记为 PF6~PF0,对应 GEC 引脚分别为 GEC51~GEC57。

(6) G 口有 19 个引脚,表 A-2 中标记为 PG18~PG0,对应 GEC 引脚分别为 GEC32~GEC50。

为适应各个芯片的统一编程,编程时 B 口使用 PTB,C 口使用 PTC 等。**在 AHL-D1-H**

开发板中,红色小灯接 **PTB5**、绿色小灯接 **PTB12**、蓝色接 **PTB4**,低电平点亮,GEC 没有引出脚。

4.2.2　GPIO 构件 API

嵌入式系统的重要特点是软件和硬件相结合,作为 MCU 输出,可以通过软件控制外部硬件动作,作为 MCU 输入,可以通过软件获得外部硬件的状态。通常情况下,软件与某一硬件打交道,可以使用驱动构件,也就是封装好的一些函数,编程时通过调用这些函数,干预硬件。这样就可以将制作构件与使用构件的工作分成不同过程。就像建设桥梁,先做标准预制板一样,这个标准预制板就是构件。使用构件与制作构件的难度不在一个层级,使用构件比制作构件难度要小得多,根据先易后难的原则,我们先使用构件编程,再了解构件如何制作。

1. 软件如何干预硬件

先来看看软件是如何干预硬件的。例如,想点亮开发板上三色灯中的蓝色 LED 小灯,由图 3-6 三色灯电路可知,只要使 LIGHT_BLUE 的引脚为低电平,由于二极管具有单向导电性,蓝色发光二极管 LED 就可以亮起来。为了能够做到软件干预硬件,必须将该引脚与MCU 的一个具有 GPIO 功能的引脚连接起来。通过编程使其引脚为低电平(逻辑 0),就能点亮蓝色 LED,这就是软件干预硬件的基本过程。

若采用从"零"开始编程的方法,则要了解该引脚在哪个端口,端口都有哪些寄存器,每个寄存器相应二进制位的含义,还要了解编程步骤等,这个过程对初学者十分困难,4.4 节将会简要描述这个过程。现在,可以利用已经做好的构件,先将 LED 小灯点亮,了解软件干预的基本方法,然后根据不同的学习目的,再理解构件是如何做出来的。

2. GPIO 构件的常用函数

每个驱动构件含有若干函数,例如,GPIO 构件具有初始化、设定引脚状态、获取引脚状态等函数,可通过应用程序接口(Application Programming Interface,API)使用这些函数,即调用函数名并使其参数实例化。驱动构件的 API 是应用程序与构件之间的衔接约定,使应用程序开发人员通过它干预硬件。表 4-1 给出了 GPIO 常用接口函数简明列表,这些函数声明放在头文件 gpio. h 中。

表 4-1　GPIO 常用接口函数简明列表

序号	函　数　名	简 明 功 能	描　　　述
1	gpio_init	初始化	引脚复用为 GPIO 功能;定义其为输入或输出;若为输出,则还给出其初始状态
2	gpio_set	设定引脚状态	在 GPIO 输出情况下,设定引脚状态(高/低电平)
3	gpio_get	获取引脚状态	在 GPIO 输入情况下,获取引脚状态(1/0)
4	gpio_reverse	反转引脚状态	在 GPIO 输出情况下,反转引脚状态
5	gpio_pull	设置引脚上/下拉	当 GPIO 输入情况下,设置引脚上/下拉
6	gpio_enable_int	使能中断	当 GPIO 输入情况下,使能引脚中断
7	gpio_disable_int	关闭中断	当 GPIO 输入情况下,关闭引脚中断

3. GPIO 构件的头文件 gpio.h

头文件 gpio.h 中包含的主要内容有头文件说明、防止重复包含的条件编译代码结构"#ifndef…#define…#endif"、有关宏定义、构件中各函数的 API 及使用说明等。这里给出 GPIO 初始化函数 gpio_init()、设置引脚状态函数 gpio_set()、获得引脚状态函数 gpio_get() 的 API,其他函数 API 参见电子文档中的样例工程源码。

```
// ================================================================
//文件名称: gpio.h
//功能概要: GPIO 底层驱动构件头文件
//版权所有: 苏大嵌入式(sumcu.suda.edu.cn)
//版本更新: 20230101 - 20241023
//芯片类型: D1 - H
// ================================================================
#ifndef   GPIO_H                //防止重复定义(GPIO_H 开头)
#define   GPIO_H

#include "mcu.h"

// 端口号地址偏移量宏定义
#define PTB_NUM       (1 << 8)
#define PTC_NUM       (2 << 8)
#define PTD_NUM       (3 << 8)
#define PTE_NUM       (4 << 8)
#define PTF_NUM       (5 << 8)
#define PTG_NUM       (6 << 8)

// GPIO 引脚方向宏定义
#define GPIO_INPUT   (0)        //GPIO 输入
#define GPIO_OUTPUT  (1)        //GPIO 输出

// GPIO 引脚作为输入时,上拉、下拉宏定义
#define PULL_UP      (1)        //上拉
#define PULL_DOWN    (0)        //下拉

// GPIO 引脚作为输入时,中断类型宏定义
#define RISING_EDGE    (1)      //上升沿触发
#define FALLING_EDGE   (2)      //下降沿触发
#define DOUBLE_EDGE    (3)      //双边沿触发
#define HIGH_LEVEL     (4)      //高电平触发
#define LOW_LEVEL      (5)      //电平触发

// ================================================================
//函数名称: gpio_init
//函数返回: 无
//参数说明: port_pin: (端口号)|(引脚号)(如: (PTB_NUM)|(9) 表示为 B 口 9 号脚)
//          dir: 引脚方向(0 = 输入,1 = 输出,可用引脚方向宏定义)
//          state: 端口引脚初始状态(0 = 低电平,1 = 高电平)
```

```
//功能概要：初始化指定端口引脚作为 GPIO 引脚功能,并定义为输入或输出,若是输出,
//          还指定初始状态是低电平或高电平
// ===================================================================
void   gpio_init(uint16_t port_pin, uint8_t dir, uint8_t state);


// ===================================================================
//函数名称：gpio_set
//函数返回：无
//参数说明：port_pin：(端口号)|(引脚号)(如：(PTB_NUM)|(9) 表示为 B 口 9 号脚)
//          state：希望设置的端口引脚状态(0 = 低电平,1 = 高电平)
//功能概要：当指定端口引脚被定义为 GPIO 功能且为输出时,本函数设定引脚状态
// ===================================================================
void   gpio_set(uint16_t port_pin, uint8_t state);


// ===================================================================
//函数名称：gpio_get
//函数返回：指定端口引脚的状态(1 或 0)
//参数说明：port_pin. (端口号)|(引脚号)(如：(PTB_NUM)|(9) 表示为 B 口 9 号脚)
//功能概要：当指定端口引脚被定义为 GPIO 功能且为输入时,本函数获取指定引脚状态
// ===================================================================
uint8_t   gpio_get(uint16_t port_pin);
…
#endif          //防止重复定义(GPIO_H结尾)
```

4.2.3   GPIO 构件的输出测试方法

使用 GPIO 构件实现蓝灯闪烁,具体实例见"03-Software \ CH04 \ GPIO-Output-Component",编程步骤如下。

1. 给小灯起个名字

要用宏定义方式给蓝灯起个英文名(如 LIGHT_BLUE),明确蓝灯接在芯片的哪个 GPIO 引脚。由于这个工作属于用户程序,按照"分门别类,各有归处"原则,这个宏定义应该写在工程的"05_UserBoard\User. h"文件中。

```
//指示灯端口及引脚定义
#define  LIGHT_BLUE      (PTB_NUM|4)     //蓝灯所在引脚
```

这样做的目的在于：应用编程时,使用 LIGHT_BLUE 这个名字,而不是使用具体的端口与引脚,在不同的芯片、不同的工程中,若引脚发生了变动,则应用层程序无须改动,满足了可复用、可移植的要求,符合软件工程的基本原理。

2. 给灯状态命名

由于灯的亮暗状态所对应的逻辑电平是由物理硬件接法决定,为了应用程序的可移植性,需要在"05_UserBoard\User. h"文件中,对蓝灯的"亮""暗"状态进行宏定义。

```
//灯状态宏定义(灯的亮暗对应的逻辑电平,由物理硬件接法决定)
#define  LIGHT_ON    1      //灯亮
#define  LIGHT_OFF   0      //灯暗
```

特别说明：对灯的"亮""暗"状态使用宏定义，不仅是为了编程更加直观，也是为了使得软件能够更好地适应硬件。若硬件电路变动了，采用灯的"暗"状态对应低电平，那么只要改变本头文件中的宏定义就可以，而程序源码则无须更改。

【思考一下】　若灯的亮暗不使用宏定义会出现什么情况？有何不妥之处？

3. 初始化蓝灯

在"07-AppPrg\main.c"文件中，对蓝灯进行编程控制。先将蓝灯初始化为暗，在"用户外设模块初始化"处增加下列语句：

```
gpio_init(LIGHT_BLUE,GPIO_OUTPUT,LIGHT_OFF);      //初始化蓝灯,输出,暗
```

其中，GPIO_OUTPUT 是在 GPIO 构件中，对 GPIO 输出的宏定义，是为了编程直观方便。不然我们很难区分 1 是输出还是输入。

特别说明：在嵌入式软件设计中，需站在 GEC 的角度判定输入还是输出。若要获取外部状态到 GEC 中，则对 GEC 来说，就是输入。若要控制蓝灯亮暗，则对 GEC 引脚来说，就是输出。

4. 干预蓝灯

在 main() 函数的主循环中，利用 GPIO 构件中的 gpio_set 函数，改变蓝灯状态。工程编译生成可执行文件后，写入目标板，可观察蓝灯实际闪烁情况，部分程序摘录如下。

```
//(2.3.2)如灯状态标志 mFlag 为 'L',灯的闪烁次数＋1 并显示,改变灯状态及标志
if (mFlag == 'L'){             //判断灯的状态标志
    mLightCount++;
    printf("灯的闪烁次数 mLightCount = %d\n",mLightCount);
    mFlag = 'A';               //灯的状态标志
    gpio_set(LIGHT_BLUE,LIGHT_ON);    //灯"亮"
    printf(" LIGHT_BLUE:ON -- \n");   //串口输出灯的状态
}
//(2.3.3)如灯状态标志 mFlag 为 'A',改变灯状态及标志
else{
    mFlag = 'L';               //灯的状态标志
    gpio_set(LIGHT_BLUE,LIGHT_OFF);   //灯"暗"
    printf(" LIGHT_BLUE:OFF -- \n");  //串口输出灯的状态
}
```

5. 观察蓝灯运行情况

经过编译生成机器码，通过 AHL-GEC-IDE 软件将 .hex 文件下载到目标板中，可观察板载蓝灯每秒闪烁一次，也可在 AHL-GEC-IDE 界面看到蓝灯状态改变的信息，如图 4-3 所示。由此可体会使用 printf 语句进行调试的好处。

样例是通过编程控制小灯的闪烁，即软件控制了硬件的动作。随着学习的逐步深入，可以看到更多、更复杂的软件干预硬件的实例。

【练习一下】　利用 AHL-GEC-IDE 集成开发环境，对 AHL-D1-H 硬件板上的三色灯编程，使三色灯以紫色形式闪烁。

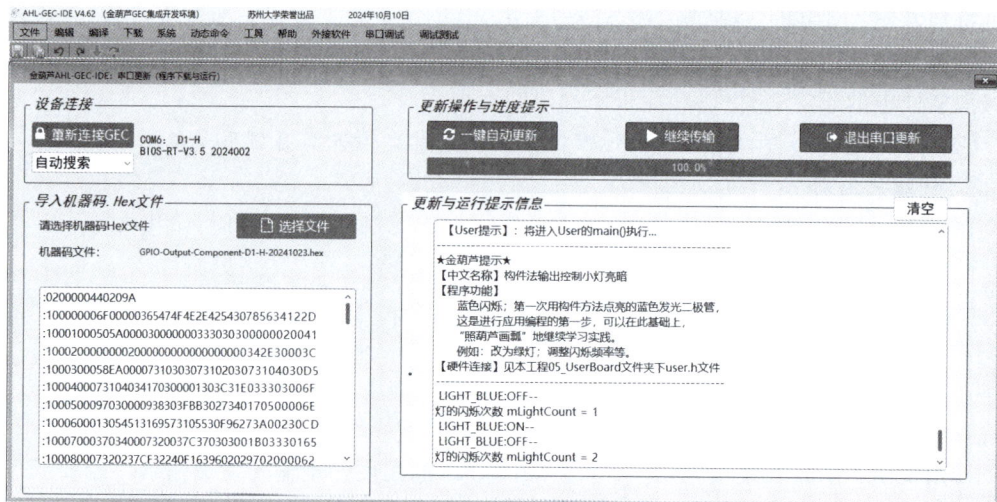

图 4-3　GPIO 构件的输出测试方法

4.3　认识工程框架

4.3.1　工程框架及所含文件简介

嵌入式系统工程包含若干文件,包括程序文件、头文件、与编译调试相关的文件、工程说明文件、开发环境生成文件等,文件众多,合理组织这些文件,规范工程组织,可以提高项目的开发效率、提高阅读清晰度、提高可维护性、降低维护难度。工程组织应体现嵌入式软件工程的基本原则与基本思想。这个工程框架也可被称为软件最小系统框架,因为它包含工程的最基本要素。软件最小系统框架是一个能够点亮发光二管的,甚至带有串口调试构件的,包含工程规范完整要素的可移植与可复用的工程模板。

该工程模板简洁易懂,去掉了一些初学者不易理解或不必要的文件,同时应用底层驱动构件化的思想改进了程序结构,重新分类组织了工程,目的是引导读者进行规范的文件组织与编程。

1. 工程名与新建工程

工程名使用不同的工程文件夹标识。这样工程文件夹内的文件中所含的工程名就不再具有标识意义,可以修改,也可以不修改。建议使用手动复制标准模板工程文件夹或复制功能更少的旧标准工程的方法来建立新工程文件夹,这样,复用的构件已经存在,框架保留,体系清晰。不推荐使用 IDE 或其他开发环境的新建功能来建立一个新工程。

2. 工程文件夹内的基本内容

工程文件夹内编号的共含 7 个下级文件夹,除去 AHL-GEC-IDE(For D1-H)开发环境保留的调试文件夹 Debug 及 D1-H 引导程序文件夹 00_Spl 外,其他采用 01~07 编号,其简明功能及特点见表 4-2。

表 4-2 工程文件夹内的基本内容

名　称	文　件　夹		简明功能及特点
引导程序文件夹	00_Spl		硬件系统初始化,引导应用程序正确运行
文档文件夹	01_Doc		工程改动时,及时记录
CPU 文件夹	02_CPU		与内核相关的文件
MCU 文件夹	03_MCU	linker_File	链接文件夹。存放链接文件
		MCU_drivers	底层驱动构件文件夹。存放芯片的底层驱动构件
		startup	启动文件夹。存放芯片头文件及初始化文件
GEC 文件夹	04_GEC		存放 gec. h 及 gec. c,服务于应用编程
用户板文件夹	05_UserBoard		用户板文件夹,存放应用构件及 user. h
算法构件文件夹	06_AlgorithmComponent		存放与硬件无关的算法构件
源程序文件夹	07_AppPrg	include. h	总头文件,包含各类宏定义及全局变量声明等
		isr. c	中断服务例程文件,存放各中断服务例程
		main. c	主程序文件,存放主函数 main

3. CPU 文件夹及 MCU 文件夹补充说明

CPU(内核)相关文件(riscv64. h、d1. h、cpu. h)位于工程框架的 02_CPU 文件夹内,原则上与具体芯片制造商无关。其中,riscv64. h 为 RISC-V 内核的外设访问层头文件。对任何使用该 CPU 设计的芯片,该文件夹内容相同。芯片头文件 d1. h 文件中,给出了芯片专用的寄存器地址映射,当设计面向直接硬件操作的底层驱动时,可利用该文件使用映射寄存器名,获得对应地址。该文件一般由芯片设计人员提供,一般嵌入式应用开发者不必修改该文件,只需遵循其中的命名。

MCU(芯片)启动文件(start. S)位于工程框架的"03_MCU\startup"文件夹内。

4. 应用程序源代码文件——总头文件 includes. h、main. c 及中断服务例程文件 isr. c

在工程框架的 07_AppPrg 文件夹内放置着总头文件 includes. h、main. c 及中断服务例程文件 isr. c。

总头文件 includes. h 是 main. c 使用的头文件,内含常量、全局变量声明、外部函数及外部变量的引用。

主程序文件 main. c 是应用程序的启动后总入口,main()函数即在该文件中实现。在main()函数中包含了一个永久循环,对具体事务过程的操作几乎都是添加在该主循环中。应用程序的执行,共有两条独立的线路,一条是运行线;另一条是中断线,在 isr. c 文件中编程。若有操作系统,则在这里启动操作系统调度器。

中断服务例程文件 isr. c 是中断处理函数编程的地方,有关中断编程问题将在 6.3.3 节介绍。

5. 编译链接产生的其他相关文件简介

映像文件(. map)与列表文件(. lst)位于 Debug 文件夹,由编译链接产生。. map 文件提供了查看程序、堆栈设置、全局变量、常量等存放的地址信息。. map 文件中指定的地址在一定程度上是动态分配的(由编译器决定),工程有任何修改,这些地址都可能发生变动。. lst文件提供了函数编译后机器码与源代码的对应关系,用于程序分析。

4.3.2 了解机器码文件及 D1-H 的启动流程

本节内容有一点难度,供希望了解完整启动过程的读者阅读,本节对理解启动过程十分有益。想直接从 main()函数理解程序运行过程的读者可以跳过本节。

在 AHL_GEC_IDE 开发环境中,针对 D1-H 芯片,在编译链接过程中自动生成了可执行链接格式文件.elf、十六进制机器码文件.hex、二进制机器码文件.bin、列表文件.lst、映像文件.map 等。

下载使用十六进制机器码文件.hex,下面对该文件类型进行介绍,其他文件类型在用到时再做说明。

1. 机器码的记录格式

.hex(Intel HEX)文件是由一行行符合 Intel HEX 文件格式的文本所构成的 ASCII 文本文件,在 Intel HEX 文件中,每一行包含一个 HEX 记录,这些记录由对应机器语言码(含常量数据)的十六进制编码数字组成。

.hex 文件中的语句有六种不同类型的语句,但总体格式是一样的,根据表 4-3 格式来记录。

表 4-3 .hex 文件记录行语义

字段名称	字段 1 标记	字段 2 长度	字段 3 偏移量	字段 4 类型	字段 5 数据/信息	字段 6 校验和
长度	1 字节	1 字节	2 字节	1 字节	N 字节	1 字节
内容	开始标记 ":"		数据类型记录有效; 非数据类型,该字段为 0000	00—数据记录; 01—文件结束记录; 02—扩展段地址; 03—开始段地址; 04—扩展线性地址; 05—链接开始地址	取决于记录类型	开始标记之后字段的所有字节之和的补码。 校验和＝0xFF−(记录长度＋记录偏移＋记录类型＋数据段)＋0x01

2. 实例分析

以"03-Software\CH04\GPIO-Output-Component"工程中的.hex 为例,截取该文件中的部分行进行简明分析。

第 1 行:":0200000440209A",分解开来为": 02 0000 04 4020 9A",根据表 4-3,逐个字段核对,可以得到,接下来的机器码存放地址的高 16 位是 4020。在"03_MCU\Linker_file\link.ld"文件中,设定用户程序的起始地址为 4020_0000。

第 2 行:":100000006F00000365474F4E2E425430785634122D",进行语义分割后来看": 10 0000 00 6F00000365474F4E2E42543078563412 2D"。具体分析如下:以":"开始,长度为 0x10(16 个字节),随后的 0000 表示地址偏移量(由于类型字段为 00,表示本行为数据类型),代表存储地址的低 16 位,参考第 1 行确定的地址高 16 位,实际存储地址为 40200000[①]。紧接着的 00 代表记录类型为数据类型。接下来的就是数据段 6F00000365474F4E2E42543078563412,随

---

① 在.lst 文件中的一开始就可以看到这个 4020000 地址。

后是2D校验和。数据段以4个字节为划分,第一个四字节为6F000003,由于是小端方式存储,这个数按照阅读习惯应写为0300006F,"\03_MCU\startup\start.S"文件的开始是这个,看看.lst文件的开始也是这个。从.lst文件中,看到的是"j 40200030 <__image_start+0x30>",即转到40200030处运行,实际是到handle_reset处[1]运行,经过一系列较为复杂的过程,转向07_AppPrg文件夹下main.c中的主函数main()处运行,进入无限循环,周而复始地运行,同时开启了中断,当有中断进来时,运行中断服务例程,start.S中对各中断源给出了以弱定义[2]方式确定的默认中断服务例程(无限循环),以便用户编程没有干预的中断误发生时可获得处理。

第3756行:即.hex文件的最后一行,为文档的结束记录,记录类型为0x01;0xFF为本记录的校验和字段内容。

4.3.3 D1-H 的实际启动过程

本节内容有一定难度,不同芯片差异较大,初学者了解即可,可以从main()函数开始理解运行过程,这里涉及的是main()之前的运行过程。

针对AHL-D1-H开发板,由于用户程序存储在外接Flash非易失存储器中,上电后,要依赖内部ROM的程序,把外部Flash中的程序,读取到主存中运行。芯片复位到main()函数之前程序运行过程分为三个阶段进行。

1. 第一阶段:上电启动运行内部固化引导程序

D1-H上电后,首先运行内置ROM中引导程序,这个内置ROM被称为启动ROM(Boot ROM,BROM)。在D1-H芯片中,其地址从0x0开始,功能为:在外部存储器型中寻找后续要运行的程序。用户程序在AHL-D1-H开发板的外部存储器Nand Flash中。在用户软件工程框架中,在03_MCU\startup\start.S中可以看到与BROM衔接的引导头信息,包含第二阶段程序加载器(Second Program Loader,SPL)的基本信息。

2. 第二阶段:在片内 SDRAM 运行 SPL 程序

当BROM启动完成后,接下来根据引导头信息将SPL程序加载到片内同步动态随机存储器(Synchronous Dynamic Random-Access Memory,SDRAM)中,从地址0x00020000开始运行,SPL具有初始化时钟、串口、片外双数据率RAM(Double Data Rage RAM,DDR)等功能。在用户软件工程框架中,之后会调用"00_Spl\sys-copyself.c"中的sys_copyself函数,将Flash中的程序读取到片外DDR中,使PC指向0x40200000,即可跳转到外接DDR中。

3. 第三阶段:运行片外 DDR 中的程序

此时程序根据PC指向地址跳转到片外DDR中运行,接着执行注册中断服务函数,最

---

① 在handle_reset之前插入了一句.long __UserCode_Size,是因用户程序使用,包括上面一段D1-H芯片第二阶段程序加载器(Secondary Program Loader,SPL)的引导头信息,可参阅电子文档补充阅读材料,建议初学者略过。

② 所谓弱定义,就是若后面有新的定义,则用后面的,这里的不作数。

后跳转到 main()函数中运行。在实际应用中,可根据是否启动看门狗、是否复制中断向量表至 RAM、是否清零未初始化 BSS 数据段等要求来修改此文件。在未理解相关内容情况下,不建议初学者修改 startup 文件夹中的内容。

需要说明的是,虽然本书给出的例程基于 BIOS,但不影响对基本流程的理解,User 程序只要改变 Flash 首地址、RAM 首地址,即可从空白片写入运行,但不建议这样做,不然 BIOS 就会被覆盖。此外,希望深入理解链接文件内容的读者,可参阅电子资源中的补充阅读材料。

【思考一下】 综合分析.hex 文件、.map 文件、.lst 文件,在第一个样例工程中找出 main()函数的存放地址,给出各函数前 16 个机器码,并找到其在.hex 文件中的位置。

4.4　GPIO 构件的制作过程

视频讲解

本节阐述 GPIO 构件是如何制作出来的,这是第一个底层驱动构件设计样例,有一定难度,读者可根据所希望达到的学习深度,确定对本节相关内容的学习程度。构件的制作过程主要是与 MCU 内部模块寄存器(映像寄存器)打交道,大部分细节涉及寄存器的某一位,程序就是通过寄存器的位干预相应硬件的。

构件制作是一个复杂过程,从简单的起步,由易到难,若能完整地做出两个以上的底层驱动构件,对嵌入式的学习将有很大帮助。

4.4.1　GPIO 基本编程步骤及点亮一盏小灯

本节给出用直接对端口进行编程的方法点亮小灯的流程,这是制作 GPIO 构件的前导步骤。这一步完成后,通过直接寄存器的方法可点亮一盏小灯,就说明硬件没有问题,编程流程也没有问题,此时再进行函数封装就有了基础。

1. 点亮一盏小灯的准备工作

在开发套件的底板上,有红、绿、蓝三色灯(合为一体的),分别使用 MCU 的 PTB5、PTB12、PTB4 引脚,现使用 PTB4 引脚点亮蓝灯,即使得 PTB4=0。

根据 D1-H 芯片手册,要能使得 PTB4=0,首先利用 PB 口的端口配置寄存器 PB_CFG0 设定 PTB4 引脚为通用输出模式;随后 B 口的数据寄存器 PB_DAT,使得 PTB4=0,按照图 3-6,蓝灯就会被点亮。

对端口的映像寄存器编程,需要知道对应的地址,查 D1-H 用户手册,利用直接地址点亮蓝灯的编程步骤,或样例工程的芯片头文件"03_MCU\startup\d1.h",可以查到 B 口配置寄存器 PB_CFG0 地址为 0x02000030,B 口数据寄存器 PB_DAT 的地址为 0x02000040。

有了这些准备,即可着手进行编程。

2. 利用直接地址点亮蓝灯的编程步骤

1) 声明变量值

```
volatile  uint32_t *  gpio_PB_GFG0;       //B口配置寄存器地址
volatile  uint32_t *  gpio_PB_DAT;        //B口数据寄存器地址
```

2）给出地址变量赋值

```
gpio_PB_GFG0 = (volatile unsigned int * )0x02000030;    //B口配置寄存器地
gpio_PB_DAT = ( volatile unsigned int * )0x02000040;    //B口数据寄存器地址
```

3）设置B口4脚为输出模式

根据D1-H用户手册9.7.5.1节的内容，B口配置寄存器PB_GFG0的19：16位为0001，则配置B口4脚为GPIO的输出模式。

```
//设置B口4脚为输出模式
* gpio_PB_GFG0 &= ～(0b1111 << 16);    //将PB_GFG0的第19:16位为0000
* gpio_PB_GFG0 | = (0b1 << 16);        //将PB_GFG0的第16位为1,则第19:16位为0001
```

4）设置灯为亮B口4脚

根据D1-H用户手册9.7.5.3节的内容，B口数据寄存器PB_DAT的12：0位对应每个引脚的状态，若是输出，可以对应写入。令B口4脚为0的语句为：

```
* gpio_PB_DAT & = ～(1 << 4);        // B口4脚为0,蓝灯亮
```

令B口4脚为1的语句为：

```
* gpio_PB_DAT | = (1 << 4);        // B口4脚为1,蓝灯暗
```

特别说明：

在嵌入式软件设计中，输入还是输出，是站在MCU角度判断的，要控制蓝灯亮暗，就是输出；若要获取外部状态到MCU中，对MCU来说，就是输入。

由此成功点亮蓝灯。这种编程方法的样例，在本书网上电子资源的"03-Software\CH04\GPIO-Output-DirectAddress"工程中可以看到。

这样编程只是为了理解GPIO的基本编程方法，实际并不使用。不会这样从"零"直接应用程序，而是作为制作构件的第一步，把流程打通，作为封装构件的前导步骤。而制作GPIO构件，就是要把对GPIO底层硬件的操作以构件形成封装起来，给出函数名与接口参数，供实际编程时使用。第5章将阐述底层驱动构件封装方法与基本规范。

3. 进一步说明

从这个过程可以看到，寄存器级编程需要深入细致工作，构造构件有一定深度与难度，基于构件的应用编程是本书的目标。本节介绍的过程，有许多技巧，可以利用prinft、工具→读地址操作、串口调试等手段进行，在本书电子资源的补充阅读材料中给出了举例。

4.4.2　GPIO构件的设计

1. 设计GPIO驱动构件的必要性

软件构件（Software component）技术的出现，为实现软件构件的工业化生产提供了理论与技术基础。将软件构件技术应用到嵌入式软件开发中，可以大大提高嵌入式开发的开

发效率与稳定性。软件构件的封装性、可移植性与可复用性是软件构件的基本特性,采用构件技术设计软件,可以使软件具有更好的开放性、通用性和适应性。特别是对于底层硬件的驱动编程,只有封装成底层驱动构件,才能减少重复劳动,使广大 MCU 应用开发者专注于应用软件稳定性与功能设计。因此,必须把底层硬件驱动设计好、封装好。

以 D1-H 的 GPIO 为例,它有 88 个引脚可以作为 GPIO,分布在 6 个端口,不可能使用直接地址去操作相关寄存器,那样无法实现软件移植与复用。应该把对 GPIO 引脚的操作封装成构件,通过函数调用与传参的方式实现对引脚的干预与状态获取,这样的软件才便于维护与移植,因此设计 GPIO 驱动构件十分必要。同时,底层驱动构件的封装,也为在操作系统下对底层硬件的操作提供了基础。

2. 底层驱动构件封装基本要求

底层驱动构件封装规范见 5.3 节,本节给出概要,以便在认识第一个构件前以及在开始设计构件时,少走弯路,做出来的构件符合基本规范,便于移植、复用和交流。

1) 底层驱动构件的组成、存放位置与内容

每个构件由头文件(.h)与源文件(.c)两个独立文件组成,放在以构件名命名的文件夹中。驱动构件头文件(.h)中仅包含对外接口函数的声明,是构件的使用指南。以构件名命名。例如,GIPO 构件命名为 gpio(使用小写,目的是与内部函数名前缀统一)。基本要求是调用者只看头文件即可使用构件。对外接口函数及内部函数的实现在构件源程序文件(.c)中。同时应注意,头文件中声明对外接口函数的顺序与源程序文件实现对外接口函数的顺序应保持一致。源程序文件中内部函数的声明放在外接口函数代码的前面,内部函数的实现放在全部外接口函数代码的后面,以便提高可阅读性与可维护性。在本书给出的标准框架下,一个具体的工程中所有面向 MCU 芯片的底层驱动构件都放在工程文件夹下的 03_MCU\MCU_drivers 文件夹中。本书所有规范样例工程下的文件组织均是如此。

2) 设计构件的最基本要求

这里主要给出设计构件的最基本要求。一是使用与移植方便。要对构件的共性与个性进行分析,抽取出构件的属性和对外接口函数。**希望做到**:使用同一芯片的应用系统,构件不更改,直接使用;同系列芯片的同功能底层驱动在移植时,仅改动头文件;不同系列芯片的同功能底层驱动在移植时,头文件与源程序文件的改动尽可能少。二是要有统一、规范的编码风格与注释,主要涉及文件、函数、变量、宏及结构体类型的命名规范;涉及空格与空行、缩进、断行等的排版规范;涉及文件头、函数头、行及边等的注释规范,具体要求见 5.3.2 节。三是关于宏的使用限制。宏使用具有两面性,有提高可维护性一面,也有降低阅读性一面,不要随意使用宏。四是关于全局变量问题。构件封装时,应该禁止使用全局变量。

3. GPIO 驱动构件封装要点分析

同样以 GPIO 驱动构件为例,进行封装要点分析。即分析应该设计哪几个函数及入口参数。GPIO 引脚可以被定义成输入、输出两种情况:若是输入,程序需要获得引脚的状态(逻辑 1 或 0);若是输出,则程序可以设置引脚状态(逻辑 1 或 0)。MCU 的 PORT 模块分为许多端口,每个端口有若干引脚。GPIO 驱动构件可以实现对所有 GPIO 引脚统一编程。

GPIO 驱动构件由 gpio.h、gpio.c 两个文件组成,如要使用 GPIO 驱动构件,只需要将这两个文件加入到所建工程中,由此方便了对 GPIO 的编程操作。

1) 模块初始化(gpio_init)

由于芯片引脚具有复用特性,应把引脚设置成 GPIO 功能,同时定义成输入或输出;若是输出,则要给出初始状态。所以 GPIO 模块初始化函数 gpio_init()的参数为哪个引脚、是输入还是输出、若是输出其状态是什么,函数不必有返回值。其中引脚可用一个 16 位数据描述,高 8 位表示端口号,低 8 位表示端口内的引脚号。这样 GPIO 模块初始化函数原型可以设计为:

```
void  gpio_init(uint16_t port_pin,uint8_t dir,uint8_t state);
```

其中,uint8_t 是无符号 8 位整型的别名,uint16_t 是无符号 16 位整型的别名,本书后面不再特别说明。

2) 设置引脚状态(gpio_set)

对于输出,通过函数设置引脚是高电平(逻辑 1)还是低电平(逻辑 0)。入口参数应该是哪个引脚,输出其状态是什么,函数不必有返回值。这样设置引脚状态的函数原型可以设计为:

```
void  gpio_set(uint16_t port_pin,uint8_t state);
```

3) 获得引脚状态(gpio_get)

对于输入,通过函数获得引脚的状态是高电平(逻辑 1)还是低电平(逻辑 0),入口参数应该是哪个引脚,函数需要返回引脚状态的表示值。这样设置引脚状态的函数原型可以设计为:

```
uint8_t  gpio_get(uint16_t port_pin);
```

4) 引脚状态反转(void gpio_reverse)

基于类似的分析,可以设计引脚状态反转函数的原型为:

```
void  gpio_reverse(uint16_t port_pin);
```

5) 引脚上下拉使能函数(void gpio_pull)

若引脚被设置成输入,则可以设定内部上下拉。引脚上下拉使能函数的原型为:

```
void  gpio_pull(uint16_t port_pin,uint8_t pullselect);
```

这些函数基本满足了对 GPIO 操作的基本需求。还有中断使能与禁止[①]、引脚驱动能

---

① 关于使能(enable)与禁止(disable)中断,文献中有多种中文翻译,如使能、开启;除能、关闭等,本书统一使用使能中断与禁止中断术语。

力等函数,比较深的内容,可暂时略过,使用或深入学习时参考 GPIO 构件即可。要实现
GPIO 驱动构件的这几个函数,需要给出清晰的接口、良好的封装、简洁的说明与注释、规范
的编程风格等。

　　根据构件生产的基本要求设计的第一个构件——GPIO 驱动构件,由头文件 gpio.h 与
源程序文件 gpio.c 两个文件组成,头文件是使用说明。MCU 的底层驱动构件放在工程的
"03_MCU \ MCU_drivers"文件夹下。

　　在 4.2.1 节中介绍 GPIO 驱动构件时已对头文件做了较为详细的说明,此处不再赘述。

4. GPIO 驱动构件源程序文件(gpio.c)

GPIO 驱动构件的源程序文件中实现的对外接口函数,主要是对相关寄存器进行配置,
从而完成构件的基本功能。构件内部使用的函数也在构件源程序文件中定义。下面给出部
分函数的源代码。

```
// ================================================================
//文件名称: gpio.c
//功能概要: GPIO 底层驱动构件源文件
//版权所有: 苏大嵌入式(sumcu.suda.edu.cn)
//版本更新: 20221201 - 20241028
//芯片类型: D1 - H
// ================================================================
# include "gpio.h"
//GPIO 普通配置
volatile unsigned int * GPIO_CFG0[] = {
        (volatile unsigned int * )0x02000030,(volatile unsigned int * )0x02000060,
        (volatile unsigned int * )0x02000090,(volatile unsigned int * )0x020000C0,
        (volatile unsigned int * )0x020000F0,(volatile unsigned int * )0x02000120};
//GPIO 中断配置
volatile unsigned int * GPIO_EINT_CFG0[] = {
        (volatile unsigned int * )0x02000220,(volatile unsigned int * )0x02000240,
        (volatile unsigned int * )0x02000260,(volatile unsigned int * )0x02000280,
        (volatile unsigned int * )0x020002A0,(volatile unsigned int * )0x020002C0};

//内部函数声明
void gpio_get_port_pin(uint16_t port_pin,uint8_t * port,uint8_t * pin);

// ================================================================
//函数名称: gpio_init
//函数返回: 无
//参数说明: port_pin: (端口号)|(引脚号)(如: (PTB_NUM)|(9) 表示为 B 口 9 号脚)
//          dir: 引脚方向(0 = 输入,1 = 输出,可用引脚方向宏定义)
//          state: 端口引脚初始状态(0 = 低电平,1 = 高电平)
//功能概要: 初始化指定端口引脚作为 GPIO 引脚功能,并定义为输入或输出,若是输出,
//          则还需指定初始状态是低电平或高电平
// ================================================================
void gpio_init(uint16_t port_pin, uint8_t dir, uint8_t state)
{
```

```
    volatile unsigned int  *  gpio_cfg0;
    uint8_t port,pin;                    //声明端口 port、引脚 pin 变量
    //根据带入参数 port_pin,解析出端口与引脚分别赋给 port,pin
    gpio_get_port_pin(port_pin,&port,&pin);
    gpio_cfg0 = GPIO_CFG0[port - 1];
    if(dir == 1)                    //定义为输出引脚
    {
        if(pin <= 7)
        {
            * gpio_cfg0 & = ～(0xF << (pin * 4));
            * gpio_cfg0 | = (0x1 << (pin * 4));
        }
        else if(pin >= 8 && pin <= 15)
        {
            //这里 gpio_cfg0 + 1 是指 GPIOX - CFG1
            * (gpio_cfg0 + 1) & = ～(0xF << ((pin - 8) * 4));
            * (gpio_cfg0 + 1) | = (0x1 << ((pin - 8) * 4));
        }
        else
        {
            //这里 gpio_cfg0 + 2 是指 GPIOX - CFG2
            * (gpio_cfg0 + 2) & = ～(0xF << ((pin - 16) * 4));
            * (gpio_cfg0 + 2) | = (0x1 << ((pin - 16) * 4));
        }
        gpio_set(port_pin,state);
    }
    else
    {
        if(pin <= 7)
            * gpio_cfg0 & = ～(0xF <<(pin * 4));
        else if(pin >= 8 && pin <= 15)
            * (gpio_cfg0 + 1) & = ～(0xF <<((pin - 8) * 4));
        else
            * (gpio_cfg0 + 2) & = ～(0xF <<((pin - 16) * 4));
    }
}
```

（限于篇幅,省略其他函数,见电子资源）

下面对源码中的结构体类型、有关地址、编码的书写问题做简要说明。

（1）端口模块及 GPIO 模块各口基地址。在工程文件夹的芯片头文件"03_MCU\
startup\d1.h"中,D1-H 的 GPIO 模块、UART 模块等各端口和寄存器基地址均在芯片头文件（d1.h）中以宏常数方式给出,本程序直接作为指针常量。

（2）编程与注释风格。读者需要仔细分析本构件的编程与注释风格,从开始就规范起来,这样就会逐步养成良好的编程习惯。特别注意,不要编写令人难以看懂的程序,不要把简单问题复杂化,不要使用不必要的宏。

4.5　第一个汇编语言工程：控制小灯闪烁

汇编语言编程给人的第一种感觉就是难，相对于 C 语言编程，汇编在编程的直观性、编程效率以及可读性等方面都有所欠缺，但掌握基本的汇编语言编程方法是嵌入式学习的基本功，可以增加嵌入式编程者的"内力"。

在本书教学资料提供的开发环境中，汇编程序是通过工程的方式组织起来的。汇编工程通常包含芯片相关的程序框架文件、软件构件文件、工程设置文件、主程序文件及抽象构件文件等。下面将结合第一个 D1-H 汇编工程实例，讲解上述的文件概念，并简要分析汇编工程的组成、汇编程序文件的编写规范、软硬件模块的合理划分等。读者若能认真分析与实践第一个汇编实例程序，可以达到由此入门的目的。

4.5.1　汇编工程文件的组织

汇编工程样例见"03-Software\CH04\GPIO-ASM-D1-H"。本汇编工程类似 C 工程，仍然按构件方式进行组织。图 4-4 给出了小灯闪烁汇编工程的树状结构，主要包括 MCU 相关头文件夹、底层驱动构件文件夹、Debug 工程输出文件夹、程序文件夹等。读者可按照理解 C 工程的方式理解这个结构。

GPIO-ASM-D1-H-20231109	工程名
00_Spl	D1-H硬件系统初始化文件
01_Doc	文档文件夹，工程改动时，及时记录
02_CPU	与CPU相关的文件
03_MCU	MCU相关文件夹
mcu.h	MCU基本信息头文件
Linker_file	链接文件夹，存放链接文件
MCU_drivers	底层驱动构件文件夹，存放芯片的底层驱动构件
startup	启动文件夹
04_GEC	GEC文件夹
05_UserBoard	用户板构件文件夹
06_AlgorithmComponent	算法构件文件夹
07_AppPrg	应用程序文件夹
includes.inc	总头文件
isr.s	中断处理程序
main.s	主函数
Debug	工程输出文件夹（编译链接自动生成）

图 4-4　小灯闪烁汇编工程的树状结构

汇编工程仅包含一个汇编主程序文件，该文件名固定为 main.s。汇编程序的主体是程序的主干，要尽可能简洁、清晰、明了，程序中的其余功能尽量由子程序去完成，主程序主要完成对子程序的循环调用。主程序文件 main.s 包含以下内容：

（1）**工程描述**。工程名、程序描述、版本、日期等。

（2）**包含总头文件**。声明全局变量和包含主程序文件中需要的头文件、宏定义等。

（3）**主程序**。主程序一般包括初始化与主循环两大部分。初始化包括堆栈初始化、系统初始化、I/O接口初始化、中断初始化等。主循环是程序的工作循环，根据实际需要安排程序段，但一般不宜过长，建议不要超过100行，具体功能可通过调用子程序来实现，或由中断程序实现。

（4）**内部直接调用子程序**。若有不单独存盘的子程序，则建议放在此处。这样在主程序总循环的最后一个语句就可以看到这些子程序。每个子程序不要超过100行。若有更多的子程序请单独存盘、单独测试。

4.5.2　汇编语言小灯测试工程主程序

1. 小灯测试工程主程序

该工程使用汇编语言点亮蓝灯，main.s的代码如下。

```
/* ==============================================================
//文件名称：main.s
//功能概要：汇编编程调用GPIO构件控制小灯闪烁(利用printf输出提示信息)
//版权所有：苏大嵌入式(sumcu.suda.edu.cn)
//版本更新：20220421
// ============================================================== */

.include "includes.inc"

/* (1)数据段 */
/* (1.1)定义data段,实际数据存储在RAM中 */
.section .data
/* (1.2)定义需要输出的字符串,标号即为字符串首地址,\0为字符串结束标志 */
hello_information:                        /* 字符串标号 */
    .ascii "\n"
    .ascii "【金葫芦友情提示】------------------------------------------- \n"
    .ascii "[硬件连接] 参见05_UserBoard文件夹下user.inc文件              \n"
    .ascii "[程序功能] 汇编语言点亮发光二极管                           \n"
    .ascii "★★★ 第一次用纯汇编点亮的红色发光二极管,太棒了!           \n"
    .ascii "       这只是万里长征第一步,但是,万事开头难,              \n"
    .ascii "       有了第一步,坚持下去,定有收获!                     \n"
    .ascii "------------------------------------------------------- \n"
    .ascii "\n\0"
data_format:
    .ascii "%d\n\0"                       /* printf使用的数据格式控制符 */
light_show1:
    .ascii "LIGHT_RED:ON-- \n\0"          /* 灯亮状态提示    */
light_show2:
    .ascii "LIGHT_RED:OFF-- \n\0"         /* 灯暗状态提示 */
light_show3:
    .ascii "闪烁次数mLightCount = \0"     /* 闪烁次数提示 */
/* (1.3)定义变量 */
.align 4                                  /* .word格式4字节对齐 */
mMainLoopCount:                           /* 定义主循环次数变量 */
    .word 0
mFlag:                                    /* 定义灯的状态标志,1为亮,0为暗 */
```

```
    .byte 'A'
.align 4
mLightCount:
    .word 0

/* (2)代码段准备 */
/* (2.1)定义 text 段开始,实际代码存储在 Flash 中 */
.section    .text
/* (2.2)为主函数代码做先导准备    */
.type main function              /* 声明 main 为函数类型 */
.global main                     /* 将 main 定义成全局函数,便于芯片初始化之后调用 */
.align 2                         /* 指令和数据采用 2 字节对齐,兼容 16 位指令集 */

/* (3)主函数 */
/* 主函数,一般情况下可以认为程序从此处开始运行 */
main:
    /* (3.1) */
    ADDI sp,sp, - 16             /* 分配栈帧 */
    SW ra,12(sp)                 /* 存储放回地址 */
    /* (3.2)用户外设模块初始化 */
    /*   初始化红灯, a0、a1、a2 是 gpio_init 的入口参数      */
    LI a0,LIGHT_RED              /* a0 = 端口号|引脚号 */
    LI a1,GPIO_OUTPUT            /* a1 = 输出模式 */
    LI a2,LIGHT_ON               /* a2 = 灯亮 */
    CALL gpio_init               /* 调用 gpio_init 函数 */

    /* 初始化串口 UART_User */
    LI a0,UART_User              /* 串口号 */
    LI a1,UART_baud              /* 波特率 */
    CALL uart_init               /* 调用 UART 初始化函数 */

    /* (3.3)使能模块中断 */
    LI a0,UART_User
    CALL uart_enable_re_int

    /* 显示 hello_information 定义的字符串 */
    LA a0,hello_information
    CALL printf

/* call .                        //在此打桩(.表示当前地址),理解发光二极管为何亮起来了 */
/* (1) ====== 启动部分(结尾) ================================== */

    LA a5,mMainLoopCount
main_loop:
/* (2.1)主循环次数变量 mMainLoopCount + 1 */
    ADDI a5,a5,1

/* (2.2)未达到主循环次数设定值,继续循环 */
    LI a3,MAINLOOP_COUNT
    BLTU a5,a3,main_loop

/* (2.3)达到主循环次数设定值,执行下列语句,进行灯的亮暗处理   */
/* [测试代码部分] */
/* (2.3.1)清除循环次数变量   */
```

```
        LA a2, mMainLoopCount          /* r2←mMainLoopCount 的地址 */
        LI a1,0
        SW a1,0(a2)

/* (2.3.2)如灯状态标志 mFlag 为'L',灯的闪烁次数 +1 并显示,改变灯状态及标志      */
        /* 判断灯的状态标志 */
        LA a2,mFlag                    /* a2 = mFlag 的地址 */
        LH t6,0(a2)                    /* t6 = L */
        LI t5,'L'                      /* t5 = L */
        BNE t6,t5,main_light_OFF       /* 判断 t6,t5 是否相等,不相等跳转 */
/* t6 = t5 相等时,即 mFlag = L */
        LA a3,mLightCount              /* a3 = mLightCount 的地址 */
        LH a1,0(a3)                    /* 将 a3 地址中的数据加载给 a1 */
        ADDI a1,a1,1                   /* a1 = a1 + 1 */
        SW a1,0(a3)                    /* 将 a1 的数据写入 a3 地址中 */

        LA a0,light_show3              /* a0 = light_show3 的地址 */
        CALL printf                    /* 调用 printf 函数 */

        LA a0,data_format              /* a0 = data_format 的地址 */
        LA a2,mLightCount              /* a2 = mLightCount 的地址 */
        LH a1,0(a2)                    /* 将 a2 地址中的数据加载给 a1 */
        CALL printf                    /* 调用 printf 函数 */
/* 灯的状态标志改为'A' */
        LA a2,mFlag                    /* a2 = mFlag 的地址 */
        LI t4,'A'                      /* t4 = A */
        SW t4,0(a2)                    /* 向 a2 地址中写入 A,将 mFlag 更改为 A */
        LI a0,LIGHT_RED                /* a0 =   LIGHT_RED */
        LI a1,LIGHT_ON                 /* a1 =   LIGHT_RED */
        CALL gpio_set                  /* 调用 gpio_set 函数 */

        LA a0,light_show1              /* 显示灯亮提示 */
        CALL printf
        J main_exit

main_light_OFF:
        /* mFlag 不等于'L' */
        LA a2,mFlag                    /* 灯的状态标志改为'L' */
        LI t4,'L'
        SW t4,0(a2)
        LI a0,LIGHT_RED                /* 灯暗 */
        LI a1,LIGHT_OFF
        CALL gpio_set

        LA a0,light_show2              /* 显示灯暗提示 */
        CALL printf
main_exit:
        LI a5,0
        J main_loop                    /* 继续循环 */
        /* 释放栈 */
        LW ra, 12(sp)                  /* 恢复返回地址 */
        ADDI sp, sp, 16                /* 释放栈帧 */
        LI  a0,0                       /* 读取返回值 */
        RET                            /* 返回 */
```

2. 汇编工程运行过程

当芯片内电复位或热复位后,系统程序的运行过程可分为两部分:main()函数之前的运行过程和 main()函数之后的运行过程。

main()函数之前的运行过程可以参考 4.3.2 节加以体会和理解,下面对 main()函数之后的运行过程进行简要分析。

(1) 进入 main()函数后先对所用到的模块进行初始化,比如小灯端口引脚的初始化,小灯引脚复用设置为 GPIO 功能,设置引脚方向为输出,设置输出为高电平,这样蓝色小灯就可以被点亮。

(2) 当某个中断发生后,MCU 将转到中断向量表文件 isr.s 所指定的中断入口地址处开始运行中断服务例程(Interrupt Service Routine,ISR),因为该小灯程序没有中断向量表文件,所以此处不再描述汇编中断程序。

本章小结

本章作为全书的重点和难点之一,给出了 MCU 的 C 语言工程编程框架,对第一个 C 语言入门工程进行了较为详尽的阐述。透彻理解工程的组织原则、组织方式及运行过程,对后续的学习将有很大的铺垫作用。

1. 关于 GPIO 的基本概念

GPIO 是输入/输出的最基本形式,MCU 的引脚若作为 GPIO 输入引脚,即开关量输入,其含义就是 MCU 内部程序可以获取该引脚的状态,是高电平 1,或是低电平 0。若作为输出引脚,即开关量输出,其含义就是 MCU 内部程序可以控制该引脚的状态,是高电平 1,或是低电平 0。希望掌握开关量输入/输出电路的基本连接方法。

2. 关于基于构件的程序框架

本章通过点亮一盏小灯的过程来开启嵌入式学习之旅,基于从简单到复杂的学习思路,4.2 节给出了一个基于构件点亮小灯的工程样例,并以此为基础讲述程序框架组织以及各文件的功能。嵌入式系统工程往往包含许多文件,有程序文件、头文件、与编译调试相关的文件、工程说明文件、开发环境生成文件等,合理组织这些文件规范工程组织可以提高项目的开发效率和可维护性,工程组织应体现嵌入式软件工程的基本原则与基本思想。本书提供的工程框架主要包括了 01_Doc、02_CPU、03_MCU、04_GEC、05_UserBoard、06_AlgorithmComponent、07_AppPrg 共七个文件夹,每个文件夹下存放不同功能的文件,通过文件夹的名称可直接体现出来,用户今后在使用时无须新建工程,复制后改名即为新工程。主程序文件 main.c 是应用程序的启动后总入口,main()函数即在该文件中实现。应用程序的执行,共有两条独立的线路:一条是 main()函数中的永久循环线,另一条是中断线,在 isr.c 文件中编程将在第 6 章中阐述。若有操作系统,则在这里启动操作系统的调度器。

3. 关于构件的设计过程

为了一开始就进行规范编程。4.4 节给出了 GPIO 驱动构件封装方法与驱动构件封装规范简要说明。在实际工程应用中,为了提高程序的可移植性,不能在所有的程序中都直接操作对应的寄存器,需要将对底层的操作封装成构件,对外提供接口函数,上层只需在调用时传进对应的参数即可完成相应功能,具体封装时用.c文件保存构件的实现代码,用.h文件保存需对外提供的完整函数信息及必要的说明。4.4节中给出了GPIO构件的设计方法,在GPIO构件中设计了引脚初始化(gpio_init)、设定引脚状态(gpio_set)、获取引脚状态(gpio_get)等基本函数,使用这些接口函数可基本完成对GPIO引脚的操作。

4. 关于汇编工程样例

4.5节给出了一个规范的汇编工程样例,供汇编入门使用,读者可以实际调试理解该样例工程,达到初步理解汇编语言编程的目的。对于嵌入式初学者来说,理解一个汇编语言程序是十分必要的。

习题

1. 简述GPIO的基本含义。
2. 举例说明软件是如何干预硬件的。
3. 为什么对蓝灯编程时,要在user.h文件中对蓝灯所接的引脚进行宏定义?
4. 举例说明,基于GPIO构件干预一盏小灯亮灭的基本编程步骤。
5. 编程利用直接地址的方法控制AHL-D1-H开发板上的红色小灯亮灭。
6. 在基于直接地址干预小灯的基础上,给出制作GPIO构件的过程。
7. 在第一个样例程序的工程组织图中,哪些文件是由用户编写的?哪些是由开发环境编译链接产生的?
8. 简述第一个样例程序的运行过程。
9. 给出链接文件(.ld)的功能要点。
10. 说明全局变量在哪个文件声明,在哪个文件中给全局变量中赋初值,举例说明一个全局变量的地址。
11. 自行完成一个汇编工程,功能、难易程度自定。
12. 从寄存器角度对GPIO编程,GPIO的输出有推挽输出与开漏输出类型,说明其应用场合。在基础的GPIO构件中,默认是什么输出类型?
13. 从寄存器角度对GPIO编程,GPIO的输出有输出速度问题,为什么封装底层驱动构件时,不把输出速度作为形式参数?

第5章

嵌入式硬件构件与底层驱动构件基本规范

本章导读　构件是软硬件设计中的重要概念和手段,本章从分析嵌入式系统构件化设计的重要性和必要性入手,阐述嵌入式硬件构件与底层驱动构件基本规范,主要内容包括:

（1）嵌入式硬件构件的概念、嵌入式硬件构件的分类、基于嵌入式硬件构件的电路原理图设计简明规则;

（2）嵌入式底层驱动构件的概念与层次模型;

（3）底层驱动构件的封装规范,包括构件设计的基本思想与基本原则、编码风格与基本规范、头文件与源程序设计规范;

（4）硬件构件及底层软件构件的重用与移植方法。

本章的目的是期望通过一定的规范,提高嵌入式软硬件设计的可重用性和可移植性。

5.1　嵌入式硬件构件

机械、建筑等传统产业的运作模式是先生产符合标准的构件(零部件),然后将标准构件按照规则组装成实际产品。其中,构件(component)是核心和基础,重用是必需的手段。传统产业的成功充分证明了这种模式的可行性和正确性。软件产业的发展借鉴了这种模式,为标准软件构件的生产和重用确立了举足轻重的地位。

随着微控制器及应用处理器内部 Flash 存储器可靠性的提高及擦写方式的变化,内部 RAM 及 Flash 存储器容量的增大,以及外部模块内置化程度的提高,嵌入式系统的设计复杂性、设计规模及开发手段已经发生了根本变化。在嵌入式系统发展的最初阶段,嵌入式系统硬件和软件设计通常是由一个工程师来承担,软件在整个工作中的比例很小。随着时间的推移,硬件设计变得越来越复杂,软件的份量也急剧增加,嵌入式开发人员也由一人发展为由若干人。为此,希望提高软硬件设计可重用性与可移植性,而构件的设计与应用是重用与移植的基础与保障。

5.1.1　嵌入式硬件构件概念与嵌入式硬件构件分类

要提高硬件设计的可重用性与可移植性,就必须有工程师共同遵守的硬件设计规范。

当设计人员凭借个人工作经验和习惯的积累进行系统硬件电路的设计,在开发完一个嵌入式应用系统后进行下一个应用开发时,往往需要从零开始,并重新绘制硬件电路原理图;或者在一个类似的原理图上修改,但容易出错。为了提高工作效率,将构件的思想引入硬件原理图设计中。

1. 嵌入式硬件构件的概念

什么是嵌入式硬件构件? 它与人们常说的硬件模块有什么不同?

众所周知,嵌入式硬件是任何嵌入式产品不可分割的重要组成部分,是整个嵌入式系统的构建基础,嵌入式应用程序和操作系统都运行在特定的硬件体系上。一个以 MCU 为核心的嵌入式系统通常包括电源、写入器接口电路、硬件支撑电路、UART、USB、Flash、A/D、D/A、LCD、键盘、传感器输入电路、通信电路、信号放大电路、驱动电路等硬件模块。其中,有些模块集成在 MCU 内部,有些模块位于 MCU 之外。

与硬件模块的概念不同,嵌入式硬件构件是指将一个或多个硬件功能模块、支撑电路及其功能描述封装成一个可重用的硬件实体,并提供一系列规范的输入/输出接口。由定义可知,传统概念中的硬件模块是硬件构件的组成部分,一个硬件构件可能包含一个或多个硬件功能模块。

2. 嵌入式硬件构件的分类

根据接口之间的生产消费关系,接口可分为供给接口和需求接口两类。根据所拥有接口类型的不同,硬件构件分为核心构件、中间构件和终端构件三种类型。核心构件只有供给接口,没有需求接口。也就是说,它只为其他硬件构件提供服务,而不接受服务。在以单 MCU 为核心的嵌入式系统中,MCU 的最小系统就是典型的核心构件。中间构件既有需求接口又有供给接口,即它不仅能够接受其他构件提供的服务,而且也能够为其他构件提供服务。而终端构件只有需求接口,它只接受其他构件提供的服务。这三种类型构件的区别如表 5-1 所示。

表 5-1　核心构件、中间构件和终端构件的区别

类　　型	供 给 接 口	需 求 接 口	举　　例
核心构件	有	无	芯片的硬件最小系统
中间构件	有	有	电源控制构件、RS-232 电平转换构件
终端构件	无	有	LCD 构件、LED 构件、键盘构件

在利用硬件构件进行嵌入式系统硬件设计之前,应该进行硬件构件的合理划分,按照一定规则,设计与系统目标功能无关的构件个体,然后进行"组装",完成具体系统的硬件设计。这样,这些构件个体也可以被组装到其他嵌入式系统中。在硬件构件被应用到具体系统时,在绘制电路原理图阶段,设计人员需要做的仅仅是为需求接口添加接口网标[①]。

---

①　在电路原理图中,网标是指一种连线标识名称,凡是网标相同的地方,表示是连接在一起的。与此对应的还有一种标识,就是文字标识,它仅仅是一种注释说明,不具备电路连接功能。

5.1.2　基于嵌入式硬件构件的电路原理图设计简明规则

在绘制原理图时,一个硬件构件使用一个虚线框,将硬件构件的电路及文字描述括在其中,对外接口引到虚线框之外,填上接口网标。

1. 硬件构件设计的通用规则

在设计硬件构件的电路原理图时,需遵循以下基本原则。

(1) 元器件命名格式:对于核心构件,其元器件直接编号命名,同种类型的元件命名时冠以相同的字母前缀。例如,电阻名称为 R1、R2 等,电容名称为 C1、C2 等,电感名称为 L1、L2 等,指示灯名称为 E1、E2 等,二极管名称为 D1、D2 等,三极管名称为 Q1、Q2 等,开关名称为 K1、K2 等。对于中间构件和终端构件,其元器件命名格式采用"构件名-标志字符?"的形式。例如,LCD 构件中所有的电阻名称统一为"LCD-R?",电容名称统一为"LCD-C?"。当构件原理图应用到具体系统中时,可借助原理图编辑软件为其自动编号。

(2) 为硬件构件添加详细的文字描述,包括中文名称、英文名称、功能描述、接口描述、注意事项等,以增强原理图的可读性。中英文名称应简洁明了。

(3) 将前两步产生的内容封装在一个虚线框内,组成硬件构件的内部实体。

(4) 为该硬件构件添加与其他构件交互的输入/输出接口标识。接口标识有两种:接口注释和接口网标。它们的区别是:接口注释标于虚线框以内,是针对构件接口的解释性文字,目的是在使用该构件时,帮助设计人员理解该接口的含义和功能;而接口网标位于虚线框之外,且具有电路连接特性。为使原理图阅读者便于区分,接口注释采用斜体字。

在进行核心构件、中间构件和终端构件的设计时,除了要遵循上述的通用规则外,还要兼顾各自的接口特性、地位和作用。

2. 核心构件的设计规则

设计核心构件时,需考虑的问题是:"核心构件能为其他构件提供哪些信号?"核心构件其实就是某型号 MCU 的硬件最小系统。核心构件设计的目标是:凡是使用该 MCU 进行硬件系统设计时,核心构件可以直接"组装"到系统中,无须进行任何改动。为了实现这一目标,在设计核心构件的实体时必须考虑细致、周全,包括稳定性、扩展性等,封装要完整。核心构件的接口都是为其他构件提供服务的,因此接口标识均为接口网标。在进行接口设计时,需将所有可能用到的引脚都标注上接口网标(无须考虑核心构件将会用到怎样的系统中去)。若同一引脚具有不同功能,则接口网标依据第一功能选项命名。遵循上述规则设计核心构件的好处是:当使用核心构件和其他构件一起组装系统时,只要考虑其他构件将要连接到核心构件的哪个接口(无须考虑核心构件将要连接到其他构件的哪个接口),这也符合设计人员的思维习惯。

3. 中间构件的设计规则

设计中间构件时,需考虑的问题是:"中间构件需要接收哪些信号,以及提供哪些信号?"中间构件是核心构件与终端构件之间的通信桥梁。在进行中间构件的实体封装时,实体的涉及范围应从构件功能和编程接口两方面考虑。一个中间构件应具有明确的且相对独立的功能,它既要有接收其他构件提供服务的接口,即需求接口,又要有为其他构件提供服务的接口,即供给接口。描述需求接口采用接口注释,位于虚线框内;描述供给接口采用接口网标,位于虚线框外。

　　中间构件的接口数目不像核心构件那样丰富。为了直观起见,设计中间构件时,将构件的需求接口放置在构件实体的左侧,供给接口放置在构件实体的右侧。接口网标的命名规则是:构件名称-引脚信号/功能名称。而接口注释名称前的构件名称可有可无,它的命名隐含了相应的引脚功能。

　　如图 5-1 和图 5-2 所示,电源控制构件和可变频率产生构件是常用的中间构件。图 5-1 中的 Power-IN 和图 5-2 中的 SDI、SCK 和 SEN 均为接口注释(以斜体标注),Power-OUT 和 LTC6903-OUT 均为接口网标。

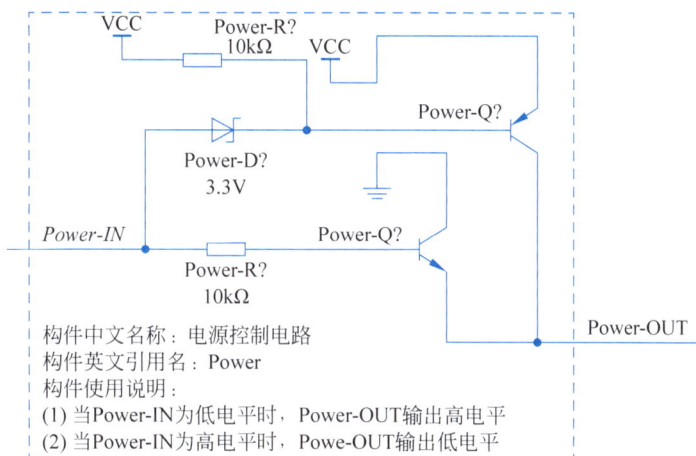

图 5-1　电源控制构件

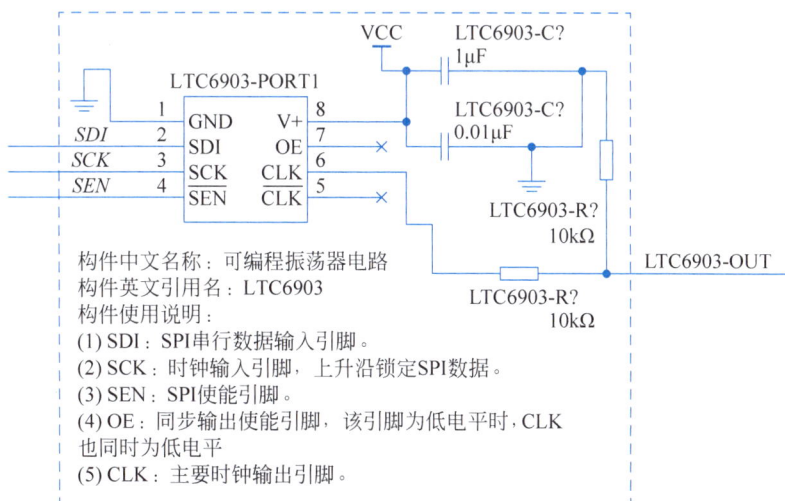

图 5-2　可变频率产生构件

4. 终端构件的设计规则

设计终端构件时,需考虑的问题是:**"终端构件需要什么信号才能工作?"** 终端构件是嵌入式系统中最常见的构件,它没有供给接口,仅有与上一级构件交付的需求接口,因而接口标识均为斜体标注的接口注释。LCD(YM1602C)构件、LED构件、指示灯构件及键盘构件等都是典型的终端构件,如图5-3和图5-4所示。

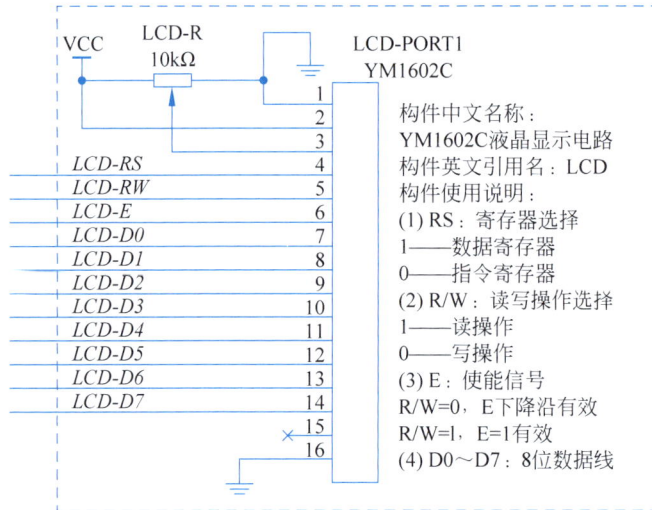

图 5-3　LCD 构件

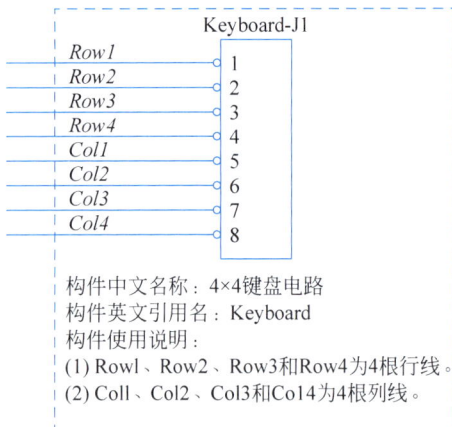

图 5-4　键盘构件

5. 使用硬件构件组装系统的方法

对于核心构件,在将其应用到具体的系统中时,不必做任何改动。具有相同 MCU 的应用系统,其核心构件也完全相同。对于中间构件和终端构件,在应用到具体的系统中时,仅需为需求接口添加接口网标;在不同的系统中,虽然接口网标名称不同,但构件实体内部完全相同。

使用硬件构件化思想设计嵌入式硬件系统的过程与步骤如下:

(1) 根据系统的功能划分出若干硬件构件。

(2) 将所有硬件构件原理图"组装"在一起。

(3) 为中间构件和终端构件添加接口网标。

5.2　嵌入式底层驱动构件的概念与层次模型

嵌入式系统是软件与硬件的综合体,硬件设计和软件设计是相辅相成的。嵌入式系统中的驱动程序是直接工作在各种硬件设备上的软件,是硬件和高层软件之间的桥梁。正是通过驱动程序,各种硬件设备才能正常运行,达到既定的工作效果。

5.2.1 嵌入式底层驱动构件的概念

要提高软件设计可重用性与可移植性,就必须充分理解和应用软件构件技术。"提高代码质量和生产力的唯一最佳方法就是重用好的代码",软件构件技术是软件重用实现的重要方法,也是软件重用技术研究的重点。

构件(component)是可重用的实体,它包含了合乎规范的接口和功能实现,能够被独立部署和被第三方组装[①]。

软件构件(software component)是指,在软件系统中具有相对独立功能、可以明确辨识的构件实体。

嵌入式软件构件(embedded software component)是实现一定嵌入式系统功能的一组封装的、规范的、可重用的、具有嵌入特性的软件构件单元,是组织嵌入式系统功能的基本单位。嵌入式软件分为高层软件构件和底层软件构件(底层驱动构件)。高层软件构件与硬件无关,如实现嵌入式软件算法的算法构件、队列构件等;而底层驱动构件与硬件密不可分,是硬件驱动程序的构件化封装。下面对嵌入式底层驱动构件给出简明定义。

嵌入式底层驱动构件简称底层驱动构件或硬件驱动构件,是直接面向硬件操作的程序代码及函数接口的使用说明。规范的底层驱动构件由头文件(.h)及源程序文件(.c)构成[②],头文件(.h)应该包括底层驱动构件简明且完备的使用说明,也就是说,在不需要查看源程序文件的情况下,就能够完全使用该构件进行上一层程序的开发。因此,设计底层驱动构件必须有基本规范,5.3节将阐述底层驱动构件的封装规范。

5.2.2 嵌入式硬件构件与软件构件结合的层次模型

前面提到,在硬件构件中,核心构件为MCU的最小系统。通常,MCU内部包含GPIO(即通用I/O口和一些内置功能模块,可将通用I/O口的驱动程序封装为GPIO驱动构件,将各内置功能模块的驱动程序封装为功能构件。芯片内含模块的功能构件有串行通信构件、Flash构件、定时器构件等。

在硬件构件层中,相对于核心构件而言,中间构件和终端构件是核心构件的"外设"。由这些"外设"的驱动程序封装而成的软件构件称为底层外设构件。注意,并不是所有的中间构件和终端构件都可以作为编程对象。例如,键盘、LED、LCD等硬件构件与编程有关,而电平转换硬件构件就与编程无关,因而不存在相应的底层驱动程序,也就没有相应的软件构件。嵌入式硬件构件与软件构件的层次模型如图5-5所示。

由图5-5可以看出,底层外设构件可以调用底层内部构件,如LCD构件可以调用GPIO

---

① NATO Communications and Information Systems Agency. NATO Standard for Development of Reusable Software Components[S]. 1991.

② 若不使用C语言编程,底层驱动构件的相应组织形式会有变化,但本质相同。

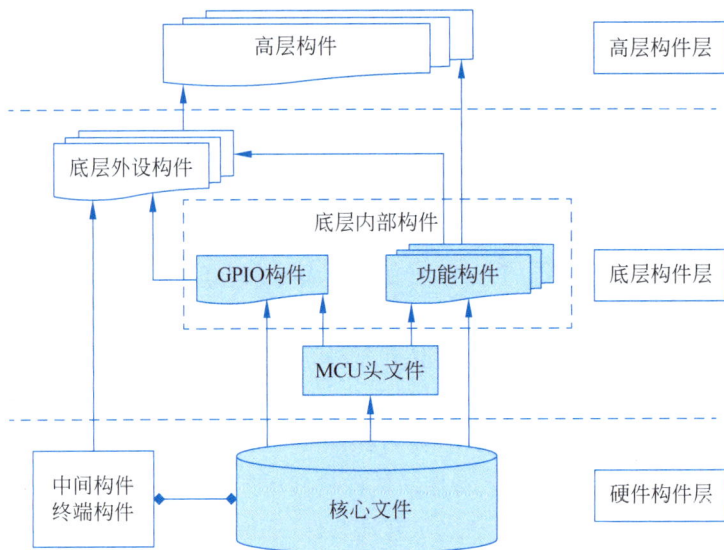

图 5-5 嵌入式硬件构件与软件构件结合的层次模型

驱动构件、PCF8563 构件(时钟构件)可以调用 I2C 构件等。而高层构件可以调用底层外设构件和底层内部构件中的功能构件,而不能直接调用 GPIO 驱动构件。另外,考虑到几乎所有的底层内部构件都涉及 MCU 各种寄存器的使用,因此将 MCU 的所有寄存器定义组织在一起,形成 MCU 头文件,以便其他构件头文件中包含该头文件。

5.2.3 嵌入式开发中的构件分类

为了便于理解与应用,按照与硬件关联的程度,可以把嵌入式软件构件分为**底层驱动构件**、**应用构件与算法构件**三种类型。

1. 底层驱动构件

底层驱动构件的定义。底层驱动构件是根据 MCU 内部功能模块的基本知识要素,针对 MCU 引脚功能或 MCU 内部功能,利用 MCU 内部寄存器所制作的直接干预硬件的构件。常用的底层驱动构件主要有 GPIO 构件、UART 构件、Flash 构件、ADC 构件、PWM 构件、SPI 构件、I2C 构件等。

底层驱动构件的特点是面向芯片,不考虑具体应用,以功能模块独立性为准则进行封装。面向芯片,表明在设计底层驱动构件时,不应该考虑具体应用项目,还要屏蔽芯片之间的差异,尽可能将底层驱动构件的接口函数与参数设计成与芯片无关,这样既便于理解与移植,又便于保证调用底层驱动构件的上层应用软件的可重用性;模块独立性是指设计芯片的某一模块底层驱动构件时,不要涉及其他平行模块。

2. 应用构件

应用构件的定义。应用构件也称为外部设备构件,是通过调用芯片的底层驱动构件制作完成、符合软件工程封装规范的、面向 MCU 外围硬件模块的驱动构件。其特点是面向实际 MCU 外围硬件模块,以硬件模块独立性为准则进行封装。例如,若一个 LCD 硬件模块是 SPI 接口的,则 LCD 构件需要调用底层驱动构件 SPI,完成对 LCD 显示屏控制的封装。也可以将 printf() 函数纳入应用构件,因为它调用串口构件 UART,printf() 函数调用的一般形式为:printf("格式控制字符串",输出表列)。本书使用的 printf() 函数可通过串口向外传输数据。

3. 算法构件

算法构件的定义。算法构件是一个面向对象的、具有规范接口和确定的上下文依赖的组装单元,它能够被独立使用或被其他构件调用。本书使用的算法构件概念狭义地限制在与硬件无关层面。其特点是面向实际算法,以功能独立性为准则进行封装,具备底层硬件无关性。例如,排序算法、队列操作、链表操作及人工智能相关算法等。

5.2.4　构件的基本特征与表现形式

封装好的构件能减少重复劳动,使应用开发者可专注于应用软件稳定性与功能设计,提高开发的效率和可靠性。为了将构件设计好、封装好,需要了解构件的基本特征与表现形式。

1. 构件的基本特征

封装性、描述性、可移植性与可重用性是软件构件的基本特性。

(1)**封装性**。在内部封装实现细节,采用独立的内部结构以减少对外部环境的依赖。调用者只需通过构件接口便可获得相应功能,内部实现的调整将不会影响构件调用者的使用。

(2)**描述性**。构件必须提供规范的函数名称、清晰的接口信息、参数含义与范围、必要的注意事项等描述,为调用者提供统一、规范的使用信息。

(3)**可移植性**。构件的可移植性是指同样功能的构件,如何做到不改动或少改动,而方便地移植到同系列及不同系列芯片内,减少重复劳动。

(4)**可重用性**。当满足一定的使用要求时,构件不经过任何修改就可以直接使用。特别是使用同一芯片开发不同项目,底层驱动构件应该做到重用。可重用性使得上层调用者对构件的使用不因底层实现的变化而有所改变。可重用性不仅提高了嵌入式软件的开发效率,也提高了可靠性与可维护性。不同芯片的底层驱动构件重用需要在可移植性基础上进行。

2. 构件的表现形式

为了将构件设计好,便于应用,对构件的表现形式,如文件组成、对外接口函数命名、内部函数、RTOS 无关性等提出以下要求。

(1)构件的文件组成。构件被设计成具有一定独立性的功能模块,由头文件和源程序文件两部分组成[①]。构件的头文件名和源程序文件名一致,且为构件名。在构件的头文件

---

① 特别强调一下,根据软件工程的基本原则,一个底层驱动构件只能由一个头文件和一个源程序文件组成,头文件是构件的使用说明。

中,主要包含必要的引用文件、描述构件功能特性的宏定义语句以及声明对外接口函数。良好的构件头文件应该成为构件使用说明书,不需要使用者查看源程序就能使用构件。构件的源程序文件中包含构件的头文件、内部函数的声明、对外接口函数的实现等。将构件分为头文件与源程序文件两个独立的部分,意义在于,头文件中包含对构件的使用信息的完整描述,为用户使用构件提供了充分必要的说明;构件提供服务的实现细节被封装在源程序文件中,调用者通过构件对外接口获取服务,而不必关心服务函数的具体实现细节。

(2) 构件中的对外接口函数命名。构件中的对外接口函数命名使用"构件名_函数功能名"形式,以便明确标识该函数属于哪个构件,实现什么功能。

(3) 构件中的内部函数。构件中的内部调用函数不在头文件中声明,其声明直接放在源程序头部,只进行声明,不进行注释,函数头注释及函数实体在对外接口函数后给出。

(4) 构件的RTOS无关性。从RTOS角度来说,构件应该是与RTOS无关的,这样才能保证构件的可移植性与可重用性。

5.3 底层驱动构件的封装规范

驱动程序的开发在嵌入式系统的开发中具有举足轻重的地位。驱动程序的好坏直接关系到整个嵌入式系统的稳定性和可靠性。然而,开发出完备、稳定的底层驱动构件并非易事。为了提高底层驱动构件的可移植性和可重用性,特制定底层驱动构件的封装规范。

5.3.1 底层驱动构件设计的基本原则

为了能够把底层驱动构件设计好、封装好,还要了解构件设计的基本原则。

在设计底层驱动构件时,最关键的工作是要对构件的共性和个性进行分析,从而设计出合理的、必要的对外接口函数,使得一个底层驱动构件可以直接应用到使用同一芯片的不同工程中,不需要进行任何修改。

根据构件的封装性、描述性、可移植性、可重用性的基本特征,底层驱动构件的开发,应遵循层次化、易用性、鲁棒性及对内存的可靠使用原则。

1. 层次化原则

层次化设计要求清晰地组织构件之间的关联关系。底层驱动构件与底层硬件打交道,在应用系统中位于最底层。遵循层次化原则设计底层驱动构件需要做到:

(1) 针对应用场景和服务对象,分层组织构件。在设计底层驱动构件的过程中,有一些与处理器相关的、描述芯片寄存器映射的内容,这些是所有底层驱动构件都需要使用的,将这些内容组织成底层驱动构件的公共内容,作为底层驱动构件的基础。在底层驱动构件的基础上,还可使用高级的扩展构件调用底层驱动构件功能,从而实现更加复杂的服务。

(2) 在构件的层次模型中,上层构件可以调用下层构件提供的服务,同一层次的构件不存在相互依赖关系,不能相互调用。例如,Flash模块与UART模块是平级模块,不能在编写Flash构件时,调用UART驱动构件。即使要通过对UART驱动构件函数的调用在PC

屏幕上显示 Flash 构件测试信息，也不能在 Flash 构件内含有调用 UART 驱动构件函数的语句，应该编写在上一层次的程序中。平级构件是相互不可见的，只有深入理解这一点，并遵守之，才能更好地设计出规范的底层驱动构件。在操作系统中，平级构件不可见特性尤为重要。

2. 易用性原则

易用性在于让调用者能够快速理解的构件提供的功能并能快速正确使用。遵循易用性原则设计底层驱动构件需要做到：函数名简洁且达意，接口参数清晰、范围明确，使用说明语言精练规范、避免二义性。此外，在函数的实现方面，要避免编写代码量过多。函数的代码量过多会导致难以理解与维护，并且容易出错。若一个函数的功能比较复杂，则可将其"化整为零"，通过编写多个规模较小功能单一的子函数，再进行组合，实现整体的功能。

3. 鲁棒性原则

鲁棒性在于为调用者提供安全的服务，以避免在程序运行过程中出现异常状况。遵循鲁棒性原则设计底层驱动构件需要做到：在明确函数输入输出的取值范围、提供清晰接口描述的同时，在函数实现的内部要有对输入参数的检测，对超出合法范围的输入参数进行必要的处理；不忽视编译警告错误；使用分支判断时，确保对分支条件判断的完整性，对默认分支进行处理。例如，对 if 结构中的 else 分支和 switch 结构中的 default 安排合理的处理程序。

4. 对内存的可靠使用原则

对内存的可靠使用是保证系统安全、稳定运行的一个重要的因素。遵循内存的可靠使用原则设计底层驱动构件需要做到：

（1）优先使用静态分配内存。相比于人工参与的动态分配内存，静态分配内存由编译器维护，更为可靠。例如，在底层驱动构件设计时，尽量不要使用 malloc、new 动态申请内存。

（2）谨慎地使用变量。可以直接读写硬件寄存器时，不使用变量替代；避免使用变量暂存简单计算所产生的中间结果，使用变量暂存数据将会影响到数据的时效性。

（3）防止"野指针"。避免指向非法地址，定义的指针变量时必须初始化。

（4）防止缓冲区溢出。使用缓冲区时，建议预留不小于 20% 的冗余，在对缓冲区填充前，先检测数据长度，防止缓冲区溢出。

5.3.2　编码风格基本规范

良好的编码风格能够提高程序代码的可读性和可维护性，而使用统一的编码风格在团队合作编写一系列程序代码时无疑能够提高集体的工作效率。本节给出了编码风格的基本规范，主要涉及文件、函数、变量、宏及结构体类型的命名规范，空格与空行、缩进、断行等的排版规范，以及文件头、函数头、行及边等的注释规范。

1. 命名规范

命名的基本原则如下。

（1）使用完整英文单词或约定俗成的缩写，有明确含义。通常，较短的单词可通过去掉元音字母形成缩写；较长的单词可取单词的头几个字母形成缩写，即"见名知意"。命名中若使用特殊约定或缩写，要有注释说明。

（2）命名风格要自始至终保持一致。

（3）为了代码重用，命名中应避免使用与具体项目相关的前缀。

（4）为了便于管理，对程序实体的命名要体现出所属构件的名称。

（5）除宏命名外，名称字符串全部小写，以下画线"_"作为单词的分隔符。首尾字母不用"_"。

针对嵌入式底层驱动构件的设计需要，对文件、函数、变量、宏及数据结构类型的命名特别进行以下说明。

1）文件的命名

底层驱动构件在具体设计时分为两个文件，其中，头文件命名为"<构件名>.h"，源文件命名为"<构件名>.c"，且<构件名>表示具体的硬件模块的名称。例如，GPIO驱动构件对应的两个文件为gpio.h和gpio.c。

2）函数的命名

底层驱动构件的函数从属于驱动构件，驱动函数的命名除要体现函数的功能外，还需要使用命名前缀和后缀标识其所属的构件及不同的实现方式。

函数名前缀：底层驱动构件中定义的所有函数均使用"<构件名>_"前缀表示其所属的驱动构件模块。例如，GPIO驱动构件提供的服务接口函数命名为gpio_init（初始化）、gpio_set（设定引脚状态）、gpio_get（获取引脚状态）等。

函数名后缀：对同一服务的不同方式的实现，使用后缀加以区分。这样做的好处是，当使用底层构件组装软件系统时，可避免构件之间出现同名现象。同时，名称要使人有"见名知意"的效果。

3）函数形参变量与函数内局部变量的命名

对嵌入式底层驱动构件进行编码的过程中，需要考虑对底层驱动函数形参变量及驱动函数内部局部变量的命名。

函数形参变量：函数形参变量名是使用函数时理解形参的最直观印象，表示传参的功能说明。特别是，若传入底层驱动函数接口的参数是指针类型，则在命名时应使用"_ptr"后缀加以标识。

局部变量：局部变量的命名与函数形参变量类似。但函数形参变量名一般不取单个字符（如i、j、k）进行命名，而i、j、k作为局部循环变量是允许的。这是因为，变量尤其是局部变量，如果用单个字符表示，很容易写错（如i写成j），在编译时很难检查出来，为了改正这个错误，有可能花费大量的时间。

4）宏常量及宏函数的命名

宏常量及宏函数的命名全部使用大写字符，使用下画线"_"为分隔符。例如，在构件公共要素中定义开关中断的宏为：

```
#define ENABLE_INTERRUPTS      asm(" CPSIE   i")          //开总中断
#define DISABLE_INTERRUPTS     asm(" CPSID   i")          //关总中断
```

5）结构体类型的命名、类型定义与变量声明

（1）结构体类型名称使用小写字母命名（<defined_struct_name>），定义结构体类型变量时，全部使用大写字母命名（<DEFINED_STRUCT_NAME>）。

（2）对结构体内部字段全部使用大写字母命名（<ELEM_NAME>）。

（3）定义类型时，同时声明一个结构体变量和结构体指针变量，模板如下：

```
typedef   struct   <defined_struct_name>
{
<elem_type_1>   <ELEM_NAME_1>;    //对字段1含义的说明
<elem_type_2>   <ELEM_NAME_2>;    //对字段2含义的说明
...
} <DEFINED_STRUCT_NAME>, * <DEFINED_STRUCT_NAME_PTR>;
```

例如，当要定义一个描述 UART 设备初始化参数结构体类型时，可有如下定义：

```
typedef   struct   uart_init
{
    uint8_t      DEV_ID;              // 串口设备号
    uint32_t     BAUD_RATE;          // 串口通信波特率
} UART_INIT_STRUCT,   * UART_INIT_PTR;
```

其中，uart_init 就是一种结构体类型，而 UART_INIT_STRUCT 是一个 uart_init 类型变量，UART_INIT_PTR 是 uart_init 类型指针变量。

2. 排版规范

对程序进行排版是指，通过插入空格与空行，使用缩进、断行等手段，调整代码的书面版式，使代码整体美观、清晰，从而提高代码的可读性。

1）空行与空格

关于空行：相对独立的程序块之间须加空行。关于空格：在两个以上的关键字、变量、常量进行对等操作时，它们之间的操作符之前、之后或者前后要加空格，必要时加两个空格；进行非对等操作时，如果是关系密切的立即操作符（如—>），其后不应加空格。采用这种松散方式编写代码的目的是使代码更加清晰。例如，只在逗号、分号后面加空格；在比较操作符、赋值操作符"＝""＋＝"、算术操作符"＋""％"、逻辑操作符"＆＆"、位域操作符"≪""^"等双目操作符的前后加空格；在"!""～""＋＋""－－""＆"（地址运算符）等单目操作符前后不加空格；在"—>""."前后不加空格；在 if、for、while、switch 等与后面括号间加空格，使关键字更为突出、明显。

2）缩进

使用空格缩进，建议不使用 Tab 键，复制打印这种代码时不会造成错乱。代码的每一级均往右缩进4个空格的位置。函数或过程的开始、结构的定义及循环、判断等语句中的代码都要采用缩进风格，case 语句下的情况处理语句也要遵从语句缩进要求。

3）断行

建议较长的语句（＞78字符）要分成多行书写，长表达式要在低优先级操作符处划分新行，操作符放在新行之首，划分出的新行要进行适当的缩进，使排版整齐，语句可读；对于循环、判断等语句中若有较长的表达式或语句，则要进行适应的划分；若函数或过程中的参数较长，则要进行适当的划分；建议不要把多个短语句写在一行中，即一行只写一条语句。例如"if （x＞3） x＝3;"可以在一行；对于 if、for、do、while、case、switch、default 等语句后的程序块分界符（如 C/C++语言的花括号"{"和"}"）应各独占一行并且位于同一列，且与以上保留字左对齐。

3. 注释规范

在程序代码中使用注释，有助于对程序的阅读理解，说明程序在"做什么"，解释代码的目的、功能和采用的方法。编写注释时要注意：一般情况源程序有效注释量在30％左右，注释语言必须准确、易懂、简洁，编写和修改代码的同时，处理好相应的注释，**C 语言中建议采用"//"注释，不建议使用段注释"/＊ ＊/"**。保留段注释用于调试，便于注释不用的代码。

为规范嵌入式底层驱动构件的注释，下面对文件头注释、函数头注释、行注释与边注释做必要的说明。

1）文件头注释

底层驱动构件的接口头文件和实现源文件的开始位置，使用文件头注释，例如，

```
// ==============================================================
//文件名称: gpio.h
//功能概要: GPIO 底层驱动构件头文件
//版权所有: SD－EAI&IoT Lab.
//版本更新: 2023－11－01  V1.0
// ==============================================================
```

2）函数头注释

在驱动函数的接口声明和函数实现前，使用函数头注释详细说明驱动函数提供的服务。在构件的头文件中必须添加完整的函数头注释，为构件使用者提供充分的使用信息。构件的源文件对用户是透明的，因此，在必要时可适当简化函数头注释的内容。例如，

```
// ==============================================================
//函数名称: gpio_init
//函数返回: 无
//参数说明: port_pin: (端口号)|(引脚号)(例: PT2|(2) 表示为 PT 2 口 5 脚)
//                    dir: 引脚方向(0＝输入, 1＝输出, 可用引脚方向宏定义)
//                    state: 端口引脚初始状态(0＝低电平, 1＝高电平)
//功能概要: 初始化指定端口引脚作为 GPIO 引脚功能, 并定义为输入或输出, 若是输出,
//          还指定初始状态是低电平或高电平
// ==============================================================
```

3）整行注释与边注释

整行注释文字主要是对至下一个整行注释之前的代码进行功能概括与说明。边注释位

于一行程序的尾端,对本语句或至下一边注释之间的语句进行功能概括与说明。此外,分支语句(条件分支、循环语句等)须在结束的"}"右边注释,表明该程序块结束的标记"end_…",尤其在多重嵌套时。对于有特别含义的变量、常量,如果其命名不是充分自注释的,那么在声明时都必须加以注释,说明其含义。变量、常量、宏的注释应放在其上方相邻位置(行注释)或右方(边注释)。

5.3.3　头文件的设计规范

头文件描述了构件的接口,用户通过头文件获取构件服务。在本节中,对底层驱动构件头文件的内容的编写加以规范,具体从程序编码框架、包含文件的处理、宏定义及设计服务接口等方面进行说明。

1. 编码框架

编写每个构件的头文件时,应使用"♯ifndef…♯define…♯endif"的编码结构,防止对头文件的重复包含。例如,若定义 GPIO 驱动构件,在其头文件 gpio.h 中,应有:

```
♯ifndef  _GPIO_H
♯define  _GPIO_H
…                // 文件内容
♯endif
```

2. 包含文件

包含文件指令为"♯include",包含文件的语句统一安排在构件的头文件中,而在相应构件的源文件中仅包含本构件的头文件。将包含文件的语句统一置于构件的头文件中,使文件间的引用关系能够更加清晰地呈现。

3. 使用宏定义

宏定义指令为"♯define",使用宏定义可以替换代码内容,替换内容可以是常数、字符串,甚至还可以是带参数的函数。利用宏定义的替换特性,当需要变更程序的宏常量或宏函数时,只需一次性修改宏定义的内容,程序中每个出现宏常量或宏函数的地方均会自动更新。

对于宏常数,通常可使用宏定义表示构件中的常量,为常量值提供有意义的别名。比如,在灯的亮暗状态与对应 GPIO 引脚高低电平的对应关系需根据外接电路而定,此时,将表示灯状态的电平信号值用宏常量的方式定义,编程时使用其宏定义。当使用的外部电路发生变化时,仅需将宏常量定义做适当变更,而不必改动程序代码。

```
♯define  LIGHT_ON   0      // 灯亮
♯define  LIGHT_OFF  1      // 灯暗
```

对于宏函数,可以使用宏函数实现构件对外部请求服务的接口映射。在设计构件时,有时会需要应用环境为构件的基本活动提供服务。此时,采用宏函数表示构件对外部请求服务的接口,在构件中不关心请求服务的实现方式,这就为构件在不同应用环境下的移植提供了较强的灵活性。

4. 声明对外接口函数，包含对外接口函数的使用说明

底层驱动构件通过对外接口函数为调用者提供简明而完备的服务，对外接口函数的声明及使用说明（即函数的头注释）存于头文件中。

5. 特别说明

为某一款芯片编写硬件驱动构件时，不同的构件存在公共使用的内容，可将这些内容放入 cpu.h 中，供制作构件时使用，举例如下。

（1）开关总中断的宏定义语句。高级语言没有对于语句，可以使用内嵌汇编的方式定义开关中断的语句：

```
#define ENABLE_INTERRUPTS    asm(" CPSIE  i")        //开总中断
#define DISABLE_INTERRUPTS   asm(" CPSID  i")        //关总中断
```

（2）一位操作的宏函数。将编程时经常用到对寄存器的某一位进行操作，即对寄存器的置位、清位及获得寄存器某一位状态的操作，定义成宏函数。设置寄存器某一位为 1，称为置位；设置寄存器某一位为 0，称为清位。这在底层驱动编程时经常用到。置位与清位的基本原则是：当对寄存器的某一位进行置位或清位操作时，不能干扰该寄存器的其他位，否则可能会出现意想不到的错误。

综合利用"≪""≫""|""&""~"等位运算符，可以实现置位与清位，且不影响其他位的功能。下面以 8 位寄存器为例进行说明，其方法适用于各种位数的寄存器。设 R 为 8 位寄存器，下面说明将 R 的某一位置位与清位，而不干预其他位的编程方法：

置位。要将 R 的第 3 位置 1，其他位不变，可以这样做：R |= (1≪3)，其中，"1≪3"的结果是 0b00001000，R |= (1≪3) 也就是 R=R|0b00001000，任何数和 0 相或不变，任何数和 1 相或为 1，这样可达到对 R 的第 3 位置 1，但不影响其他位的目的。

清位。要将 R 的第 2 位清 0，其他位不变，可以这样做：R &= ~(1≪2)，其中，"~(1≪2)"的结果是 0b11111011，R &= ~(1≪2) 也就是 R=R&0b11111011，任何数和 1 相与不变，任何数和 0 相与为 0，这样达到对 R 的第 2 位清 0，但不影响其他位的目的。

获得某一位的状态。(R≫4) & 1，是获得 R 第 4 位的状态，"R≫4"是将 R 右移 4 位，将 R 的第 4 位移至第 0 位，即最后 1 位，再和 1 相与，也就是和 0b00000001 相与，保留 R 最后 1 位的值，以此得到第 4 位的状态值。

为了方便使用，将这一过程改为带参数的"宏函数"，其简明定义放在 cpu.h 中。使用该"宏"的文件，应包含 cpu.h 文件。

```
#define BSET(bit,Register)  ((Register) |= (1<<(bit)))     //置寄存器的一位
#define BCLR(bit,Register)  ((Register) &= ~(1<<(bit)))    //清寄存器的一位
#define BGET(bit,Register)  (((Register) >> (bit)) & 1)    //获得寄存器一位的状态
```

这样就可以使用 BSET、BCLR、BGET 这些容易理解与记忆的标识，进行寄存器的置位、清位及获得寄存器某一位状态的操作。

（3）重定义基本数据类型。嵌入式程序设计与一般的程序设计有所不同,在嵌入式程序中,需要操作的大多数是底层硬件的存储单元或是寄存器,所以在编写程序代码时,使用的基本数据类型多为8位、16位、32位。不同的编译器为基本整型数据类型分配的位数存在不同,但在编写嵌入式程序时要明确使用变量的字长,因此,需根据具体编译器重新定义嵌入式基本数据类型。重新定义后,不仅书写方便,也有利于软件的移植。例如,

```
typedef    volatile uint8_t      vuint8_t;      // 不优化无符号 8 位数,字节
typedef    volatile uint16_t     vuint16_t;     // 不优化无符号 16 位数,字
typedef    volatile uint32_t     vuint32_t;     // 不优化无符号 32 位数,长字
typedef    volatile int8_t       vint_8;        // 不优化有符号 8 位数
typedef    volatile int16_t      vint_16;       // 不优化有符号 16 位数
typedef    volatile int16_t      vint_32;       // 不优化有符号 32 位数
```

通常有一些数据类型不能进行优化处理。在此,对不优化数据类型的定义进行特别说明。不优化数据类型的关键字是 **volatile**。它用于通知编译器,对其后面所定义的变量不能随意进行优化,因此,编译器会安排该变量使用系统存储区的具体地址单元,编译后的程序每次需要存储或读取该变量时,都会直接访问该变量的地址。若没有 volatile 关键字,则编译器可能会暂时使用 CPU 寄存器来存储,以优化存储和读取,这样,CPU 寄存器和变量地址的内容很可能会出现不一致现象。对 MCU 的映像寄存器的操作就不能优化,否则,对 I/O 口的写入可能被"优化"写入 CPU 内部寄存器中,这会导致混乱。常用的 volatile 变量的使用场合有:设备的硬件寄存器、中断服务例程中访问到的非自动变量、操作系统环境下多线程应用中被几个任务共享的变量。

5.3.4　源程序文件的设计规范

编写底层驱动构件实现源文件的基本要求,是实现构件通过服务接口对外提供全部服务的功能。为确保构件工作的独立性,实现构件高内聚、低耦合的设计要求,将构件的实现内容封装在源文件内部。对于底层驱动构件的调用者而言,通过服务接口获取服务,不需要了解驱动构件所提供服务的具体运行细节。因此,功能实现和封装是编写底层驱动构件实现源文件主要考虑的内容。

1. 源程序文件中的 ♯include

在底层驱动构件的源文件(.c)中,只允许在一处使用 ♯include 包含自身头文件。需要使用的内容需在自身构件的头文件中包含,以便有统一、清晰的程序结构。

2. 合理设计与实现对外接口函数与内部函数

驱动构件的源程序文件中的函数包含对外接口函数与内部函数。对外接口函数供上层应用程序调用,其头注释需完整表述函数名、函数功能、入口参数、函数返回值、使用说明、函数适用范围等信息,以增强程序的可读性。在构件中封装比较复杂功能的函数时,代码量不宜过大,因此,应当将其中功能相对独立的部分封装成子函数。这些子函数仅在构件内部使用,不提供对外服务,故称为"内部函数"。为将内部函数的访问范围限制在构件的源文件内部,在创建内部函数时,应使用 static 关键字作为修饰符。内部函数的声明放在所有对外接

口函数程序的上部,代码实现放在对外接口函数程序的后部。

一般地,实现底层驱动构件的功能,需要同芯片片内模块的特殊功能寄存器交互,通过对相应寄存器的配置实现对设备的驱动。某些配置过程对配置的先后顺序和时序有特殊要求,在编写驱动程序时要特别注意。

对外接口函数实现完成后,将其头注释复制到头文件中,作为构件的使用说明。参考样例见网上教学资源的 GPIO 构件及 Light 构件(各样例工程下均有)。

3. 不使用全局变量

全局变量的作用范围可以扩大到整个应用程序,其中存放的内容在应用程序的任何一处都可以随意修改,一般可用于在不同程序单元间传递数据。但是,如果在底层驱动构件中使用全局变量,那么其他程序即使不通过构件提供的接口也可以访问到构件内部,这无疑会对构件的正常工作带来隐患。从软件工程理论对封装特性的要求来看,也不利于构件设计高内聚、低耦合的要求。因此,在编写驱动构件程序时,严格禁止使用全局变量。用户与构件交互只能通过服务接口进行,即所有的数据传递都要通过函数的形参来完成,而不是使用全局变量。

5.4 硬件构件及其驱动构件的重用与移植方法

重用是指在一个系统中,同一构件可被重复使用多次。移植是指将一个系统中使用到的构件应用到另一个系统中。

5.4.1 硬件构件的重用与移植

对于以单 MCU 为核心的嵌入式应用系统而言,当用硬件构件"组装"硬件系统时,核心构件(即最小系统)有且只有一个,而中间构件和终端构件可有多个,并且相同类型的构件可出现多次。下面以终端构件 LCD 为例,介绍硬件构件的移植方法。其中,A0～A10 和 B0～B10 是芯片相关引脚,但不涉及具体芯片。

在应用系统 A 中,若 LCD 的数据线(LCD_D0～LCD_D7)与芯片的通用 I/O 口的 A3～A10 相连,A0～A2 作为 LCD 的控制信号传送口,其中,LCD 寄存器选择信号 LCD-RS 与 A0 引脚连接,读写信号 LCD_RW 与 A1 引脚连接,使能信号 LCD_E 与 A2 引脚连接,则 LCD 硬件构件实例如图 5-6(a)所示。虚线框左边的文字(如 A0、A1 等)为接口网标,虚线框右边的文字(如 LCD_RS、LCD_RW 等)为接口注释。

在应用系统 B 中,若 LCD 的数据线(LCD-D0～LCD-D7)与芯片的通用 I/O 口的 B3～B10 相连,B0、B1、B2 引脚分别作为寄存器选择信号 LCD-RS、读写信号 LCD-RW、使能信号 LCD-E,则 LCD 硬件构件实例如图 5-6(b)所示。

5.4.2 驱动构件的移植

当将一个已设计好的底层构件移植到另外一个嵌入式系统中时,其头文件和程序文件

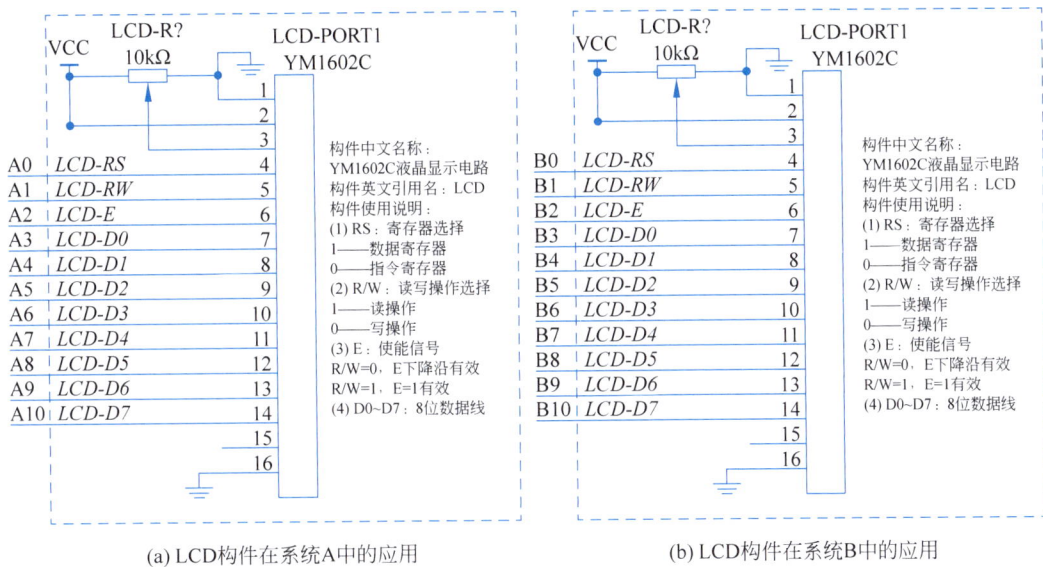

(a) LCD构件在系统A中的应用　　　　(b) LCD构件在系统B中的应用

图 5-6　LCD 构件在实际系统中的应用

是否需要改动,要视具体情况而定。例如,系统的核心构件发生改变(即 MCU 型号改变)时,底层内部构件头文件和某些对外接口函数也要随之改变,如模块初始化函数。

对于外接硬件构件,如果不想改动程序文件,而只改动头文件,那么,头文件的设计就必须充分。以 LCD 构件为例,与图 5-6(a)相对应的底层构件头文件 lcd.h 可编写如下。

```
// ========================================================
// 文件名称: lcd.h
// 功能概要: LCD 构件头文件
// 版权所有: SD - EAI&IoT Lab.
// ========================================================
# ifndef LCD_H
# define LCD_H

# include "gpio.h"              //需要使用芯片的 GPIO 构件

# define LCD_RS        A0       //LCD 寄存器选择信号
# define LCD_RW        A1       //LCD 读写信号
# define LCD_E         A2       //LCD 读写信号
//LCD 数据引脚
# define LCD_D7        A3
# define LCD_D6        A4
# define LCD_D5        A5
# define LCD_D4        A6
# define LCD_D3        A7
# define LCD_D2        A8
# define LCD_D1        A9
# define LCD_D0        A10
// ========================================================
//函数名称: LCDInit
```

```
//函数返回：无
//参数说明：无
//功能概要：LCD 初始化
// ================================================================
void LCDInit();


// ================================================================
//函数名称：LCDShow
//函数返回：无
//参数说明：data[32]：需要显示的数组
//功能概要：LCD 显示数组的内容
// ================================================================
void LCDShow(uint_8 data[32]);


#endif
```

当 LCD 硬件构件发生图 5-6(b)中的移植时，显示数据传送口和控制信号传送口发生了改变，只需修改头文件，而不需要修改 lcd.c 文件。

必须说明的是，本书给出构件化设计方法的目的是，在进行软硬件移植时，设计人员所做的改动应尽量小，而不是不做任何改动；希望改动尽可能在头文件中进行，而不希望改动程序文件。

本章小结

本章内容属于方法论，与具体芯片无关，主要阐述嵌入式硬件构件及底层驱动构件的基本规范。

1. 关于嵌入式硬件构件的概念

嵌入式硬件构件是指将一个或多个硬件功能模块、支撑电路及其功能描述封装成一个可重用的硬件实体，并提供一系列规范的输入/输出接口。嵌入式硬件构件根据接口之间的生产消费关系，接口可分为供给接口和需求接口两类。根据所拥有接口类型的不同，硬件构件分为核心构件、中间构件和终端构件三种类型。核心构件只有供给接口，没有需求接口，它只为其他硬件构件提供服务，而不接受服务。中间构件既有需求接口又有供给接口，它不仅能够接受其他构件提供的服务，而且也能够为其他构件提供服务。终端构件只有需求接口，它只接受其他构件提供的服务。设计核心构件时，需考虑的问题是："核心构件能为其他构件提供哪些信号？"设计中间构件时，需考虑的问题是："中间构件需要接收哪些信号，以及提供哪些信号？"设计终端构件时，需考虑的问题是："终端构件需要什么信号才能工作？"。

2. 关于嵌入式底层驱动构件的设计原则与规范

嵌入式底层驱动构件是直接面向硬件操作的程序代码及使用说明。规范的底层驱动构件由头文件(.h)及源程序文件(.c)文件构成。头文件是底层驱动构件简明且完备的使用说明,即在不查看源程序文件情况下,就能够完全使用该构件进行上一层程序的开发,这也是设计底层驱动构件最值得遵循的原则。

在设计实现驱动构件的源程序文件时,需要合理设计外接口函数与内部函数。外接口函数供上层应用程序调用,其头注释需完整表述函数名、函数功能、入口参数、函数返回值、使用说明、函数适用范围等信息,以增强程序的可读性。在实现具体代码时,严格禁止使用全局变量。

3. 关于构件的移植与重用

在嵌入式硬件原理图设计中,要充分利用嵌入式硬件进行重用设计;在嵌入式软件编程时,涉及与硬件直接打交道时,应尽可能重用底层驱动构件。若无可重用的底层驱动构件,则应该按照基本规范设计驱动构件,然后再进行应用程序开发。

习题

1. 简述嵌入式硬件构件的概念及嵌入式硬件构件的分类。
2. 简述核心构件、中间构件和终端构件的含义及设计规则。
3. 阐述嵌入式底层驱动构件的基本内涵。
4. 在设计嵌入式底层驱动构件时,其对外接口函数设计的基本原则有哪些?
5. 举例说明在什么情况下使用宏定义。
6. 举例说明底层构件的移植方法。
7. 利用 C 语言,自行设计一个底层驱动构件,并进行调试。
8. 利用一种汇编语言,设计一个底层驱动构件,并进行调试,同时与 C 语言设计的底层驱动构件进行比较。

第**6**章

串行通信模块及第一个中断程序结构

本章导读　中断的概念在嵌入式计算机编程中十分重要,串行通信在嵌入式计算机中的地位举足轻重,本章以 D1-H 芯片的串行接收中断为例阐述中断编程方法。主要内容包括:

(1) 异步串行通信的通用基础知识,使读者理解串行通信的基本概念及编程模型;

(2) 基于构件的串行通信编程方法,这是一般应用级编程的基本模式;

(3) UART 构件的基本制作过程;

(4) 中断机制及中断编程步骤。

视频讲解

6.1 异步串行通信的通用基础知识

串行通信接口简称"串口"、UART 或 SCI。在 USB 未普及之前,串口是 PC 必备的通信接口之一。作为设备间通信的简便方式,在相当长的时间内,串口还不会消失。在市场上很容易购买到各种电平的 USB 串口适配器,以便与没有串口但具有多个 USB 口的笔记本计算机或 PC 连接。MCU 中的串口通信,在硬件上,一般只需要 3 根线,分别称为发送线(TxD)、接收线(RxD)和地线(GND);在通信方式上,属于单字节通信,是嵌入式开发中重要的打桩调试手段。实现串口功能的模块在一些 MCU 中被称为通用异步收发器(Universal Asynchronous Receiver-Transmitter,UART),在另一些 MCU 中被称为串行通信接口(Serial Communication Interface,SCI)。

本节简要概述 UART 的基本概念与硬件连接方法,为学习 UART 编程做准备。

6.1.1 串行通信的基本概念

"位"(bit)是单个二进制数字的简称,可以拥有两种状态的最小二进制值,即 0 和 1。在计算机中,通常一个信息单位用 8 位二进制表示,称为一个"字节"(byte)。串行通信的特点是:数据以字节为单位,按位的顺序(例如,最高位优先)从一条传输线上发送出去。这里至少涉及四个问题:第一,各个字节之间是如何区分开的? 第二,发送一位的持续时间是多少? 第三,怎样知道传输是正确的? 第四,可以传输多远? 这些问题所需的知识点涉及串行通信的基本概念。串行通信分为异步通信与同步通信两种方式,本节主要给出异步串行通信的一些常用概念。正确理解这些概念,对串行通信编程是有益的。这里主要掌握异步串行通信的格式与波特率,至于奇偶校验与串行通信的传输方式了解术语即可。

1. 异步串行通信的格式

在 MCU 的英文芯片手册上,通常说的异步串行通信的格式是标准不归零传号/空号数据格式(Standard Non-Return-Zero Mark/Space Data Format),该格式采用不归零码(Non-Return to Zero,NRZ)格式。"不归零"的最初含义是:这里采用双极性表示二进制值,如用负电平表示一种二进制值,正电平表示另一种二进制值。在表示一个二进制值码元时,电压均无须回到零,故称不归零码。"Mark/Space"即"传号/空号"分别是表示两种状态的物理名称,逻辑名称记为"1/0"。对学习嵌入式应用的读者来说,只要理解这种格式只有 1、0 两种逻辑值就可以了。UART 串行通信的数据包以字节帧为单位,常用的帧结构为:1 位起始位+8 位数据位+1 位奇偶校验位(可选)+1 位停止位。图 6-1 给出了 8 位数据、无校验情况的串行通信数据格式。

图 6-1　串行通信数据格式

这种格式的空闲状态为 1,发送器通过发送一个 0 表示一个字节帧传输的开始,随后是数据位(在 MCU 中一般是 8 位或 9 位,可以包含校验位)。最后,发送器发送 1 位停止位,表示一个字节帧传送结束。若继续发送下一个字节帧,则重新发送开始位(这就是异步之含义了),开始一个新的字节帧传送。若不发送新的字节帧,则维持 1 的状态,使发送数据线处于空闲。从开始位到停止位结束的时间间隔称为字节帧(Byte Frame)。所以,这种格式也称为字节帧格式。每发送一个字节帧,都要发送"开始位"与"停止位",这是影响异步串行通信传送速度的因素之一。

【思考一下】　UART 中各个字节之间是如何区分开的?

2. 串行通信的波特率

位长(Bit Length)也称为位的持续时间(Bit Duration),其倒数就是单位时间内传送的位数。串口通信的速度用波特率来表示,它定义为每秒传输的二进制位数,在这里 1 波特=1 位/秒,单位 bps(b/s)。bps 是英文 bit per second 的缩写,习惯上这个缩写不用大写,而用小写。通常情况下,波特率的单位可以省略。只有通信双方的波特率一样时才可以进行正常通信。

通常使用的波特率有 9600bps、19 200bps、38 400bps、57 600bps 及 115 200bps 等。如果采用 10 位表示一个字节帧,包含开始位、数据位以及停止位,那么很容易计算出,在各波特率下发送 1KB 所需的时间。显然,这个速度相对于目前许多通信方式而言是较慢的,那么,异步串行通信的速度能否提得很高呢? 答案是不能。因为随着波特率的提高,位长变小,以至于很容易受到电磁源的干扰,通信就不可靠了。当然,还有通信距离问题,距离短,可以适当提高波特率,但这样提高的幅度非常有限,达不到大幅度提高的目的。

3．奇偶校验

在异步串行通信中，如何知道一个字节帧的传输是否正确？最常见的方法是增加一位（奇偶校验位），供错误检测使用。由于属于单字节校验，意义不大，因此在实际编程中使用较少。

4．串行通信传输方式

在串行通信中，经常用到全双工、半双工、单工等术语，它们是串行通信的不同传输方式。下面简要介绍这些术语的基本含义。

（1）全双工（Full-duplex）：数据传送是双向的，即可以同时接收与发送数据。在这种传输方式中，除了地线之外，还需要两根数据线，站在任何一端的角度看，一根为发送线，另一根为接收线。一般情况下，MCU 的异步串行通信接口均是全双工的。

（2）半双工（Half-duplex）：数据传送也是双向的，但是在这种传输方式中，除地线之外，一般只有一根数据线。任何时刻，只能由一方发送数据，另一方接收数据，不能同时收发。

（3）单工（Simplex）：数据传送是单向的，一端为发送端，另一端为接收端。在这种传输方式中，除了地线之外，只要一根数据线就可以了。有线广播就是单工的。

6.1.2　RS-232 和 RS-485 总线标准

现在回答"**可以传输多远**"这个问题。MCU 引脚输入/输出一般使用晶体管-晶体管逻辑（Transistor Transistor Logic，TTL）电平。TTL 电平的 1 和 0 的特征电压分别为 2.4V 和 0.4V（目前使用 3V 供电的 MCU 中，该特征值有所变动），即大于 2.4V 则识别为 1，小于 0.4V 则识别为 0。它适用于板内数据传输。若用 TTL 电平将数据传输到 5m 之外，那么可靠性就很值得考究了。为使信号传输得更远，美国电子工业协会（Electronic Industry Association，EIA）制定了串行物理接口标准 RS-232，后来又演化出 RS-485。

1．RS-232

RS-232 采用负逻辑，$-15\sim-3$V 为逻辑 1，$+3\sim+15$V 为逻辑 0。RS-232 最大的传输距离是 30m，通信速率一般低于 20kbps。

图6-2　9芯串行接口排列

RS-232 最初是为远程数据通信制定的，目前主要用于几米到几十米的近距离通信。早期的标准串行通信接口是 25 芯，后来改为 9 芯，目前 9 芯也很少使用，笔记本计算机和 PC 的对外接口大都改为 USB 及 Type-C 接口。部分 PC 还带有 9 芯 RS-232 串口，其排列如图 6-2 所示，

相应引脚含义如表 6-1 所示。

表6-1　计算机中常用的9芯串行接口引脚含义

引脚号	功　　能	引脚号	功　　能
1	接收信号检测线	3	发送数据线（TxD）
2	接收数据线（RxD）	4	数据终端准备就绪（DTR）

引脚号	功　　能	引脚号	功　　能
5	信号地(SG,与 GND 一致)	8	清除发送(CTS)
6	数据通信设备准备就绪(DSR)	9	振铃指示
7	请求发送(RTS)		

　　MCU 的串口通信引脚是 TTL 电平,可通过 TTL-RS-232 转换芯片转为 RS-232 电平。通常情况,使用精简的 RS-232 通信线路,即仅使用 3 根线:RxD(接收数据线)、TxD(发送数据线)和 GND(地线),不使用诸如 DTR、DSR、RTS、CTS 等硬件握手信号,直接通过数据线的开始位确定一个字节通信的开始。

2. RS-485

　　此外,为了组网方便,还有一种标准,称为 RS-485,它采用差分信号负逻辑,$-2\sim-6$V 表示 1,$+2\sim+6$V 表示 0。在硬件连接上,采用两线制接线方式,工业应用较多。所谓差分,就是两线电平相减,得出一个电平信号,可以较好地抑制电磁干扰。RS-485 标准是为了弥补 RS-232 通信距离短、速率低等缺点而产生的,通信距离在 1000m 左右。由于使用差分信号传输,二线的 RS-485 通信只能工作于半双工方式,若要全双工通信,必须使用四线。

　　在 MCU 的外围电路中,串口通信要使用 RS-485 方式传输,需要使用 TTL- RS-485 转换芯片。需要说明的是,上面介绍的 TTL- RS-232 转换芯片,以及这里介绍的 TTL- RS-485 转换芯片,还有下面将介绍的 TTL-USB 串口转换芯片,均是硬件电平信号之间的转换,与 MCU 编程无关,MCU 的串口编程是一致的。

　　【思考一下】　为什么差分传输可以较好地抑制电磁干扰?

6.1.3　TTL-USB 串口转换芯片

　　由于 USB 接口已经在笔记本计算机及 PC 标准配置中普及,但是笔记本计算机及 PC 作为 MCU 程序开发的工具机,需要与 MCU 进行串行通信,因此出现了 TTL-USB 串口转换芯片,这里介绍南京沁恒微电子股份有限公司生产的一款 USB 转 TTL 双串口芯片 CH342F。

1. CH342F 简介

　　CH342F 是南京沁恒微电子股份有限公司推出的一款 TTL-USB 串口转换芯片,能够实现两个异步串口与 USB 信号的转换。CH342F 芯片有 3 个电源端,内置了产生 3.3V 的电源调节器,工作电压为 1.8～5V;含有内置时钟电路,支持的通信速率为 50bps～3Mbps,工作温度为$-40\sim+85$℃。

2. CH342F 与 D1-H 芯片引脚的连接电路

　　CH342F 芯片的引脚包括数据传输引脚、MODEM 联络信号引脚、辅助引脚。如图 6-3 所示,CH342F 中的数据传输引脚包括 TXD 引脚和 RXD 引脚,两个电源引脚为 VIO 引脚和 VBUS 引脚,UD＋和 UD－引脚分别连接 USB 总线上。

　　图 6-3 是 USB 转 TTL 双串口的电路原理图,可以将 CH342F 看作一个终端构件。其中 USB 的 VCC 引脚连接 CH342F 的 VBUS 和 VIO 引脚来为其提供 5V 电源,使其能够正

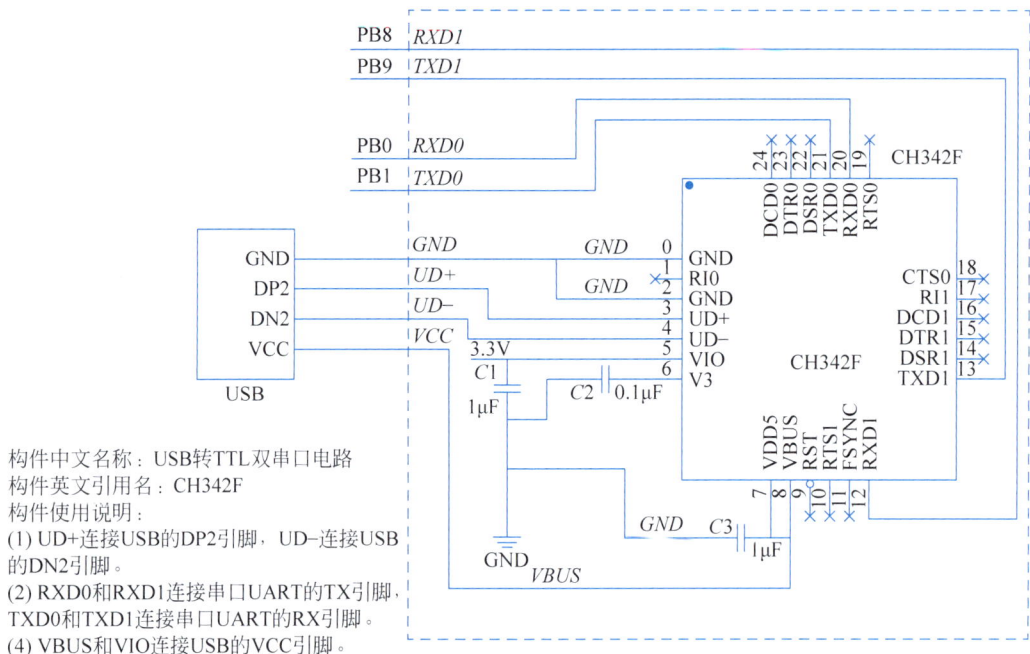

图 6-3　USB 转 TTL 双串口的电路原理图

常运行；USB 的总线 DP2 和 DN2 引脚则分别连接 CH342F 的 UD＋和 UD－引脚上；这里要注意的是，CH342F 的 RXD0 和 RXD1 引脚均要连接到芯片上串口的发送引脚 TX 上，TXD0 和 TXD1 引脚均要连接到芯片上串口的接收引脚 RX 上。至于芯片有哪些串口引脚，可参见电子资源"..\Hardware"文件夹下的硬件电路。

【思考一下】　在硬件电路图中找到 CH342F 所接的 MCU 串口引脚。

3. CH342F 转换芯片的使用

电子资源"..\Tool"文件夹下的 CH343CDC.EXE 文件为 CH342F 的驱动，可以安装使用，Windows 10 操作系统下一般可以免安装驱动。当 GEC 通过 Type-C 连接计算机后，可以通过"设备管理器"→"🖳 端口(COM和LPT)"看到两个串口提示"🖳 USB-SERIAL-A CH342"，此时即可使用 GEC，若有蓝牙串口，应禁用。

6.1.4　串行通信编程模型

若需要制作 UART 构件，了解芯片串行通信模块的编程模型有助于进行该项工作。从基本原理角度看，串行通信接口 UART 的主要功能是：接收时，把外部的单线输入的数据变成一个字节的并行数据送入 MCU 内部；发送时，把需要发送的一个字节的并行数据转换为单线输出。图 6-4 给出了一般 MCU 的 UART 编程模型。

UART 编程模型主要由以下部分构成。

（1）**波特率寄存器**。为了设置波特率，UART 应具有波特率寄存器。

接收引脚RXD　　　　发送引脚TXD

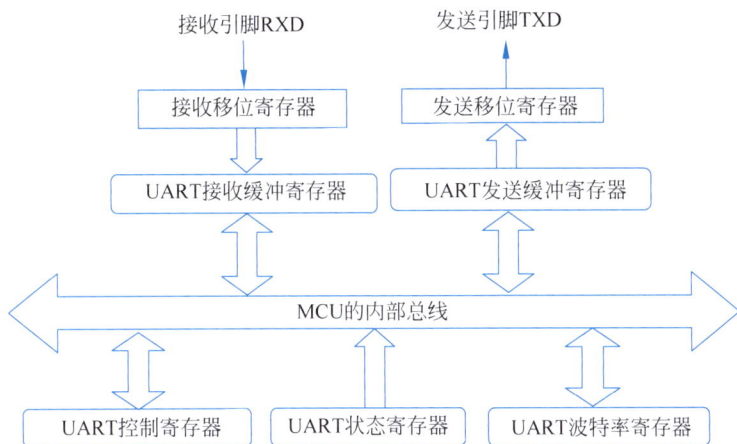

图 6-4　UART 编程模型

（2）**控制寄存器**。为了能够设置通信格式、是否校验、是否允许中断等，UART 应具有控制寄存器。

（3）**状态寄存器**。要知道串口是否有数据可收、数据是否发送出去等，就需要有 UART 状态寄存器。当然，若一个寄存器不够用，控制寄存器与状态寄存器可能有多个。

（4）**发送移位寄存器与接收移位寄存器**。UART 数据寄存器需要存放要发送的数据，也需要存放接收的数据，这并不冲突，因为发送与接收的实际工作是通过"发送移位寄存器"和"接收移位寄存器"完成的。

（5）**数据缓冲寄存器**。编程时，程序员并不直接与"发送移位寄存器"和"接收移位寄存器"打交道，而只与数据缓冲寄存器打交道，所以 MCU 中并没有设置"发送移位寄存器"和"接收移位寄存器"的映像地址。对编程而言，数据缓冲寄存器有映像地址，其内部对应发送缓冲寄存器和接收缓冲寄存器。发送时，程序员通过判定状态寄存器的相应位，了解是否可以发送一个新的数据。若可以发送，则将待发送的数据放入"UART 发送缓冲寄存器"中就可以了，剩下的工作由芯片自动完成。即芯片硬件自动将数据从"UART 发送缓冲寄存器"送到"发送移位寄存器"，硬件又将"发送移位寄存器"的数据一位一位地按照规定的波特率移到发送引脚 TXD，供对方接收。接收时，数据一位一位地从接收引脚 RXD 进入"接收移位寄存器"，当收到一个完整字节时，芯片硬件会自动将数据送入"UART 接收缓冲寄存器"，并改变状态寄存器的相应位，供程序员判定并取出数据。

6.2　基于构件的串行通信编程方法

最基本的 UART 编程涉及初始化、发送和接收三种基本操作。本节主要给出 UART 构件的主要 API 接口函数、UART 构件的测试方法以及类似于 PC 程序调试用的 printf() 函数设置与使用方法。

6.2.1　D1-H 芯片 UART 对外引脚

D1 芯片共有六组 UART 引脚，标记为 UART0～UART5。UART 的每个发送数据引脚记为 UARTx_TX，接收数据引脚记为 UARTx_RX。"x"表示串口模块编号，取值为 0～5，如表 6-2 所示。表 6-2 中还给出了本书使用的基于 D1-H 芯片构建的通用嵌入式计算机 GEC 开发套件 AHL-D1-H 所使用的串口引脚。

表 6-2　D1-H 芯片的串口引脚

串口	D1-H 引脚名	串　口　号	AHL-D1-H 默认使用	
UART0	PTB8	UART0_TX	供用户使用的串口（UART_User），Type-C 接口引出	
	PTB9	UART0_RX		
UART1	PTD21	UART1_TX	OTG 口使用（用于 BIOS 程序下载）	
	PTD22	UART1_RX		
UART2	PTB0	UART2_TX	编程默认使用的串口（UART_Debug，BIOS 使用），Type-C 接口引出	
	PTB1	UART2_RX		
UART3	PTD10	UART3_TX	GEC91	直接引出
	PTD11	UART3_RX	GEC92	
UART4	PTB2	UART4_TX	GEC6	直接引出
	PTB3	UART4_RX	GEC5	
UART5	PTG4	UART5_TX	GEC46	直接引出
	PTG5	UART5_RX	GEC47	

【思考一下】　在电子资源的 02-Hardware 文件夹的硬件电路图中找到 UART_Debug 串口、UART_User 串口使用的芯片引脚号。

6.2.2　UART 构件 API

1. UART 常用接口函数简明列表

UART 构件主要 API 接口函数的功能包括初始化、发送 1 字节、发送 N 字节、发送字符串、接收 1 字节等，如表 6-3 所示。

表 6-3　UART 常用接口函数

序号	函　数　名	简　明　功　能	描　　　述
1	uart_init	初始化	传入串口号及波特率，初始化串口
2	uart_send1	发送 1 字节数据	向指定串口发送 1 字节数据
3	uart_sendN	发送 N 字节数据	向指定串口发送 N 字节数据
4	uart_send_string	发送字符串	向指定串口发送字符串
5	uart_re1	接收 1 字节数据	从指定串口接收 1 字节数据
...			

2. UART 构件的头文件 uart.h

UART 构件的头文件 uart.h 在工程的 03_MCU\MCU_drivers 文件夹中，这里给出部分 API 接口函数的使用说明及函数声明。

```
// ================================================================
//函数名称：uart_init
//功能概要：初始化 UART 模块
//参数说明：uartNo——串口号,如 UART_1、UART_2、UART_3
//          baud_rate——波特率,可取 9600、19200、115200、…
//函数返回：无
// ================================================================
void uart_init(uint8_t uartNo,uint32_t baud_rate);


// ================================================================
//函数名称：uart_send1
//参数说明：uartNo——串口号:如 UART_1、UART_2、UART_3、…
//          ch——要发送的字节
//函数返回：函数执行状态,1 表示发送成功; 0 表示发送失败
//功能概要：串行发送 1 个字节
// ================================================================
uint_8 uart_send1(uint8_t uartNo,uint8_t ch);


// ================================================================
//函数名称：uart_sendN
//参数说明：uartNo——串口号:如 UART_1、UART_2、UART_3、…
//          buff:发送缓冲区
//          len:发送长度
//函数返回：函数执行状态:1 = 发送成功; 0 = 发送失败
//功能概要：串行发送 n 个字节
// ================================================================
uint8_t uart_sendN(uint8_t uartNo,uint16_t len,uint8_t * buff);


// ================================================================
//函数名称：uart_send_string
//参数说明：uartNo——串口号:如 UART_1、UART_2、UART_3、…
//          buff:要发送的字符串的首地址
//函数返回：函数执行状态:1 = 发送成功; 0 = 发送失败
//功能概要：从指定 UART 端口发送一个以'\0'结束的字符串
// ================================================================
uint8_t uart_send_string(uint8_t uartNo,uint8_t * buff);


// ================================================================
//函数名称：uart_re1
//参数说明：uartNo——串口号:如 UART_1、UART_2、UART_3、…
//          * fp——接收成功标志的指针, * fp = 1 表示接收成功; * fp = 0 表示接收失败
//函数返回：返回接收的字节
//功能概要：串行接收 1 个字节
// ================================================================
uint_8 uart_re1(uint_8 uartNo,uint_8 * fp);
…
```

6.2.3　UART 构件 API 的发送测试方法

样例工程在电子资源的"03-Software\CH06\UART-Sent"工程中,它通过一个串口把数字 48～100 发送到 PC。在 PC 中,通过 AHL-GEC-IDE 的"工具"→"串口工具"获得接收

信息,由此体会数据从 MCU 发送数据的过程。

1. MCU 侧程序的编制

(1) **确定所使用的串口和引脚**。这是硬件制板时决定的,UART 构件的头文件 uart.h 中给出了该构件所使用的引脚信息。在 user.h 中,宏定义本工程使用的串口名为 UART_User,以便增强编程的可移植性。

(2) **初始化串口**。在 main.c 中,首先确定串口 UART_User 的波特率,并对其进行初始化,代码如下。

```
uart_init(UART_User,115200);          //初始化串口模块
```

(3) **发送数据**。在 main.c 的主循环中,发送数字 48~100,代码如下。

```
for (mi = 48;mi < = 100;mi++)
{
    uart_send1(UART_User,mi);
}
```

2. 编译下载测试

编译后下载测试体会,并自行练习。

【**练习一下**】 编制程序发送数字 0~255,用 8 位无符号数作为循环变量时,应注意可能遇到的问题。

6.2.4　printf()的设置方法与使用

除了使用 UART 驱动构件中封装的 API 函数之外,还可以使用格式化输出函数 printf() 灵活地从串口输出调试信息,配合 PC 或笔记本计算机的串口调试工具,可方便地进行嵌入式程序的调试。

printf()函数的实现在工程的..\ 05_UserBoard\printf.c 文件中,同一文件夹下的 printf.h 头文件则包含了 printf() 函数的声明,同一文件夹下的 user.h 头文件中包含 printf.h 头文件。要使用 printf()函数,需要在工程的总头文件 07_AppPrg \includes.h 中将 user.h 包含进来。

在使用 printf()函数之前,需要先进行相应的设置将其与希望使用的串口模块关联起来,设置步骤如下。

(1) 在头文件"..\ 05_ UserBoard \printf.h"中宏定义需要与 printf()相关联的调试串口号,例如,

```
#define  UART_printf  (printf()函数使用的串口号)        //这里给出具体的串口号
```

(2) 在使用 printf()前,调用 UART 驱动构件中的初始化函数对使用的调试串口进行初始化,配置其波特率。例如,

```
uart_init (UART_printf ,115200);          //初始化"调试串口"
```

这样就将相应的串口模块与 printf()函数关联起来了。由于 BIOS 已经对其初始化,因此 User 中可以不再重新初始化。关于 printf()函数的使用方法,参见 printf.h 文件的尾部。

【思考一下】　使用 printf()输出一个浮点数,保留 6 位小数。

6.3　UART 构件的制作过程

视频讲解

在第 4 章中介绍过 GPIO 构件的制作过程,这里把制作一个底层驱动构件的基本过程总结一下。第一,要掌握其通用知识;第二,了解是否有对外引脚;第三,了解有哪些寄存器;第四,简单实现其基本流程;第五,制作构件;第六,测试构件。

6.3.1　UART 寄存器概述

UART 寄存器的基本描述在 D1-H 用户手册的第 9 章,本书电子资源中补充阅读材料的第 6 章给出了基本总结,供希望学习 UART 构件制作细节的读者参考。这里给出主要使用的寄存器(均为 32 位)的功能概要,如表 6-4 所示。

表 6-4　UART 寄存器功能概要

寄　存　器	功　能　概　要
控制寄存器	多个控制寄存器,用于设定串行通信的模式;选择 FIFO 接收器触发电平;设定波特率等
状态寄存器	串口工作时的各种状态标志
除数锁存寄存器	存储波特率除数,有高位和低位两个寄存器
停止发送寄存器	设定发送和接收请求

关于 UART 寄存器附加说明如下:寄存器地址。UART1 的基地址可查阅 D1-H 用户手册的 9.2.5 节的寄存器列表,查表可知各串口首地址分别是 UART0:0x0250_0000;UART1:0x0250_0400;UART2:0x0250_0800;UART3:0x0250_0C00;UART4:0x0250_1000;UART5:0x0250_1400。首地址也是各串口的基地址,相关寄存器加上各自的偏移量即可得到其绝对地址。

6.3.2　利用直接地址操作的串口发送程序

1. 串口构件制作过程的思考

制作 UART 构件,要考虑到各种通用要素,如串口的选择、工作方式的选择、寄存器的选择、初始化编程等,要直接编写一个完整且可稳定运行的构件是一个艰难且复杂的过程。在构件设计之初,可以考虑先试着发送一个字符至 PC 端,完整实现串口正常工作的全过程包括寄存器赋值、引脚复用的选择、相关标志位的置位或复位等,然后利用能在 PC 端稳定运行的程序接收数据工具,如果能成功接收到数据,则说明发送过程是可行的。这样做就是在确保接收方正确的前提下,将发送流程打通,这是最简单的通信构件制作的初始步骤。

本节通过直接对端口进行编程的方法使用 UART 发送单个字节,这是最简单的串口发送程序,是制作构件的先导步骤。UART 直接地址的测试工程为"03-Software\CH06\UART-ADDR-D1-H"。使用 AHL-D1-H 开发套件中的 UART_User 串口发送数据,由表 6-2 可知,UART_User 对应芯片的串口 0(UART0,有 PTB8、PTB9 两个引脚)。

2. 声明地址变量

volatile 关键字是变量修饰符,用来提醒编译器它后面所定义的变量随时有可能改变,因此编译后的程序每次需要存储或读取这个变量的时候,都会直接从变量地址中读取数据。如果没有 volatile 关键字,则编译器可能将变量读写优化为直接操作 CPU 寄存器缓存值,而非实际访问内存映射的硬件寄存器地址。

```
volatile  uinL32_t  *  CCU_UART;          //UART0 口时钟使能寄存器地址
volatile  uint32_t  *  GPIOB_CFG;         //GPIO 的 B 口配置寄存器地址
volatile  uint32_t  *  uart_mcr;          //UART 调制解调器控制寄存器地址 偏移量 0x0010
volatile  uint32_t  *  uart_fcr;          //UART FIFO 控制寄存器 偏移量 0x0008
volatile  uint32_t  *  uart_halt;         //UART 暂停发送寄存器 偏移量 0x00A4
volatile  uint32_t  *  uart_lcr;          //UART－Line 控制寄存器 偏移量 0x000C
volatile  uint32_t  *  uart_dll;          //UART 低位除数锁存寄存器 偏移量 0x0000
volatile  uint32_t  *  uart_dlh;          //UART 高位除数锁存寄存器 偏移量 0x0004
volatile  uint32_t  *  uart_usr;          //UART 状态寄存器   偏移量 0x007C
volatile  uint32_t  *  uart_thr;          //UART 传输保持寄存器   偏移量 0x0000
```

3. 给地址变量赋值

下面通过一个例子说明如何根据 D1-H 用户手册中查得的地址给相关寄存器赋值。如:UART_BGR_REG 是 UART 总线复位寄存器,其绝对地址为 0x0200190CUL,其中,0x 表示十六进制数据,UL 表示无符号长整型,如果不写 UL 后缀,则系统默认为 int,即有符号整数。该寄存器的绝对地址是由时钟控制器单元(Clock Controller Unit,CCU)的基地址 0x0200_1000 加上 UART_BGR_REG 偏移量 0x090C 得到的,参见 D1-H 用户手册的 3.2.5 节。

```
//变量赋值,各寄存器值均可通过 D1－H 用户手册得到
CCU_UART = (volatile uint32_t * )0x0200190CUL;     //UART0 口时钟使能寄存器地址
GPIOB_CFG = (volatile uint32_t * )0x02000034UL;    //GPIO 的 B 口配置寄存器地址
uart_mcr = (volatile uint32_t * )0x02500010UL;     //UART 调制解调器控制寄存器地址
uart_fcr = (volatile uint32_t * )0x02500008UL;     //UART FIFO 控制寄存器 偏移量 0x0008
uart_halt = (volatile uint32_t * )0x025000A4UL;    //UART 暂停发送寄存器 偏移量 0x00A4
uart_lcr = (volatile uint32_t * )0x0250000CUL;     //UART－Line 控制寄存器 偏移量 0x000C
uart_dll = (volatile uint32_t * )0x02500000UL;     //UART 低位除数锁存寄存器 偏移量 0x0000
uart_dlh = (volatile uint32_t * )0x02500004UL;     //UART 高位除数锁存寄存器 偏移量 0x0004
uart_usr = (volatile uint32_t * )0x0250007CUL;     //UART 状态寄存器   偏移量 0x007C
uart_thr = (volatile uint32_t * )0x02500000UL;     //UART 传输保持寄存器   偏移量 0x0000
```

4. UART 初始化步骤

本例通过 UART0 向 PC 发送字符,所以需要对 PTB8 和 PTB9 进行复用定义,并设置

相应的波特率参数。

（1）**设置引脚复用功能为串口**。通过 GPIO 模块的端口模式寄存器（PB_CFG1）设定引脚为复用功能模式。

```
//使能 UART0 的时钟
*(CCU_UART) | = ((0x1 << 5)|(0x1 << 21));

//选择 GPIOB 端口引脚的复用功能 tx:PB8,rx:PB9
*(GPIOB_CFG) & = ~(0xf << 0);    //将 D3、D2、D1、D0 清零
*(GPIOB_CFG) | = (0x6 << 0);     //将 D3、D2、D1、D0 设为 0110
*(GPIOB_CFG) & = ~(0xf << 4);    //将 D7、D6、D5、D4 清零
*(GPIOB_CFG) | = (0x6 << 4);     //将 D7、D6、D5、D4 设为 0110
```

（2）**设置波特率**。通过 UART Line 控制寄存器（UART_LCR）可以设置数据帧的基本参数：数据宽度（5～8 位）、停止位（1b/1.5b/2b）、奇偶校验类型。波特率的计算如下：波特率＝SCLK/(16×divisor)。其中，SCLK 即时钟源通常为 APB1，可以通过 CCU 设置；divisor 是 UART 的分频器，分频器有 16 位，低 8 位在 UART_DLL 寄存器中，高 8 位在 UART_DLH 寄存器中。这里时钟源、分频器和波特率的不同，会产生不同的错误率，它们之间的关系可以查看 D1-H 用户手册的 9.2.3.4 节中的表 9-17。

随后将计算得到的数值写入波特率寄存器。

```
//配置波特率
*(uart_lcr) | = (0x1 << 7);              //D7 置 1,启用除数锁存寄存器的读写以设置 UART 的波特率
*uart_dll = 1500000/115200;              //保存 UART 的波特率除数低 8 位
*uart_dlh = (1500000/115200)>> 8;        //保存 UART 的波特率除数高 8 位
*(uart_lcr) & = ~(0x1 << 7);             //D7 清 0,以便访问其他寄存器
```

（3）**设置 UART 参数**。设置前先禁止 TX 传输，然后设置数据宽度、停止位和奇偶校验类型，设置完成再使能 TX 传输。

```
//暂时禁止 TX 传输
*(uart_halt) | = (0x1 << 0);
//禁用奇偶校验,1 位停止位,8 位数据位
*(uart_lcr) & = ~0x1f;       //D3 为 0,禁用奇偶校验
*(uart_lcr) | = (0x3 << 0) | (0x0 << 2) | (0x0 << 3);        //D1、D0 均为 11,8 位数据位
//使能 TX 传输
*(uart_halt) & = ~(0x1 << 0);
```

5. 发送数据

本例循环发送 ASCII 值为 48～100 的字符至 PC 显示。

```
for (mi = 48;mi < = 100;mi++)
{
    //对应 uart_send1(UART_User,mi);
    //发送缓冲区为空,则发送数据
    for (volatile uint32_t j = 0;j < 0xFBBB;j++)
    {
```

```
        if( * (uart_usr) & (0x1 << 1))
        {
            * uart_thr = mi;
            break;
        }
    }
}
```

可以看到,这个过程比较复杂,并且需要在确定硬件正确的前提下,不断地排查错误才能完成。这说明了寄存器级编程的复杂性。

6.3.3　UART 构件设计

在以上工作的基础上,就可以着手进行 UART 的构件制作了。

1. UART 驱动构件封装要点分析

UART 具有初始化、发送和接收 3 种基本操作。下面分析串口初始化函数的参数应该有哪些。首先应该有串口号,因为一个 MCU 有若干串口,用户必须确定使用哪个串口;其次是波特率,因为必须确定串口使用什么速度收发。关于奇偶校验,由于实际使用的主要是多字节组成的一帧自行定义通信协议,因此单字节校验意义不大;此外,串口在嵌入式系统中的重要作用是实现类似 C 语言中 printf() 函数功能,也不宜使用单字节校验,因此不做校验。这样,串口初始化函数就两个参数:串口与波特率。

下面从知识要素的角度,进一步分析 UART 驱动构件的基本函数,与寄存器直接打交道的有:初始化、发送单个字节与接收单个字节的函数,以及使能及禁止接收中断、获取接收中断状态的函数。发送中断不具有实际应用价值,可以忽略。

设计 UART 构件的目的是实现对所有包含 UART 功能的引脚统一编程。UART 构件由 uart.h 和 uart.c 两个文件组成。将这两个文件加到工程的"..03_MCU \MCU_drivers"文件夹下,由此方便了对 UART 的编程操作。

(1) 模块初始化(uart_init)。芯片引脚有复用功能,应该将 GPIO 引脚设置为复用功能 UARTx_TX 和 UARTx_RX。同时通过传入波特率确定收发速度。函数不必有返回值,故 UART 模块的初始化函数原型可以设计如下:

```
void   uart_init(uint8_t uartNo, uint32_t baud_rate);
```

(2) 发送一个字节(uart_send1)。开发套件发送一个字节,需要确定是由哪个串口发出,发出的数据是什么,并由返回值告诉用户发送是否成功,故应有返回值,返回 0 表示发送失败,返回 1 表示发送成功。这样发送一个字节的函数原型可以设计如下:

```
uint8_t   uart_send1(uint8_t uartNo, uint8_t ch);
```

(3) 发送 N 个字节、字符串。类似地,可以设计发送 N 个字节和字符串函数的原型如下:

```
uint8_t   uart_sendN(uint8_t uartNo,uint16_t len, uint8_t * buff)
uint8_t   uart_send_string(uint8_t uartNo, uint8_t * buff)
```

（4）其他函数。继续设计接收一个字节、接收 N 个字节、使能串口中断、禁止串口中断等函数原型,基本完成头文件的设计。

2. UART 端口寄存器地址

D1-H 的 UART 模块各口基地址和寄存器地址偏移量在芯片头文件(d1.h)中以宏常数方式给出,可以直接作为指针常量。

```
//UART 模块各口基地址
# define   UART0_BASE          (0x02500000)
# define   UART1_BASE          (0x02500400)
# define   UART2_BASE          (0x02500800)
# define   UART3_BASE          (0x02500C00)
# define   UART4_BASE          (0x02501000)
# define   UART5_BASE          (0x02501400)
//UART 寄存器地址偏移量
# define   UART_RBR            (0x0000)
# define   UART_THR            (0x0000)
# define   UART_DLL            (0x0000)
# define   UART_DLH            (0x0004)
# define   UART_IER            (0x0004)
# define   UART_IIR            (0x0008)
# define   UART_FCR            (0x0008)
# define   UART_LCR            (0x000C)
# define   UART_MCR            (0x0010)
# define   UART_LSR            (0x0014)
# define   UART_MSR            (0x0018)
```

3. UART 驱动构件源程序的制作

UART 驱动构件的源程序文件中实现的对外接口函数,主要是对相关寄存器进行配置,从而完成构件的基本功能,构件内部使用的函数也在构件源程序文件中定义,构件中函数的制作过程应在已经打通的基本功能基础上(见 6.3.2 节),先常量后变量,一步一步调试推进。下面给出 uart_init()函数源代码。

```
// ===========================================================
//文件名称：uart.c
//功能概要：UART 底层驱动构件源文件
//版权所有：苏州大学嵌入式实验室(sumcu.suda.edu.cn)
//更新记录：2022 - 01 - 04
// ===========================================================
# include "uart.h"
// ===========================================================
//函数名称：uart_init
//功能概要：初始化 UART 模块
//参数说明：uartNo:串口号：UART_1、UART_2、…
//          baud:波特率：9600、19200、115200、…
//函数返回：无
```

```
// =================================================================
void uart_init(uint8_t uartNo, uint32_t baud_rate)
{
    virtual_addr_t addr;
    u32_t val;
    uint8_t LDivisor,HDivisor;
    virtual_addr_t UART_BASE;
    //判断传入串口号参数是否有误,若有误则直接退出
    if(!uart_is_uartNo(uartNo))
    {
        return;
    }
    switch(uartNo)
    {
        case 0:            //uart0, tx:PB8,rx:PB9
            //使能 uart0
            addr = 0x0200190c;
            val = read32(addr);
            val |= (0x1 << 0)|(0x1 << 16);
            write32(addr, val);
            //选择 GPIOB 端口引脚的复用功能 tx:PB8,rx:PB9
            addr = 0x02000034;
            val = read32(addr);
            val &= ~(0xf << 0);
            val |= (0x6 << 0);
            write32(addr, val);

            val = read32(addr);
            val &= ~(0xf << 4);
            val |= (0x6 << 4);
            write32(addr, val);
            UART_BASE = UART0_BASE;
            break;
        case 1: //uart1, tx:PD21,rx:PD22
            ...
        case 2: //uart2, tx:PB0,rx:PB1
            ...
    }
    //设置 UART 模式
    addr = UART_BASE;
    val = read32(addr + UART_MCR);
    val &= ~(0x3 << 6);
    write32(addr + UART_MCR,val);
    //使能 FIFO
    val = read32(addr + UART_FCR);
    val |= (0x1 << 0);
    write32(addr + UART_FCR,val);
    //设置波特率
    val = read32(addr + UART_HALT);
```

```
        val |= (0x1 << 0);
        write32(addr + UART_HALT,val);
        val = read32(addr + UART_LCR);
        val |= (0x1 << 7);
        write32(addr + UART_LCR,val);
        LDivisor = 1500000/baud_rate;
        HDivisor = (1500000/baud_rate)>> 8;
        write32(addr + UART_DLL,LDivisor);
        write32(addr + UART_DLH,HDivisor);
        val = read32(addr + UART_LCR);
        val &= ~(0x1 << 7);
        write32(addr + UART_LCR,val);
        //禁用奇偶校验,设置1位停止位,8位数据位
        val = read32(addr + UART_LCR);
        val &= ~0x1f;
        val |= (0x3 << 0) | (0x0 << 2) | (0x0 << 3);
        write32(addr + UART_LCR, val);
        val = read32(addr + UART_HALT);
        val &= ~(0x1 << 0);
        write32(addr + UART_HALT,val);
}
```

（限于篇幅,省略其他函数实现,见电子资源）

6.4　中断机制及中断编程步骤

从第4章及本章前面的程序可以看出,MCU 启动后跳转到 main()函数执行,进入一个无限循环,计算机程序就这样一直运行下去,但是,计算机如何处理紧急任务呢？这就是中断所要处理的问题。

6.4.1　中断的基本概念及处理过程

中断提供了一种程序运行机制,用来打断当前正在运行的程序,并且保存当前 CPU 状态（CPU 内部寄存器）,转而去运行一个中断服务例程,然后恢复 CPU 到运行中断之前的状态,同时使得中断前的程序得以继续运行。

1. 中断的基本概念

1) 中断与异常的基本含义

异常（exception）是 CPU 强行从正在执行的程序切换到由某些内部或外部条件所要求的处理线程上去,这些线程的紧急程度优先于 CPU 正在执行的线程。引起异常的外部条件通常来自外围设备、硬件断点请求、访问错误和复位等；引起异常的内部条件通常为指令、不对界错误、违反特权级等,如除数为 0 就是一种异常。一些文献把硬件复位和硬件中断都归类为异常,把硬件复位看作一种具有最高优先级的异常,而把来自 CPU 外围设备的强行线程切换请求称为**中断**（interrupt）,软件上表现为将程序计数器（PC）指针强行转到中断服务例程入口地址执行。CPU 对复位、中断、异常具有同样的处理过程,本书随后在谈及

这个处理过程时**统称为中断**。

2）中断源、中断服务例程、中断向量号与中断向量表

可以引起 CPU 产生中断的外部器件被称为中断源。中断产生并被响应后，CPU 暂停当前正在执行的程序，并在栈中保存当前 CPU 状态（即 CPU 内部寄存器），随后转去执行中断服务例程，执行结束后，恢复中断之前的状态，使得中断前的程序继续执行。CPU 被中断后转去执行的程序，被称为中断服务例程（Interrupt Service Routine，ISR）。

一个 CPU 通常可以识别多个中断源，给 CPU 能够识别的每个中断源编一个号，这个编号就叫中断向量号，一般采用连续数字表示，例如，$0,1,\cdots,n$。当第 $i(i=0,1,\cdots,n)$ 个中断发生后，需要找到与之相对应的 ISR，实际上只要找到对应中断服务例程的首地址即可。为了更好地找到中断服务例程的首地址，通常把各个中断服务例程的首地址放在一段连续的地址中[①]，并且按照中断向量号顺序存放，这个连续存储区被称为中断向量表，这样一旦知道发生中断的中断向量号，就可以迅速地在表中的对应位置取出相应的中断服务例程首地址，把这个首地址赋给程序计数器（PC），那么程序就可转去执行 ISR 了。ISR 的返回语句不同于一般子函数的返回语句，它是中断返回语句，中断返回时，CPU 从栈中恢复 CPU 中断前的状态，并返回原处继续运行。

从数据结构的角度看，中断向量表是一个指针数组，内容是 ISR 的首地址。通常情况下，在编写程序时，中断向量表按中断向量号从小到大的顺序填写 ISR 的首地址，不能遗漏。即使某个中断向量号不需要使用，也要在中断向量表对应的项中填入默认的 ISR 首地址，因为中断向量表是连续存储区，与连续的中断向量号相对应。默认 ISR 的内容一般为直接返回语句，即没有任何功能。默认 ISR 的存在，不仅是给未用中断的中断向量表项"补白"使用，也可以使得未用中断误发生后有个去处，最好为直接返回原处。

3）中断优先级、可屏蔽中断和不可屏蔽中断

在进行 CPU 设计时，一般会定义中断源的优先级。若 CPU 在程序执行过程中，有两个以上的中断同时发生，则优先级最高的中断最先得到响应；高优先级中断可以打断正在运行低优先级的中断服务例程，反之则不行。

根据中断是否可以通过程序设置的方式被屏蔽，可将中断划分为可屏蔽中断和不可屏蔽中断两种。可屏蔽中断是指可通过程序设置的方式决定不响应该中断，即该中断被屏蔽了，在微型计算机中，大部分中断是可屏蔽中断；不可屏蔽中断是指不能通过程序设置的方式关闭的中断，在微型计算机中，此类中断极少。

2. 中断处理的基本过程

中断处理的基本过程分为中断请求、中断检测和中断响应等。

1）中断请求

当某一中断源需要 CPU 为其服务时，它将会向 CPU 发出中断请求信号（一种电信

---

① 本书使用的微处理器的地址总线为 32 位，即每个中断处理程序的首地址需要 4 字节。

号）。中断控制器获取中断源硬件设备的中断向量号[①]，并通过识别的中断向量号将对应硬件模块的中断状态寄存器中的"中断请求位"置位，以便让CPU知道发生了何种中断请求。

2）中断检测

对于具有指令流水线的CPU，它在指令流水线的译码或者执行阶段识别异常，若检测到一个异常，则强行中止后面尚未达到该阶段的指令。对于在指令译码阶段检测到的异常，以及对于与执行阶段有关的指令异常来说，由于引起的异常与该指令本身无关，指令并没有得到正确执行，所以该类异常保存的程序计数器（PC）值指向引起该异常的指令，以便异常返回后重新执行。对于中断和跟踪异常（异常与指令本身有关），CPU在执行完当前指令后才识别和检测这类异常，故该类异常保存的PC值指向要执行的下一条指令。

一般可以这样理解，CPU在每条指令结束的时候将会检查中断请求或者系统是否满足异常条件，为此，多数CPU专门在指令周期中使用了中断周期。在中断周期中，CPU将会检测系统中是否有中断请求信号，若此时有中断请求信号，则CPU将会暂停当前执行的程序（线程），转去响应中断请求，若系统中没有中断请求信号则继续执行当前程序（线程）。

3）中断响应

中断响应的过程是由系统自动完成的，对于用户来说是透明的操作。中断响应过程一般分两步：第一步，CPU会查找中断源所对应的中断模式是否允许产生中断，若中断模块允许中断，则响应该中断请求，中断响应的过程要求CPU保存当前环境的"上下文"（context）于栈中[②]；第二步，通过中断向量号找到中断向量表中对应的ISR的首地址，转去执行ISR。

6.4.2 RISC-V架构玄铁C906中断结构

1. D1-H芯片的异常和中断系统概述

D1-H芯片的异常和中断系统流程如图6-5所示，该流程概述了03-MCU\startup文件夹中的start.S、interr.h以及interr.c程序执行过程。编程时，采用非向量中断方式，因此vectors()函数不仅需对中断和异常分别进行处理，而且需要保存和恢复上下文。上下文的保存和恢复主要是相关寄存器的保存和恢复，如x1~x31寄存器。在handle_trap()函数中进行中断和异常的处理，在机器模式外部中断处理函数system_irqhandler()中进行各个外部中断的处理，如GPIO中断、UART中断等。该流程的具体过程描述可参见电子资源中的补充阅读材料。

根据构件化的思想，本书将RISC-V中断系统的相关功能封装成独立的功能函数，可在

---

① 设备与中断向量号可以不是一一对应的，如果一个设备可以产生多种不同中断，允许有多个中断向量号。

② 在中断处理术语中，简单地理解，"上下文"即指CPU内部寄存器，其含义是在中断发生后，由于CPU在中断服务例程中也会使用CPU内部寄存器，所以需要在ISR运行之前或ISR的头部，将CPU内部寄存器保存至指定的RAM地址（栈）中，在中断结束之前或中断结束之后，再将该RAM地址中的数据恢复到CPU内部寄存器中，从而使中断前后程序的"执行现场"没有任何变化。在ISR运行之前压栈、中断结束之后出栈，属于硬件自动行为；在ISR的头部压栈，中断结束之前出栈，输入软件操作行为。

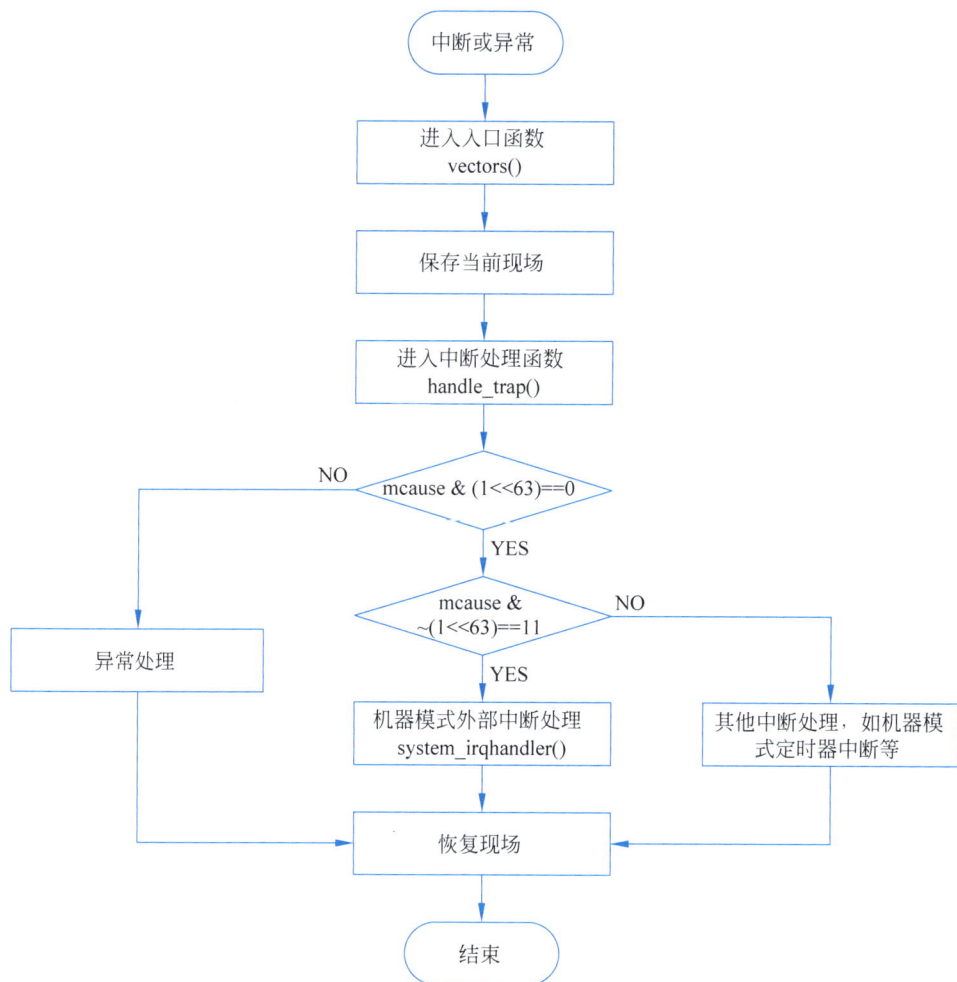

图 6-5　异常或中断系统流程

任一工程 03-MCU\startup 文件夹下的 interr.h 和 interr.c 文件中查看具体函数,其中的相关函数说明如表 6-5 所示。

表 6-5　中断相关函数说明

函数名称	参　　数	返回值	说　　明
int_init	无	无	中断初始化
system_irqtable_init	无	无	初始化中断服务程序表
system_register_irqhandler	irq:要注册的中断号 handler:要注册的中断处理函数 userParam:中断服务函数参数	无	给指定的中断号注册中断服务程序

续表

函数名称	参　　数	返回值	说　　明
system_irqhandler	无	无	C语言中断服务函数,此函数通过在中断服务列表中查找指定中断号所对应的中断处理函数并执行
PLIC_SetPriority	IRQn:中断号 priority:优先级	无	设置中断优先级
PLIC_MIE_DisableIRQ	IRQn:中断号	无	除能机器模式外部中断
PLIC_MIE_EnableIRQ	IRQn:中断号	无	使能机器模式外部中断
PLIC_Init	无	无	PLIC初始化

D1-H 芯片内含内核局部中断控制器(Core Local Interrupts Controller,CLINT)和平台级中断控制器(Platform Level Interrupt Controller,PLIC)。其中,CLINT 用于处理软件中断和计时器中断,经过 CLINT 不需要进行任何的仲裁,直接将中断送入 C906 核;PLIC 主要用于对多个外部中断源的优先级进行仲裁和分发,PLIC 对多个外部中断源进行仲裁后生成一个外部中断信号,送入 C906 核,D1-H 芯片的中断机制如图 6-6 所示。

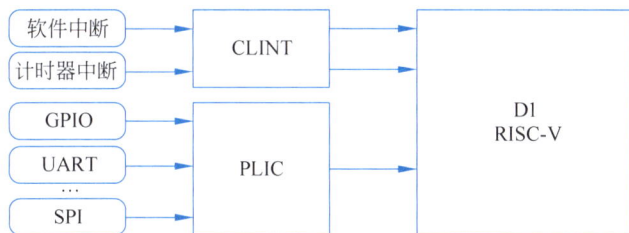

图 6-6　D1-H 芯片的中断机制

2. RISC-C906 中断结构及中断处理机制

下面重点介绍平台级中断控制器(Platform-Level Interrupt Controller,PLIC),C906 中断结构框图如图 6-7 所示,其中断处理机制分为 3 步。

第一步,中断仲裁。当模块中断源处于等待状态(IP=1)且中断优先级大于 0(优先级为 0 的中断为无效中断)、该中断目标模式①的使能位(PLIC_H0_MIEn/SIEn 寄存器)打开时,PLIC 会仲裁出该中断目标模式下的最高优先级(优先级寄存器值越大,优先级越高,当多个中断拥有相同优先级并等待处理,ID 较小的优先被处理),PLIC 会将仲裁结果以中断 ID 的形式更新对应中断目标的中断响应/完成寄存器。

第二步,中断的请求与响应。中断目标向其中断响应/完成寄存器发起一个读操作。该读操作将返回一个 ID,表示当前 PLIC 仲裁出的中断 ID。如果中断 ID 为 0,表示无效中断请求,中断目标结束中断处理。当 PLIC 收到中断目标发起的读操作,且返回相应 ID 后,会将该 ID 对应中断源 IP 位清 0,且在中断处理完成之前屏蔽该中断源的后续采样。

――――――――――

① 中断目标模式是指该中断为超级用户模式中断或机器模式中断,不同的中断目标模式的相应情况可以参阅《玄铁 C906 R1S0 用户手册》的表 10-1。

第三步,中断完成。中断目标向其中断响应/完成寄存器发起写操作,写操作的值为本次完成的中断 ID。如果中断类型为电平中断,则需要在此之前清除外设中断源的有效中断信息。当 PLIC 收到该中断完成请求后,更新中断响应/完成寄存器,解除 ID 对应的中断源采样屏蔽,结束整个中断处理过程。

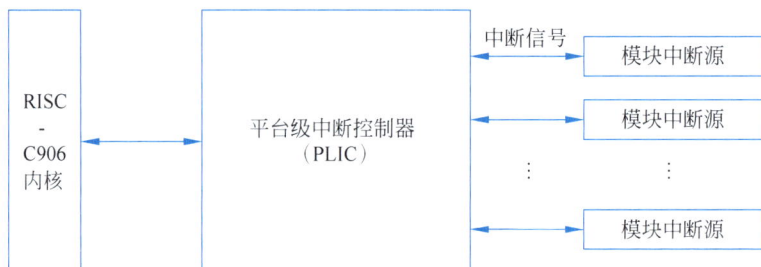

图 6-7   C906 中断结构框图

3. PLIC 内部寄存器简介

PLIC 模块的基地址(PLIC_BASE)为 0x1000_0000,内部用于中断控制的寄存器如表 6-6 所示。在样例工程的 interr.h 文件中定义了这些寄存器的地址。下面对这些寄存器进行说明。

表 6-6   PLIC 各寄存器简表

描　　述	地址偏移	使用名称	描　　述
中断优先级配置寄存器 x	$0x0000+x\times0x0004(0<x<256)$	PLIC_PRIO(x)	配置中断 ID＝x 对应的中断源优先级
中断等待寄存器 x	$0x1000+x\times0x0004(0\leqslant x\leqslant9)$	PLIC_IP(x)	读取中断 ID＝x 对应的中断源等待状态
中断机器模式使能寄存器 x	$0x2000+x\times0x0004(0\leqslant x\leqslant9)$	PLIC_MIE(x)	用于使能当前中断模式下的中断
中断超级用户模式使能寄存器 x	$0x2080+x\times0x0004(0\leqslant x\leqslant9)$	PLIC_SIE(x)	
中断权限控制寄存器	0x1FFFFC	PLIC_CTRL	控制超级用户模式对 PLIC 部分寄存器的访问权限
中断阈值寄存器	$0x200000(0\leqslant x\leqslant9)$	PLIC_MTH	指定当前中断模式的中断阈值
中断超级用户阈值寄存器	0x201000	PLIC_STH	
中断响应/完成寄存器	0x200004	PLIC_MCLAIM	记录 PLIC 中断处理过程中的中断 ID
中断超级用户响应/完成寄存器	0x201004	PLIC_SCLAIM	

1) 中断优先级配置寄存器

中断优先级配置寄存器（PLIC Priority Register，PLIC_PRIO）有 x 个，其中 $0 < x <$ 256，x 对应中断源 ID 即 IRQ 中断号。它的读写权限需要参考当前中断权限控制寄存器的描述[①]，寄存器低 5 位可写，支持设定 32 个不同级别的优先级，其中优先级设置为 0 表示该中断无效。机器模式中断优先级无条件高于超级用户模式中断。在同一中断目标模式下，优先级 1 为最低优先级，优先级 31 为最高。当多个优先级相同的中断等待仲裁时，进一步比较中断源 ID，ID 较小的优先。例如，设置 UART2 的接收中断使能，首先在 D1-H 中断向量表（见表 3-2）中查找 UART2 接收中断的 IRQ 号为 20，则应对 PLIC 模块的基地址（0x1000_0000）加上偏移量（0x0000 + 20 × 0x0004）。这个表达方式可写成共性宏定义，见工程的"…/02_CPU/interr.h"文件的宏定义。

```
#define  PLIC_PRIO(x)    (0x10000000 + (x) * 4)
```

2) 中断等待寄存器

中断等待寄存器（PLIC Interrupt Pending Register，PLIC_IP）有 x 个，其中 $0 \leqslant x \leqslant 9$。每一个中断源的等待状态都可以通过读取中断等待寄存器中的信息获取。对于中断 ID 为 x 的中断，其中断信息存储于 PLIC_IP n（$n = x/32$）寄存器中的位 IP y 上（$y = x \bmod 32$），其中 PLIC_IP 0 寄存器的第 0 位固定为 0。位 IP y 表示对应中断源的中断等待状态，该位为 1 时表示中断源存在等待响应的中断，可以通过内存存储指令（SW）置 1，对应中断源采样到有效电平或脉冲也会将该位置 1；该位为 0 时表示中断源没有等待响应的中断，可以通过内存存储指令（SW）清 0，中断被响应后 PLIC 也会将该位清 0。"…/02_CPU/interr.h"文件的 PLIC_SetPendingIRQ() 函数会将该位置 1。

3) 中断使能寄存器

中断使能寄存器（PLIC Interrupt Enable Register，PLIC_IE）有两种，每种有 x 个，其中 $0 \leqslant x \leqslant 9$，用于使能对应中断。两种寄存器分别对应两个不同的中断目标模式，有中断机器模式使能寄存器（PLIC_MIE）和中断超级用户模式使能寄存器（PLIC_SIE）。对于中断 ID 为 x 的中断，其中断使能信息存储于 PLIC_IE n（$n = x/32$）寄存器中的位 IE y 上（$y = x \bmod 32$），其中中断 ID 为 0 对应的 IE 位固定绑 0。位 IE y 表示对应中断源的中断使能状态，该位为 1 时表示中断对该目标使能；该位为 0 时表示中断对该目标屏蔽。

4) 中断权限控制寄存器

中断权限控制寄存器（PLIC Control Register，PLIC_CTRL）只有一个，用于控制超级用户模式对 PLIC 部分寄存器的访问权限。S_PER 对应寄存器的第 0 位，是访问权限控制位。当其为 0 时，仅机器模式拥有访问 PLIC 所有寄存器的权限。超级用户模式没有 PLIC_CTRL、PLIC_PRIO、PLIC_IP、PLIC_IE 寄存器的访问权限；当其为 1 时，机器模式拥有访

---

① D1-H 用户手册 3.8.4.1 节与玄铁 C906 R1S0 用户手册 10.3 节的描述冲突，我们认为玄铁 C906 R1S0 用户手册正确。

问 PLIC 所有寄存器的权限,超级用户模式拥有除 PLIC_CTRL 以外所有 PLIC 寄存器的权限。

5）中断阈值寄存器

中断阈值寄存器（PLIC Threshold Register,PLIC_TH）和中断使能寄存器类似,对应两种中断目标模式,每种有 x 个,其中 $0 \leqslant x \leqslant 9$。它的低 5 位为 PRIOTHRESHOLD 指示当前中断模式的中断阈值,也就是说,只有优先级大于该阈值的有效中断才会向核内发起中断请求。当阈值配置为 0 时,表示允许所有中断。

6）中断响应/完成寄存器

中断响应/完成寄存器（PLIC Claim Register,PLIC_CLAIM）对应两种中断目标模式,也有两种,但每种只有一个,即每种中断目标模式都有一个对应的中断响应/完成寄存器。该寄存器在 PLIC 完成仲裁时更新,更新值为 PLIC 本次仲裁结果的中断 ID,保存在寄存器低十位。对该寄存器的读操作:返回当前存储的 ID 值,表示对应 ID 的中断已开始处理;对该寄存器的写操作:表示对应 ID 的中断已完成处理,该写操作不会更新中断响应/完成寄存器。

【练习一下】　在样例工程中,找出表 3-2 中串口 UART2 的中断使能寄存器的名称、地址。

4. 非内核中断初始化设置步骤

根据本节给出的 RISC-C906 非内核模块中断编程结构,想让一个非内核中断源能够得到内核响应（或禁止）,基本步骤如下:

（1）设置模块中断使能位使能模块中断,使模块能够发送中断请求信号。例如,在 UART 模式下,在 UART_IER 中,将第 0 位置 1,启用接收数据可用中断;将 PLIC_MIE 寄存器对应位置 1,使能中断。

（2）若要设置其优先级,可对优先级寄存器编程。

本书电子资源的例程,已经在各外设模块底层驱动构件中封装了模块中断使能与禁止的函数,可直接使用。这里阐述的目的是使读者理解其中的编程原理。读者只要选择一个含有中断的构件,理解其使能中断与禁止中断函数即可。

6.4.3　D1-H中断编程步骤——以串口接收中断为例

3.1 节中给出了 D1-H 的中断源及中断向量表。下面以 UART_0 接收中断为例,阐述 D1-H 中断编程步骤。样例工程为"03-Software\CH06\UART-ISR-D1-H"。

1. 准备阶段

（1）**确定中断号,找到对应的名称**。在开发板硬件设计阶段确定使用的串口,用它来收发数据,例如,AHL-D1-H 中的 UART_User,也就是 UART_0,查 D1-H 中断向量表（见表 3-2）,UART_0 的接收中断号为 18,根据这个 18,在"03_MCU\startup\interr.h"文件的中断向量表中,找到串口 0 接收中断号的对应名称为 D1_IRQ_UART0。

（2）**注册中断服务例程**。在 05_UserBoard\user.c 文件的注册中断服务函数 register_irqhandler()中,增加如下一行:

```
system_register_irqhandler(D1_IRQ_UART0,(system_irq_handler_t)UART0_Handler,NULL)
```

这一行表示,当 UART0 接收到一个中断时,运行名为 UART0_Handler 的函数。

（3）**中断服务例程宏定义**。为了工程 07_AppPrg 文件夹可移植、可复用,在"05_UserBoard\user.h"中将 UART0_Handler 宏定义为 UART_User_Handler。

```
#define UART0_Handler   UART_User_Handler
```

在 07_AppPrg 文件夹中的中断服务例程文件中,使用 UART_User_Handler 编程,具备可移植、可重用特性。当 UART_User 使用不同的串口时,在这里统一进行对应即可。

2. main.c 文件中的编程——串口初始化、使能模块中断、开总中断

（1）在"初始化外设模块"位置调用 UART 构件中的串口初始化函数：

```
uart_init (UART_User 115200);        //初始化串口模块,波特率使用 115200
```

（2）在"初始化外设模块"位置调用 UART 构件中的使能模块中断函数：

```
uart_enable_re_int(UART_User);       //使能 UART_USER 模块接收中断功能
```

（3）在"开总中断"位置调用 cpu.h 文件中的开总中断宏函数：

```
ENABLE_INTERRUPTS;        //开总中断
```

这样,串口接收中断初始化完成。

3. isr.c 文件中的编程——中断服务例程

紧接着,可以在"07_AppPrg\isr.c"文件中,进行中断服务例程的编程。

```
// ================================================================
// 程序名称: UART_User_Handler
// 触发条件: UART_User 串口收到一个字节触发
// 备    注: 进入本程序后,使用 uart_get_re_int 函数可再进行中断标志判断
//          (1——有 UART 接收中断,0——没有 UART 接收中断)
// ================================================================
void UART_User_Handler(void)
{
    //【1】关中断
    DISABLE_INTERRUPTS;
    //【2】声明临时变量
    uint8_t flag,ch;
    //【3】判断是否为本中断触发
    if (!uart_get_re_int(UART_User)) goto UART_User_Handler_exit;
    //【4】确证是本中断触发,读取接到的字节赋给变量 ch,flag 是收到数据标志
    ch = uart_re1(UART_User,&flag);   //调用接收一个字节的函数,清接收中断位
    //【5】根据 flag 判断是否真正收到一个字节的数据
    if (flag){                  //有数据
        uart_send1(UART_User,ch);     //回发接收到的字节
```

```
    }
    //【6】开中断
UART_User_Handler_exit:
    ENABLE_INTERRUPTS;
}
```

这样就可以在 UART_User_Handler 中进行串口 0 接收中断功能的编程了。这里的函数会取代原来的默认函数。这样就避免了用户直接对中断向量表进行修改。

中断服务例程的设计与普通构件函数设计是一样的,只是它不是被显式调用运行,而是在中断产生时才会运行,称为中断触发运行。为了规范编程,统一将各个中断服务例程放在工程框架中的"07_AppPrg\isr.c"文件中。这里的例子是 UART_User 串口接收中断服务例程,当串口有一个字节的数据到来时产生接收中断,将会运行 UART_User_Handler()函数。在这个程序中,首先进入临界区①,关总中断,接收一个到来的字符,若接收成功,则把这个字符发送回去,退出临界区。

4. 运行结果

将机器码文件下载到目标开发套件中,在 AHL-GEC-IDE 的"工具"→"串口工具"菜单下,弹出串口测试工程界面,选择好串口,设置波特率为 115 200bps,单击"打开串口"按钮,选择发送方式为"字符串",在文本框内输入字符内容"A",单击"发送数据"按钮,则上位机将该字符串发送给 MCU。MCU 接收数据后回发给上位机,如图 6-8 所示。

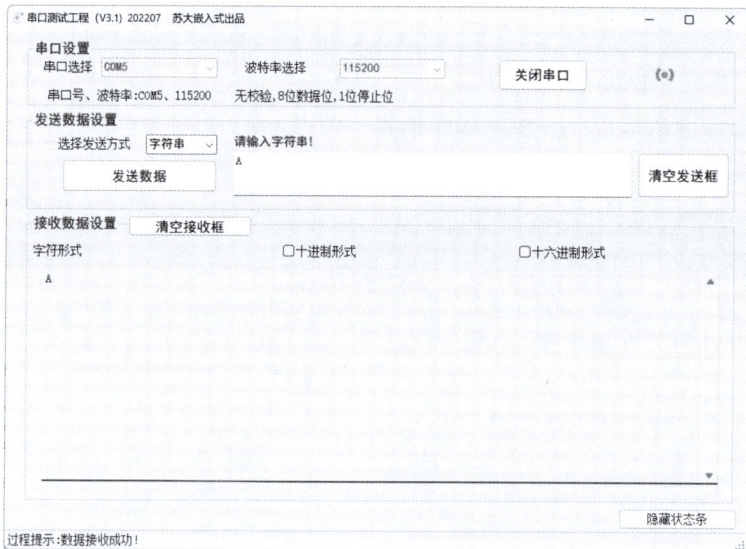

图 6-8　通过中断实现串口的收发数据

① 有些情况下,一些程序段是需要连续执行而不能被打断的,此时,程序对 CPU 资源的使用是独占的,此时称为"临界状态",不能被打断的过程称为对"临界区"的访问。为防止在执行关键操作时被外部事件打断,一般通过关中断的方式使程序访问临界区,以屏蔽外部事件的影响。执行完关键操作后退出临界区,打开中断,恢复对中断的响应能力。

【**练习一下**】　实现上位机发送"A",MCU 回发"C",上位机发送"B",MCU 回发"D",……

本章小结

本章是全书的重点之一,串行通信在嵌入式开发中具有特殊地位,通过串行通信接口与 PC 相连,可以借助 PC 屏幕进行嵌入式开发的调试。本章阐述的另一重要内容是中断编程的基本方法。至此,第 1～6 章已经囊括了学习一个新 MCU 入门环节的完整要素。后续章节将在此规则与框架下学习各知识模块。

1. 关于串口通信的通用基础知识

MCU 的串口通信模块 UART,在硬件上,一般只需要 3 根线,分别称为发送线(TXD)、接收线(RXD)和地线(GND),在通信表现形式上,属于单字节通信,是嵌入式开发中重要的打桩调试手段。串行通信数据格式可简要表述为:发送器通过发送一个 0 表示一个字节传输的开始,随后一般是一个字节的 8 位数据,最后,发送器停止位 1,表示一个字节传送结束。若继续发送下一字节,则重新发送开始位,开始一个新的字节传送。若不发送新的字节,则维持 1 的状态,使发送数据线处于空闲。从开始位到停止位结束的时间间隔称为一字节帧。串行通信的速度用波特率表征,其含义是每秒内传送的位数,单位是:位/秒,记为 bps 或 b/s。

2. 关于 UART 构件的常用对外接口函数

首先应该学会使用 UART 构件进行串口通信的编程,正确理解与使用初始化(uart_init)、发送单个字节(uart_send1)、发送 N 个字节(uart_sendN)、发送字符串(uart_send_string)、接收单个字节(uart_re1)、使能串口接收中断(uart_enable_re_int)等函数。UART 构件的制作有一定的难度,可以根据自己的学习情况确定所掌握的深度,基本要求是在了解寄存器基础上,理解利用直接地址操作的串口发送程序,后续进行构件制作。这里可以看出,使用构件与制作构件的难度差异,这是软件编程的社会分工的重要分界点。可利用 GEC 概念把这两个过程分割开来。制作构件与使用构件属于不同工作范畴。

3. 关于中断编程问题

任何一个计算机程序原则上可以理解为两条运行线,一条为无限循环线,另一条为中断线。要对一个中断进行编程,要求掌握以下几个环节:

(1)中断源、中断 IRQ 号。

(2)产生中断的条件。

(3)中断初始化。

(4)中断处理程序的存放位置及编写中断处理程序。

读者可通过串口通信接收中断体会这个过程。

习题

1. 利用 PC 的 USB 口与 MCU 之间进行串行通信,为什么要进行电平转换? AHL-D1-H 开发板中是如何进行这种电平转换的?

2. 设波特率为 115 200bps,使用 NRZ 格式的 8 位数据位、没有校验位、1 位停止位,传输 6KB 的文件最少需要多少时间?

3. 简要给出 D1-H 中断编程的基本知识要素,以串口通信的接收中断编程为例加以说明。

4. 查阅 UART 构件中对引脚复用的处理方法,说明这种方法的优缺点。

5. 按照 6.3.2 节介绍的方法,利用直接地址的方法给出开发板上 UART_Debug 串口的发送程序。

6. 简要阐述制作 UART 构件的基本过程。

7. 说明为什么在实际串行通信编程中必须对通信内容进行组帧和校验,给出组帧和校验的基本方法描述与实践。

## 第7章

定时器、PWM与输入捕捉

本章导读　定时器是 MCU 中必不可少的部件,周期性的定时中断为需要反复执行的功能提供了基础,定时器也为脉宽调制、输入捕捉与输出比较提供了技术基础。主要内容包括:

(1) Dl-H 内核定时器 MTIME、自身带有日历和闹钟功能的 RTC 模块、其他 Timer 模块。

(2) 基于 Timer 模块的脉宽调制。

(3) 基于构件编程的输入捕捉功能。为了更好地测试,给出了 PC 的 C♯ 源程序,真实地体会有关波形。

7.1　定时器通用基础知识

视频讲解

在嵌入式应用系统中,有时要求能对外部脉冲信号或开关信号进行计数,这可通过计数器来完成。有些设备要求每间隔一定时间开启并在一段时间后关闭;有时要求指示灯不断地闪烁,这可利用定时信号来完成。另外,计算机运行的日历时钟、产生不同频率的声源等也需要定时信号。计数与定时问题的解决方法是一致的,这是同一个问题的两种表现形式。实现计数与定时的基本方法有 3 种:完全硬件方式、完全软件方式、可编程计数器/定时器。完全硬件方式基于逻辑电路实现,现已很少使用;完全软件方式用于极短延时,稍微长一点的延时均使用可编程定时器。下面具体介绍这两种方式。

1. 完全软件方式

完全软件方式是利用计算机执行指令的时间实现定时,但这种方式占用 CPU,不适用于多任务环境,**一般仅用于时间极短的延时**且重复次数较少的情况。需要说明的是,在 C 语言编程时,声明这种延时语句的循环变量需要加上 volatile[①],即编译时对该变量不优化,否则可能导致在不同编译场景下延时指令周期不一致。

```
//延时若干指令周期
for (volatile uint32_t i = 0; i < 80000; i++) __ASM("NOP");
```

[①]　读音['vɑːlətl],在计算机语境中,翻译成"不优化",对应使用该词作为前导的变量,在编译时不进行优化,主要是指不会把放在存储器中的变量优化到 CPU 中。

2. 可编程定时器方式

可编程定时器方式是根据需要的定时时间,用指令对芯片内部的定时器进行初始常数设定,并用指令启动定时器开始计数,当计数到指定值时,便自动产生一个定时输出。这个输出通常是以中断信号形式告知 CPU 在定时中断服务例程中,对时间进行基本运算。在这种方式中,定时器开始工作以后,CPU 便不再管理定时器,可以运行其他程序,计时工作并不占用 CPU 的工作时间。在实时操作系统中,利用定时器产生中断信号,可建立多任务程序运行环境,从而大幅提高 CPU 的利用率。本章后续阐述的均是这种类型定时器。

7.2 D1-H 中的定时器

在一台计算机中,一般会有多个定时器用于不同功能,类似于酒店墙上的多个时钟,它们会显示不同时区的时间。计算机中定时器最基本的功能就是计时,不同定时器的计数频率不同,阈值范围不同。

7.2.1 D1-H 的机器模式定时器 MTIME

D1-H 内部有个 64 位定时器,称为机器模式定时器(Machine TIME,MTIME),主要用于操作系统的时间滴答。在没有使用操作系统的程序中,也可以被用户使用 MTIME。该定时器的编程比较简单,本节给出从原理、构件制作到构件测试的完整流程。

1. MTIME 中断

MTIME 被称为机器模式定时器,首先介绍一下 D1-H 的 3 种运行模式:机器模式(Machine,M)[①]、监督模式(Supervisor,S)[②]、用户模式(User,U)[③]。

MTIME 是机器模式中断,中断号为 7,需要在 user.c 文件中注册中断处理函数。MTIME 的中断由内核局部中断控制器(Core Local Interrupts Controller,CLINT)管理,由 3 个关键的寄存器决定,分别是机器模式定时器比较寄存器(Machine Time Compare Register,MTIMECMP),用于决定什么时候触发中断;机器模式中断使能寄存器(Machine Interrupt Enable Register,MIE),用于使能中断;机器模式中断挂起标志寄存器(Machine Interrupt Pending Register,MIP),用于记录中断是否被清除。

2. MTIME 构件制作

MTIME 构件是一个最简单的构件,包含一个初始化函数、一个 MTIMECMP 更新函

[①] 机器模式是最高级别的特权模式,通常用于处理与硬件紧密相关的任务,如初始化系统、处理硬件错误等。在机器模式下,程序拥有最高的特权级别,可以访问所有系统资源和执行所有类型的指令。

[②] 监督模式是中间级别的特权模式,通常用于运行操作系统内核。在监督模式下,程序可以访问更多的系统资源和执行更多的操作,比如,可以访问和管理一些系统控制寄存器,可以处理监督模式的中断,可以执行更多类型的指令,包括一些特权指令。

[③] 用户模式是最低级别的特权模式,通常用于运行应用程序。在这个模式下,程序只能访问非特权指令集,并且不能直接访问或修改系统的关键资源,如内存管理单元的控制器、中断使能寄存器等。

数、一个清 MIP 中断标志函数。MTIME 初始化函数 mtime_init 的设计分为 3 步。

1）梳理初始化流程

MTIMECMP 寄存器是一个 64 位的寄存器，用于存放下一次触发机器模式中断的 MTIME 计数值。使能机器模式定时器中断后，当 MTIME 的值大于 MTIMECMP 的值时，触发机器模式定时器中断，MIP 寄存器中对应的标志位就会置 1，直到被中断处理清除，下一次中断才会触发，但触发中断 MTIME 寄存器的值并不会停止自增。

所以，要实现 MTIME 的定时功能，就要不停地更新 MTIMECMP 的值，使之等于 MTIME 的值加上要等待的计数次数。

初始化时，设置计数比较寄存器 MTIMECMP（决定了下一次触发中断的时间），使能 MTIME 中断，就是设置 MIE 的第 7 位 MTIE（Machine Time Interrupt Enable）为 1。

MTIMECMP 更新其实就是重新设置 MTIMECMP 的值。

中断清除操作需要往 MIP 寄存器中的第 7 位 MTIP[①]（Machine Time Interrupt Pending）写 1。

2）确定初始化参数及其范围

下面分析 MTIME 初始化函数都需要哪些参数。首先是确定时钟源，它决定了计数频率。本书使用的 D1-H 芯片中的 MTIME 定时器时钟源为 C906 内核规定，无论传入参数；其次，由于当计数器的值等于 MTIMECMP 的值时会产生 MTIME 中断，因此应确定 MTIME 中断时间间隔，单位一般为毫秒（ms）。这样，MTIME 初始化函数只有一个参数——中断时间间隔。设时钟频率为 f，计数器有效位数为 n，以毫秒为单位，并设最低中断间隔为 1ms，则中断时间间隔 τ 的范围为 $1\sim 2^n/f\times 1000$（ms）。MTIME 的时钟频率一般为 $f=24\text{MHz}$，计数器有效位数为 $n=64$，故中断时间间隔 τ 的范围为 $1\sim 2^{52}$ ms。一般使用 uint32_t 来传递毫秒值，因为中断间隔的上限大于 unit32_t 的最大值，所以可以不作限制。

3）编写 mtime_init()函数

在确定初始化流程、参数和参数范围后，编写 mtime_init()函数就变得简单了。首先记录下间隔时间，其次写入间隔时间，最后使能中断。具体流程见如下代码。

```
// ================================================================
//函数名称：mtime_init
//函数返回：无
//参数说明：ms:定时器中断的时间间隔，单位为毫秒
//功能概要：mtime 定时器初始化
//说　　明：时钟频率为 24MHz，时间间隔为 1~2⁵² ms，间隔上限大于 uint32_t 的上限
// ================================================================
void  mtime_init (uint32_t ms)
{
//写入中断间隔
```

[①]　对 MTIP 位进行读操作时，可以获取机器当前是否有未处理的 MTIME 中断；对其进行写操作时，写入 1 会使该位置 0。

```
interval_time = ms * 24000;
write32(CLINT_MTIMECMPL,counter() + interval_time);
write32(CLINT_MTIMECMPH,(counter() + interval_time)>> 32);
//使能中断
csr_clear(mie, MIE_MTIE | MIE_MSIE);     //清除机器模式定时器中断和软件中断
    csr_set(mie,  MIE_MTIE);             //使能机器模式定时器中断
}
```

这个函数虽然功能简单，就是根据传入的参数，确定何时产生中断。但对这个函数源码的理解有一定难度，下面给出注解。

3. 对 mtime_init 中调用函数的注解

1) 关于访问计数器

MTIME 运行在机器模式下，只能通过特权指令来访问计数器的值，访问 MTIME 值的函数如下：

```
uint64_t counter(void){
    uint64_t  mtime;
    __asm__ __volatile__("csrr % 0, time\n" : " = r"(mtime) :: "memory");
    return mtime;
}
```

__asm__是 GCC 编译器提供的关键字，用于将汇编语言代码嵌入 C/C++ 源代码中。

__volatile__是一个关键字，告诉编译器不要优化这条汇编语句。

"csrr %0,time\n"是实际的汇编指令，csrr 是 RISC-V 架构中的指令，用于从控制和状态寄存器(CSR)读取值，time 是一个预定的 CSR，存储自系统启动以来的时间。%0 是一个占位符，代表输出操作数，即读取的值将被存储到哪个变量中。

:"=r"(mtime)这部分指定了汇编指令的输出操作数。=r 表示这是一个写入操作，值将被写入一个通用寄存器中，然后从该寄存器复制到 C/C++变量 mtime 中。

::"memory" 这部分称为"clobber 列表"，用于告诉编译器此汇编代码可能会修改哪些寄存器或内存。这里指明了汇编代码可能会修改内存，可以防止编译器做出错误的优化假设。

2) 几个函数的说明

write32(addr,val)是封装的对地址值写入操作函数，其中，addr 为地址，val 为待写入值。

CLINT_MTIMECMPL 是 MTIMECMP 的低 32 位，MTIMECMP 在 CLINT 寄存器组，CLINT 寄存器的地址为 0x14000000L，MTIMECMP 的偏移地址为 0x4000，高 32 位则再偏移 4 位。

csr_clear(addr,val)是 RISC-V 封装的对控制和状态寄存器进行清除指定位操作的宏函数。

csr_set(addr,val)也是 RISC-V 封装的对控制和状态寄存器进行指定位置 1 操作的宏

函数。

mie 是 RISC-V 定义的机器中断使能寄存器。

4．MTIME 构件测试

测试工程"03-Software\CH07\MTIME-D1-H"，其主要功能为：MTIME 每 10ms 中断一次，在中断里进行计数判断，每 100 个 MTIME 中断蓝灯状态改变，同时调试串口输出 MCU 记录的相对时间，如"00:00:01"。

通过运行 PC 的"时间测试程序 C♯"程序，可显示 MCU 通过串口送来的 MCU 中 mtime 定时器产生的相对时间，如"00:00:20"，同时显示 PC 的当前时间，如"10:12:26"。此外，还提供了 mtime 时间校准方式，可根据测试程序界面右下角检测的 PC 时间间隔与 MCU 的 30 秒的比较，来适当改变重载寄存器的值，以此校准 MTIME 定时器产生的时间。这里给出 mtime 定时器中断处理程序。

```
// ==============================================================
//函数名称：MTIME_USER_Handler
//函数返回：无
//参数说明：时间间隔值
//功能概要：(1)每 10ms 中断触发本程序一次
//         (2)达到 1s 时,调用秒单元＋1 程序,计算"时、分、秒"
//特别提示：(1)使用全局变量字节型数组 gTime[3],分别存储"时、分、秒"
//         (2)注意其中静态变量的使用
// ==============================================================
void  MTIME_USER_Handler (void)
{
    static uint8_t mtimeCount = 0;
    mtimeCount++;            //Tick 单元＋1
    mtime_clear_int();       //清除中断标志位并更新比较值
    if (mtimeCount >= 100)
    {
        mtimeCount = 0;
        SecAdd1(gTime);
    }
}
```

这里对该程序做两点说明：

（1）这里把 mtimeCount 声明为静态变量，静态变量一定要在声明时赋初值；

（2）程序中当时间达到 1s 时，调用秒单元＋1 子程序，进行时分秒的计算，可以在此基础上进行年月日星期的计算，注意闰年、闰月等问题。

```
// ==============================================================
//函数名称：SecAdd1
//函数返回：无
//参数说明：＊p:为指向一个时分秒数组 p[3]
//功能概要：秒单元＋1,并处理时分单元(00:00:00 - 23:59:59)
// ==============================================================
void SecAdd1(uint8_t ＊p)
{
```

```
    * (p + 2) += 1;              //秒 + 1
    if( * (p + 2)> = 60)          //秒溢出
    {
        * (p + 2) = 0;           //清秒
        * (p + 1) += 1;          //分 + 1
        if( * (p + 1)> = 60)      //分溢出
        {
            * (p + 1) = 0;       //清分
            * p += 1;            //时 + 1
        if( * p> = 24)           //时溢出
        {
            * p = 0;             //清时
        }
        }
    }
}
```

【思考一下】 程序中给出比较判断的语句使用 if(* (p+2)>＝60)，而不使用 if(* (p+2)==60)，这是为什么？这样编程提高了程序的鲁棒性，仔细体会其中的道理。

7.2.2　D1-H 的实时时钟模块

D1-H 芯片的实时时钟(Real-Time Clock，RTC)模块是一个独立的定时器/计数器，提供计时功能和闹钟事件。当主计数器增加到和闹钟寄存器的值一致时，会触发闹钟事件。

这是一个特殊用途的模块，这里给出利用封装好的构件操作该定时模块的方法。

1. RTC 构件 API 函数简明列表

RTC 构件主要 API 函数有：初始化、设置 RTC 时钟的日期和时间、获取 RTC 时钟的日期和时间等，如表 7-1 所示。

表 7-1　RTC 常用接口函数

序号	函 数 名	简 明 功 能
1	RTC_Init	初始化
2	RTC_Set	设置 RTC 时钟的日期、时间
3	RTC_Get	获取 RTC 时钟的日期、时间
4	RTC_Alarm_Set	设置唤醒时间
5	RTC_Alarm_Enable_Int、RTC_Alarm_Disable_Int	使能、禁用闹钟中断
6	RTC_Alarm_Get_Int、RTC_Alarm_Clear	获取、清除唤醒中断标志

2. RTC 构件头文件

RTC 构件的头文件 rtc.h 在工程的"\03_MCU\MCU_drivers"文件夹中，这里给出部分 API 接口函数的使用说明及函数声明。

```
// ================================================================
//文件名称：rtc.h
//功能概要：D1 RTC 底层驱动程序头文件
//版权所有：苏州大学嵌入式实验室(sumcu.suda.edu.cn)
```

```
// ================================================================
# ifndef _RTC_H
# define _RTC_H
# include "mcu.h"
# include "delay.h"
# include "printf.h"


// ================================================================
// 函数名称: RTC_Init
// 函数参数: 无
// 函数返回: 0,初始化成功; 1,进入初始化失败
// 功能概要: 选择时钟源,预分频并初始化时钟
// ================================================================
uint8_t RTC_Init(void);


// ================================================================
// 函数名称: RTC_Get
// 函数参数: syear:年;smonth:月;sday:天;sweek:星期; shour:时 smin:钟;ssec:秒钟;
// 函数返回: 无
// 功能概要: 获取 RTC 的日期
// ================================================================
void RTC_Get(uint16_t * syear,uint8_t * smon,uint8_t * sday,uint8_t * sweek,
             uint8_t * shour,uint8_t * smin,uint8_t * ssec);


// ================================================================
// 函数名称: RTC_Set
// 函数参数: year:年份;month:月份;day:天数; hour:小时;min:分;sec:秒
// 函数返回: 1:设置日期成功;0:设置日期失败
// 功能概要: 设置 RTC 时钟的日期
// ================================================================
void RTC_Set(uint16_t year,uint8_t mon,uint8_t day,uint8_t hour,uint8_t min, uint8_t sec);


// ================================================================
// 函数名称: RTC_Alarm_Set
// 函数参数: year:年份;month:月份;day:天数;hour:小时;min:分;sec:秒
// 函数返回: 无
// 功能概要: 设置闹钟的时间
// ================================================================
void RTC_Alarm_Set(uint16_t year,uint8_t month,uint8_t day,uint8_t hour,uint8_t min,uint8_t
sec);


// ================================================================
// 函数名称: RTC_Alarm_Enable_Int
// 函数参数: 无
// 函数返回: 无
// 功能概要: 使能闹钟中断
// ================================================================
void RTC_Alarm_Enable_Int();
```

```
// ================================================================
// 函数名称：RTC_Alarm_Disable_Int
// 函数参数：无
// 函数返回：无
// 功能概要：禁止闹钟中断
// ================================================================
void RTC_Alarm_Disable_Int();


// ================================================================
//函数名称：RTC_Alarm_Get_Int
//函数返回：1：有闹钟中断,0：没有闹钟中断
//参数说明：无
//功能概要：获取闹钟中断标志
// ================================================================
uint8_t RTC_Alarm_Get_Int();


// ================================================================
//函数名称：RTC_Alarm_Clear
//函数返回：无
//参数说明：无
//功能概要：清除闹钟中断标志
// ================================================================
void RTC_Alarm_Clear();


#endif
```

3. RTC 构件测试实例

RTC 构件的测试工程为"03-Software\CH07\RTC-D1-H"。其主要功能为：初始设置 RTC 基准时间为"1970/01/01 00：00：00"，在 main 函数的 for 循环中使用 printf 输出日期和时间。同时提供 PC 测试程序"RTC-测试程序 C♯"，显示当前 PC 时间，可通过 User 串口重新改变 RTC 基准时间。

```
// ================================================================
//程序名称：RTC_USER_IRQHandler
//中断类型：RTC 闹钟中断处理函数
// ================================================================
void RTC_USER_IRQHandler(void)
{
uint16_t year = 0;
uint8_t month,day,week,hour,min,sec;
if(RTC_Alarm_Get_Int())              //闹钟的中断标志位
{
    printf("This is a alarm!\r\n");
    RTC_Alarm_Clear();               //清闹钟的中断标志位
    RTC_Get(&year,&month, &day,&week, &hour, &min, &sec);
    printf("year/month/day/week/hour/min/sec:\r\n");
    printf(" % 02d/",year);
    printf(" % 02d/",month);
```

```
        printf("%02d ",day);
        printf("%02d:",hour);
        printf("%02d:",min);
        printf("%02d ",sec);
        printf("星期%d\r\n",week);
    }
}
// ==============================================================
//程序名称：UART_User_Handler
//触发条件：UART_User 串口收到一个字节触发
//备    注：进入本程序后,使用 uart_get_re_int 函数可再进行中断标志判断
// ==============================================================
void  UART_User_Handler(void)
{
    //(1)变量声明
    uint8_t flag,ch;
    DISABLE_INTERRUPTS;                           //关总中断
    //(2)未触发串口接收中断,退出
    if(!uart_get_re_int(UART_User)) goto UART_User_Handler_EXIT;
    //(3)收到一个字节,读出该字节数据
    ch = uart_re1(UART_User,&flag);              //调用接收一个字节的函数
    if(!flag) goto UART_User_Handler_EXIT;        //实际未收到数据,退出
    //(4)以下代码根据是否使用模板提供的 User 串口通信帧结构,及是否利用 User 串口
    //进行带有设备序列号的程序更新和选择
    //【自行组帧使用(开始)】
    if(CreateFrame(ch,gcRTCBuf))
    {
        g_RTC_Flag = 1;
    }
    //(5)【公共退出区】
UART_User_Handler_EXIT:
    ENABLE_INTERRUPTS;                            //开总中断
}
```

7.2.3　D1-H 的 Timer

Timer 模块内含两个独立定时器,分别为 timer0、timer1,各定时器之间相互独立,不共享任何资源,且均为 32 位定时器。这些定时器的时钟源可以通过编程使用外部晶振,也可以使用内部时钟源。这里给出基于构件的编程方法,若需要学习构件制作,可参阅构件源码。

1. 基本计时构件头文件

Timer 构件的头文件 timer.h 在工程的"03_MCU\MCU_drivers"文件夹中,这里给出其 API 接口函数的使用说明及函数声明。

```
# ifndef  TIMER_H                    //防止重复定义(开头)
# define  TIMER_H

# include < mcu.h >
```

```
#define TIMER0   0
#define TIMER1   1

// =================================================================
//函数名称:timer_init
//函数返回:无
//参数说明: timer_No:时钟模块号
//          time_ms:定时器中断的时间间隔,单位为毫秒
//功能概要:时钟模块初始化
// =================================================================
void timer_init(uint8_t timer_No,uint32_t time_ms);

// =================================================================
//函数名称:timer_enable_int
//函数返回:无
//参数说明:timer_No:时钟模块号
//功能概要:时钟模块使能,开启时钟模块中断及定时器中断
// =================================================================
void timer_enable_int(uint8_t timer_No);

// =================================================================
//函数名称:timer_disable_int
//函数返回:无
//参数说明:timer_No:时钟模块号
//功能概要:定时器中断除能
// =================================================================
void timer_disable_int(uint8_t timer_No);


// =================================================================
//函数名称:timer_get_int
//参数说明:timer_No:时钟模块号
//功能概要:获取 timer 模块中断标志
//函数返回:中断标志 1 = 有对应模块中断产生;0 = 无对应模块中断产生
// =================================================================
uint8_t timer_get_int(uint8_t timer_No);

// =================================================================
//函数名称:timer_clear_int
//函数返回:无
//参数说明:timer_No:时钟模块号
//功能概要:定时器清除中断标志
// =================================================================
void timer_clear_int(uint8_t timer_No);

#endif     //防止重复定义(结尾)
```

2. Timer 模块的基本计时构件测试实例

Timer 模块测试工程"03-Software\CH07\Timer-D1-H"的主要功能为：Timer 定时器每 20ms 中断一次,在中断里进行计数判断,每 50 个中断蓝灯状态改变,同时调试串口输出 MCU 记录的相对时间,如"00:00:01"。

通过运行 PC 的"时间测试程序 C♯"程序,可显示 MCU 通过串口送来的 MCU 中定时器产生的相对时间,如"00:00:20",同时显示 PC 的当前时间,如"10:12:26"。此外,还提供了时间校准方式,可根据测试程序界面右下角检测的 PC 时间间隔与 MCU 的 30 秒的比较,来适当改变自动重载寄存器的值,以此校准定时器产生的时间。

7.2.4　D1-H 的 HSTimer

HSTimer 模块和 Timer 模块类似,拥有两个独立的定时器 HSTimer0 和 HSTimer1,两个定时器相互独立,不共享任何资源,不同的是它们均为 56 位定时器。这两个定时器的时钟源是唯一的,频率为 100MHz,相较于 Timer 的时钟拥有更加精确的计时。这里给出基于构件的编程方法,若需要学习构件制作,可参阅构件源码。

1. 高速时钟构件头文件

HSTimer 构件的头文件 HSTimer.h 在工程的"03_MCU\MCU_drivers"文件夹中,这里给出其 API 接口函数的使用说明及函数声明。

```
#ifndef  HSTIMER_H                //防止重复定义(开头)
#define  HSTIMER_H
#include <mcu.h>

//================================================================
//函数名称:HSTimer_init
//函数返回:无
//参数说明:HSTimer_No:时钟模块号
//         time_ms:定时器中断的时间间隔,单位为毫秒
//功能概要:时钟模块初始化
//================================================================
void  HSTimer_init(uint8_t  HSTimer_No,uint32_t  time_ms);

//================================================================
//函数名称:HSTimer_enable_int
//函数返回:无
//参数说明:HSTimer_No:时钟模块号
//功能概要:时钟模块使能,开启时钟模块中断及定时器中断
//================================================================
void  HSTimer_enable_int(uint8_t  HSTimer_No);

//================================================================
//函数名称:HSTimer_disable_int
//函数返回:无
//参数说明:HSTimer_No:时钟模块号
//功能概要:定时器中断除能
//================================================================
void  HSTimer_disable_int(uint8_t  HSTimer_No);

//================================================================
//函数名称:HSTimer_get_int
```

```
//参数说明：timer_No:时钟模块号
//功能概要：获取 HSTimer 模块中断标志
//函数返回：中断标志 1 = 有对应模块中断产生；0 = 无对应模块中断产生
// =================================================================
uint8_t  HSTimer_get_int(uint8_t  HSTimer_No);


// =================================================================
//函数名称：HSTimer_clear_int
//函数返回：无
//参数说明：HSTimer_No:时钟模块号
//功能概要：定时器清除中断标志
// =================================================================
void  HSTimer_clear_int(uint8_t  HSTimer_No);

♯endif       //防止重复定义(结尾)
```

2. HSTimer 模块的基本计时构件测试实例

HSTimer 测试工程"03-Software\CH07\HSTimer-D1-H"的主要功能为：HSTimer 定时器每 20ms 中断一次，在中断中进行计数判断，每 50 个中断蓝灯状态改变，同时调试串口输出 MCU 记录的相对时间，如"00：00：01"。

通过运行 PC 的"时间测试程序 C♯"程序，可显示 MCU 通过串口送来的 MCU 中定时器产生的相对时间，如"00：00：20"，同时显示 PC 的当前时间，如"10：12：26"。此外，还提供了时间校准方式，可根据测试程序界面右下角检测的 PC 时间间隔与 MCU 的 30 秒的比较，来适当改变自动重载寄存器的值，以此校准定时器产生的时间。

7.3 脉宽调制

脉宽调制(Pulse Width Modulator，PWM)是一种可以通过软件编程方式，从芯片引脚输出高低电平且持续时间可调整的周期性信号，常用于电动机的变频控制、灯光的细分亮暗控制等。

7.3.1 脉宽调制通用基础知识

1. PWM 知识要素

脉宽调制是电动机控制的重要方式之一。PWM 信号是一个高/低电平重复交替的输出信号，通常也称为脉宽调制波或 PWM 波。PWM 的最常见的应用是电动机控制，还有一些其他用途。例如，可以利用 PWM 为其他设备产生类似于时钟的信号，利用 PWM 控制灯以一定频率闪烁，也可以利用 PWM 控制输入某个设备的平均电流或电压等。

PWM 信号的主要技术指标有 PWM 时钟源频率、PWM 周期、占空比、脉冲宽度、分辨率、极性、对齐方式等。

1) PWM 时钟源频率、PWM 周期与占空比

通过 MCU 输出 PWM 信号的方法与使用纯电力电子实现的方法相比，有实现方便之

优点,所以目前经常使用的 PWM 信号主要是通过 MCU 编程实现。图 7-1 给出了一个利用 MCU 编程方式产生 PWM 波的实例,这个方法需要有一个产生 PWM 波的时钟源,其频率记为 F_{CLK},单位为赫兹,相应时钟周期为 $T_{CLK}=1/F_{CLK}$,单位为秒。

PWM 周期用其有效电平持续的时钟周期个数来度量,记为 N_{PWM}。例如,图 7-1 中的 PWM 信号的有效电平为高电平,其周期是 $N_{PWM}=8$(无量纲),实际 PWM 周期 $T_{PWM}=8\times T_{CLK}$(秒)。

PWM 占空比被定义为 PWM 信号处于有效电平的时钟周期数与整个 PWM 周期内的时钟周期数之比,用百分比表征。在图 7-1(a)中,PWM 的高电平(高电平为有效电平)为 $2T_{CLK}$,所以占空比=2/8=25%,类似计算,图 7-1(b)占空比为 50%(方波)、图 7-1(c)占空比为 75%。

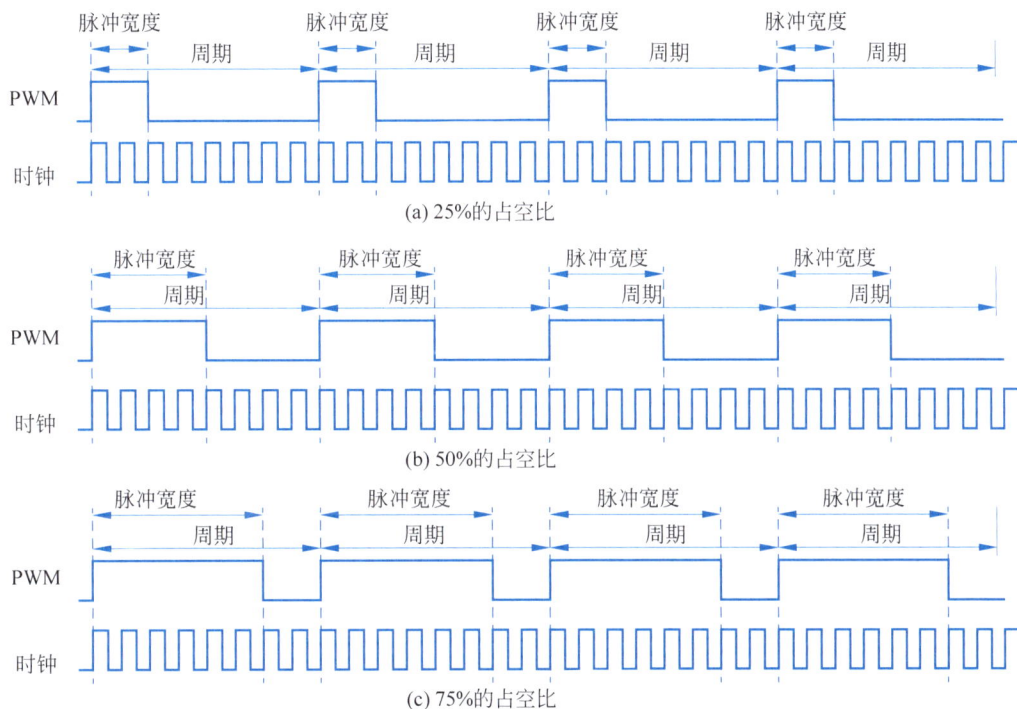

(a) 25%的占空比

(b) 50%的占空比

(c) 75%的占空比

图 7-1　不同占空比的 PWM 波

2) 脉冲宽度与分辨率

脉冲宽度是指一个 PWM 周期内,PWM 波处于有效电平的时间(用持续的时钟周期数表征)。PWM 脉冲宽度可以用占空比与周期计算出来,故可不作为一个独立的技术指标。

PWM 分辨率 ΔT 是指脉冲宽度的最小时间增量,等于时钟源周期,$\Delta T=T_{CLK}$,也可不作为一个独立的技术指标。例如,若 PWM 是利用频率 $F_{CLK}=48MHz$ 的时钟源产生的,即时钟源周期 $T_{CLK}=(1/48)\mu s=20.8ns$,那么脉冲宽度的每一增量值即为 $\Delta T=20.8ns$,这就是 PWM 的分辨率。它就是脉冲宽度的最小增量,脉冲宽度的增加与减少只能是 ΔT 的整数倍。实际上,脉冲宽度正是用有效电平持续的时钟周期数(整数)来表征的。

3)极性

PWM极性决定了PWM波的有效电平。正极性表示PWM有效电平为高电平,负极性表示PWM有效电平为低电平。与此同时,还要注意到空闲电平问题,其值与PWM极性相反,如在边沿对齐的情况下,若希望有效电平为低电平,则空闲电平就应该为高电平,以便开始产生PWM的信号为低电平,当到达比较值时,跳变为高电平,但应注意,有时仍然定义占空比为高电平持续时间与PWM周期之比。

4)对齐方式

PWM对齐方式有边沿对齐与中心对齐两种,可以用PWM引脚输出发生跳变的时刻来区分,若PWM引脚跳变时刻发生在第1个时钟周期的上升沿,则为**边沿对齐**;若PWM波所在的位置为周期的中心,则为**中心对齐**。一般情况下,使用边沿对齐,中心对齐多用于电动机控制编程中,本书不具体介绍。

2. PWM的应用场合

PWM的最常见的应用是电动机控制。还有一些其他用途,这里举例说明。

(1)利用PWM为其他设备产生类似于时钟的信号。例如,PWM可用来控制灯以一定频率闪烁。

(2)利用PWM控制输入某个设备的平均电流或电压。在一定程度上可以替代D/A转换。例如,一个直流电动机在输入电压时会转动,而转速与平均输入电压的大小成正比。假设每分钟转速(rpm)为输入电压的100倍,如果转速要达到125rpm,则需要1.25V的平均输入电压;如果转速要达到250rpm,则需要2.50V的平均输入电压。如图7-1所示,在不同占空比的情况下,如果逻辑1是5V,逻辑0是0V,则图7-1(a)的平均电压是1.25V,图7-1(b)的平均电压是2.5V,(c)的平均电压是3.75V。可见,利用PWM可以设置适当的占空比来得到所需的平均电压,如果所设置的PWM周期足够小,电动机就可以平稳运转(即不会明显感觉到电动机在加速或减速)。

(3)利用PWM控制指令字编码。例如,通过发送不同宽度的脉冲,代表不同含义。假如用此来控制无线遥控车,宽度1ms代表左转指令,4ms代表右转指令,8ms代表前进指令。接收端可以使用定时器来测量脉冲宽度,在脉冲开始时启动定时器,脉冲结束时停止定时器,由此来确定所经过的时间,从而判断收到的指令。

7.3.2 基于构件的PWM编程方法

1. D1-H的PWM引脚

D1-H芯片的PWM引脚及其在AHL-D1-H开发板上的对应关系,如表7-2所示。这些引脚可以被编程控制输出高/低电平的持续时间,还可以通过编程获取PWM引脚的状态。同一个通道号下的引脚都受这个通道对应的寄存器控制,引脚的功能由引脚的复用寄存器确定,一个PWM通道号中可选择一个引脚设定为PWM功能。

表 7-2　D1-H 的 PWM 引脚及其在 AHL-D1-H 开发板上的对应关系

PWM 通道号	D1-H 芯片的引脚名	AHL-D1-H 引脚号	编程时使用
0	PTB5	未引出	
	PTB12	未引出	
	PTD16	未引出	
	PTG12	GEC38	PWM_PIN0　(PTG_NUM|12)
1	PTB6	GEC4	
	PTD17	GEC98	
	PTG6	GEC 44	PWM_PIN1　(PTG_NUM|6)
2	PTB11	GEC 1	PWM_PIN2　(PTB_NUM|11)
	PTD18	GEC99	
	PTE8	GEC72	
	PTG13	GEC37	
3	PTB0	未引出	
	PTD19	GEC100	
	PTE9	GEC71	
	PTG10	GEC40	PWM_PIN3　(PTG_NUM|10)
4	PTB1	未引出	
	PTD20	GEC101	
	PTE10	GEC70	PWM_PIN4　(PTE_NUM|10)
	PTG5	GGC45	
5	PTB8	未引出	
	PTD21	未引出	
	PTE13	GEC67	PWM_PIN5　(PTE_NUM|13)
	PTF6	GEC51	
	PTG4	GEC46	
	PTG16	GEC34	
6	PTB9	未引出	
	PTD9	GEC90	
	PTE15	GEC65	PWM_PIN6　(PTE_NUM|15)
	PTF4	GEC53	
	PTG1	GCE49	
	PTG18	GEC32	
7	PTB10	GEC2	
	PTD22	GEC102	
	PTE16	GEC64	PWM_PIN7　(PTE_NUM|16)
	PTG0	GEC50	
	PTG17	GEC33	

2. PWM 构件头文件

PWM 构件的头文件 pwm.h 在工程的"\03_MCU\MCU_drivers"文件夹中,这里给出其 API 接口函数的使用说明及函数声明。

```
// ================================================================
//文件名称: pwm.h
//功能概要: PWM 底层驱动构件头文件
//制作单位: 苏州大学嵌入式实验室(sumcu.suda.edu.cn)
//版本更新: 20230516 - 20241109
//芯片类型: D1
// ================================================================
# ifndef _PWM_H_
# define _PWM_H_
# include "gpio.h"
# include "mcu.h"

//PWM 极性选择宏定义: 正极性、负极性
# define PWM_PLUS    1
# define PWM_MINUS   0

//PWM 对齐方式宏定义:边沿对齐、中心对齐
# define PWM_EDGE    0
# define PWM_CENTER 1

//PWM 通道号
# define PWM_PIN0   (PTG_NUM|12)       //PWM0 GEC38
# define PWM_PIN1   (PTG_NUM|6)        //PWM1 GEC44
# define PWM_PIN2   (PTB_NUM|11)       //PWM2 GEC1
# define PWM_PIN3   (PTG_NUM|10)       //PWM3 GEC40
# define PWM_PIN4   (PTE_NUM|10)       //PWM4 GEC70
# define PWM_PIN5   (PTE_NUM|13)       //PWM5 GEC67
# define PWM_PIN6   (PTE_NUM|15)       //PWM6 GEC65
# define PWM_PIN7   (PTE_NUM|16)       //PWM7 GEC64
// ================================================================
//函数名称: pwm_init
//功能概要: pwm 初始化函数
//参数说明: pwmNo: pwm 模块号,PWM 对应的引脚在 pwm.h 文件中给出
//          clockFre: 时钟频率,单位: Hz,范围为 400~65535
//          period: 周期,单位为个数,即计数器跳动次数,范围为 1~65536
//                  时钟频率除以周期为 PWM 周期
//          duty: 占空比: 0.0~100.0 对应 0~100 %
//          align: 对齐方式
//          pol: 极性,在头文件宏定义给出,如 PWM_PLUS 为正极性
//函数返回: 无
//使用说明: D1-H芯片产生 PWM 的时钟源为 24MHz,clockFre 应小于 24MHz
// ================================================================
void pwm_init(uint16_t pwmNo, uint32_t clockFre, uint32_t period, double duty,
            uint8_t align,uint8_t pol );

// ================================================================
//函数名称:    pwm_update
//功能概要:    更新 PWM 占空比
//参数说明:    pwmNo: PWM 模块号,PWM 对应的 GPIO 引脚在 pwm.h 文件中给出
//            duty: 占空比 0.0~100.0 对应 0~100 %,单位 %
//函数返回:    无
// ================================================================
void pwm_update(uint16_t pwmNo, double duty);

# endif                        //防止重复定义(PWM_H 结尾)
```

这里对 pwm_init 函数应该具备哪些参数做一个说明。第 1 个参数是 PWM 通道号,确定使用哪个引脚作为 PWM 输出;第 2 个参数是产生 PWM 波的时钟源频率,它决定了 PWM 的精度(分辨率);第 3 个参数是 PWM 周期,它是一个无量纲的数,表示一个 PWM 周期由多少个时钟周期数组成;第 4 个参数是占空比;第 5 个参数是对齐方式;第 6 个参数是极性。PWM 初始化函数的参数说明如表 7-3 所示,由此可进行 PWM 的应用编程。

表 7-3 PWM 初始化函数的参数说明

序号	参 数	含 义	备 注
1	pwmNo	PWM 通道号	使用宏定义 PWM_PIN0、PWM_PIN1、……
2	clockFre	时钟频率	单位:Hz,范围:400~65 535
3	period	周期	单位为个数,即计数器跳动次数,范围为 1~65 536
4	duty	占空比	0~100.0 对应 0~100.0%
5	align	对齐方式	在头文件宏定义给出,如 PWM_EDGE 为边沿对齐
6	pol	极性	在头文件宏定义给出,如 PWM_PLUS 为正极性

3. 基于构件的 PWM 编程举例

PWM 驱动构件的测试工程为"03-Software\CH07\PWM-D1-H",编程输出 PWM 波,PC 的对应程序为"PWM-Incapture-测试程序 C♯",可通过串口观察 PWM 波形。

1) 功能描述

(1) 从 PTG12(GEC38)输出 PWM 波,对应通道号 PWM_PIN0。

(2) 通过程序获取该引脚状态,根据获得的状态,利用 printf 输出 1/0,同时根据这个 1/0 信号干预蓝灯。

(3) PC 的 C♯程序,根据获得的 1/0 信号及自身的时间,画出 PWM 波,以便直观地体会 PWM 波。

2) 硬件连接

由于从引脚输出 PWM 波的状态是通过程序读取的,因此,不需要外部接线。

3) 编程步骤

(1) **宏定义通道号**。在 05_UserBoard\user.h 文件中对 PWM 通道号进行宏定义,即哪个引脚作为 PWM 功能,同时为了可移植,将其宏定义为 PWM_USER。

```
//PWM 通道号宏定义
#define  PWM_USER  PWM_PIN0      //(PTG_NUM|12)  GEC38
```

(2) **PWM 初始化**。在 main.c 文件中,使用 pwm_init 函数进行初始化。pwm_init 函数的入口参数较多。对应 D1-H 芯片,时钟频率应小于 24 000 000Hz,PWM 周期不能大于时钟频率。

```
//PWM 输出初始化     时钟频率 PWM 周期 占空比   对齐方式      极性
pwm_init(PWM_USER, 15000,     9000,    10.0,  PWM_EDGE, PWM_PLUS);
```

（3）**输出 PWM 波**。在 main.c 文件中，使用 pwm_update 函数输出 PWM 波。

```
pwm_update(PWM_USER, mduty);
```

（4）**主循环程序**。请仔细阅读理解该段程序的功能。

```
while (1)                        //while 循环【开头】
    {
        //(2.1)输出 PWM 波
        if (mCount >= 7)
        {
            mCount = 0;
            mFlag = 1;
            mduty = mduty + 10.0;
            pwm_update(PWM_USER, mduty);
            printf("占空比 = %d, 请运行 C\#程序\r\n", (int)mduty);
            if ((int)mduty >= 90)  mduty = 0.0;
        }
        //(2.2)获得 PWM 引脚的状态
        mPWM_state = gpio_get(PWM_USER);
        //(2.3)根据 PWM 引脚状态控制蓝灯、printf 输出
        if ((mPWM_state == 1) && (mFlag == 1))
        {
            mFlag = 0;
            mCount = mCount + 1;
            if  (mCount >= 7)  continue;
            gpio_set(LIGHT_BLUE,1);
            printf("高电平: 1\n");
        }
        if ((mPWM_state == 0) && (mFlag == 0))
        {
            mFlag = 1;
            mCount = mCount + 1;
            gpio_set(LIGHT_BLUE,0);
            printf("低电平: 0\n");
        }
    }  //while 循环结尾
```

4. 测试运行

（1）**下载 MCU 侧程序**。编译下载 MCU 侧程序，记下正在使用的串口号，退出串口更新，否则串口被占用。

（2）**运行 PC 侧程序**。直接运行 C♯源程序"03-Software\CH07\PWM-Incapture-测试程序 C♯"，使用默认波特率 115 200bps，打开下载程序所使用的串口。

（3）**观察现象**。PWM 波如图 7-2 所示，由此体会 PWM 输出。

至此，基于 PWM 构件应用编程方法的基本内容介绍完毕，PWM 构件制作是一个比较复杂的过程，pwm.c 源码放在工程中，若要能看懂 pwm.c 源码，需要仔细阅读 D1-H 用户手册的对应部分，本书补充阅读材料中也给出了基本过程。

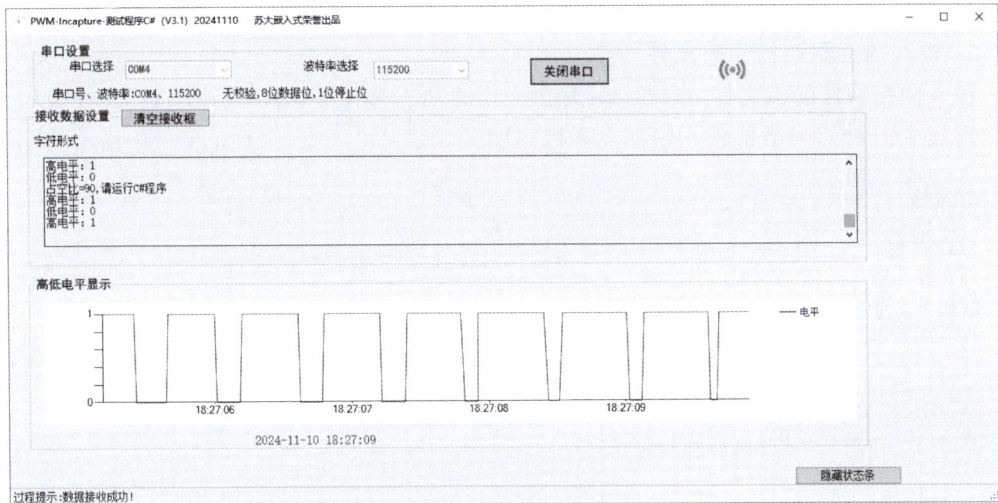

图 7-2　PWM 波

7.4　输入捕捉

输入捕捉是 PWM 构件的扩展功能,可以通过程序的方法较精确地测量脉冲。

7.4.1　输入捕捉通用基础知识

输入捕捉用来监测外部开关量输入信号变化的时刻。当外部信号在指定的 MCU 输入捕捉引脚上发生一个沿跳变(上升沿或下降沿)时,定时器捕捉到沿跳变之后,将计数器当前值锁存到通道寄存器,同时产生输入捕捉中断,利用中断处理程序可以得到沿跳变的时刻。

1. 输入捕捉知识要素

(1)时钟源频率。时钟源频率对输入捕捉来说其实就是采样的频率,即 1 秒内采样的次数,采样能够获取输入的电平信息。

(2)捕捉模式。电平信号的基本变化有两种:上升沿和下降沿。如果两者都有,则为双边沿,上升沿一般指从低电平到高电平的电平信号变化,下降沿为高电平到低电平信号的变化。

2. 输入捕捉的应用场合

输入捕捉的应用场合主要有测量脉冲信号的周期与波形。例如,自己编程产生的 PWM 波,可以直接连接输入捕捉引脚,通过输入捕捉的方法测量出来,看看是否达到要求。输入捕捉的应用场合还有电动机的速度测量。本书电子资源中的补充阅读材料介绍了利用输入捕捉测量电动机速度的方法。

7.4.2　基于构件的输入捕捉编程方法

1. D1-H 的输入捕捉引脚

D1-H 的 PWM 提供了输入捕捉功能,所以 PWM 的引脚也就是输入捕捉的引脚,其通

道号与 PWM 通道号一致,见表 7-3。

2. 输入捕捉驱动构件头文件

输入捕捉构件的头文件 incapture.h 在工程的"\03_MCU\MCU_drivers"文件夹中,这里给出其 API 接口函数的使用说明及函数声明。

```
// ================================================================
//文件名称: incapture.h
//功能概要: incapture 底层驱动构件源文件
//制作单位: 苏州大学嵌入式实验室(sumcu.suda.edu.cn)
//版    本: 2024-11-09  V1.0
//适用芯片: D1
// ================================================================

#ifndef _INCAPTURE_H_
#define _INCAPTURE_H_

#include "gpio.h"
#include "mcu.h"
#include "pwm.h"
//输入捕捉模式
#define CAP_UP        0                    //上升沿
#define CAP_DOWN      1                    //下降沿
#define CAP_DOUBLE    2                    //双边沿

#define INCAP_PIN0 (PTG_NUM|(12))          //GEC38
#define INCAP_PIN1 (PTG_NUM|(6))           //GEC44
#define INCAP_PIN2 (PTB_NUM|(11))          //GEC1
#define INCAP_PIN3 (PTG_NUM|(10))          //GEC40
#define INCAP_PIN4 (PTE_NUM|(10))          //GEC70
#define INCAP_PIN5 (PTE_NUM|(13))          //GEC67
#define INCAP_PIN6 (PTE_NUM|(15))          //GEC65
#define INCAP_PIN7 (PTE_NUM|(16))          //GEC64


// ================================================================
//函数名称: incap_init
//功能概要: incap 模块初始化
//参数说明: capNo: 输入捕捉引脚号
//          Fre: 输入捕捉频率,单位为 Hz,频率范围为 400~65535
//          capMode: 输入捕捉模式(上升沿、下降沿、双边沿),有宏定义常数使用
//函数返回: 无
//注意:因为 D1-H 中 PWM 与 INCAP 是同一模块的,为防止分频系数被更改,
//尽量不使用同一组 PWM 下的信道,比如 PWM 使用 PWM_PIN1,则 INCAP 不应使用 INCAP_PIN0
//   PWM 使用 PWM_PIN2,则 INCAP 不应使用 INCAP_PIN3
// ================================================================
void incapture_init(uint16_t capNo, uint16_t Fre, uint8_t capMode);

// ================================================================
//函数名称: incapture_value
//功能概要: 获取该通道的计数器当前值
//参数说明: capNo: 输入捕捉引脚号
//函数返回: 通道的计数器当前值
// ================================================================
uint32_t get_incapture_value(uint16_t capNo);
```

```
// ================================================================
//函数名称: cap_clear_flag
//功能概要: 清输入捕捉中断标志位
//参数说明: capNo: 输入捕捉引脚号
//函数返回: 无
// ================================================================
void cap_clear_flag(uint16_t capNo);


// ================================================================
//函数名称: cap_get_flag
//功能概要: 获取输入捕捉中断挂起状态标志
//参数说明: capNo: 输入捕捉引脚号
//函数返回: 返回当前中断挂起标志
//1:表示上升沿中断; 2:表示下降沿中断; 3:表示两个中断都触发了
// ================================================================
uint8_t cap_get_flag(uint16_t capNo);


// ================================================================
//函数名称: cap_enable_int
//功能概要: 使能输入捕捉中断
//参数说明: capNo: 输入捕捉引脚号
//函数返回: 无
// ================================================================
void cap_enable_int(uint16_t capNo);


// ================================================================
//函数名称: cap_disable_int
//功能概要: 禁止输入捕捉中断
//参数说明: capNo: 输入捕捉引脚号
//函数返回: 无
// ================================================================
void cap_disable_int(uint16_t capNo);

#endif
```

下面对 incapture_init 函数的参数作一个说明。第 1 个参数是输入捕捉的通道号,确定使用哪个引脚作为输入捕捉;第 2 个参数是输入捕捉的采样频率,它决定 1 秒内对引脚的采样次数;第 3 个参数是输入捕捉的模式,决定用什么方式触发输入捕捉中断,或者决定采样哪些数据,比如可以只对上升沿或者只对下降沿采样。

3. 基于构件的输入捕捉编程举例

输入捕捉驱动构件的测试工程为"03-Software\CH07\Incapture-D1-H",编程输出 PWM 波,用导线接入输入捕捉引脚,PC 的对应程序为 PWM-Incapture-测试程序 C♯,观察通过输入捕捉方式获得的 PWM 波。

1)功能描述

(1)从 PTG12(GEC38)打出 PWM 波,对应通道号 PWM_PIN0,将该引脚与一个输入捕捉引脚 PTB11(GEC1)相连,输入捕捉通道号为 INCAP_PIN2。

(2) 通过输入捕捉获取 GEC38 引脚状态,根据获得的状态,利用 printf 输出 1/0,同时根据这个 1/0 信号干预蓝灯。

(3) PC 的 C♯程序根据获得的 1/0 信号及自身的时间,画出通过输入捕捉方法获得的 PWM 波,以便直观地体会输入捕捉的作用。

2) 硬件连接

用杜邦线将 GEC38 与 GEC1 相连接。

3) 编程步骤

输入捕捉驱动构件的测试工程位于电子资源中的"03-Software\CH07\Incapture-D1-H"文件夹。设用于输入捕捉的通道为 INCAP_USER,用于 PWM 输出通道为 PWM_USER,并通过串口输出当前捕捉到的电平变化。

(1) 初始化输入捕捉和输出比较。在 main()函数的"用户外设模块初始化"处初始化 PWM 输出,设置通道号为 PWM_USER(PB11-GEC1),时钟频率设为 15 000Hz,周期为 9000 个,占空比设为 10%。初始化输入捕捉,设置通道号为 INCAP_USER(PG12-GEC38),频率为 15 000Hz,输入捕捉模式为双边沿捕捉。

```
//PWM 输出初始化 引脚 时钟频率  PWM 周期   占空比  对齐方式    极性
pwm_init(  PWM_USER, 15000,  9000,  10.0,   PWM_EDGE, PWM_PLUS);
//INCAP 输入初始化 引脚      频率     捕捉方式
incapture_init(INCAP_USER,15000,CAP_DOUBLE);
```

(2) 使能输入捕捉中断。在 main()函数的"使能模块中断"处使能输入捕捉中断。

```
cap_enable_int(INCAP_USER);
```

(3) 在 isr.c 的中断服务例程 INCAP_USER_Handler 中输出捕获的电平信息。

```
// ================================================================
//程序名称: INCAP_User_Handler
//中断类型: 输入捕捉中断处理函数
// ================================================================
void INCAP_User_Handler(void)
{
    DISABLE_INTERRUPTS;                //关总中断
    //获取输入捕捉中断标志
    switch(cap_get_flag(INCAP_USER)){
        case CAP_UP:                   //上升沿中断
            printf("高电平: 1\r\n");
            gpio_set(LIGHT_BLUE,LIGHT_OFF);
            break;
        case CAP_DOWN:                 //下降沿中断
            printf("低电平: 0\r\n");
            gpio_set(LIGHT_BLUE,LIGHT_ON);
            break;
    }
    //清中断
```

```
      cap_clear_flag(INCAP_USER);
      ENABLE_INTERRUPTS;                 //开总中断
   }
```

4. 测试运行

（1）**连接硬件**。用杜邦线将 GEC38 与 GEC1 相连接。

（2）**下载 MCU 侧程序**。编译下载 MCU 侧程序"03-Software\CH07-Timer-PWM\ Incapture-D1-H"，记下正在使用的串口号，退出串口更新。

（3）**运行 PC 侧程序**。直接运行 C♯ 源程序"03-Software\ CH07-Timer-PWM \PWM- Incapture-测试程序 C♯"，使用默认波特率 115 200bps，打开下载程序所使用的串口。

（4）**观察现象**。PC 侧的获得的波形如图 7-3 所示，由此体会输出比较与输入捕捉功能。

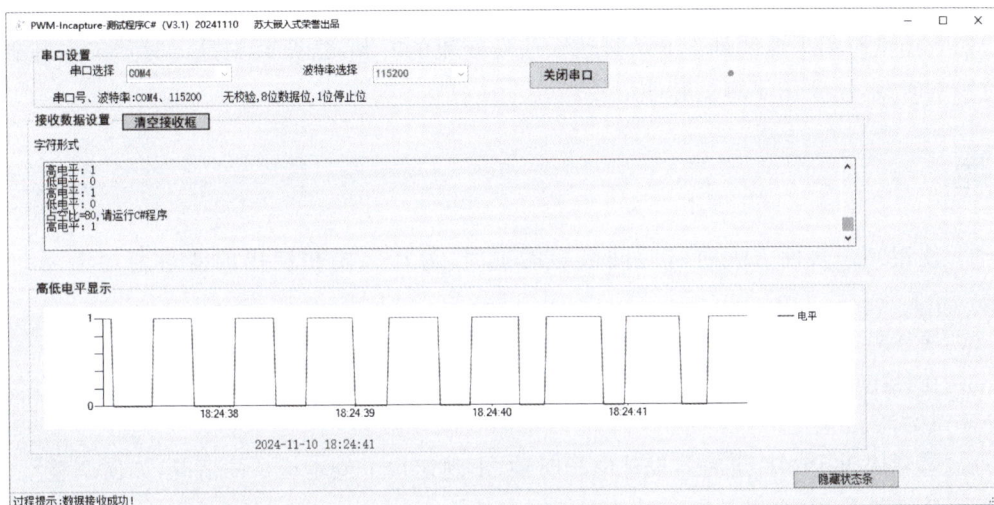

图 7-3　输入捕捉的波形

至此，基于输入捕捉构件应用编程方法的基本内容介绍完毕，输入捕捉构件制作是一个比较复杂的过程，incapture.c 源码放在工程中，若要能看懂 incapture.c 源码，需要仔细阅读 D1-H 用户手册的对应部分，本书补充阅读材料中也给出了基本过程。

本章小结

本章给出了 C906 内核定时器 MTIME 构件的设计方法及测试用例，给出了带有日历功能的 RTC 模块的编程方法，给出了 Timer 模块的基本定时功能；给出了 Timer 模块的脉宽调制、输入捕捉与输出比较功能的编程方法。

1. 关于定时器

从编程角度，基本定时功能的编程步骤主要有 3 步：第一步，是给出定时中断的时间间隔,一般以毫秒为单位,在主程序外设初始化阶段给出;第二步,是确认对应的中断处理程序名,与中断向量号相对应,为了增强可移植性,一般需在 user.h 对其重新宏定义;第三步,使用 user.h 中重新宏定义的中断处理程序名在 isr.h 中进行中断处理程序功能的编程实现。

从构件设计角度,基本定时功能的要素包括时钟源、分频器、计数周期、中断。C906 处理器内核中的 MTIME 定时器是一个 64 位计数器,RTC 模块是具有日历功能的 16 位计数器,Timer 模块内还有几个仅作为基本计时的 16 位计数器。

2. 关于 PWM

PWM 信号是一个高/低电平重复交替的输出信号,其分辨率由时钟源频率决定。初始化主要参数有时钟频率、PWM 周期、占空比、对齐方式、极性,后续编程主要改变占空比,主要用于电动机控制、模拟 DAC、可变电源等。

3. 关于输入捕捉

输入捕捉是用来监测外部开关量输入信号变化的时刻,这个时刻是定时器工作基础上的更精细时刻,主要用于测量脉冲信号。

习题

1. 使用完全软件方式进行时间极短的延时,为什么要在使用的变量前加上 volatile 前缀?

2. 简述可编程定时器的主要思想。

3. 在秒单元+1 函数(SecAdd1)的基础上,自行编写年月日星期的函数,并给出有效的快速测试方法。

4. 若利用 MTIME 定时器设计电子时钟,出现走快了或走慢了的情况,如何调整?

5. 从编程角度,给出基本定时功能的编程步骤。

6. 给出 PWM 的基本含义及主要技术指标的简明描述。

7. 根据本书给出的任一工程样例,在 core_riscv.h 文件中找出 MTIME 定时器的寄存器地址。

8. 编程:在 PC 上以图形的方式显示 MCU 的时间与 PC 的时间。其中 MCU 的时间由 PC 时间校准。

9. 编程:由 MCU 一个引脚输出 PWM 波,利用导线将此引脚连接到同一 MCU 捕捉引脚,通过编程在 PC 上显示 PWM 波,给出可能实现的技术指标。

第 **8** 章

Flash在线编程、ADC与DMA

本章导读 Flash 在线编程、ADC、DMA 均属于嵌入式系统的基础模块。主要内容包括：

（1）Flash 在线编程的通用基础知识及 D1-H 外接 Flash 的在线编程方法。Flash 属于非易失存储器，主要用于存储程序及参数。虽然 D1-H 内部不含 Flash 模块，但作为基础内容，仍然纳入学习体系。

（2）ADC 的通用基础知识及 D1-H 内部 ADC 模块的编程方法。ADC 将模拟量转为芯片内部可运算处理的数字量，在嵌入式系统中占有重要地位。

（3）DMA 的通用基础知识及 D1-H 内部 DMA 模块的编程方法。DMA 主要用于大容量数据传输过程。

8.1 Flash 在线编程

Flash 是一种非易失存储器，在微型计算机中用于存储程序、常量及失电后不丢失的数据。

视频讲解

8.1.1 Flash 在线编程的通用基础知识

起源于 20 世纪 80 年代的 Flash 存储器，具有固有不易失性、电可擦除、可在线编程、存储密度高、功耗低和成本较低等特点。随着 Flash 技术的逐步成熟，Flash 存储器已经成为 MCU 的重要组成部分。Flash 存储器固有不易失性这一特点与磁存储器相似，不需要后备电源来保持数据。Flash 存储器可在线编程取代电可擦除可编程只读存储器（Electrically Erasable Programmable Read-Only Memory，EEPROM），用于保存运行过程中失电后不丢失的数据。

Flash 存储器的擦写有两种模式：一种是**写入器编程模式**，即通过编程器将程序写入 Flash 中，这种模式一般用于初始程序的写入；另一种为**在线编程模式**，即通过运行 Flash 内部程序对 Flash 的其他区域进行擦除与写入，这种模式用于在程序运行过程中进行部分程序的更新或保存数据。

在运行 Flash 内部程序时,对另一部分 Flash 区域进行擦写会导致不稳定,早期的 Flash 的在线编程方法比较复杂,需要把实际履行擦写功能的代码复制到 RAM 中运行[①]。随着技术的不断发展,目前这个问题已得到解决。

对 Flash 的读写不同于对一般 RAM 的读写,需要专门的编程过程。Flash 编程的基本操作有两种:擦除(erase)和编程/写入(program)。擦除操作的含义是将存储单元的内容由二进制的 0 变成 1,而写入操作的含义是将存储单元的某些位由二进制的 1 变成 0。Flash 在线编程的写入操作是以字为单位进行的。在执行写入操作之前,要确保写入区在上一次擦除之后没有被写入过,即写入区是空白的(各存储单元的内容均为 0xFF)。所以在写入之前一般都要先执行擦除操作。Flash 在线编程的擦除操作包括整体擦除和以 m 个字为单位的擦除。其中,"m 个字"为在线擦除的最小度量单位,在不同厂商或不同系列的 MCU 中其称呼不同,有的称之为"块",有的称之为"页",有的称之为"扇区",有的芯片块之下设置页等,为了统一,本书一律使用扇区这一术语。

8.1.2 基于构件的 Flash 在线编程方法

D1-H 芯片没有内置 Flash,AHL-D1-H 开发板使用外接 Flash 芯片,通过 SPI 协议访问 Flash,但基于 Flash 构件的 Flash 在线编程方法是一致的。外接 Flash 芯片容量大小为 256MB,映射的地址范围为 0x0000_0000~0x0FFF_FFFF,扇区(页)大小为 2KB,共 131 072 个扇区。在线编程时,擦除以块(128KB)为单位进行,编程以扇区大小为单位。为了统一,擦除与写入均改为以扇区为单位。

1. Flash 构件 API

1)Flash 构件的常用函数

Flash 构件的主要 API 有 Flash 的初始化、擦除、写入等,如表 8-1 所示。

表 8-1 Flash 构件接口函数简明列表

序号	函 数 名	简明功能	描 述
1	flash_init	初始化	清相关标志位
2	flash_erase	擦除	以扇区号为形式参数的擦除函数
3	flash_write	写入(逻辑)	以扇区号、扇区内偏移地址为目标开始地址
4	flash_write_physical	写入(物理)	以物理地址为目标开始地址(要求 4 字节对齐)
5	flash_read	读出(逻辑)	以扇区号、扇区内偏移地址为开始地址
6	flash_read_physical	读出(物理)	以物理地址为目标地址
...			

2)Flash 构件的头文件

Flash 构件的头文件 flash.h 放在工程的"3_MCU\MCU_drivers"件夹中,这里给出部

① 王宜怀,王林. MC68HC908GP32 MCU 的 Flash 存储器在线编程技术[J]. 微电子学与计算机,2002(7),15-19.

分 API 接口函数的使用说明及函数声明。

```
// =======================================================================
//函数名称: flash_init
//功能说明: SPI0 模块四线 SPI 功能初始化,PC2:CLK,PC3:CS,PC4:MOSI,PC5:MISO
//函数参数: 无
//函数返回: 无
// =======================================================================
void flash_init(void);


// =======================================================================
//函数名称: flash_erase
//函数返回: 函数执行执行状态: 0 = 正常; 1 = 异常
//参数说明: sect: 目标扇区号
//功能概要: 擦除 Flash 的 sect 扇区
// =======================================================================
uint8_t flash_erase(uint16_t sect);


// =======================================================================
//函数名称: flash_write
//函数返回: 函数执行状态: 0 = 正常; 1 = 异常
//参数说明: sect: 扇区号(范围取决于实际芯片)
//          offset:写入扇区内部偏移地址(要求为 0,4,8,12,…)
//          N: 写入字节数目(要求为 4,8,12,…)
//          buf: 源数据缓冲区首地址
//功能概要: 将 buf 开始的 N 字节写入 Flash 的 sect 扇区的 offset 处
// =======================================================================
uint8_t flash_write(uint16_t sect,uint16_t offset,uint16_t N,uint8_t * buf);


// =======================================================================
//函数名称: flash_write_physical
//功能说明: 通过 SPI 接口将数据块写入闪存
//函数参数: pBuffer:指向缓冲区的指针
//          WriteAddr:要写入 Flash 的内部地址
//          NumByteToWrite: 写入闪存的字节数
//函数返回: 无
// =======================================================================
uint8_t flash_write_physical(uint32_t WriteAddr,uint16_t NumByteToWrite,uint8_t * pBuffer);


// =======================================================================
//函数名称: flash_read_logic
//函数返回: 无
//参数说明: dest: 读出数据存放处(传地址,目的是带出所读数据,RAM 区)
//          sect: 扇区号(范围取决于实际芯片)
//          offset:扇区内部偏移地址(要求为 0,4,8,12,…)
//          N: 读字节数目(要求为 4,8,12,…)//
//功能概要: 读取 Flash 的 sect 扇区的 offset 处开始的 N 字节,到 RAM 区 dest 处
// =======================================================================
void flash_read(uint8_t * dest,uint16_t sect,uint16_t offset,uint16_t N);


// =======================================================================
//函数名称: flash_read_physical
//功能说明: 从闪存读取数据块
```

```
//函数参数：pBuffer:指向缓冲区的指针
//        ReadAddr:要读取 Flash 的内部地址
//        NumByteToRead: 读取 Flash 的字节数
//函数返回：无
// ==================================================================
void flash_read_physical(uint8_t * pBuffer,uint32_t ReadAddr,uint16_t NumByteToRead);


// ==================================================================
//函数名称：flash_read_logic
//函数返回：无
//参数说明：dest: 读出数据存放处(传地址,目的是带出所读数据,RAM 区)
//        sect: 扇区号(范围取决于实际芯片)
//        offset:扇区内部偏移地址(要求为 0,4,8,12,…)
//        N: 读字节数目(要求为 4,8,12,…)//
//功能概要：读取 Flash 的 sect 扇区的 offset 处开始的 N 字节,到 RAM 区 dest 处
// ==================================================================
void flash_read_logic(uint8_t * dest,uint16_t sect,uint16_t offset,uint16_t N);


#endif      //防止重复定义
```

2. 基于构件的 Flash 在线编程举例

样例工程文件为"03-Software\CH08\Flash-D1-H"的功能为向第 0x2FE 扇区第 0 字节开始的地址写入"Welcome to Soochow University!",共 32 字节,编程步骤如下。

1）在 user.h 中对要操作的扇区进行宏定义

遵循编程规范,为了可移植,在 user.h 中对要操作的扇区和物理地址进行宏定义。

```
#define FLASH_SECT  (0x2FE)            //扇区大小为 2KB,共 256MB
#define FLASH_ADDR  (FLASH_SECT * 2048)
```

2）在 main()函数的初始化部分对 Flash 模块进行初始化

```
//Flash初始化
flash_init();
```

如果没有初始化,那么后面的操作会出现错误。

3）擦除一个扇区

因为执行写入操作之前,要确保写入区在上一次擦除之后没有被写入过,即写入区是空白的(各存储单元的内容均为 0xFF),所以,在写入之前要根据情况确定是否先执行擦除操作,这里擦除 FLASH_SECT 扇区：

```
//擦除特定扇区
flash_erase(FLASH_SECT);
```

4）按照逻辑扇区进行写入操作并读出观察

向 FLASH_SECT 扇区第 0 字节开始写入"Welcome to Soochow University!"。按照

逻辑地址读取时,定义足够长度的数组变量 mK1,并传入数组的首地址作为目的地址参数,传入扇区号、偏移地址作为源地址,传入读取的字节长度。

```
//向特定扇区第 0 偏移地址开始写 32 字节数据
flash_write(FLASH_SECT,0,30,(uint8_t *) "Welcome to Soochow University!");
flash_read_logic(mK1,FLASH_SECT,0,7);        //从特定扇区读取 7 字节到 mK1 中
mK1[31] = '\0';
printf("逻辑读方式读取扇区 0x%x 的 7 字节的内容:   %s\n",FLASH_SECT,mK1);
```

5) 按照物理地址方式进行写入操作并读出观察

```
//擦除特定扇区
flash_erase(FLASH_SECT);
//向特定地址写 30 字节数据
flash_write_physical(FLASH_ADDR,30,flash_test);
flash_read_physical(mK2,FLASH_ADDR,10);              //从特定扇区读取 10 字节到 mK2 中
mK2[31] = '\0';
printf("物理读方式读取地址 0x%x 的 10 字节的内容:   %s\n",FLASH_ADDR,mK2);
result = flash_isempty(FLASH_SECT,MCU_SECTORSIZE);   // 判断特定扇区是否为空
printf("扇区 0x%x 是否为空,1 表示空,0 表示不空:%d\n",FLASH_SECT,result);
```

3. 测试运行

上述工程编译下载后,运行界面如图 8-1 所示。

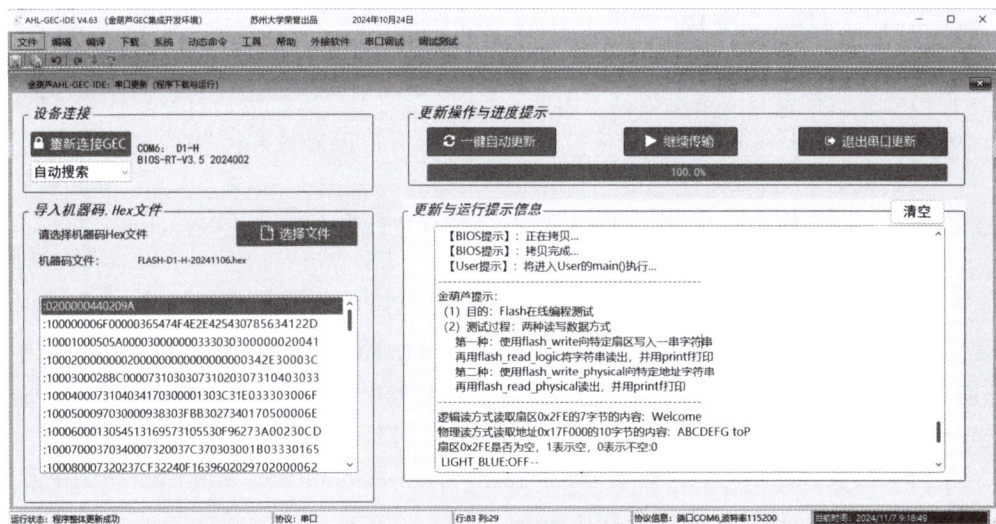

图 8-1　Flash 在线编程测试运行

　　需要说明的是,针对 AHL-D1-H 开发板,由于是外接 Flash 芯片,因此图 8-1 中的地址是 Flash 芯片内的地址,不是 D1-H 可直接识别的地址,在实际过程中是将 Flash 芯片中的内容读出来放到 AHL-D1-H 的 RAM(也是 D1-H 的外接芯片)中。RAM 的地址是 D1-H 可以直接访问的地址,即主存地址。

8.1.3　Flash 构件的制作过程简介

本节讨论 Flash 构件的制作过程。首先从芯片手册中获得用于 Flash 模块在线编程的寄存器，了解 Flash 模块的功能描述，随后需要分析 Flash 构件设计的技术要点，设计出封装接口函数原型，即根据 Flash 在线编程的应用需求及知识要素，分析 Flash 构件应该包含哪些函数及哪些参数；最后给出 Flash 构件的源程序的实现过程。

1. Flash 构件接口函数原型分析

Flash 具有初始化、擦除、写入（按逻辑地址或按物理地址）、读取（按逻辑地址或按物理地址），以及判断扇区是否为空等基本操作。按照构件设计的思想，可将它们封装成多个独立的功能函数。

（1）初始化函数 void flash_init()。在操作 Flash 模块前。需要对模块进行初始化，主要是清相关标志位和启用字操作。

（2）擦除函数 uint8_t flash_erase(uint16_t sect)。由于 Flash 在写入之前必须处于擦除状态（不允许累积写入，否则可能会得到意想不到的值），因此，在写入操作前，一般先进行 Flash 的擦除操作。擦除操作有整体擦除和扇区擦除两种操作模式：整体擦除用于写入器写入初始程序场景，Flash 在线编程只能使用扇区擦除模式。flash_erase()函数将待擦除的扇区号作为入口参数，将擦除是否成功作为返回值。

（3）写入函数（按逻辑地址）uint8_t flash_write(uint16_t sect,uint16_t offset,uint16_t N, uint8_t * buf)。写入函数与擦除函数类似，二者的主要区别在于，擦除操作向目标地址中写 0xFF，而写入操作需要写入指定数据。因此，写入操作的入口参数包括目标扇区号、写入扇区内部偏移地址、写入字节数目以及源数据首地址，写入后返回写入状态（正常/异常）。

（4）写入函数（按物理地址）uint8_t flash_write_physical（uint32_t addr,uint16_t N, uint8_t buf[]）。参数包括目标的物理地址，写入的字节数目以及源数据缓冲区首地址。写入后返回写入状态（正常/异常）。

（5）读取函数（按逻辑地址）void flash_read（uint8_t * dest,uin16_t sect,uint16_t offset,uint16_t N）。按照逻辑地址读取的操作需要将 flash 中指定扇区、指定偏移量的指定长度数据读取、存放到另一个地址中，方便上层函数调用，因此，函数需要将一个目的地址变量作为入口参数，此外，还包括扇区号、偏移字节数、读取长度。

（6）读取函数（按物理地址）void flash_read_physical（uint8_t * dest,uint32_t addr, uint16_t N）。按照物理地址直接读数据函数的入口参数，需要一个目的地址、一个源地址以及读取的字节数。这个函数也可用于读取 RAM 中的数据。

此外，还有页写入、写使能等函数。

2. Flash 构件函数源码

Flash 构件函数源码参见 flash.c 文件。由于是基于 SPI 接口的外接 Flash 芯片，因此需要使用 D1-H 芯片的 SPI 底层驱动构件进行 Flash 构件编程，这是一个比较复杂的过程。鉴于本书的目标定位，这里不再进一步阐述，希望深入学习的读者，可参阅文档文件夹中的

NAND-Flash 存储器(MXIC-MX35LF2GE4AD)"用户手册.pdf"及本工程中的 Flash 构件函数源码。

在 Flash 构件封装过程中,有一些特殊地方,如需要重置对应的标志位,以消除之前可能发生的错误操作而导致的标志位变化。对写入的数据字节数进行判断,如果写入的数据字节数过大而导致跨扇区,则递归调用自己进行写入;如果不会跨扇区则将该扇区的数据先复制再修改最后写入。进行数据复制的原因是为了安全,因为在进行数据写入之前都要进行扇区擦除,但擦除的区域与写入的区域可能不重合。

8.2 ADC

在现代过程控制和仪器仪表中,多数情况下是由微型计算机进行实时控制及实时数据处理的。计算机所加工的信息是数字量,而被测控对象往往是一些连续变化的模拟量(如温度、压力、流量等),将输入的模拟量转换为计算机可进行运算处理的数字量,成为测控领域的重要一环。

8.2.1 ADC 的通用基础知识

1. 模拟量、数字量及模/数转换器的基本含义

模拟量(Analogue Quantity)是指在一定范围连续变化的物理量,从数学角度看,连续变化可理解为可取任意值。例如,温度这个物理量,可以为 28.1℃,也可以为 28.15℃,还可以为 28.152℃,等等,也就是说,原则上可以有无限多位小数点,这就是模拟量连续的含义。当然,实际达到多少位小数点则取决于问题的需要及测量设备的性能。

数字量(Digital Quantity)是分立量,不可连续变化,只能取一些分立值。现实生活中,有许多数字量的例子,如 1 部手机、2 部手机,等等。在计算机中,所有信息均使用二进制表示。例如,用一位二进制只能表达 0、1 两个值,8 位二进制可以表达 0、1、2、……、254、255,共 256 个值,不能表示其他值,这就是数字量。

模/数转换器(Analog-to-Digital Converter,ADC)是将电信号转换为计算机可以处理的数字量的电子器件,这个电信号可能是由温度、压力等实际物理量经过传感器和相应的变换电路转换而来的。

2. 与 A/D 转换编程直接相关的技术指标

与 A/D(Analog-to-Digital)转换编程直接相关的技术指标或概念主要有 4 个,分别是转换精度、单端输入与差分输入、软件滤波、物理量回归。

1) 转换精度

转换精度(conversion accuracy)是指数字量变化一个最小量时对应模拟信号的变化量,也称分辨率(resolution)。可以用模/数转换器的二进制位数来表征,有 8 位、10 位、12 位、16 位、24 位等。通常位数越大,精度越高。设 ADC 的位数为 N,因为 N 位二进制数可表示的范围是 $0 \sim (2^N - 1)$,因此最小能检测到的模拟量变化值就是 $1/2^N$。例如,某一 ADC

的位数为 12 位,若参考电压为 5V(即满量程电压),则可检测到的模拟量变化最小值为 $5/2^{12} \approx 0.001\,22(\text{V}) = 1.22(\text{mV})$,即为 ADC 的理论精度(分辨率)。这也是 12 位二进制数的最低有效位(Least Significant Bit,LSB[①])所能代表的值。实际上,由于量化误差(随后介绍)的存在,实际精度达不到。

【练习一下】 设参考电压为 5V,ADC 的位数是 16 位,计算其理论精度。

2) 单端输入与差分输入

一般情况下,实际物理量经过传感器转成微弱的电信号,再由放大电路变换成 MCU 引脚可以接收的电压信号。若从 MCU 的一个引脚接入,使用公共地 GND 作为参考电平,则称为**单端输入**(single-ended input)。这种输入方式的优点是简单,只需 MCU 的一个引脚,缺点是容易受到电磁干扰,由于 GND 电位始终是 0V,因此 A/D 采样值也会随着电磁干扰而变化[②]。

若从 MCU 的两个引脚接入模拟信号,A/D 采样值是两个引脚的电平差值,则称为**差分输入**(differential input)。这种输入方式的优点是降低了电磁干扰,缺点是多用了 MCU 的一个引脚。因为两根差分线分布在一起,受到的干扰程度接近,引入 A/D 转换引脚的共模干扰[③],由于 ADC 内部电路是使用两个引脚相减后进行 A/D 转换,从而降低了干扰。实际采集电路使用单端还是差分,取决于成本以及对干扰的允许程度等。

通常在 A/D 转换编程时,将每一路模拟量称为一个通道(channel),使用通道号(channel number)表达对应模拟量。这样,在单端输入情况,一个通道号与一个引脚对应;在差分输入情况,一个通道号与两个引脚对应。

3) 软件滤波

即使输入的模拟量保持不变,常常发现利用软件得到的 A/D 采样值也不一致,其原因可能是电磁干扰问题,也可能是模数转换器本身的转换误差问题。许多情况下,可以通过软件滤波方法解决。

例如,可以采用**中值滤波**和**均值滤波**来提高采样稳定性。所谓中值滤波,就是将 M 次(奇数)连续的 A/D 采样值按大小进行排序,取中间值作为实际 A/D 采样值。而均值滤波,是把 N 次采样结果值相加,除以采样次数 N,得到的平均值就是滤波后的结果。还可以联合使用几种滤波方法进行综合滤波。若要得到更符合实际的 A/D 采样值,可以通过建立其他误差模型的分析方式来实现。

【练习一下】 上网查找一下,有哪些常用的滤波方法。这些方法分别适用于什么场景?

4) 物理量回归

在实际应用中,得到稳定的 A/D 采样值以后,还需要将 A/D 采样值与实际物理量对应

---

① 与二进制最低有效位相对应的是最高有效位(Most Significant Bit,MSB),12 位二进制数的最高有效位 MSB 代表 2048,而最低有效位代表 1/4096。在不同位数的二进制中,MSB 和 LSB 代表的值不同。

② 电磁干扰总是存在的,大气存在着各种频率的电磁波,根据电磁效应,处于电磁场中的电路总会受到干扰,因此设计 A/D 采样电路以及 A/D 采样软件均要考虑如何减少电磁干扰问题。

③ 共模干扰往往是指同时加载在各个输入信号接口端的共有的信号干扰。采用屏蔽双绞线并有效接地、采用线性稳压电源或高品质的开关电源、使用差分式电路等方式可以有效地抑制共模干扰。

起来,这一步称为**物理量回归**(regression)。A/D 转换的目的是把模拟信号转化为数字信号,供计算机进行处理,但必须知道 A/D 转换后的数值所代表的实际物理量的值,这样才有实际意义。例如,利用 MCU 采集室内温度,A/D 转换后的数值是 126,实际它代表多少温度呢? 如果当前室内温度是 25.1℃,则 A/D 采样值 126 就代表实际温度 25.1℃,把 126 这个值"回归"到 25.1℃的过程就是 A/D 转换物理量回归过程。

物理量回归与仪器仪表"标定"(calibration)一词的基本内涵是一致的,但不涉及 A/D 转换概念,只是与标准仪表进行对应,使得待标定的仪表准确。而计算机中的物理量回归一词是指计算机获得的 A/D 采样值如何与实际物理量值对应起来,这需要借助标准仪表,从这个意义上理解,它们的基本内涵一致。

A/D 转换物理量回归问题可以转化为数学上的一元回归分析(regression analysis)问题,也就是对一个自变量、一个因变量,寻找它们之间的逻辑关系。设 A/D 采样值为 x,实际物理量为 y,物理量回归需要寻找它们之间的函数关系: $y = f(x)$。若是线性关系,即 $y = ax + b$,那么通过两个样本点即可找到参数 a 和 b;许多情况下,这种关系是非线性的,人工神经网络可以较好地应用于这种非线性回归分析中[①]。

3. 与 A/D 转换编程关联度较弱的技术指标

除上述转换精度、单端输入与差分输入、软件滤波、物理量回归外,还有与 A/D 转换编程关联度较弱的技术指标,如量化误差、转换速度、A/D 参考电压等。

1) 量化误差

在将模拟量转换为数字量过程中,要对模拟量进行采样和量化,使之转换成一定字长的数字量,量化误差(Quadratuer Error)就是指模拟量量化过程而产生的误差。例如,一个 12 位 A/D 转换器,输入模拟量为恒定的电压信号 1.68V,经过 A/D 转换器的转换,所得的数字量理论值应该是 2028,但编程获得的实际值是 2026~2031 的随机值,它们与 2028 之间的差值就是量化误差。量化误差大小是 A/D 转换器的性能指标之一。

理论上量化误差为 ±1/2LSB。以 12 位 A/D 转换器为例,设输入电压范围是 0~3V,即把 3V 分解成 4096 份,每份是 1 个最低有效位 LSB 代表的值,即为 (1/4096)×3V = 0.000 732 42V,也就是为 A/D 转换器的理论精度。数字 0、1、2、…分别对应 0V、0.000 732 42V、0.000 488 28V、…。若输入电压为 0.000 732 42~0.000 488 28 的值,则按照靠近 1 或 2 的原则转换成 1 或 2,这样的误差就是量化误差,可达 ±1/2LSB, 即 0.000 732 42V/2 = 0.000 366 21。±1/2LSB 的量化误差属于理论原理性误差,不可消除。所以,一般来说,若用 A/D 转换器位数表示转换精度,其实际精度要比理论精度至少减少 1 位。再考虑到制造工艺误差,一般再减少 1 位。这样标准 16 位 A/D 转换器的实际精度就变为 14 位了,这一规律可在实际应用选型时参考。

2) 转换速度

转换速度通常用完成一次 A/D 转换所要花费的时间来表征。在软件层面上,A/D 的

---

① 王宜怀,王林. 基于人工神经网络的非线性回归[J]. 计算机工程与应用,2004(12).

转换速度与转换精度、采样时间（sampling time）有关，其中可以通过降低转换精度来缩短转换时间。转换速度与A/D转换器的硬件类型及制造工艺等因素密切相关，其特征值为纳秒级。A/D转换器的硬件类型主要有逐次逼近型、积分型、Σ-Δ调制型等。对于普通用户，A/D转换的时间可以忽略。

3）A/D参考电压

A/D转换需要一个参考电平。比如要将一个电压分成1024份，每一份的基准必须是稳定的，这个电平来自基准电压，就是A/D参考电压。比较粗略的情况是，A/D参考电压使用给芯片功能供电的电源电压。更为精确的要求为，A/D参考电压使用单独电源，要求功率小（在毫瓦级即可），但波动小（例如0.1%），一般电源电压达不到这个精度，否则成本太高。

4. 最简单的A/D转换采样电路举例

下面以光敏/温度传感器为例，给出一个最简单的A/D转换采样电路。

光敏电阻是利用半导体的光电效应制成的一种电阻值随入射光的强弱变化而改变的电阻：入射光强，电阻减小；入射光弱，电阻增大。光敏电阻一般用于光的测量、光的控制和光电转换（将光的变化转换为电的变化）。通常，光敏电阻都制成薄片结构，以便吸收更多的光能。当它受到光的照射时，半导体片（光敏层）内就激发出电子-空穴对，参与导电，使电路中电流增强。一般光敏电阻的结构如图8-2(a)所示。

与光敏电阻类似，温度传感器是利用一些金属、半导体等材料与温度有关的特性制成的，这些特性包括热膨胀、电阻、电容、磁性、热电势、热噪声、弹性及光学特征。根据制造材料将其分为热敏电阻传感器、半导体热电偶传感器、PN结温度传感器和集成温度传感器等类型。热敏电阻传感器是一种比较简单的温度传感器，其最基本的电气特性是随着温度的变化自身阻值也随之变化，图8-2(b)是热敏电阻。

在实际应用中，将光敏或热敏电阻接入图8-2(c)的采样电路中，光敏或热敏电阻和一个特定阻值的电阻串联，由于光敏或热敏电阻会随着外界环境的变化而变化，因此A/D采样点的电压也会随之变化，A/D采样点的电压为

$$V_{\text{A/D}} = \frac{R_x}{R_{\text{光敏/热敏}} + R_x} \times V_{\text{REF}}$$

式中，R_x是一特定阻值，根据实际光敏或热敏电阻的不同而加以选定。

(a) 光敏电阻   (b) 热敏电阻   (c) 采样电路

图8-2 光敏/热敏电阻及其采样电路

以热敏电阻为例，假设热敏电阻阻值增大，采样点的电压就会减小，A/D采样值也相应减小；反之，热敏电阻阻值减小，采样点的电压就会增大，A/D采样值也相应增大。所以采

用这种方法,MCU就会获知外界温度的变化。如果想知道外界的具体温度值,则需要进行物理量回归操作,也就是通过A/D采样值,根据采样电路及热敏电阻温度变化曲线,推算当前温度值。

简单来说,灰度就是色彩的深浅程度。灰度传感器也由光敏元件构成,包含两只二极管:一只是发白光的高亮度发光二极管,另一只是光敏探头。其主要工作原理是,使用发光管发出超强白光照射在物体上,通过物体反射回来落在光敏二极管上,由于照射在它上面的光线强弱的影响,光敏二极管的阻值在反射光线很弱(也就是物体为深色)时为几百kΩ,一般光照度下为几kΩ,在反射光线很强(也就是物体颜色很浅,几乎全反射时)为几十Ω。这样就能检测到物体的颜色的灰度了。本书电子资源中的补充阅读材料给出了一种较为复杂的电阻型传感器采样电路设计。

8.2.2 基于构件的ADC编程方法

学习A/D转换知识的关键一点是要在上面理论知识基础上,能够进行A/D转换的实际应用编程,达到理论与实践的结合。下面以A/D转换构件为基础,给出ADC构件使用方法及测试运行。

1. D1-H芯片的ADC引脚

D1-H芯片包括3个ADC模块:GPADC、TPADC、LRADC,本书以通用模/数转换模块GPADC为例阐述模数转换的应用编程,以下GPADC简称为ADC。

D1-H芯片中的ADC模块固定为12位采集精度。在12位精度下,转换时间约为$0.2\mu s$,比这个采集精度小的转换速度会更快。对转换速度不敏感的应用系统,以采集精度为优先考量。表8-2给出了AHL-D1-H开发板ADC模块的对外引脚。

表8-2 AHL-D1-H的ADC模块通道引脚表

通 道 号	宏 定 义	D1-H芯片引脚名	GEC引脚号
0	ADC_CHANNEL_0	GPADC0	板内接热敏电阻,未引出
1	ADC_CHANNEL_1	GPADC1	GEC24

2. ADC构件的头文件

```
// ============================================
//文件名称:adc.h
//框架提供:苏州大学嵌入式实验室(sumcu.suda.edu.cn)
//版本更新:20220103 - 20241117
//功能描述:D1-H芯片ADC构件头文件,采集精度12位
// ============================================
#ifndef _ADC_H              //防止重复定义(开头)
#define _ADC_H

#include <mcu.h>

#define ADC_CHANNEL_0   0   //通道0
#define ADC_CHANNEL_1   1   //通道1
```

```
// ============================================================
//函数名称: adc_init
//功能概要: 初始化一个 AD 通道号与采集模式
//参数说明: Channel: 通道号。可选范围: 0、1
//          diff: 输入模式选择。差分输入 = 1(AD_DIFF 1),单端输入 = 0(AD_SINGLE)
//          (保留 diff 仅为了统一,本芯片该参数未使用,可传入 0/1)
// ============================================================
void adc_init(uint16_t Channel,uint8_t Diff);


// ============================================================
//函数名称: adc_read
//功能概要: 将模拟量转换成数字量,并返回
//参数说明: Channel: 通道号。可选范围: 0、1
// ============================================================
uint16_t adc_read(uint8_t Channel);

#endif          //防止重复定义( 结尾)
```

3. 基于构件的 ADC 编程方法

ADC 构件的测试工程为"03-Software\CH08\ADC-D1-H"。

1）功能描述

（1）通过板载热敏电阻,采样环境温度 A/D 值,并回归为实际温度,可以用手触摸板载热敏电阻进行测试。热敏电阻接在 D1-H 芯片的 GPADC0,编程时宏定义为 ADC_CHANNEL_0。

（2）直接采集 ADC_CHANNEL_1 通道的 A/D 值,即 GEC24 引脚,可以通过导线将该引脚与地、3.3V 等相连,测试 A/D 转换情况。

2）硬件连接

热敏电阻的硬件连接方法方式参见电子资源 02-Hardware 文件夹下"AHL-D1-H 硬件电路图.pdf"文件,原理图与图 8-2 一致。测试 GEC24 引脚时,可使用双公头杜邦线。

3）编程步骤

（1）**宏定义通道号**。在 05_UserBoard\user.h 文件中对通道号进行宏定义。

```
//A/D 转换
#define GEC_TEMP        ADC_CHANNEL_0    //热敏电阻通道
#define ADC_USER1       ADC_CHANNEL_1    //通道 1 对应 GEC 引脚为 24(GPADC1)
#define ADC_USER1_PIN   "GEC24"          //为了 printf 输出显示
```

（2）**ADC 初始化**。在 main.c 文件中,使用 adc_init()函数对两个通道进行初始化。adc_init 函数的第一参数为通道号,第二个参数是单端/差分输入选择,D1-H 芯片没有差分输入,这里默认是单端输入。

```
//(1.5.2)ADC: 通道、单端/差分
    adc_init(GEC_TEMP,AD_SINGLE);         //热敏电阻
    adc_init(ADC_USER1,AD_SINGLE);        //GEC24 引脚
```

（3）**读取 A/D 值**。使用 adc_read()函数读取通道 GEC_TEMP、ADC_USER1 的 A/D

值,并分别赋给变量 m_AD1、m_AD2,同时将 m_AD2 转换为电压值。

```
//(2.4)获取 A/D 值
m_AD1 = adc_read(GEC_TEMP);
m_AD2 = adc_read(ADC_USER1);
m_V = (3.29/4096) * m_AD2;        //回归为电压值
```

（4）**输出信息**。将读取到的两路 A/D 值分别转换为温度值、电压值,并使用 printf 输出。

```
//(2.5)打印输出观察
printf("板载热敏电阻的 A/D 值: %d\r\n",m_AD1);
printf("板载热敏电阻的测量值: %.1f ℃ \r\n\n",tempRegression(m_AD1));
printf("ADC_USER1(%s 引脚)的 A/D 值:",ADC_USER1_PIN);
printf(" %d\r\n",m_AD2);
printf("ADC_USER1(%s 引脚)的电压值: ",ADC_USER1_PIN);
printf(" %.1f\r\n\n",m_V);
```

4. 测试运行

编译下载后,程序运行界面如图 8-3 所示。可以用手触摸热敏电阻,在 PC 开发环境的显示窗口可看到热敏电阻测量环境温度的变化。若用杜邦线将 GEC24 引脚接 3.3V 或 GND,可观察 ADC_USER 通道的转换情况(**注意不能接** 5V,否则,有可能损坏 D1-H 芯片)。

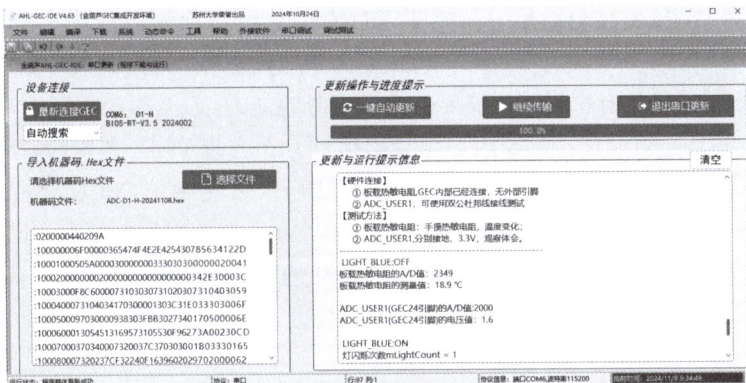

图 8-3 A/D 转换程序测试运行界面

至此,基于 ADC 构件应用编程的基本内容介绍完毕,但是 ADC 构件的制作过程涉及一些概念、寄存器、编程步骤等,根据本书的教学目标,以基于构件的应用编程为主线,了解构件制作。为了兼顾希望深入了解构件制作过程的读者,adc.c 源码也直接放在工程中,若想看懂 adc.c 源码,需要仔细阅读 D1-H 用户手册,本书补充阅读材料中也给出了基本过程。

8.3 DMA

DMA 用于在内存之间、内存与外设之间快速传输数据,传输过程不需 CPU 指令干预,常用于音频、视频传输。

视频讲解

8.3.1 DMA 的通用基础知识

1. DMA 的含义

为了提高 CPU 的使用效率,人们提出了许多减轻 CPU 负担的方法。直接存储器存取(Direct Memory Access,DMA)是一种数据传输方式,该方式可以使数据不经过 CPU 直接在存储器与 I/O 设备之间、不同存储器之间进行传输。这样做的好处是传输速度快,且不占用 CPU 的时间。

DMA 是所有现代微处理器的重要特色,它实现了存储器与不同速度外设硬件之间的数据传输,而不需要依于 CPU 过多介入。若没有 DMA 方式,则 CPU 需从外设把数据复制到 CPU 内部寄存器,然后由 CPU 内部寄存器再将它们写到新的地方。在这段时间内,CPU 无法做其他工作。

利用 DMA 方式进行数据传输,它由 DMA 控制器实施和完成从一个地址空间复制到另外一个地址空间。例如,可以用 DAM 方式将存储器中的一段数据从串口发送出去,MCU 初始化 DMA 后,可以继续处理其他的工作。DMA 负责它们之间的数据传输,传输完成后发出一个中断,MCU 可以响应该中断。

2. DMA 控制器

MCU 内部的 DMA 控制器是一种能够通过专用总线将存储器与具有 DMA 能力的外设连接起来的控制器。一般而言,DMA 控制器含有地址总线、**数据总线和控制寄存器**。高效率的 DMA 控制器将具有访问其所需要的任意资源的能力,而无须处理器本身的介入,它必须能产生中断,并且必须能在控制器内部计算出地址。在实现 DMA 传输时,是由 DMA 控制器直接掌管总线,因此,存在总线控制权转移问题。即 DMA 传输前,MCU 要把总线控制权交给 DMA 控制器,在结束 DMA 传输后,DMA 控制器应立即把总线控制权再交回给 MCU。

从 MCU 的角度看,DMA 控制器属于一种特殊的外设。之所以把它也称为外设,是因为它是在处理器的编程控制下执行传输的。值得注意的是,通常只有数据流量较大的外设才需要 DMA 能力,例如视频、音频和网络等接口。

3. DMA 的一般操作流程

这里以 RAM 与 I/O 接口之间通过 DMA 进行的数据传输为例来说明一个完整的 DMA 传输过程。一般包括"请求、响应、传输、结束"4 个步骤。

(1) **CPU 向 DMA 发出请求**。CPU 完成对 DMA 控制器初始化,并且向 I/O 接口发出操作指令,I/O 接口向 DMA 控制器提出请求。

(2) **DMA 响应**。DMA 控制器对 DMA 请求判别优先级及屏蔽,向总线裁决逻辑提出总线请求。当 CPU 执行完当前总线周期即可释放总线控制权。此时,总线裁决逻辑输出总线应答,表示 DMA 已经响应,通过 DMA 控制器通知 I/O 接口开始 DMA 传输。

(3) **DMA 传输**。DMA 控制器获得总线控制权后,CPU 即刻挂起或只执行内部操作,由 DMA 控制器输出读写指令,直接控制 RAM 与 I/O 接口进行 DMA 传输。

(4) **DMA 结束**。当完成规定的成批数据传送后,DMA 控制器即释放总线控制权,并向

I/O接口发出结束信号。当I/O接口收到结束信号后,一方面停止I/O设备的工作;另一方面向CPU发出中断请求,使CPU从不介入的状态解脱,并执行一段检查本次DMA传输操作正确性的代码。最后,带着本次操作结果及状态继续执行原来的程序。

由此可见,DMA传输方式无须CPU直接控制传输,也没有像中断处理方式那样保留现场和恢复现场的过程,而是通过硬件为RAM与I/O设备开辟一条直接传送数据的通路,使CPU的效率大为提高。

8.3.2 基于构件的DMA编程方法

1. D1-H芯片DMA模块的通道源

D1-H中的DMA模块可以实现外设到存储器、存储器到外设、存储器到存储器以及外设到外设的数据传输,并支持外设与存储器之间的双向传输以及循环缓冲区管理。可以访问片上存储器映射的器件,例如,SRAM、UART等外设。D1-H中只有一个DMA模块,包含16条通道。

2. DMA构件头文件

以内存到串口为例,给出DMA编程。DMA头文件中给出了DMA中5个最主要的基本构件函数,包括初始化函数dma_uart_init()、内存复制函数dma_mem_send()、发送函数dma_uart_send()、接收函数dma_uart_recv()、使能中断函数dma_enable_re_init()。

```
//========================================================
//文件名称:dma.h
//功能概要:DMA底层构件头文件
//制作单位:SD-EAI&IoT Lab(sumcu.suda.edu.cn)
//版   本:20231126;
//适用芯片:D1-H
//========================================================
#ifndef _DMA_H
#define _DMA_H

#include <mcu.h>
#include <d1.h>

//定义DMA通道号
#define DChannel0    0
#define DChannel1    1
…

//========================================================
//函数名称:dma_uart_init
//函数返回:无
//参数说明:uartNo:串口号
//功能概要:初始化DMA通道,用于进行外设与存储器之间的数据传输
//========================================================
void  dma_uart_init(uint8_t uartNo);

//========================================================
//函数名称:dma_uart_send
```

```
//函数返回:无
//参数说明:uartNo:串口号
//         size:数据长度
//         SrcAddr:数据传输的源地址
//功能概要:使能 DMA 通道,通过 DMA 调用实现数据直接传输到串口进行输出
// ================================================================
void dma_uart_send(uint8_t uartNo, uint16_t length, uint32_t SrcAddr);


// ================================================================
//函数名称:dma_uart_recv
//函数返回:无
//参数说明:uartNo:串口号
//         DescAddr:数据保存的内存地址
//功能概要:使能 DMA 通道,将串口收到的数据发送到内存
// ================================================================
int dma_uart_recv(uint8_t uartNo, uint32_t DestAddr);


// ================================================================
//函数名称:dma_enable_re_init
//参数说明:dmaNo: 通道号:DChannel0~DChannel15
//函数返回:无
//功能概要:DMA 通道中断使能
// ================================================================
void dma_enable_re_int(uint8_t dmaNo);


// ================================================================
//函数名称:dma_disable_re_init
//参数说明:dmaNo: 通道号:DChannel0~DChannel15
//函数返回:无
//功能概要:DMA 通道中断除能
// ================================================================
void dma_disable_re_int(uint8_t dmaNo);


#endif
```

3. 基于构件的 DMA 编程举例

测试工程为"03-Software\CH08\DMA-D1-H",下面以 DMA 与 UART0 之间的数据传输为例具体介绍。

(1) 初始化 DMA 模块。UART_User 表示进行数据传输的串口号。

```
dma_uart_init(UART_User);
```

(2) DMA 传输数据到 UART。str4 表示要进行数据发送的内存地址,UART_User 表示进行数据接收的串口,100 表示传输的数据长度。当函数执行完成后,会将以 str4 为首地址的 100 字节的数据传输到 UART_User 的数据寄存器中,并通过串口进行输出。

```
dma_uart_send(UART_User, 100, (uint64_t)&str4);
```

(3) DMA 从 UART 接收数据。UART_User 表示进行数据发送的串口,data 表示保存数据的地址。当 UART_User 接收到数据时,就将数据传输到 data 所表示的地址中。

```
dma_uart_recv(UART_User,(uint64_t)data);
```

这里仅给出了基于 DAM 构件应用编程的一个实例,DAM 构件制作是一个复杂的过程,具体过程本书不做介绍。

本章小结

本章给出了基于构件的 3 个模块 Flash、ADC、DMA 的应用编程方法。

1. 关于 Flash 在线编程

可在线编程的 Flash 在线编程可以基本取代电可擦除可编程只读存储器,用于存储运行过程中希望失电后不丢失的数据。D1-H 芯片无内置 Flash,可通过 SPI 接口外接 Flash 芯片。Flash 构件封装了初始化、擦除、写入等基本接口函数。

2. 关于 ADC 模块

ADC 将模拟量转换为数字量,以便计算机可以通过这个数字量间接对应实际模拟量并进行运行与处理。与 A/D 转换编程直接相关的技术指标主要包括转换精度、是单端输入还是差分输入等。D1 芯片内部含有一个 12 位 ADC 模块,共有 2 个采样输入通道。

3. 关于 DMA 模块

直接存储器存取(DMA)是一种数据传输方式,该方式可以使数据不经过 CPU 直接在存储器与 I/O 设备之间、不同存储器之间进行传输。

习题

1. 简要阐述 Flash 在线编程的基本含义及用途。

2. 给出 Flash 构件的基本函数及接口参数。

3. 编制程序,将自己的一张照片存入 Flash 中的适当区域,并重新上电复位后再读出到 PC 屏幕显示。

4. 若 ADC 的参考电压为 3.3V,要能区分 0.05mV 的电压,则采样位数至少为多少位?

5. 查阅课外文献资料,用列表方式给出常用的软件滤波算法名称、内容概要、主要应用场合。

6. 如何确认一个 A/D 转换构件是正确的?

7. 给出 DMA 的基本含义,说明其主要用途。

8. 给出 DMA 编程的一个实例,功能自定。

第 **9** 章

SPI与I2C

本章导读　SPI 与 I2C 是嵌入式微型计算机中常用的板内或板间通信接口,主要用于 MCU 芯片与其他功能芯片的连接,本章阐述 SPI 与 I2C 通用基础知识与编程方法。主要内容包括:

(1) SPI 接口通用基础知识与编程方法;

(2) I2C 接口通用基础知识与编程方法。

在嵌入式系统的诸多通信方式中,相对于串行通信接口,SPI 与 I2C 的学习难度稍大,但相对于 USB、以太网接口,SPI 与 I2C 的学习难度则小一些,因此 SPI 与 I2C 属于中等学习难度的嵌入式通信方式。本章力图通过构件化及流程清晰的测试实例设计来降低学习难度。

9.1　串行外设接口模块

9.1.1　串行外设接口的通用基础知识

串行外设接口(Serial Peripheral Interface,SPI)是摩托罗拉公司于 1979 年推出的一种同步串行通信接口,主要用于微处理器和外围扩展芯片之间的串行连接,已经发展成为一种工业标准。各半导体公司陆续推出了大量带有 SPI 接口的芯片,如 A/D 转换器、D/A 转换器、LCD 显示驱动器等。

1. SPI 的基本概念

SPI 一般使用 4 条线:串行时钟线 SCK[①]、主机输入/从机输出数据线 MISO、主机输出/从机输入数据线 MOSI 和从机选择线 NSS($\overline{SS}$),如图 9-1 所示(图中略去了 NSS 线)。

1) 主机与从机的概念

SPI 采用全双工连接,即收发各用一条线,是典型的主机-从机(Master-Slave)系统。一个 SPI 系统,由一个主机和一个或多个从机构成,主机启动一个与从机的同步通信,从而完

---

① 这个时钟线表明该通信属于同步通信,用时钟的沿跳变时刻,通知对方开始从线上采样,这就是同步之含义。而第 6 章的串行通信接口,则没有此类时钟线,所以发送每个字节时都有一个起始位,这就是异步之含义。

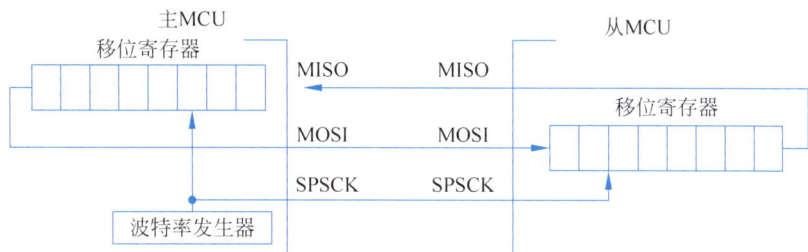

图 9-1　**SPI 全双工主-从连接**

成数据的交换。提供 SPI 串行时钟的 SPI 设备称为 SPI 主机(master),其他设备则称为 SPI 从机(slave)。在 MCU 扩展外设结构中,仍使用主机-从机(master-slave)概念,此时 MCU 必须工作于主机方式,外设工作于从机方式。

2) 主出从入引脚与主入从出引脚

主出从入(Master Out/Slave In,MOSI)引脚是主机输出、从机输入数据线。对于 MCU 被设置为主机方式,主机送往从机的数据从该引脚输出。对于 MCU 被设置为从机方式,来自主机的数据从该引脚输入。

主入从出(Master In/Slave Out,MISO)引脚是主机输入、从机输出数据线。对于 MCU 被设置为主机方式,来自从机的数据从该引脚输入主机。对于 MCU 被设置为从机方式,送往主机的数据从该引脚输出。

3) SPI 串行时钟引脚

SPI 串行时钟(Serial Clock,SCK)引脚是 SPI 主器件的串行时钟输出引脚,以及 SPI 从器件的串行时钟输入引脚,用于控制主机与从机之间的数据传输。串行时钟信号由主机的内部总线时钟分频获得,主机的 SCK 引脚输出给从机的 SCK 引脚,控制整个数据的传输速度。在主机启动一次传送的过程中,从 SCK 引脚输出自动产生的 8 个时钟周期信号,SCK 信号的一个跳变进行一位数据移位传输。

4) 时钟极性

时钟极性(Clock POLarity,CPOL)表示时钟信号 SCK 在空闲时是低电平还是高电平。若空闲时为低电平,则用 CPOL=0 表示;若空闲时为高电平,则用 CPOL=1 表示。

5) 时钟相位

相位概念本来表示二者谁先谁后。**时钟相位**(Clock PHAse,CPHA)表示采样时刻是时钟的第一个边沿还是第二个边沿。若采样时刻是在时钟的第一个边沿,则用 CPHA=0 表示;若采样时刻是在时钟的第二个边沿,则用 CPHA=1 表示。后面将给出详细的分析。

6) 从机选择引脚 NSS

一些芯片带有从机选择引脚 NSS($\overline{SS}$)也称为片选引脚。若一个 MCU 的 SPI 工作于主机方式,则该 MCU 的 NSS 引脚为高电平。若一个 MCU 的 SPI 工作于从机方式,当 NSS 为低电平时表示主机选中了该从机;反之则表示未选中该从机。对单主单从(one master and one slave)系统,可以采用图 9-1 的接法。对于一个主 MCU 带多个从 MCU 的系统,主

MCU 的 NSS 引脚接高电平,每一个从 MCU 的 NSS 引脚接主机的 I/O 输出线,由主机控制其电平高低,以便主机选中该从机。需要注意的是,在 SPI 的三线模式中,该引脚不被使用。

2. SPI 的数据传输原理

在图 9-1 中,移位寄存器为 8 位,所以每一个工作过程传送 8 位数据。具体传输过程如下:

(1) 主机 CPU 发出启动传输信号开始,将要传送的数据装入 8 位移位寄存器;

(2) 产生 8 个时钟信号,依次从 SCK 引脚送出;

(3) 在 SCK 信号的控制下,8 位移位寄存器中的数据依次从主机的 MOSI 引脚送出至从机的 MOSI 引脚,并送入从机的 8 位移位寄存器。

在此过程中,从机的数据也可通过 MISO 引脚传送到主机中。所以,称之为全双工主-从连接(Full-Duplex Master-Slave Connections)。其数据的传输格式是高位(MSB)在前,低位(LSB)在后。

图 9-1 是一个主 MCU 和一个从 MCU 的连接;也可以一个主 MCU 与多个从 MCU 进行连接形成一个主机多个从机的系统;还可以多个 MCU 互连构成多主机系统;也可以一个 MCU 挂接多个从属外设。但是,SPI 系统最常见的应用是利用一个 MCU 作为主机,其他处于从机地位。这样,主机程序启动并控制数据的传送和流向,在主机的控制下,从属设备从主机读取数据或向主机发送数据。至于传送速度、数据何时移入移出、一次移动完成是否中断以及如何定义主机与从机等问题,可通过对寄存器编程来解决。

3. SPI 的时序

SPI 的时序是学习 SPI 通信中的难点和重点,SPI 的数据传输是在时钟信号 SCK(同步信号)的控制下完成的。在实际的应用编程中,必须正确配置时钟极性 CPOL 与时钟相位 CPHA,才能稳定通信。

问题描述如下:通常情况是,SPI 用于 MCU 外接其他器件,MCU 作主机,其他器件作从机。从机需要的时钟极性 CPOL 是已知的。同时,从机是在时钟的上升沿从 MOSI 线上取数,还是在时钟的下降沿从 MOSI 线上取数,也是已知的。要求进行 MCU 方编程配置 CPOL、CPHA。

基本原则:由于每个时钟周期发送一位数据,因此对接收方来说,确保发送方数据上线的时刻提前半个时钟周期,是最稳定的通信方式,应据此配置时钟极性与时钟相位。

关于时钟极性 CPOL 与时钟相位 CPHA 的选择,有 4 种可能情况,只要能理解第一种情况,其他可举一反三。

1) 空闲电平为高电平,上升沿取数,则 CPOL=1,CPHA=1

这个问题可以描述为:如何在已知"空闲电平为高电平,上升沿取数"的情况下,推导出 CPOL=1,CPHA=1 这个结论?

分析如下:空闲电平为高电平,则 CPOL=1,因此关键是要分析出 CPHA 是多少。要产生上升沿,时钟必须先变低(第一个边沿),过半个时钟周期再变高产生上升沿(第二个边沿),接收方在此时刻从线上取数,符合"采样时刻是时钟的第二个边沿",因此 CPHA=1,

如图 9-2 所示。

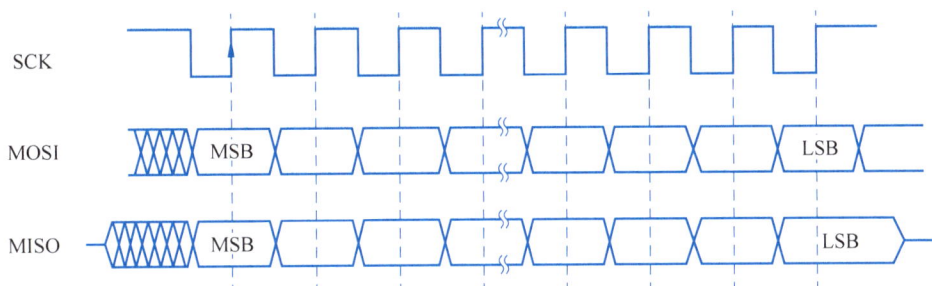

图 9-2 空闲电平为高电平,上升沿取数,则 CPOL=1,CPHA=1

以下作类似分析。

2) 空闲电平为低电平,下降沿取数,则 CPOL=0,CPHA=1

空闲电平为低电平,则 CPOL=0。要产生下降沿,时钟必须先变高(第一个边沿),过半个时钟周期再变再变低产生下降沿(第二个边沿),接收方在此时从线上取数,符合"采样时刻是时钟的第二个边沿",因此 CPHA=1,如图 9-3 所示。

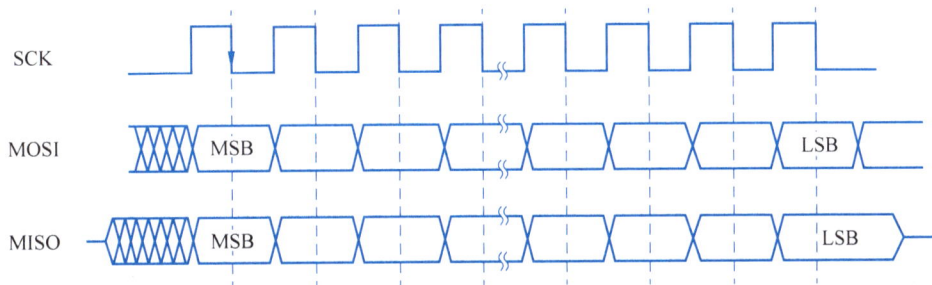

图 9-3 空闲电平为低电平,下降沿取数,则 CPOL=0,CPHA=1

3) 空闲电平高电平,下降沿取数,则 CPOL=1,CPHA=0

空闲电平高电平,则 CPOL=1。时钟一产生就立即是**下降沿**(第一个边沿),接收方**下降沿**取数,也就是立即从线上取数,符合"采样时刻是时钟的第一个边沿",对应 CPHA=0 如图 9-4 所示。在这种情况下,要求发送方的第一位数据提前半个时钟周期上线,这就是相位的含义。

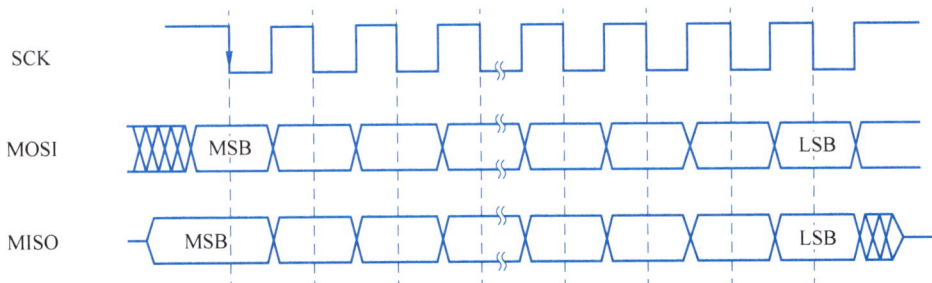

图 9-4 空闲电平为高电平,下降沿取数,则 CPOL=1,CPHA=0

4）空闲电平低电平，上升沿取数，则 CPOL＝0，CPHA＝0

空闲电平低电平，则 CPOL＝0。时钟一产生就立即是**上升沿**（第一个边沿），接收方**上升沿**取数，也就是立即从线上取数，符合"采样时刻是时钟的第一个边沿"，对应 CPHA＝0 如图 9-5 所示。

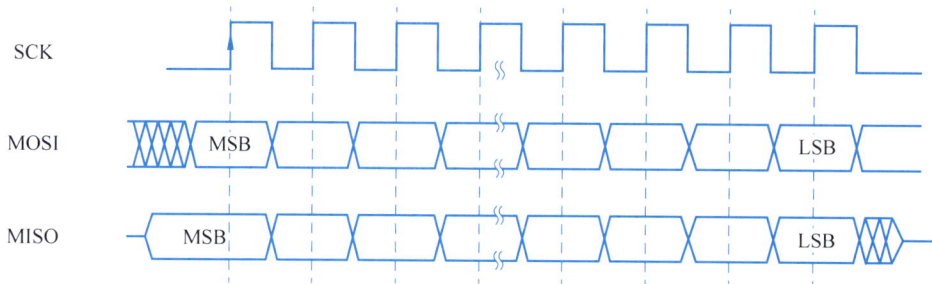

图 9-5 空闲电平为高电平，下降沿取数，则 CPOL＝0，CPHA＝0

9.1.2 基于构件的 SPI 通信编程方法

1. D1-H 芯片的 SPI 模块对外引脚

D1-H 芯片内部具有两个 SPI 模块，分别是 SPI0 和 SPI1。在 AHL-D1-H 开发板中，SPI0 模块被用于外接 Flash 存储器芯片，只有 SPI1 模块的引脚被引出。表 9-1 给出了 D1-H 芯片 SPI1 模块编程时使用的引脚，可以使用宏定义。

表 9-1　D1-H 芯片 SPI1 模块实际使用的引脚

D1-H 芯片引脚名	第 一 功 能	GEC 引脚号
PTD10	SPI1-CS（片选引脚，也称为 NSS）	GEC91
PTD11	SPI1-CLK（时钟引脚，也称为 SCK）	GEC92
PTD12	SPI1-MOSI（主出从入引脚）	GEC93
PTD13	SPI1-MISO（主入从出引脚）	GEC94

2. SPI 构件头文件

```
// ================================================================
//文件名称: spi.h
//功能概要: SPI 底层驱动构件源文件
//制作单位: 苏州大学嵌入式实验室(sumcu.suda.edu.cn)
// ================================================================
#ifndef _SPI_H
#define _SPI_H

#include "mcu.h"
#define SPI_0        0
#define SPI_1        1
#define SPI_MASTER   1
#define SPI_SLAVE    0
// ================================================================
//函数名称: spi_init
```

```
//功能说明：SPI 初始化
//函数参数：No：模块号
//          MSTR：SPI 主从机选择,1：主机,0：从机
//          BaudRate：波特率,单位：bps
//          CPOL：极性
//          CPHA：相位
//函数返回：无
// ================================================================
void spi_init(uint8_t No,uint8_t MSTR,uint16_t BaudRate,uint8_t CPOL,uint8_t CPHA);


// ================================================================
//函数名称：spi_send1
//功能说明：SPI 发送一字节数据
//函数参数：No：模块号
//          data：  需要发送的一字节数据
//函数返回：0：发送失败；1：发送成功
// ================================================================
uint8_t spi_send1(uint8_t No,uint8_t data);


// ================================================================
//函数名称：spi_sendN
//功能说明：SPI 发送 N 字节数据
//函数参数：No：模块号
//          data：  需要发送的 N 字节数据
//函数返回：0：发送失败；1：发送成功
// ================================================================
uint8_t spi_sendN(uint8_t No,uint8_t n,uint8_t data[]);


// ================================================================
//函数名称：spi_receive1
//功能说明：SPI 接收一个字节的数据
//函数参数：No：模块号,可用参数可参见 gec.h 文件
//函数返回：接收到的数据
// ================================================================
uint8_t spi_receive1(uint8_t No);


// ================================================================
//函数名称：spi_receiveN
//功能说明：SPI 接收数据。当 n = 1 时,就是接收一个字节的数据…
//函数参数：No：模块号,可用参数可参见 gec.h 文件
//          n：要发送的字节个数。范围为 1～255
//          data[]:接收到的数据存放的首地址
//函数返回：1：接收成功,其他情况：失败
// ================================================================
uint8_t spi_receiveN(uint8_t No,uint8_t n,uint8_t data[]);


// ================================================================
//函数名称：spi_enable_re_int
//功能说明：打开 SPI 接收中断
```

```
//函数参数: No: 模块号,可用参数参见 gec.h 文件
//函数返回:无
// ================================================================
void spi_enable_re_int(uint8_t No);


// ================================================================
//函数名称: spi_disable_re_int
//功能说明: 关闭 SPI 接收中断
//函数参数: No: 模块号,可用参数参见 gec.h 文件
//函数返回:无
// ================================================================
void spi_disable_re_int(uint8_t No);

# endif
```

3. 基于构件的 SPI 编程方法

下面以 D1-H 中的两个芯片的 SPI_1 之间的通信为例,介绍 SPI 构件的使用方法,测试工程分为主机工程"03-Software\CH09\SPI-Master-D1-H"与从机工程"03-Software\CH09\SPI-Master-D1-H"。

1) 功能描述

主机向从机发送消息,主机每次向从机发送一个字符"a",并且主机的 LED 小灯闪烁一次;从机接收到数据后触发中断,从机的中断程序将接收到的数据进行回发。

2) 硬件连接

需要两块 AHL-D1-H 板子:一块作为主机,另外一块作为从机。硬件上将主/从机之间的 4 个引脚[NSS(GEC91)、SCK(GEC92)、MOSI(GEC93)、MISO(GEC94)]分别对应直接相连。

3) 主机方程序

(1) **初始化 SPI 主机模块**。在主机的主函数 main()中,初始化 SPI 模块,具体的参数包括 SPI 所用的模块号、主从机模式、波特率、时钟极性和时钟相位。

```
//SPI1 为主机,波特率为 112500,时钟极性和相位都为 0
spi_init(SPI_1,SPI_MASTER,112500 ,0,0);
```

(2) **主机发送数据**。在主机的 main()函数中,通过 spi_sendN()函数向从机发送数据。

```
spi_sendN(SPI_1,1,send_data);
```

4) 从机方程序

(1) **初始化 SPI 从机模块**。在从机的主函数 main()中,初始化 SPI 模块,具体的参数包括 SPI 所用的模块号、主从机模式、波特率、时钟极性和时钟相位。

```
spi_init(SPI_1,SPI_SLAVE,112500 ,0,0); //SPI1 为从机,波特率为 112500,时钟极性和相位都为 0
```

（2）**注册中断服务函数**。该函数完成 SPI_1 外设中断服务注册（在 user.c 文件中进行注册）。

```
//注册中断服务函数
system_register_irqhandler(D1_IRQ_SPI1,(system_irq_handler_t)IRQ_SPI1_Handler,NULL);
```

（3）**开启从机 SPI_1 的接收中断**。

```
spi_enable_re_int(SPI_1);      //开启 SPI1 的接收中断
```

（4）**从机接收数据并且通过串口进行转发**。在从机的中断函数服务例程中，通过 SPI_1 接收中断服务程序，接收主机发送过来的字节数据，并通过串口 1 转发到 PC。

```
uint8_t ch;
ch = spi_receive1(SPI_1);
uart_send1(UART_Debug,ch);
```

4. 测试运行

上述工程编译下载后，在正确的硬件连接情况下，主机、从机的运行界面分别如图 9-6 和图 9-7 所示。

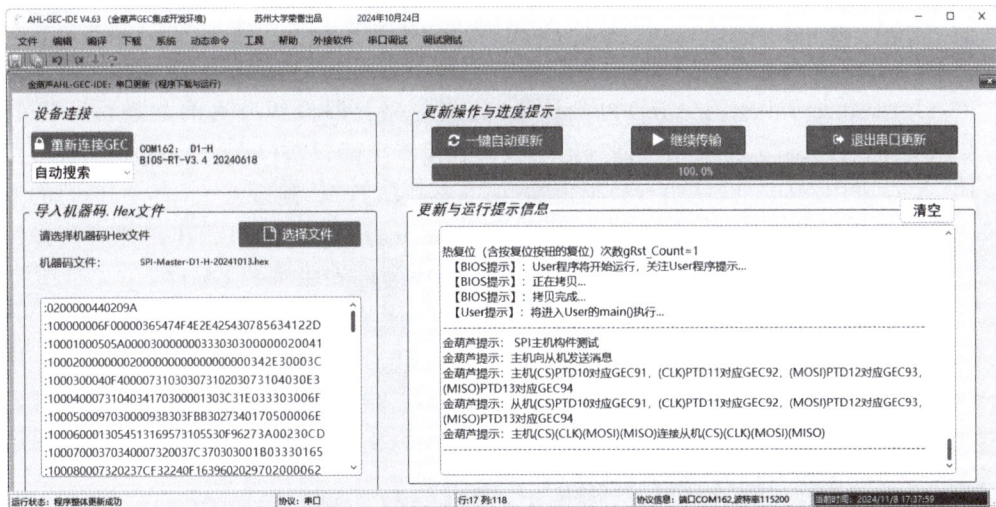

图 9-6 **SPI 主机方在线编程测试运行**

至此，基于 SPI 构件应用编程的基本内容阐述完成，但是 SPI 构件是如何制作出来的，涉及一些概念、寄存器、编程步骤等，根据本书的教学目标，以基于构件的应用编程为主线，了解构件制作方法。为了兼顾希望深入构件制作过程的读者，spi.c 源码也直接放在工程中，若想看懂 spi.c 源码，需要仔细阅读 D1-H 用户手册，本书补充阅读材料中也给出了制作 SPI 构件的基本过程。

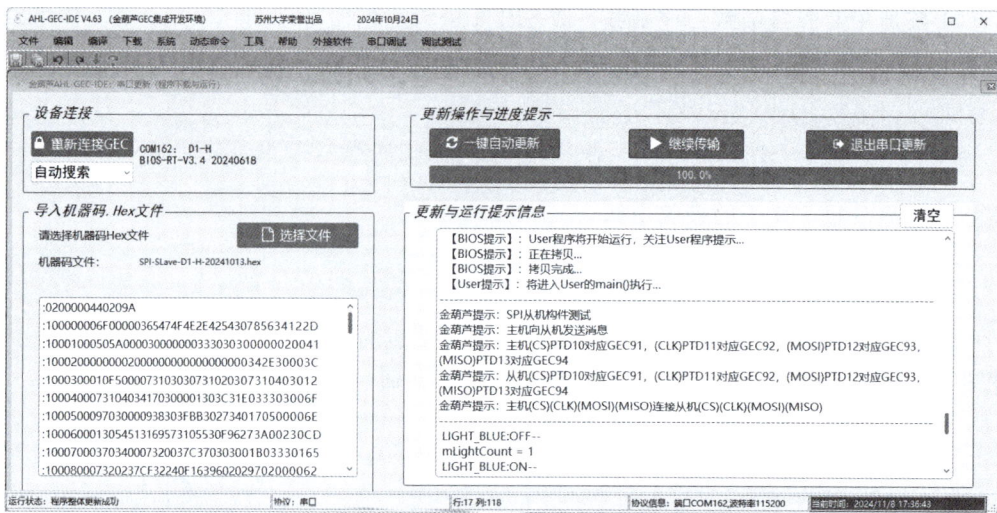

图 9-7　SPI 从机方在线编程测试运行

9.2　集成电路互联总线 I2C 模块

9.2.1　集成电路互联总线 I2C 的通用基础知识

I2C(Inter-Integrated Circuit),可翻译为"集成电路互联总线",有的文献缩写为 I^2C、IIC,本书一律使用 I2C。主要用于同一电路板内各集成电路模块(Inter-Integrated,IC)之间的连接。I2C 采用双向二线制串行数据传输方式,支持所有 IC 制造工艺,简化 IC 间的通信连接。I2C 由 PHILIPS 公司于 20 世纪 80 年代初提出,其后 PHILIPS 和其他厂商提供了种类丰富的 I2C 兼容芯片。目前 I2C 总线标准已经成为世界性的工业标准。

1. I2C 总线的历史概况与特点

1992 年,PHILIPS 首次发布 I2C 总线规范 Version 1.0,1998 年,发布 I2C 总线规范 Version 2.0,标准模式传输速率为 100kb/s,快速模式 400kbps,I2C 总线也由 7 位寻址发展到 10 位寻址;2001 年,发布了 I2C 总线规范 Version 2.1,传输速率可达 3.4Mbps。I2C 总线始终和先进技术保持同步,但仍然保持向下兼容。

在硬件结构上,I2C 采用数据和时钟两根线来完成数据的传输及外围器件的扩展,数据和时钟都是开漏的,通过一个上拉电阻接到正电源,因此在不需要的时候仍保持高电平。任何具有 I2C 总线接口的外围器件,不论其功能差别有多大,都具有相同的电气接口,都可以挂接在总线上,甚至可在总线工作状态下撤除或挂上,使其连接方式变得十分简单。由于对各器件的寻址采用软寻址方式,因此节点上没有必需的片选线,器件地址的确定完全取决于器件类型与单元结构,这也简化了 I2C 系统的硬件连接。另外,I2C 总线能在总线竞争过程中进行总线控制权的仲裁和时钟同步,不会造成数据丢失,因此由 I2C 总线连接的多机系统可以是一个多主机系统。

I2C 主要有 4 个特点：

（1）在硬件上，二线制的 I2C 串行总线使得各 IC 只需最简单的连接，而且总线接口都集成在 IC 中，不需要另加总线接口电路。电路的简化省去了电路板上的大量走线，减少了电路板的面积，提高了可靠性，降低了成本。在 I2C 总线上，各 IC 除了个别中断引线外，相互之间没有其他连线，用户常用的 IC 基本与系统电路无关，故极易形成用户自己的标准化、模块化设计。

（2）I2C 总线还支持多主控（Multi-mastering）机制，如果两个或更多主机同时初始化数据传输，可以通过冲突检测和仲裁防止数据被破坏。其中，任何能够进行发送和接收的设备都可以成为主机。一个主机能够控制信号的传输和时钟频率。当然在任何时间点上只能有一个主机。

（3）串行的 8 位双向数据传输位速率在标准模式下可达 100kbps，在快速模式下可达 400kbps，在高速模式下可达 3.4Mbps。

（4）连接到相同总线的 IC 数量只受到总线最大电容（400pF）的限制。但如果在总线中加上 82B715 总线远程驱动器，则可以把总线电容限制扩展 10 倍，传输距离可增加到 15m。

2. I2C 总线硬件相关术语与典型硬件电路

在理解 I2C 总线的过程中涉及以下术语。

（1）主机（主控器）：在 I2C 总线中，提供时钟信号，对总线时序进行控制的器件。主机负责总线上各个设备信息的传输控制，检测并协调数据的发送和接收。主机对整个数据传输具有绝对的控制权，其他设备只对主机发送的控制信息作出响应。如果在 I2C 系统中只有一个 MCU，那么通常由 MCU 担任主机。

（2）从机（被控器）：在 I2C 系统中，除主机外的其他设备均为从机。主机通过从机地址访问从机，对应的从机作出响应，与主机通信。从机之间无法通信，任何数据传输都必须通过主机进行。

（3）地址：每个 I2C 器件都有自己的地址，以供自身在从机模式下使用。在标准的 I2C 中，从机地址被定义成 7 位（扩展 I2C 允许 10 位地址）。地址 0000000 一般用于发出总线广播。

（4）发送器与接收器：发送数据到总线的器件被称为发送器。从总线接收数据的器件被称为接收器。

（5）SDA 与 SCL：SDA 指串行数据线（Serial DAta），SCL 指串行时钟线（Serial CLock）。

I2C 的典型连接如图 9-8 所示，这是一个 MCU 作为主机，通过 I2C 总线带 3 个从机的单主机 I2C 总线硬件系统。这是最常用、最典型的 I2C 总线连接方式。注意，连接时需要共地。

在物理结构上，I2C 系统由一条串行数据线和一条串行时钟线组成。SDA 和 SCL 引脚都是漏极开路输出结构，因此在实际使用时，SDA 和 SCL 信号线都必须要加上拉电阻（Pull-Up Resistor）Rp。上拉电阻一般取值 1.5～10kΩ，接 3.3V 电源即可与 3.3V 逻辑器

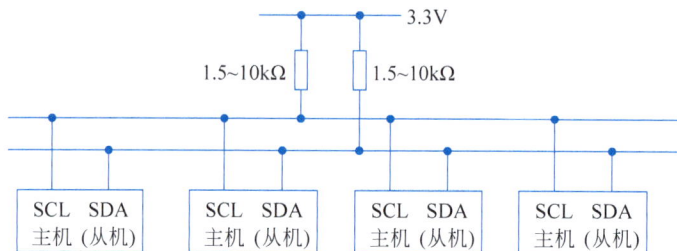

图 9-8　I2C 的典型连接

件接口相连。主机按一定的通信协议向从机寻址并进行信息传输。在数据传输时,由主机初始化一次数据传输,主机使数据在 SDA 上传输的同时还通过 SCL 传输时钟。信息传输的对象和方向以及信息传输的开始和终止均由主机决定。

每个器件都有唯一的地址,且可以是单接收的器件(例如,LCD 驱动器),或者是既可以接收也可以发送的器件(例如,存储器)。发送器或接收器可在主或从机模式下操作。

3. I2C 总线数据通信协议概要

1)I2C 总线上数据的有效性

I2C 总线以串行方式传输数据,从数据字节的最高位开始传送,每个数据位在 SCL 上都有一个时钟脉冲与之相对应。在一个时钟周期内,当时钟线高电平时,数据线上必须保持稳定的逻辑电平状态,高电平为数据 1,低电平为数据 0。当时钟信号为低电平时,才允许数据线上的电平状态变化,如图 9-9 所示。

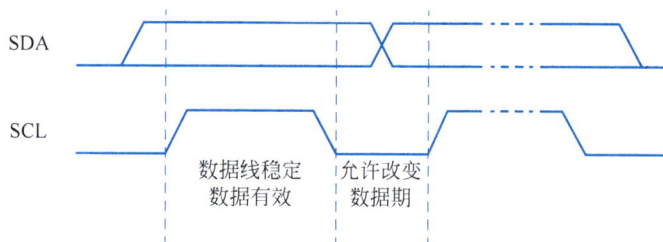

图 9-9　I2C 总线上数据的有效性

2)I2C 总线上的信号类型

I2C 总线在传送数据过程中共有 4 种类型信号,分别是开始信号、停止信号、重新开始信号和应答信号,如图 9-10 所示。

开始信号(START):当 SCL 为高电平时,SDA 由高电平向低电平跳变,产生开始信号。当总线空闲的时候(例如,没有主动设备在使用总线,即 SDA 和 SCL 都处于高电平),主机通过发送开始信号(START)建立通信。

停止信号(STOP):当 SCL 为高电平时,SDA 由低电平向高电平跳变,产生停止信号。主机通过发送停止信号,结束时钟信号和数据通信。SDA 和 SCL 都将被复位为高电平状态。

重新开始信号(Repeated START):在 I2C 总线上,主机可以在调用一个没有产生

STOP 信号的指令后,产生一个开始信号。主机通过使用一个重新开始信号来和另一个从机或者同一个从机的不同模式通信。由主机发送一个开始信号启动一次通信后,在首次发送停止信号之前,主机通过发送重新开始信号,可以转换与当前从机的通信模式,或是切换到与另一个从机通信。当 SCL 为高电平时,SDA 由高电平向低电平跳变,产生重新开始信号,它的本质就是一个开始信号。

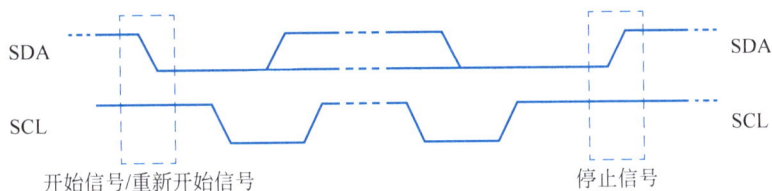

图 9-10　开始、重新开始和停止信号

应答信号（A）：接收数据的 IC 在接收到 8 位数据后,向发送数据的主机 IC 发出的特定的低电平脉冲。每一个数据字节后面都要跟一位应答信号,表示已收到数据。应答信号是在发送了 8 个数据位后,在第 9 个时钟周期出现的,这时发送器必须在这一时钟位上释放数据线,由接收设备拉低 SDA 电平来产生应答信号,或者由接收设备保持 SDA 的高电平来产生非应答信号,如图 9-11 所示。所以一个完整的字节数据传输需要 9 个时钟脉冲。如果从机作为接收方向主机发送非应答信号,那么主机方就认为此次数据传输失败;如果是主机作为接收方,那么在从机发送器发送完一个字节数据后,发送了非应答信号就表示数据传输结束,并释放 SDA 线。不论是以上哪种情况都会终止数据传输,这时主机或是产生停止信号释放总线,或是产生重新开始信号,从而开始一次新的通信。

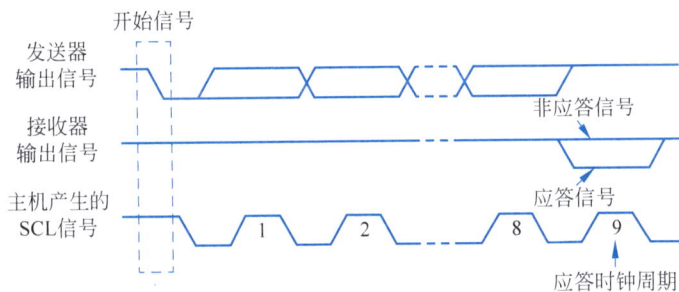

图 9-11　I2C 总线的应答信号

开始信号、重新开始信号和停止信号都是由主控制器产生的,应答信号由接收器产生,总线上带有 I2C 总线接口的器件很容易检测到这些信号。但是对于不具备这些硬件接口的 MCU 来说,为了能准确地检测到这些信号,必须保证在 I2C 总线的一个时钟周期内对数据线至少进行两次采样。

3）I2C 总线上数据传输格式

一般情况下,一个标准的 I2C 通信由 4 部分组成:开始信号、从机地址传输、数据传输和结束信号,如图 9-12 所示。由主机发送一个开始信号,启动一次 I2C 通信,主机对从机寻址,然后在总线上传输数据。I2C 总线上传送的每一个字节均为 8 位,首先发送的数据位为最高位,每传送一个字节后都必须跟随一个应答位,每次通信的数据字节数是没有限制的;在全部数据传送结束后,由主机发送停止信号,结束通信。

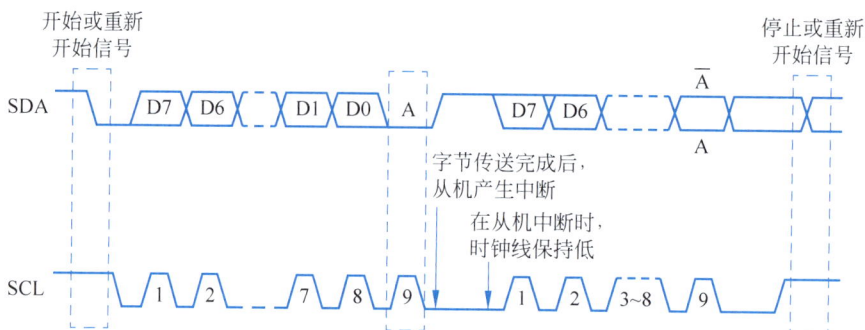

图 9-12　I2C 总线的数据传输格式

当时钟线为低电平时,数据传送将停止进行。当接收器接收到一个字节数据后要进行一些其他工作而无法立即接收下个数据时,可利用这一特性迫使总线进入等待状态,直到接收器准备好接收新数据,接收器再释放时钟线使数据传送得以继续正常进行。例如,当接收器接收完主控制器的一个字节数据后,产生中断信号并进行中断处理,中断处理完毕才能接收下一个字节数据,这时,接收器在中断处理时将钳住 SCL 为低电平,直到中断处理完毕才释放 SCL。

4. I2C 总线寻址约定

I2C 总线上的器件一般有两个地址:受控地址和通用广播地址,每个器件有唯一的受控地址用于定点通信,而相同的通用广播地址则用于主控方向时对所有器件进行访问。为了消除 I2C 总线系统中主控器与被控器的地址选择线,最大限度地简化总线连接线,I2C 总线采用了独特的寻址约定,规定了开始信号后的第一个字节为寻址字节,用来寻址被控器件,并规定数据传送方向。

在 I2C 总线系统中,寻址字节由被控器的 7 位地址位(D7~D1 位)和 1 位方向位(D0 位)组成。当方向位为 0 时,表示主控器将数据写入被控器;为 1 时表示主控器从被控器读取数据。主控器发送开始信号后,立即发送寻址字节,这时总线上的所有器件都将寻址字节中的 7 位地址与自己的器件地址比较。如果两者相同,则该器件认为被主控器寻址,并发送应答信号,被控器根据数据方向位(R/W)确定自身是作为发送器还是接收器。

MCU 类型的外围器件作为被控器时,其 7 位从机地址在 I2C 总线地址寄存器中设定。而非 MCU 类型的外围器件地址完全由器件类型与引脚电平给定。在 I2C 总线系统中,没有两个从机的地址是相同的。

通用广播地址用来对连接到 I2C 总线上的每个设备寻址,通常在多个 MCU 之间用 I2C 进行通信时使用。如果一个设备在广播地址时不需要数据,那么它可以不产生应答来忽略。如果一个设备需要从通用广播地址请求数据,那么它可以应答并当作一个从机,当一个或多个设备响应时,主机并不知道有多少个设备应答。每一个可以处理这个数据的都可以响应

第二个字节。若从机不处理这些字节,则可以响应非应答信号。如果一个或多个从机响应,则主机无法看到非应答信号。通用广播地址的含义一般在第二个字节中指明。

5. 主机向从机读/写1字节数据的过程

1)主机向从机写1字节数据的过程

主机要向从机写1字节数据时,主机首先产生START信号,然后紧跟着发送一个从机地址(7位),查询相应的从机,紧接着的第8位是数据方向位(R/W),0表示主机发送数据(写),这时候主机等待从机的应答信号(ACK),当主机收到应答信号时,发送给从机一个位置参数,告诉从机主机的数据在从机接收数组中存放的位置,然后继续等待从机的响应信号,当主机收到响应信号时,发送1个字节的数据,继续等待从机的响应信号,当主机收到响应信号时,产生停止信号,结束传送过程,如图9-13所示。

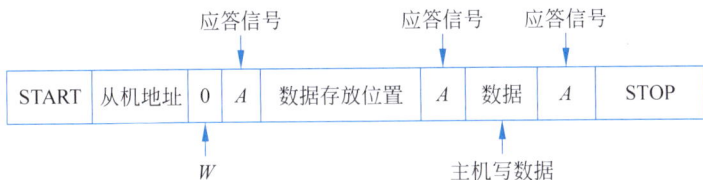

图 9-13 主机向从机写数据

2)主机从从机读1个字节数据的过程

当主机要从从机读1个字节数据时,主机首先产生START信号,然后紧跟着发送一个从机地址,查询相应的从机。注意,此时该地址的第8位为0,表明是向从机写指令,这时主机等待从机的应答信号(ACK),主机收到应答信号后,发送给从机一个位置参数,告诉从机主机的数据在从机接收数组中存放的位置,然后继续等待从机的应答信号。主机收到应答信号后,主机要改变通信模式(主机将由发送变为接收,从机将由接收变为发送),所以主机发送重新开始信号,然后紧跟着发送一个从机地址,注意,此时该地址的第8位为1,表明将主机设置成接收模式开始读取数据,这时主机等待从机的应答信号,主机收到应答信号后,就可以接收1个字节的数据,接收完成后,主机发送非应答信号,表示不再接收数据,主机进而产生停止信号,结束传送过程,如图9-14所示。

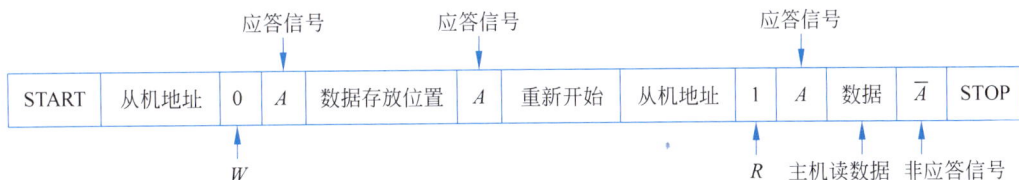

图 9-14 主机从从机读数据

9.2.2 基于构件的I2C通信编程方法

1. D1-H芯片的I2C模块对外引脚

64引脚D1-H芯片共有4组8个引脚可以配置为I2C引脚,具体的引脚引脚复用功能见表 9-2。

表 9-2　I2C 实际使用的引脚

组号	D1-H 芯片引脚名	第 一 功 能	GEC 引脚号
I2C0	PTB3	I2C0_SCL(I2C0 时钟引脚)	GEC5
	PTB2	I2C0_SDA(I2C0 数据线引脚)	GEC6
I2C1	PTE14	I2C1_SCL(I2C1 时钟引脚)	GEC66
	PTE15	I2C1_SDA(I2C1 数据线引脚)	GEC65
I2C2	PTE4	I2C2_SCL(I2C2 时钟引脚)	GEC76
	PTE5	I2C2_SDA(I2C2 数据线引脚)	GEC75
I2C3	PTB6	I2C3_SCL(I2C3 时钟引脚)	GEC4
	PTB7	I2C3_SDA(I2C3 数据线引脚)	GEC3

2. I2C 构件头文件

本书给出的 I2C 构件 I2C0 使用 PTB3、PTB2 分别作为 I2C 的 SCL、SDA 引脚；I2C1 使用 PTE14、PTE15 分别作为 I2C 的 SCL、SDA 引脚。

```
// ================================================================
//文件名称：i2c.h
//功能概要：I2C 底层驱动构件头文件
//制作单位：苏州大学嵌入式系统与物联网研究所(sumcu.suda.edu.cn)
//版    本：20231109
//适用芯片：D1-H
// ================================================================
#ifndef  I2C_H              //防止重复定义(I2C  开头)
#define  I2C_H

#include <mcu.h>
#include <gec.h>

#define I2C0 0
#define I2C1 1
#define I2C2 2
#define I2C3 3
// ================================================================
//函数名称：i2c_init
//函数功能：初始化
//函数参数：I2C_No: I2C 号; mode: 模式; slaveAddress: 从机地址; frequence: 频率
//函数说明：slaveAddress 地址范围为 0~127; frequence: 10kHz、100kHz、400kHz
// ================================================================
void i2c_init(uint8_t I2C_No,uint8_t mode,uint8_t slaveAddress,uint16_t frequence);

// ================================================================
//函数名称：i2c_master_send
//函数功能：主机向从机写入数据
//函数参数：I2C_No: I2C 号; slaveAddress: 从机地址; data: 待写入数据首地址
//函数说明：slaveAddress 地址范围为 0~127
// ================================================================
uint8_t i2c_master_send(uint8_t I2C_No,uint8_t slaveAddress,uint8_t * data,uint16_t len);
```

```
// ==================================================================
//函数名称: i2c_master_receive
//函数功能: 主机从向从机读取数据
//函数参数: I2C_No: I2C 号; slaveAddress: 从机地址; data: 数据存储区
//函数说明: slaveAddress 地址范围为 0～127
// ==================================================================
uint8_t i2c_master_receive(uint8_t I2C_No,uint8_t slaveAddress,uint8_t * data,uint32_t
len);

// ==================================================================
//函数名称: i2c_slave_send
//函数功能: 从机向主机发送数据
//函数参数: I2C_No: I2C 号; data: 数据存储区
//函数说明: slaveAddress 地址范围为 0～127
// ==================================================================
uint8_t i2c_slave_send(uint8_t I2C_No,uint8_t * data);

// ==================================================================
//函数名称: i2c_slave_receive
//函数功能: 从机接收主机发送的数据
//函数参数: I2C_No: I2C 号
//函数说明: slaveAddress 地址范围为 0～127
// ==================================================================
uint8_t i2c_slave_receive(uint8_t I2C_No);

// ==================================================================
//函数名称: i2c_enableInterput
//函数功能: 开启接收中断
//函数参数: I2C_No: I2C 号
//函数说明: 无
// ==================================================================
void i2c_enableInterput(uint8_t I2C_No);

// ==================================================================
//函数名称: i2c_disableInterput
//函数功能: 禁止接收中断
//函数参数: I2C_No: I2C 号
//函数说明: 无
// ==================================================================
void i2c_disableInterput(uint8_t I2C_No);

#endif
```

3. 基于构件的 I2C 编程方法

下面以一个 D1-H 芯片的两个 I2C 模块之间的通信为例,给出基于 I2C 构件的编程方法,测试工程为"03-Software\CH09\I2C-D1-H"。

1) 功能描述

(1) 使用 User 串口与外界通信,波特率为 115 200bps,1 位停止位,无校验;

(2) 初始化 I2C0 和 I2C1,其中 I2C0 模块作为主机,I2C1 模块作为从机;

(3) 在 main.c 的主循环中,I2C0 向 I2C1 发送字符"-",每发送一次 LED 灯闪烁一次,

I2C1 作为从机接收数据,然后通过串口将接收的数据发送给 PC 进行打印。

2)硬件连接

该测试只需要一块 AHL-D1-H 板子,该板既是从机又是主机。硬件上将主机模块的两个引脚 I2C0_SCL(GEC5)、I2C0_SDA(GEC6)与从机模块的两个引脚 I2C1_SCL(GEC66)、I2C1_SDA(GEC65)分别对应连接。

3)编程步骤

(1)宏定义 I2C 的模块号等内容。更多内容参见 05_UserBoard\user.h。

```
#define I2CA    I2C0   //主机模块
#define I2CB    I2C1   //从机模块
```

(2)初始化 I2C 主机模块。在主函数 main()中,使用 i2c_init()函数初始化 I2CA (I2C0)主机模块。第一个参数为 I2C 的模块号,第二个参数为主机模式,第三个参数为从机地址,第四个参数为频率。

```
i2c_init(I2CA,   I2C_MASTER,  Slave_Address1,  Baud_Rate2);
```

(3)主机存放数据。声明一个数组用于储存向从机发送的数据,并赋值。

```
uint8_t data[12] = "Thisisai2ch";        //主机存放数据
```

(4)主机发送数据给从机。小灯每闪烁一次,主机向从机发送一个字节数据。

```
i2c_master_send(I2CA,Slave_Address2,&data[i]);
```

(5)初始化 I2C 从机模块。在主函数 main()中,使用 i2c_init()初始化 I2CB(I2C1)从机模块。第一个参数为 I2CB(I2C1)的模块号,第二个参数为从机模式,第三个参数为模块初始化地址,第四个为时钟频率。

```
i2c_init(I2CB,   I2C_SLAVE,  Slave_Address2,  Baud_Rate2);
```

(6)从机中断接收数据。在中断中,从机接收主机发送过来的数据,并且打印出来。

```
recvFlag = i2c_slave_receive(I2CB);  //从机接收 1 个数据;
```

4. 测试运行

上述工程编译下载后,在正确的硬件连接情况下,运行界面如图 9-15 所示。

至此,基于 I2C 构件应用编程的基本内容介绍完毕。但是 I2C 构件是如何制作出来的还涉及一些概念、寄存器、编程步骤等。根据本书的教学目标,以基于构件的应用编程为主线,了解构件制作。为了兼顾希望深入构件制作过程的读者,i2c.c 源码也直接放在工程中,要想看懂 i2c.c 源码,需要仔细阅读 D1-H 用户手册。本书补充阅读材料中给出了制作 I2C 构件的基本过程。

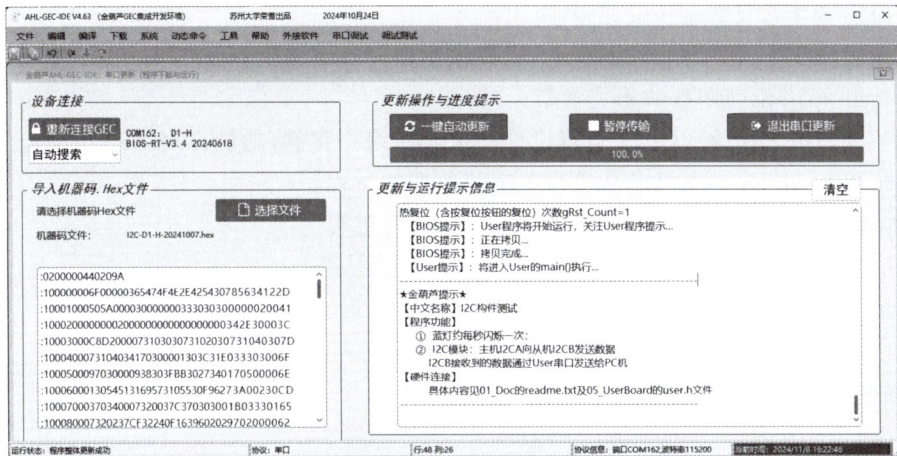

图 9-15   I2C 在线编程测试运行

本章小结

本章主要阐述 SPI 和 I2C 的工作原理，给出基于构件的应用编程方法。

1. 关于 SPI 通信

SPI 一般使用 4 条线：串行时钟线 SCK、主机输入/从机输出数据线 MISO、主机输出/从机输入数据线 MOSI 和从机选择线。SPI 通信过程中需要掌握的基本概念有主机、从机、同步、时钟极性、时钟相位和波特率等。与 I2C 不同的是，SPI 可以进行双工通信，不用每次发送 8 位数据。9.1 节给出了 SPI 构件的 SPI.h 和 SPI.c 文件，其中包括模块初始化（SPI_init）、发送数据流（SPI_sendstring）、接收数据流（SPI_receiveN）、启动 SPI 接收中断（SPI_re_enable_int）。

2. 关于 I2C 通信

I2C 字面上的意思是集成电路之间。I2C 通信主要用于同一块电路板内集成电路模块之间的连接和数据传输，采用双向二线制（SDA、SCL）串行数据传输方式。在 I2C 总线上，各 IC 除了个别中断引线外，相互之间没有其他连线，用户常用的 IC 基本与系统电路无关，故极易形成用户自己的标准化、模块化设计。9.2 节给出了 I2C 构件的 i2c.h 和 i2c.c 文件，其中包括模块初始化（i2c_init）、主机向从机发数据（i2c_master_send）、主机接收从机发送过来的数据（i2c_master_receive）、从机向主机发数据（i2c_slave_send）、从机接收主机发送过来的数据（i2c_ slave _receive）等常用操作函数。

习题

1. 简述同步通信与异步通信的区别。

2. 简述 SPI 总线数据传输原理。

3. 简述 SPI 中极性与相位的概念,举例说明如何确定极性 CPOL 与相位 CPHA。

4. 给出 spi_init() 函数的形式参数。

5. 参考书中 SPI 编程例子,自行设计一个 SPI 编程实例,功能自定。

6. 简述 I2C 总线中主机向从机写 1 字节数据的过程。

7. 简述 I2C 总线中主机从从机读 1 字节数据的过程。

8. 给出 i2c_init() 函数的形式参数。

9. 参考书中 I2C 编程例子,自行设计一个 I2C 编程实例,功能自定。

## 第 10 章

系统时钟与看门狗

本章导读 本章给出系统时钟与看门狗的具体介绍。主要内容包括：

（1）系统时钟。计算机程序的运行必须建立在一个时钟基准上，各个模块也需要工作时钟，因此，芯片启动时必须立即进行系统时钟初始化，以便给各个部分提供工作时钟，这里给出系统时钟的编程方法。

（2）看门狗模块。D1-H 中的看门狗模块包括中断看门狗模式和复位看门狗模式。

这些内容一般会在程序的初始化中使用，与前面的内容相比，本章内容较难理解，但对于嵌入式微型计算机的应用开发，又是必不可少、需要理解的部分。

10.1 时钟系统

系统时钟系统是微型计算机的一个重要部分，它产生的时钟信号要贯穿整个芯片。时钟系统设计的好坏关系到芯片能否正常工作。D1-H 芯片的时钟系统由时钟控制单元（Clock Controller Unit，CCU）控制，每个模块可以根据自己的需求选择对应的时钟源。

10.1.1 时钟控制单元概述

时钟控制单元负责锁相环（PLL[①]）的配置以及大部分时钟的产生、分频、分配、同步以及门控。时钟控制单元的输入包括：

（1）来自数字控制晶体振荡器（Digital Controlled Crystal Oscillator，DCXO）的 24MHz 时钟，该时钟也被用作 D1-H 芯片的参考频率；

（2）来自 RC 振荡器的 16MHz 时钟；

（3）一个频率为 32kHz 的外部时钟。

通过内含的 8 个 PLL，时钟控制单元可以配置分频/倍频系数提供丰富的时钟源，供各功能模块各取所需。D1-H 时钟控制单元的结构框图如图 10-1 所示。

[①] 锁相环（Phase-Locked Loop，PLL）是一种可以将低频变高频的电路。

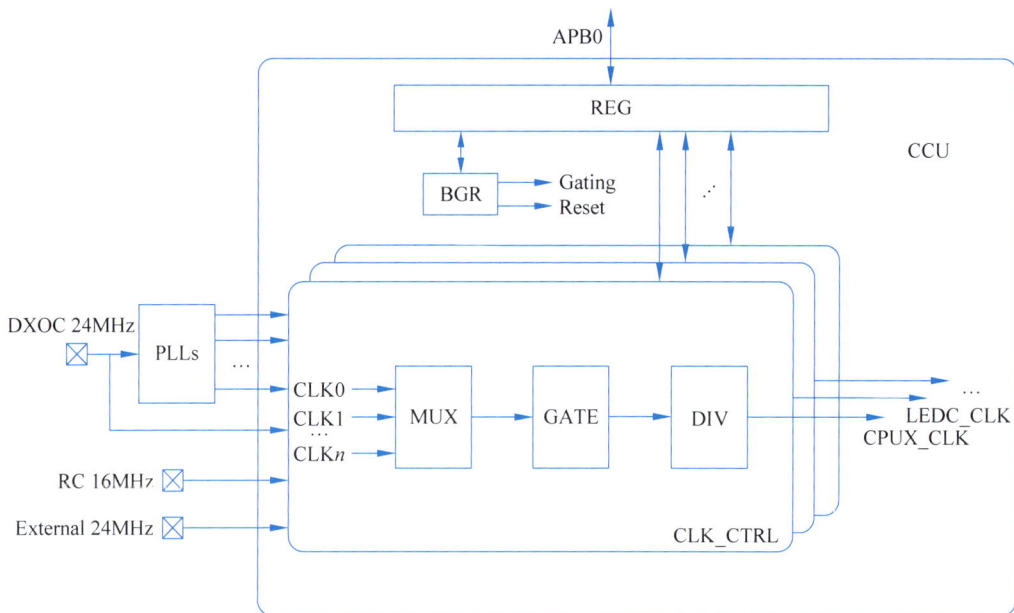

图 10-1　时钟控制单元

10.1.2　时钟控制单元编程寄存器

时钟控制单元包括 124 个寄存器,此处列出了几个较为重要的常用寄存器,通过对其中寄存器信息的读写,可以选择时钟源、配置时钟频率以及开启时钟中断等(见表 10-1)。

表 10-1　寄存器及其功能简述

绝 对 地 址	寄 存 器 名	R/W 信号	功 能 简 述
0x0200_1000	PLL_CPU_CTRL_REG	R/W	PLL_CPU 控制寄存器
0x0200_1010	PLL_DDR_CTRL_REG	R/W	PLL_DDR 控制寄存器
0x0200_1020	PLL_PERI_CTRL_REG	R/W	PLL_PERI 控制寄存器
0x0200_1510	PSI_CLK_REG	R/W	PSI 时钟寄存器
0x0200_1520	APB0_CLK_REG	R/W	APB0 时钟寄存器
0x0200_1524	APB1_CLK_REG	R/W	APB1 时钟寄存器
0x0200_1540	MBUS_CLK_REG	R/W	MBUS 时钟寄存器
0x0200_1D00	RISC-V_CLK_REG	R/W	RISCV 时钟寄存器
0x0200_1D04	RISC-V_GATING_REG	R/W	RISCV 门控配置寄存器
0x0200_1D0C	RISC-V_CFG_BGR_REG	R/W	RISCV 总线门控重置寄存器

在时钟控制单元,经常使用到的寄存器有 PLL_CPU 控制寄存器(PLL_CPU_CTRL_REG)、PLL_PERI 控制寄存器(PLL_PERI_CTRL_REG)、APB0 时钟寄存器(APB0_CLK_REG)、RISC-V 时钟寄存器(RISC-V_CLK_REG)等。通过配置这些寄存器可以配置时钟源,从而获得想要的时钟信号。下面详细介绍 PLL_CPU_CTRL_REG 和 RISC-V_CLK_

REG,其他可查阅$D1$-H_User Manual_V1.0 第 3 章第 2 节的相关介绍。

1. PLL_CPU 控制寄存器(PLL_CPU_CTRL_REG)

PLL_CPU 控制寄存器用于调节 PLL_CPU 的频率、使能、锁定、锁调制等功能。

数据位	D31	D30	D29	D28	D27	D26~D24	D23~D16
读	PLL_EN	PLL_LDO_EN	LOCK_ENABLE	LOCK	PLL_OUTPUT_GATE	PLL_LOCK_TIME	/
写							
数据位	D15~D8	D7~D6	D5	D4~D2	D1~D0		
读	PLL_N	PLL_UNLOCK_MDSEL	PLL_LOCK_MDSEL	/	PLL_M		
写							

D31(PLL_EN):PLL 使能,PLL_CPU = InputFreq * N,入频率必须在 200MHz~3GHz 的范围内,当晶体振荡器为 24MHz 时,PLL_CPU 的默认值为 408MHz。0:PLL 关闭,1:PLL 开启。

D30(PLL_LDO_EN):LDO 使能,LDO 能确保 PLL 工作时能获得恒定的电压,确保 PLL 的正常运作。0:LDO 关闭,1:LDO 开启。

D29(LOCK_ENABLE):PLL 锁定,0:解除锁定,1:启动锁定。

D28(LOCK):PLL 锁定标志位。0:PLL 未锁定,1:PLL 锁定(即处于稳定状态)。

D27(PLL_OUTPUT_GATE):PLL 输出门控使能,用于启用 PLL 的输出功能。0:失能 PLL 输出,1:使能 PLL 输出功能。

D26~D24(PLL_LOCK_TIME):PLL 锁定时间,表示从一个频率修改为另一个频率所花费的时间。

D23~D16:保留,必须保持复位值。

D15~D8(PLL_N):PLL 分频系数 N,N = PLL_N + 1,PLL_N 的值为 0~254。在应用时,PLL_N 应大于或等于 12。

D7~D6(PLL_UNLOCK_MDSEL):PLL 解锁级别。00:21~29 个时钟周期,01:22~28 个时钟周期,10:20~30 个时钟周期。

D5(PLL_LOCK_MDSEL):PLL 锁定级别。0:24~26 个时钟周期,1:23~27 个时钟周期。

D4~D2:保留,必须保持复位值。

D1~D0(PLL_M):PLL 分频系数 M,M = PLL_M + 1,PLL_M 的值为 0~3。注意:这边的 M 仅用于测试。

2. RISC-V 时钟寄存器(RISC-V_CLK_REG)

RISC-V 时钟寄存器用于选择 CPU 的时钟源以及分频系数。

数据位	D31~D27	D26~D24	D23~D10	D9~D8	D7~D5	D4~D0
读	/	RISCV_CLK_SEL	/	RISCV_AXI_DIV_CGF	/	RISCV_DIV_CFG
写						

D31~D27:保留,必须保持复位值。

D26～D24(RISC-V_CLK_SEL)：时钟源选择。000：HOSC,001：CLK32K,010：CLK16M_RC,011：PLL_PERI(800M),100：PLL_PERI(1X),101：PLL_CPU,110：PLL_AUDIO1(DIV2)。

D23～D10：保留,必须保持复位值。

D9～D8(RISC-V_AXI_DIV_CGF)：RISC-V AXI 时钟分频系数配置。N＝FACTOR_N+1,FACTOR_N 的值为 0～3,RISC-V AXI Clock＝RISC-V Clock/N(该时钟支持动态配置)。

D7～D5：保留,必须保持复位值。

D4～D0(RISCV_DIV_CFG)：RISC-V 时钟分频系数配置。M＝FACTOR_M+1,FACTOR_N 的值为 0～31,RISC-V Clock＝时钟源/M。

10.1.3　系统时钟编程实例

1. 时钟源

每个模块都有若干时钟源可供选择,如图 10-1 所示,不论是外设还是 CPU 的时钟都来源于 DCXO、RC、External 这 3 个时钟源。这些时钟源的电路是不可变的,所以每个单元的时钟频率或者可选择的范围是固定的。PLL 即锁相环,该电路有放大频率的功能。DCXO 经过 PLL,可以实现倍频,再通过内部的 CLK_CTRL 进行分频或时钟选择,就可以实现对时钟频率的调整。

2. 系统时钟初始化

芯片上电复位后,会进行系统时钟初始化,通过设置 CCU 寄存器选择时钟源和分频系数。系统时钟的初始化主要包含 CPU 频率配置、外设频率配置、AHB、APB、DMA、MBUS,以及一些重要的外设使能。

系统时钟初始化函数 sys_clock_init()可在本书的任何一个工程的 00_Spl\spl_clock.c 中查看。相关的编程操作可在电子资源 01-Document\D1-H 芯片资料\D1-H_User Manual_V1.0.pdf 的第 3 章 CCU 部分查看。

```c
void  sys_clock_init(void)
{
    //配置 CPU 时钟源、倍频系数与分频系数
    set_pll_cpux_axi();
    //配置外设时钟频率和倍频、分频系数
    set_pll_periph0();
    //配置高级总线时钟源和分频系数
    set_ahb();
    //配置外设时钟源和分频系数
    set_apb();
    //开 DMA 门,关 DMA 断言
    set_dma();
    //关仪表总线断言
    set_mbus();
    //使能外设模块
    set_module(D1_CCU_BASE + CCU_PLL_PERI0_CTRL_REG);
```

```
    set_module(D1_CCU_BASE + CCU_PLL_VIDEO0_CTRL_REG);
    set_module(D1_CCU_BASE + CCU_PLL_VIDEO1_CTRL_REG);
    set_module(D1_CCU_BASE + CCU_PLL_VE_CTRL);
    set_module(D1_CCU_BASE + CCU_PLL_AUDIO0_CTRL_REG);
    set_module(D1_CCU_BASE + CCU_PLL_AUDIO1_CTRL_REG);
}
```

3. CPU 时钟初始化实例

CPU 时钟的初始化涉及时钟的切换,需要先将时钟源设置为其他的时钟源,再对要设置的时钟频率进行配置,最后将时钟源切换回来。

系统时钟配置函数 set_pll_cpux_axi()可在本书任何一个工程的 00_Spl\spl_clock.c 文件中查看。

```
// ============================================================
//函数名称：SysClock_Config
//函数返回：1：成功；0：失败
//参数说明：msirange：MSI 时钟频率等级
//功能概要：初始化时钟频率
// ============================================================
static void set_pll_cpux_axi(void)
{
    uint32_t val;
    /* 选取时钟源为 HOSC,AXI 分频系数为 3,分频系数为 1 */
    write32(D1_CCU_BASE + CCU_RISCV_CLK_REG, (0 << 24) | (3 << 8) | (1 << 0));
    sdelay(1);

    /* 失能 PLL 输出门控 */
    val = read32(D1_CCU_BASE + CCU_PLL_CPU_CTRL_REG);
    val &= ~(1 << 27);
    write32(D1_CCU_BASE + CCU_PLL_CPU_CTRL_REG, val);

    /* 使能 LDO */
    val = read32(D1_CCU_BASE + CCU_PLL_CPU_CTRL_REG);
    val |= (1 << 30);
    write32(D1_CCU_BASE + CCU_PLL_CPU_CTRL_REG, val);
    sdelay(5);

    /* 设置默认时钟为 1008MHz */
    val = read32(D1_CCU_BASE + CCU_PLL_CPU_CTRL_REG);
    val &= ~((0x3 << 16) | (0xff << 8) | (0x3 << 0));
    val |= (41 << 8);
    write32(D1_CCU_BASE + CCU_PLL_CPU_CTRL_REG, val);

    /* 锁定启用 */
    val = read32(D1_CCU_BASE + CCU_PLL_CPU_CTRL_REG);
    val |= (1 << 29);
    write32(D1_CCU_BASE + CCU_PLL_CPU_CTRL_REG, val);

    /* 使能 PLL */
    val = read32(D1_CCU_BASE + CCU_PLL_CPU_CTRL_REG);
```

```
        val |= (1 << 31);
        write32(D1_CCU_BASE + CCU_PLL_CPU_CTRL_REG, val);

        /* 等待 PLL 稳定 */
        while(!(read32(D1_CCU_BASE + CCU_PLL_CPU_CTRL_REG) & (0x1 << 28)));
        sdelay(20);

        /* 使能 PLL 门控 */
        val = read32(D1_CCU_BASE + CCU_PLL_CPU_CTRL_REG);
        val |= (1 << 27);
        write32(D1_CCU_BASE + CCU_PLL_CPU_CTRL_REG, val);

        /* 取消锁定 */
        val = read32(D1_CCU_BASE + CCU_PLL_CPU_CTRL_REG);
        val &= ~(1 << 29);
        write32(D1_CCU_BASE + CCU_PLL_CPU_CTRL_REG, val);
        sdelay(1);

        /* 设置并修改 CPU CLK 时钟源,选取 PLL_CPU 为时钟源,AXI 分频系数为 1 */
        val = read32(D1_CCU_BASE + CCU_RISCV_CLK_REG);
        val &= ~(0x07 << 24 | 0x3 << 8 | 0xf << 0);
        val |= (0x05 << 24 | 0x1 << 8);
        write32(D1_CCU_BASE + CCU_RISCV_CLK_REG, val);
        sdelay(1);
}
```

10.1.4 改变 CPU 时钟频率及测试方法

CPU 的时钟源一般使用 PLL_CPU,PLL_CPU 的时钟源固定为 DCXO,为 24MHz。PLL_CPU 的频率公式为 $24\mathrm{MHz} * N/P$,倍频因子 N 在 PLL_CPU_CTRL_REG 寄存器中,分频因子 P 在 CPU_AXI_CFG_REG 寄存器中。

由于 CPU 是执行指令的单元,其频率的设置可能会导致一些问题,所以修改 CPU 频率应该在关中断条件下进行。修改 CPU 的方法分为以下 5 步:

第一步,切换 CPU 时钟源,从高频到低频要将当前的时钟源先切换成低于当前时钟的时钟源。

第二步,配置 CPU 倍频系数 N 和 P。由于过高或过低的频率可能会产生一些问题,因此时钟频率应保持在 240~1440MHz。

第三步,然后使能 PLL_CPU 锁。

第四步,等待 PLL_CPU 锁使能。

第五步,切换 CPU 时钟源为 PLL_CPU。

下面给出改变 CPU 时钟频率的样例方法,相关的程序可在程序文件夹的第 10 章查看。

测试工程位于电子资源中的"03-Software\CH10\SysClock-D1-H"文件夹下,其主要功能为在 CPU 执行的指令不变的情况下改变 CPU 的频率,用小灯的亮灭长短来表示 CPU 执行指令的速度,同时再将 CPU 执行指令的时间打印出来,以便观察 CPU 指令的执行速度快慢。这里给出 CPU 频率的调整程序,与上面介绍的 5 步一一对应。

```
// ================================================================
//函数名称: cpu_rate
//函数返回: 无
//参数说明: n:时钟倍频因子,CPU 频率为 24MHz * n
//功能概要: 配置 CPU 频率
//注    意: CPU 频率过高或者过低都有可能造成问题,n 的范围建议为 8～66
//          频率范围建议为 192～1584MHz
// ================================================================
void cpu_rate(int n)
{
    DISABLE_INTERRUPTS
    virtual_addr_t addr;
    uint32_t val;
    //step1:改变时钟源为 PLL_PERI(1X)
    addr = D1_CCU_BASE + CCU_RISCV_CLK_REG;
    val = read32(addr);
    val& = ~((0x7)<< 24);          //清零
    val| = (0x4)<< 24;             //选择 PLL_PERI(1X)
    write32(addr,val);

    //step2:改变 PLL_CPU 的 N 和 P
    addr = D1_CCU_BASE + CCU_PLL_CPU_CTRL_REG;
    val = read32(addr);
    val& = ~((0xff)<< 8);
    val| = n << 8;
    write32(addr,val);

    //写 P P = 1
    addr = D1_CCU_BASE + CCU_CPU_AXI_CFG_REG;
    val = read32(addr);
    val& = ~(0x3 << 16);
    write32(addr,val);

    //step3:关开锁使能
    addr = D1_CCU_BASE + CCU_PLL_CPU_CTRL_REG;
    val = read32(addr);
    val| = 1 << 29;
    write32(addr,val);

    //step4:等待锁使能开启
    val = read32(addr);
    val = ((val&(0x1 << 28))>> 28) % 2;
    while(!val){
        val = read32(addr);
        val = ((val&(0x1 << 28))>> 28) % 2;
    }

    //step5:改变时钟源为 HOSC
    addr = D1_CCU_BASE + CCU_RISCV_CLK_REG;
    val = read32(addr);
    val& = ~(0x7 << 24);
    val| = 5 << 24;
    write32(addr,val);
    ENABLE_INTERRUPTS;
}
```

10.2 看门狗

看门狗定时器(Watchdog Timer)具有监视系统功能,当在运行程序跑飞或一个系统中的关键系统时钟停止引起严重后果的情形下,无法回到正常的程序上执行时,看门狗通过复位系统的方式,将系统带到一个安全操作的状态。在正常情况下,看门狗通过与软件的定期通信来监视系统的执行过程,清看门狗定时器,即定期喂看门狗。如果应用程序丢失,未能在看门狗计数器超时之前清零,则将看门狗复位,强制将系统恢复到一个已知的起点。

D1-H 是有两种看门狗模式:中断看门狗和复位看门狗。两种看门狗的主要区别在于:中断看门狗在计数器减少到 0 时,会触发看门狗中断服务程序;复位看门狗当计数器减少到 0 时,会发送复位信号,然后触发系统复位。其中,中断看门狗常用于解决软件错误引起的系统失灵问题,当计数溢出时会触发系统复位;复位看门狗通常被用来监测由外部干扰或不可预见的逻辑判断造成的应用程序偏离正常运行而产生的软件故障。下面从看门狗模块的寄存器和构件制作方法两方面进行详细介绍。

10.2.1 看门狗模块的寄存器

看门狗模块寄存器的基地址为 0x020500A0,也就是看门狗中断使能寄存器(WDOG_IRQ_EN_REG)的地址。可以在工程的 03_MCU\startup\d1.h 文件中搜索 WDOG_IRQ_EN_REG 找到该地址。

1. 看门狗中断使能寄存器(WDOG_IRQ_EN_REG)

32 位看门狗中断使能寄存器(WDOG_IRQ_EN_REG)只有 D0 位有含义,即看门狗中断使能位(WDOG_IRQ_EN),该位为 0:禁止看门狗中断;为 1:使能看门狗中断,复位值为 0x0000_0000。

2. 看门狗中断状态寄存器(WDOG_IRQ_STA_REG)

32 位看门狗中断状态寄存器(WDOG_IRQ_STA_REG)只有 D0 位有含义,是看门狗中断使能位(WDOG_IRQ_PEND),中断状态寄存器用于记录当前看门狗的中断使能状态,可通过获取该寄存器的值了解到当前看门狗是否达到中断条件。

D31～D1:保留,必须保持复位值。复位值为 0x0000_0000。D0(WDOG_IRQ_PEND)用于记录当前看门狗的中断状态,该位为 0:无影响;为 1:当前看门狗到达间隔值,即将进入中断。

3. 看门狗软件复位寄存器(WDOG_SOFT_RST_REG)

通过该寄存器的 D0 位置设置为 1,对整个系统进行复位,寄存器复位值为 0x0000_0000。

数据位	D31～D16	D15～D1	D0
读			
写	KEY_FIELD	/	软件复位使能

D31～D16:关键值,只有其值为 0x16AA,才能改变该寄存器其他位的值。D15～D1:

保留,必须保持复位值。D0(软件复位使能位)为 0:关闭;为 1:对系统进行复位。注意:使用该位对系统进行复位时,需要首先禁用看门狗。

4. 看门狗控制寄存器(WDOG_CTRL_REG)

可以通过控制寄存器来重启看门狗,除此之外,还需要定时执行喂狗操作,向该寄存器中的关键值写入 0xA57,避免看门狗产生复位。寄存器的复位值为 0x0000_0000。

数据位	D31~D13	D12~D1	D0
读	/		WDOG_RESTART
写		WDOG_KEY_FIELD	

D31~D13:保留,必须保持复位值。D12~D1(WDOG_KEY_FILED):看门狗关键值。必须每隔一段时间便通过软件对这些位写入键值 0xA57,否则当计数器计数到 0 时,看门狗会产生复位。写入其他值时会禁用看门狗寄存器的写入功能。D0(看门狗重启位,WDOG_RESTART)为 0:无影响;为 1:重启看门狗。

5. 看门狗配置寄存器(WDOG_CFG_REG)

通过配置寄存器,可以设置看门狗的模式和时钟源,复位值为 0x0000_0001。

数据位	D31~D16	D15~D9	D8	D7~D2	D1~D0
读		/	WDOG_CLK_SRC	/	WDOG_MODE
写	KEY_FIELD				

D15~D9、D7~D2:保留,必须保持复位值。D31~D16(KEY_FIELD):关键值,只有当其值为 0x16AA 时,才能改变配置寄存器其他位的值。D8(WDOG_CLK_SRC):选择 WDOG 的时钟源,0:HOSC_32K 即 OSC24M/750,它是由时钟 OSC24M 分频而来的;1:LOSC_32K,由时钟 LOSC 提供。D1~D0(WDOG_MODE)用于设置看门狗的模式,01:复位模式;10:中断模式。

6. 看门狗模式寄存器(WDOG_MODE_REG)

可以通过模式寄存器设置看门狗的计数值和开启看门狗,复位值为 0x0000_0000。

数据位	D31~D16	D15~D8	D7~D4	D3~D1	D0
读		/	WDOG_INTV_VALUE	/	WDOG_EN
写	KEY_FIELD				

D15~D8、D3~D1:保留,必须保持复位值。D31~D16(KEY_FIELD):关键值,只有当其值为 0x16AA 时,才能改变模式寄存器其他位的值。D7~D4(WDOG_INTV_VALUE)用于设置看门狗的计数值,0:16K(0.5s);1:32K(1s);2:64K(2s);3:96K(3s);4:128K(4s);5:160K(5s);6:192K(6s);7:256K(8s);8:320K(10s);9:384K(12s);10:448K(14s);11:512K(16s);其他值保留。D0(WDOG_EN)用于启动看门狗,0:无影响;1:启动。

7. 看门狗输出配置寄存器(WDOG_OUTPUT_CFG_REG)

32 位看门狗模式寄存器(WDOG_OUTPUT_CFG_REG)用于设置看门狗的计数值和

开启看门狗,复位值为 0x0000_001F。其中,D31～D12:保留,必须保持复位值。D11～D0
(WDOG_OUTPUT_CONFIG):输出配置,看门狗复位信号的生效时间:$T = 1/32\text{ms} *$
$(N+1)$。

10.2.2 看门狗构件制作方法

1. 看门狗编程步骤

在 D1-H 芯片中有一个看门狗定时器模块,该模块具有监视系统的功能,主要用于防
止程序跑飞对系统功能造成不良影响。下面以看门狗的初始化为例简单介绍看门狗的寄存
器编程步骤。

(1) 寄存器进行清零。向配置寄存器中写入 0x16AA0000,写入关键字,对其他位
清零。

```
WDOG_CFG_REG = (uint32_t)(0x16AA0000);        //清零
```

(2) 设置看门狗模式。通过配置寄存器的 D1～D0 位,可配置看门狗的模式,包括中断
模式和复位模式两种。

```
WDOG_CFG_REG |= (uint32_t)(0x16AA0000|0x1 << 1);        //设为中断模式
WDOG_CFG_REG |= (uint32_t)(0x16AA0000|0x1 << 0);        //设为复位模式
```

(3) 设置看门狗的计数值。通过模式寄存器的 D7～D4 位,可配置看门狗的计数值,即
当前计数值减到 0 时,会产生看门狗中断或者系统复位。在设置计数值之前,需要向模式寄
存器中写入 0x16AA0000,写入关键字,对其他位清零。其中,决定要在多短的时间内进行
喂狗,是由看门狗的时钟频率和计数值决定的,如看门狗采用 32kHz 的时钟源,计数值为
16 000,则需要在每 $\dfrac{1}{3(\text{kHz})} \times 16\,000 = 0.5(\text{s})$ 内进行喂狗操作。

```
WDOG_MODE_REG = (uint32_t)(0x16AA0000);             //清零
WDOG_MODE_REG |= (uint32_t)(0x16AA0000|intv << 4);   //设置看门狗计数值,intv 为时间间隔
```

(4) 打开看门狗。通过对模式寄存器的 D0 位置 1,打开看门狗。

```
WDOG_MODE_REG |= (uint32_t)(0x16AA0000|1 << 0);        //打开看门狗
```

2. 看门狗构件头文件

对于 D1-H 芯片中的看门狗模块,我们已经对其中的函数进行了封装,读者在使用时不
再需要从寄存器编程开始,可以直接基于看门狗构件进行编程。下面给出了看门狗构件的
头文件便于读者了解其中的函数。

```
#ifndef  WDOG_H               //防止重复定义(_WWDG_H  开头)
#define  WDOG_H
```

```
#include <mcu.h>

//=================================================================
//函数名称: wdog_init
//函数返回: 无
//参数说明: mode:看门狗模式,0:复位模式 1:中断模式
//          intv:看门狗时间间隔号 0x0 ,0x1,0x2,0x3,0x4,0x5,0x6,0x7,0x8,0x9,0xA,0xB
//                  对应的时间间隔值 0.5s, 1s , 2s , 3s , 4s  ,5s ,6s  ,8s ,10s, 12s, 14s, 16s
//功能概要: 看门狗初始化
//=================================================================
void wdog_init(uint8_t mode, uint8_t intv);


//=================================================================
//函数名称: wdog_feed
//函数返回: 无
//参数说明: 无
//功能概要: 重启看门狗,避免看门狗计数溢出
//=================================================================
void wdog_feed(void);


//=================================================================
//函数名称: wdog_change_intv
//函数返回: 无
//          intv:看门狗时间间隔号 0x0 ,0x1,0x2,0x3,0x4,0x5,0x6,0x7,0x8,0x9,0xA,0xB
//                  对应的时间间隔值 0.5s, 1s , 2s , 3s , 4s  ,5s ,6s  ,8s ,10s, 12s, 14s, 16s
//功能概要: 改变看门狗响应时间
//=================================================================
void wdog_change_intv(uint8_t intv);


//=================================================================
//函数名称: wdog_enable_int
//函数返回: 无
//参数说明: 无
//功能概要: 打开看门狗中断
//=================================================================
void wdog_enable_int();


//=================================================================
//函数名称: wdog_disable_int
//函数返回: 无
//参数说明: 无
//功能概要: 禁止看门狗中断
//=================================================================
void wdog_disable_int();


//=================================================================
//函数名称: wdog_get_int
//函数返回: 无
//参数说明: 无
```

```
//功能概要：获取看门狗中断标志
// ================================================================
uint8_t wdog_get_int();


// ================================================================
//函数名称：wdog_clear_int
//函数返回：无
//参数说明：无
//功能概要：清除看门狗中断标志
// ================================================================
void wdog_clear_int();


#endif
```

3. 看门狗构件的源代码

看门狗构件的源代码见工程"03-Software\CH10\WDOG-RESET"下的 03_MCU\MCU_drivers\wdog.c 文件。

10.2.3　基于构件的看门狗编程方法

1. 复位模式看门狗应用的编程方法

复位模式一种较为常见的看门狗模式。在编程过程中,常在有循环的地方设置看门狗。防止程序陷入死循环导致系统功能异常。下面将基于看门狗构件对复位模式下的看门狗进行应用编程。复位模式下的样例"03-Software\CH10\WDOG-RESET"。

1) 功能描述

复位模式下的看门狗应用测试程序的主要功能是：在主循环中开启看门狗,并且根据时间间隔号设置对应的时间间隔为 5s。若在规定时间内喂狗,则系统将正常运行其他代码,不会发生复位；若将喂狗操作注释掉,并且在 5s 内没有进行喂狗操作,则系统将直接进行复位。具体效果可以通过串口工具观察。

2) 编程步骤

（1）**用户外设模块初始化**。初始化 LED 灯,用于提示板子在正常工作；初始化串口,方便后续使用。

```
gpio_init(LIGHT_BLUE,GPIO_OUTPUT,LIGHT_ON);    //初始化蓝灯
uart_init(UART_User, 115200);                  //初始化串口
```

（2）**初始化看门狗模块**。在主函数 main()中,使用 wdog_init()函数初始化看门狗为复位模式,并且设置时间间隔。第一个参数为看门狗的工作模式,第二个参数为看门狗时间参数。

```
wdog_init(0, 5);     //配置看门狗为复位模式,设置间隔时间;
```

看门狗时间参数与实际时间的对应,见表 10-2。

表 10-2　看门狗时间参数与实际时间的对应

时间参数	0x0	0x1	0x2	0x3	0x4	0x5	0x6	0x7	0x8	0x9	0xA	0xB
时间间隔值	0.5s	1s	2s	3s	4s	5s	6s	8s	10s	12s	14s	16s

（3）**串口中断使能**。使能用户串口接收中断。此处因为看门狗为复位模式，故不用使能看门狗中断。

```
uart_enable_re_int(UART_User);          //使能用户串口接收中断
```

（4）**喂狗**。定时喂狗，防止程序跑飞。我们可以对下面代码进行删除和添加以查看没有喂狗和及时喂狗两种情况下的效果。

```
wdog_feed();          //喂狗
```

3）测试运行

上述工程编译下载后，在正常运行的情况下，复位模式下的运行界面如图 10-2 和图 10-3 所示。少数情况下，在串口更新页面 GEC 的连接可能会不稳定，所以可以使用串口工具查看对应的运行效果，如图 10-4 所示。

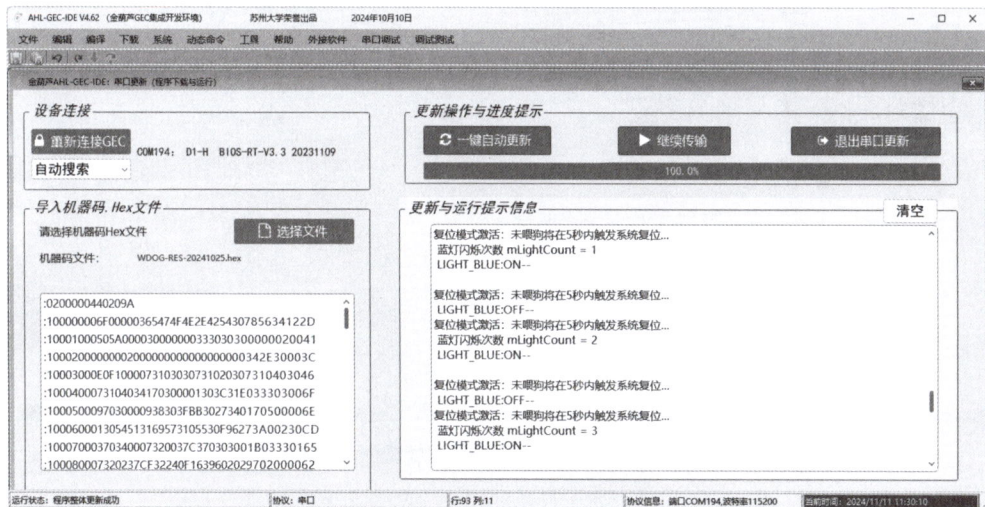

图 10-2　看门狗复位模式下正常喂狗测试运行

2. 中断模式看门狗应用的编程方法

复位模式的看门狗通常采用直接的、简单的恢复方式。在某些场合中，简单的复位操作可能不够，特别是当需要执行清理或者报告故障时。中断模式看门狗在发生异常时，可以触发预定义的中断服务程序，进行自定义的错误处理，比如重新设置看门狗时间间隔等。下面将基于看门狗构件对中断模式下的看门狗进行应用编程。中断模式下的样例见"03-Software\CH10\WDOG-INT"。

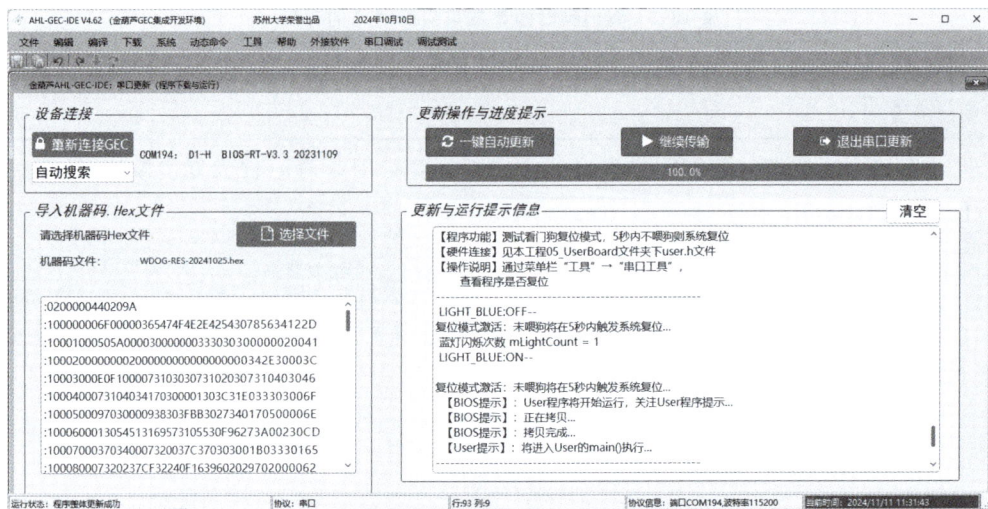

图 10-3 看门狗复位模式下不喂狗测试运行

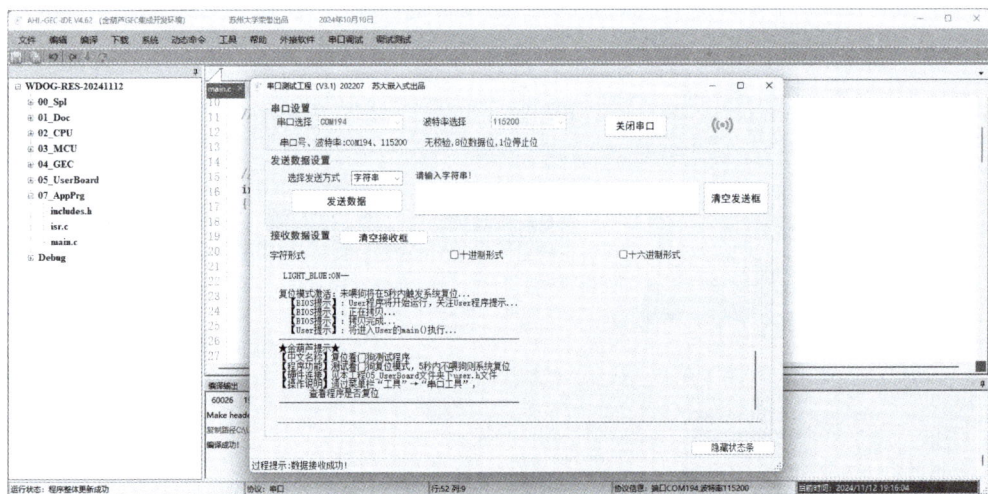

图 10-4 串口工具查看复位模式下的效果

1）功能描述

中断模式下的看门狗测试程序的主要功能是：第一次看门狗设置时间间隔为 2s，但是由于喂狗的时间会超过 2s，所以此时会触发中断；在中断处理函数中，重新设置看门狗时间间隔为 5s，由于 5s 之内程序能够完成喂狗，所以之后整个程序将不再触发中断。在程序运行起来之后，可以通过串口工具观察输出了几次"触发看门狗中断"。

2）编程步骤

（1）**用户外设模块初始化**。初始化 LED 灯，用于提示板子在正常工作；初始化串口，方便后续使用。

```
gpio_init(LIGHT_BLUE,GPIO_OUTPUT,LIGHT_ON);    //初始化蓝灯
uart_init(UART_User, 115200);                   //初始化串口
```

（2）**初始化看门狗模块**。在主函数 main()中，使用 wdog_init()函数初始化看门狗为中断模式，并且设置时间间隔。第一个参数为看门狗的工作模式，第二个参数为看门狗时间间隔。

```
wdog_init(1, 2);        //将看门狗初始化为中断模式,并且设置时间间隔为2s
```

（3）**中断使能**。使能用户串口接收中断，打开看门狗中断。

```
uart_enable_re_int(UART_User);    //使能用户串口接收中断
wdog_enable_int();                //打开看门狗中断
```

（4）**喂狗**。定时喂狗，防止程序跑飞。

```
wdog_feed();        //喂狗
```

（5）**打印触发中断信息并且重新设置时间间隔**。若程序运行没有在规定时间内喂狗，则会触发看门狗中断，具体程序见"03-Software\CH10\WDOG-INT\07_AppPrg\isr.c"。在中断处理程序中，会打印触发中断的信息，并且修改看门狗时间间隔。

```
printf("触发看门狗中断\r\n");
wdog_change_intv(5);        //修改时间间隔为5s
```

3）测试运行

上述工程编译下载后，在正常运行的情况下，中断模式下的运行界面如图 10-5 所示，通过串口工具查看运行效果，如图 10-6 所示。

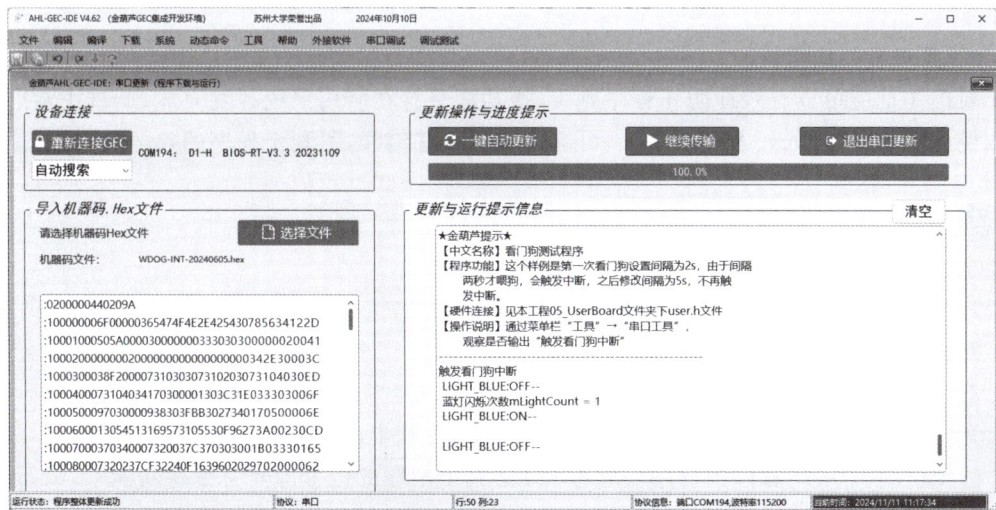

图 10-5 看门狗中断模式下编程测试运行

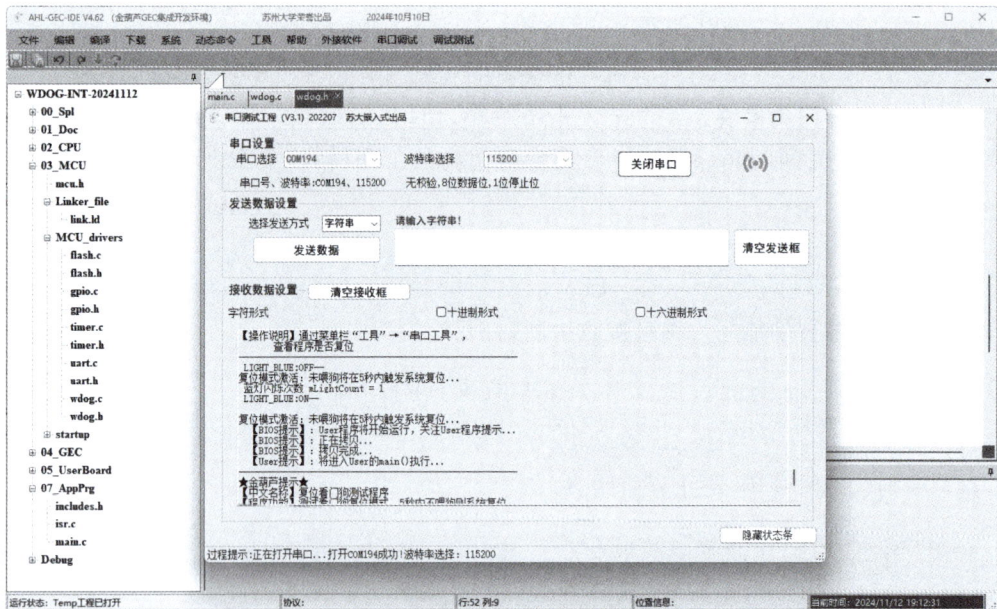

图 10-6 串口工具查看中断模式下的效果

本章小结

1. 关于系统时钟

D1-H 芯片的系统时钟由时钟控制单元(CCU)控制,每个模块可以根据自己的需求选择对应的时钟源。CPU 工作时钟需要在系统上电后立即进行设定,本书的所有程序均用到了这部分操作,之所以在此处才给出其编程方法,是因为这部分对嵌入式系统的初学者有较大难度。

2. 关于看门狗模块

看门狗功能可以有效地防止程序跑飞,该功能只有在应用系统开发完成、调试正常准备投入使用时,才可加入。若过早加入,可能会掩盖一些错误,不利于程序的鲁棒性。

习题

1. 简要阐述 D1-H 芯片的时钟来源。
2. 给出 D1-H 系统时钟的编程步骤。
3. 简述复位看门狗与中断看门狗有什么异同。
4. 测试一下复位看门狗时间分别为 2s、16s 是否基本准确。
5. 编写一个中断看门狗程序。思考一下:其中断服务例程应具有哪些功能?
6. 如何更贴近真实情况进行复位看门狗的测试?

## 第 11 章

实时操作系统

本章导读　在开发嵌入式应用产品时,根据项目需求、主控芯片的资源状况、软件可移植性等要求,可能选用一种实时操作系统作为嵌入式软件设计基础。特别是随着嵌入式人工智能与物联网的发展,对嵌入式软件的可移植性要求不断增强,实时操作系统的应用也将更加普及。主要内容包括:

(1) 无操作系统与实时操作系统;

(2) RTOS 中的常用基本概念及线程的三要素;

(3) RTOS 下应用程序的编程框架;

(4) RTOS 中同步与通信的应用编程方法。

本章以国产 RT-Thread 实时操作系统为蓝本,从应用编程出发,在简要阐述基本概念的基础上,基于 AHL-D1-H 硬件,给出能体现 RTOS 基本知识要素的编程模板,达到可以利用 RTOS 作为工具服务于应用程序开发的目的。

11.1　无操作系统与实时操作系统

视频讲解

学习基于实时操作系统的编程技术可以从了解实时操作系统的基本含义与基本功能开始。本节首先简要阐述无操作系统下程序运行路线与实时操作系统下程序运行路线的区别,由此初步了解实时操作系统的基本功能,随后介绍实时操作系统与非实时操作系统的基本差异。

11.1.1　无操作系统下的程序运行路线

在嵌入式系统中,其软件开发可以不使用操作系统,也可以根据资源情况,使用实时操作系统或非实时操作系统。

在无操作系统(No Operating System,NOS)的嵌入式系统中,系统复位后,首先进行系统时钟、堆栈、中断向量、内存变量、部分硬件模块等初始化工作,然后进入一个"无限循环",在这个无限循环中,中央处理器(Central Processing Unit,CPU)一般根据一些全局变量的值来决定执行哪种功能程序(类似后面将要给出线程),这是第一条运行路线。若发生中断,则响应中断,执行中断服务例程(Interrupt Service Routines,ISR),这是第二条运行路线,执行完 ISR 后,返回中断处继续执行。从操作系统的调度视角来理解,NOS 中的主程序可以被简单地看作"调度者",它类似于实时操作系统内核,这个内核负责调度其他"线程"。

11.1.2 实时操作系统下的程序运行路线

实时操作系统(Real Time Operation System,RTOS)是面向对实时性有较高要求的工业控制领域智能化产品的一种系统软件,从进程角度来说,它属于单进程多线程的系统,RTOS 内核负责线程调度。

基于 RTOS 的程序运行,也存在两条路线:一条是线程线,另一条是中断线。在 RTOS 下编程,通常会将一个较大工程分解成几个较小的工程(被称为线程或任务),调度者(RTOS 内核)负责调度这些线程何时运行;中断线与 NOS 的情况一致,若发生中断,则响应中断,执行完 ISR 后,返回中断处继续执行。

RTOS 的基本功能概括如下:RTOS 是一段包含在目标代码中的程序,系统复位后首先执行它,用户的其他应用程序(线程)都建立在 RTOS 之上。RTOS 为每个线程建立一个可执行的环境,在线程之间或者 ISR 与线程之间,传递事件或消息,区分线程执行的优先级,管理内存,维护时钟及中断系统,并协调多个线程对同一个 I/O 设备的调用等。简言之,就是线程管理与调度、线程间的同步与通信、存储管理、时间管理、中断管理等。

11.1.3 实时操作系统与非实时操作系统

操作系统(Operating System,OS)是一套用于管理计算机硬件与软件资源的程序,是计算机的系统软件。个人计算机(Personal Computer,PC)系统的硬件一般由主机、显示屏、键盘、鼠标等组成,操作系统则提供这些硬件设备的驱动管理以及用户软件进程管理、存储管理、文件系统、安全机制、网络通信及用户界面等功能,这类操作系统通常称为桌面操作系统,主要有 Windows、macOS、Linux 等。

嵌入式操作系统是一种工作在嵌入式微型计算机上的系统软件。一般情况下,它固化在用户板的非易失存储体中,具有一般操作系统最基本的功能,负责嵌入式系统的软硬件资源分配、线程调度、同步机制、中断处理等功能。

嵌入式操作系统有实时与非实时之分。一般情况下,资源较丰富的应用处理器使用的嵌入式操作系统,对实时性要求不高,主要关心功能,应用于这类系统中的操作系统就是非实时操作系统,如 HarmonyOS、Android、iOS、Linux 等。而以微控制器为核心的嵌入式系统,如工业控制设备、军事设备、航空航天设备等,大多对实时性要求较高,期望能够在较短的确定时间内完成特定的系统功能或中断响应,应用于这类系统中的操作系统就是实时操作系统(RTOS),如 RT-Thread、FreeRTOS、MQX、µC/OS 等。

与一般运行于 PC 或服务器上的通用操作系统相比,RTOS 的突出特点是"实时性",一般的通用操作系统(如 Windows、Linux 等)大多从"分时操作系统"发展而来。在单 CPU 条件下,分时操作系统的主要运行方式是:对于多个线程,CPU 的运行时间被分为多个时间段,并且将这些时间段平均分配给每个线程,轮流让每个线程运行一段时间,或者说每个线程独占 CPU 一段时间,如此循环,直至完成所有线程。这种操作系统注重所有线程的平均响应时间而较少关心单个线程的响应时间,对单个线程来说,更注重每次执行的平均响应时间而不关心某次特定执行的响应时间。在 RTOS 系统中,要求能"立即"响应外部事件的请求,这里"立即"的含义是相对于一般操作系统而言的,指在更短的时间内响应外部事件。与通用操作系统不同,RTOS 注重的不是系统的平均表现,而是要求每个实时线程在最坏情况下都要满足其实时性要求,也就是说,RTOS 注重的是个体表现,更准确地讲是个体在最坏情况下的表现。

11.2 RTOS 中的常用基本概念及线程的三要素

在 RTOS 基础上编程,芯片启动过程先运行的一段程序代码,开辟好用户线程的运行环境,准备好对线程进行调度,这段程序代码就是 RTOS 的内核。RTOS 一般由内核与扩展部分组成,通常内核的最主要功能是线程调度,扩展部分的最主要功能是提供应用程序编程接口(API)。

11.2.1 与线程相关的基本概念

1. 线程的基本含义

线程是 RTOS 中最重要的概念之一。在 RTOS 下,把一个复杂的嵌入式应用工程按一定规则分解成一个个功能清晰的小工程,然后设定各个小工程的运行规则,交给 RTOS 管理,这就是基于 RTOS 编程的基本思想。这一个个小工程被称为线程(Thread),RTOS 管理这些线程,被称为调度(Scheduling)。

要给 RTOS 中的线程下一个准确而完整的定义并不容易,可以从线程调度、软件设计、占用 CPU 等不同视角理解线程。

(1) 从线程调度视角理解,可以认为,RTOS 中的线程是一个功能清晰的小程序,是 RTOS 调度的基本单元。

(2) 从软件设计视角理解,在使用 RTOS 进行应用软件设计时,需要根据具体应用,划分出独立的、相互作用的程序集合,这样的程序集合就被称为线程,每个线程都被赋予一定的优先级。

(3) 从 CPU 运行视角理解,简单地说,在单 CPU 下,任何一个时刻只能有一个线程占用 CPU,或者说,任何一个时刻 CPU 只能运行一个线程。RTOS 内核的关键功能,就是以合理的方式为系统中的每个线程分配时间(即调度),使之得以运行。

实际上,根据特定的 RTOS,线程可能被称为任务(Task),也可能使用其他名词,表述或许稍有差异,但本质不变,不必花过多精力追究其精确语义,因为学习 RTOS 的关键在于掌握线程的设计方法、理解调度过程、提高编程鲁棒性、理解底层驱动原理,特别是提高程序的规范性、可移植性与可复用性,提高嵌入式系统的实际开发能力等。要真正理解与掌握利用线程进行基于 RTOS 的嵌入式软件开发,需要从线程的状态、优先级、调度、同步等方面来学习。

2. 调度的基本含义

在多线程系统中,RTOS 内核(Kernel)负责管理线程,即为每个线程分配 CPU 时间,并且负责线程间的通信,调度就是决定该轮到哪个线程运行了,它是内核最重要的职责。例如,一台晚会有小品、相声、唱歌、诗朗诵等节目,而舞台只有一个,在晚会过程中导演会指挥每个节目什么时间进行候场、什么时间上台进行表演、表演多长时间等,这个过程就可以看作导演在对各个独立的节目进行调度,通过导演的调度各个节目有序演出,观众就能看到一台精彩的晚会。

每个线程根据其重要程度不同,被赋予一定的优先级。不同的调度算法对 RTOS 的性能有较大影响,一般的 RTOS 大多是基于优先级的调度。优先级的调度算法的核心思想是:总是让处于就绪态的、优先级最高的线程先运行。

3. 线程的上下文及线程切换

线程的上下文是指某一时间点 CPU 内部寄存器的内容。当多线程内核决定运行另外一个线程时,它需要把正在运行线程的上下文保存在线程自己的堆栈之中。入栈工作完成以后,就将下一个将要运行线程的上下文,从其线程堆栈中重新装入 CPU 的寄存器,开始运行下一个线程,这个过程叫作线程切换或上下文切换。上下文的英文单词是 context,这个词具有场景、语境、来龙去脉的含义。举例来说,CPU 内部有个寄存器叫作程序计数器 PC,它的内容是将要执行指令的地址,但要从一个线程切换到另一个线程运行,现在的 PC 值就必须保存起来,从另一个线程的堆栈中,把那个线程暂停运行时所保存的 PC 值读出并重新装入 CPU 的 PC 中,这样 CPU 就开始运行这个新的线程,从而实现了线程的切换。当然,CPU 中堆栈寄存器、标志寄存器等也有类似的保存与恢复过程,以便使得线程的运行场景顺畅切换。

4. 线程优先级与线程间通信

在一个多线程系统中,每个线程都有一个优先级,RTOS 根据线程的优先级及时间片进行线程调度,一般情况下优先级高的线程先运行。

优先级驱动:在一个多线程系统中,正在运行的线程总是优先级最高的线程。在任何给定的时间内,总是把 CPU 分配给优先级最高的线程。

线程间通信是指线程间的信息交换,其作用是实现线程间同步及数据传输。同步是指根据线程间的合作关系,协调不同线程间的执行顺序。线程间通信的方式主要有事件、消息队列、信号量、互斥量等。

11.2.2　线程的三要素及四种状态

从源代码的形式来看,线程就是完成一定功能的函数,但是并不是所有的函数都可以被称为线程。一个函数只有在给出其线程描述符及线程堆栈情况下,才可以被称为线程,才能够被调度运行。线程有三个要素:线程函数、线程堆栈、线程描述符,线程有四种状态:终止态、阻塞态、就绪态和激活态。

1. 线程的三要素：线程函数、线程堆栈、线程描述符

从线程的存储结构上看，线程由三部分组成：线程函数、线程堆栈、线程描述符，这就是线程的三要素。线程函数就是线程要完成具体功能的程序；每个线程拥有自己独立的线程堆栈空间，用于保存线程在被调度时的上下文信息及线程内部使用的局部变量；线程描述符是关联了线程属性的程序控制块，记录线程的各个属性。下面做进一步阐述。

1) 线程函数

一个线程在形式上是完成一定功能的被称为线程函数的代码。从源程序角度来看，线程函数与一般函数并无区别，被编译链接生成机器码之后，一般存储在 Flash 区。但是从线程自身的视角来看，它认为 CPU 就是属于它自己的，并不知道还有其他线程存在。线程函数不是用来被其他函数直接调用运行，而是由 RTOS 内核调度运行的。要使线程函数能够被 RTOS 内核调度运行，必须对线程函数进行"登记"，要给线程设定优先级、设置线程堆栈大小、给线程编号等，不然当几个线程都要运行时，RTOS 内核如何知道哪个该先运行呢？由于任何时刻只能有一个线程在运行（处于激活态），因此当 RTOS 内核使一个线程运行时，之前运行的线程就会退出激活态。CPU 被处于激活态的线程所独占，从这个角度看，线程函数与无操作系统（NOS）中的 main() 函数性质相近，一般被设计为"永久循环"，认为线程一直在执行，永远独占处理器。但也有一些特殊性，将在 11.2.4 节讨论。

2) 线程堆栈

线程堆栈是独立于线程函数之外的 RAM，是按照"先进后出"策略组织的一段连续的存储空间，是 RTOS 中线程概念的重要组成部分。在 RTOS 中被创建的每个线程都有自己专用的堆栈空间，在线程运行过程中，线程堆栈用于保存线程程序运行过程中的局部变量、线程的上下文、该线程调用普通函数所需数据及返回地址等。

虽然前面已经简要描述过"线程的上下文"的概念，这里还要多说几句，以便充分认识线程堆栈用于保存线程上下文的作用的。在多线程系统中，每个线程都认为 CPU 寄存器是自己的，利用 CPU 寄存器作为计算过程的中转空间，如果一个线程正在运行，而 RTOS 内核决定不让当前线程运行，转去运行其他线程，那么就要把 CPU 内部寄存器的当前状态保存在属于该线程的线程堆栈中；当 RTOS 内核再次决定让其运行时，就从该线程的线程堆栈中将其上下文恢复到 CPU 的对应寄存器中，就像未被暂停过一样。

在系统资源充裕的情况下，可分配尽量多的堆栈空间，可以是 KB 数量级的（例如，常用 1KB），但若是系统资源受限，则应精打细算。具体的数值要根据线程的执行内容确定。对线程堆栈的组织及使用由系统维护，对于用户而言，只要在创建线程时指定其大小即可。

3) 线程描述符

线程被创建时，系统会为每个线程创建一个唯一的线程描述符（Task Descriptor，TD），它相当于线程在 RTOS 中的一个"身份证"，RTOS 就是通过这些"身份证"来管理线程和查询线程信息的。这个概念在不同操作系统中名称不同，但含义相同，在 RT-Thread 中被称为线程控制块（Thread Control Block，TCB），在 μC/OS 中被称作任务控制块（Task Control

Block，TCB)，在 Linux 中被称为进程控制块(Process Control Block，PCB)。线程函数只有配备了相应的线程描述符才能被 RTOS 调度，未被配备线程描述符的驻留在 Flash 区的线程函数代码就只是通常意义上的函数，是不会被 RTOS 内核调度的。

多个线程的线程描述符被组成链表，存储于 RAM 中。每个线程描述符中含有指向前一个节点的指针、指向后一个节点的指针、线程状态、线程优先级、线程堆栈指针、线程函数指针(指向线程函数)等字段，RTOS 内核通过线程描述符来执行线程。

在 RTOS 中，一般情况下使用列表来维护线程描述符。例如，在 RT-Thread 中阻塞列表用于存放因等待某个信号而终止运行的线程，延时阻塞列表用于存放因调用延时函数而暂停运行的线程，就绪列表则按优先级的高低存放准备要运行的线程。在 RTOS 内核调度线程时，可以通过就绪列表的头节点查找链表，获取就绪列表中所有线程描述符的信息。

2. 线程的四种状态：终止态、阻塞态、就绪态和激活态

RTOS 中的线程一般有四种状态，分别为终止态、阻塞态、就绪态和激活态。在线程被创建后的任一时刻，线程所处的状态一定是这四种状态中的一种。

1）线程状态的基本含义

(1) 终止态(terminated，inactive)：线程已经完成或被删除，不再需要使用 CPU。

(2) 阻塞态(blocked)：又可称为"挂起态"。线程未准备好，不能被激活，因为该线程需要等待一段时间或某些情况发生；当等待时间到或等待的情况发生时，该线程才变为就绪态，处于阻塞态的线程描述符存放于阻塞列表或延时阻塞列表中。

(3) 就绪态(ready)：线程已经准备好可以被激活，但未进入激活态，因为其优先级等于或低于当前的激活线程，一旦获取 CPU 的使用权就可以进入激活态，处于就绪态的线程描述符存放于就绪列表中。

(4) 激活态(active，running)：又称"运行态"，该线程在运行中，线程拥有 CPU 使用权。

如果一个激活态的线程变为阻塞态，则 RTOS 将执行切换操作，从就绪列表中选择优先级最高的线程进入激活态，如果有多个具有相同优先级的线程处于就绪态，则就绪列表中的首个线程先被激活。也就是说，每个就绪列表中相同优先级的线程是按先进先出(First in First out，FIFO)的策略进行调度的。

在一些操作系统中，还把线程分为"中断态和休眠态"，对于被中断的线程，RTOS 把它归为就绪态；休眠态是指该线程的相关资源虽然仍驻留在内存中，但并不被 RTOS 所调度的状态，其实它就是一种终止的状态。

2）线程状态之间的转换

RTOS 线程的四种状态是动态转换的，有的情况是由系统调度自动完成，有的情况是用户调用某个系统函数完成，有的情况是等待某个条件满足后完成。线程的四种状态转换关系如图 11-1 所示。

(1) **阻塞态、激活态、就绪态转为终止态**：如图 11-1 中的⑥、⑦、⑧。处于阻塞态、激活态和就绪态的线程，可以根据需要调用相关函数而直接进入终止态。例如，在 RT-Thread 中，调用 rt_thread_delete()、rt_thread_detach()、rt_thread_exit()函数。

（2）**终止态转为就绪态**（图 11-1 中的①）：线程准备重新运行，根据线程优先级进入就绪态。例如，在 RT-Thread 中，调用 rt_thread_init()或 rt_thread_create()函数再次创建线程，调用 rt_thread_startup()函数启动线程。

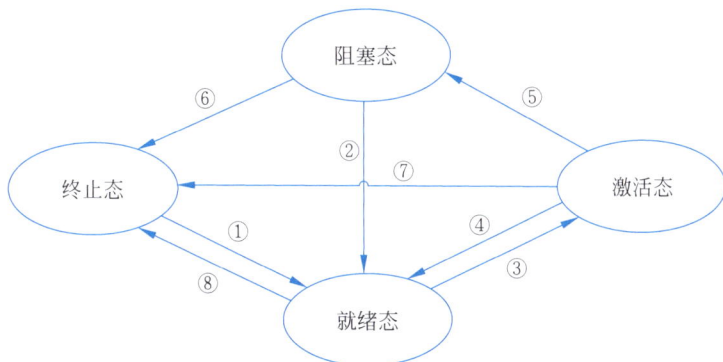

图 11-1　线程状态转换图

（3）**阻塞态转为就绪态**（图 11-1 中的②）：阻塞条件被解除，例如，中断服务或其他线程运行时释放了线程等待的信号量，从而使线程再次进入就绪态。又如，延时列表中的线程延时到达唤醒的时刻。在 RT-Thread 中，会自动调用 rt_thread_resume()函数。

（4）**就绪态转为激活态**（图 11-1 中的③）：就绪线程被调度而获得了 CPU 资源进入运行；也可以直接调用函数进入激活态。例如，在 RT-Thread 中，调用 rt_thread_yield()函数。

（5）**激活态转为就绪态、阻塞态**（图 11-1 中的④、⑤）。其中激活态转为就绪态（图 11-1 中的④）：正在执行的线程被高优先级线程抢占进入就绪列表；或使用时间片轮询调度策略时，时间片耗尽，正在执行的线程让出 CPU；或被外部事件中断。激活态转为阻塞态（图 11-1 中的⑤）：正在执行的线程等待信号量、等待事件或者等待 I/O 资源等，例如，在 RT-Thread 中，调用 rt_thread_suspend()函数。

3. RTOS 中的使用列表管理线程状态

在 RTOS 中每一时刻总是有多个线程处于相同的状态，这就如同我们进入火车站一样，有多人在车站广场等待进入火车站，同时有多人在安检口排队等待安检，在广场的人和在安检口排队的人属于不同的队伍。操作系统会安排不同的内存空间放置处于不同状态的线程标识，对应处于就绪态的线程放置在就绪列表，被延时函数阻塞的线程放置在延时阻塞列表中，因等待事件或消息等而被阻塞的线程放置在条件阻塞列表中，RTOS 会根据各个列表对线程进行管理与调度。

1）就绪列表

RTOS 中要运行的线程大多先放入就绪列表，即就绪列表中的线程是即将运行的线程，随时准备被调度运行。至于何时被允许运行，由内核调度策略决定。就绪列表中的线程按照优先级高低顺序及先进先出排列。当内核调度器确认哪个线程运行，则将该线程状态标志由就绪态改为激活态,线程会从就绪列表中被取出并执行。

2) 延时阻塞列表

延时阻塞列表是按线程出来的时刻排列,先出来的排在前面。若线程调用了延时函数,则该线程就会被放入延时阻塞列表中,其状态由激活态转化为阻塞态。当延时的时间到达时,线程将被从延时阻塞列表移出并放入就绪列表中,线程状态被设置为就绪态,等待调度执行。

3) 条件阻塞列表

当线程进入永久等待状态或因等待事件位、消息、信号量、互斥量时,其状态由激活态转化为阻塞态,线程就会被放到条件阻塞列表中。当等待的条件满足时,该线程状态由阻塞态转化为就绪态,线程会从相应的条件阻塞列表中移出,被放入就绪列表中,由 RTOS 进行调度执行。

为了方便对线程进行分类管理,在 RTOS 中,会根据线程等待的事件位、消息、信号量、互斥量等条件不同,将线程放入对应的条件阻塞列表中。根据线程等待的条件不同,这些条件阻塞列表在 RTOS 中又可分为事件阻塞列表、消息阻塞列表、信号量阻塞列表、互斥量阻塞列表等。

11.2.3 线程的三种基本形式

线程函数一般分为两部分:初始化部分和线程体部分。初始化部分实现对变量的定义、初始化变量以及设备的打开等,线程体部分负责完成该线程的基本功能。线程一般结构如下:

```
void  thread_a ( uint32_t  initial_data )
{
    //初始化部分
    //线程体部分
}
```

线程的基本形式主要有单次执行线程、周期执行线程以及资源驱动线程三种,下面介绍其结构特点。

1. 单次执行线程

单次执行线程是指线程在创建完之后只会被执行一次,执行完成后就会被销毁或阻塞的线程,线程函数结构如下:

```
void    thread_a ( uint32_t initial_data )
{
    //初始化部分
    //线程体部分
    //线程函数销毁或阻塞
}
```

单次执行线程由三部分组成:线程函数初始化、线程函数执行以及线程函数销毁或阻塞。初始化部分包括对变量的定义和赋值,打开需要使用的设备等;第二部分包括线程函数的执行,即实现该线程的基本功能;第三部分包括线程函数的销毁或阻塞,即调用线程销毁或者阻塞函数将自己从线程列表中删除。销毁与阻塞的区别在于销毁除了停止线程的运行之外,还将回收该线程所占用的所有资源,如堆栈空间等;而阻塞只是将线程描述符中的状态设置为阻塞态而已。

2. 周期执行线程

周期执行线程是指需要按照一定周期执行的线程,线程函数结构如下:

```
void    thread_a ( uint32_t initial_data )
{
    //初始化部分
    …
        //线程体部分
        while(1)
    {
                //循环体部分
    }
}
```

初始化部分同单次执行线程一样实现对变量的定义和赋值,打开需要使用的设备等;与单次执行线程不一样的地方在于周期执行线程的函数体内存在永久循环部分,由于该线程需要按照一定周期执行。

3. 资源驱动线程

除了上面介绍的两种线程类型之外,还有一种线程形式,那就是资源驱动线程,这里的资源主要指事件、消息、信号量、互斥量等。这种类型的线程比较特殊,它是操作系统特有的线程类型,因为只有在操作系统中才会出现资源的共享使用问题,同时也引出了操作系统中另一个主要的问题,那就是线程同步与通信。该线程与周期驱动线程的不同在于它的执行时间不是确定的,只有在它所要等待的资源可用时,它才会转入就绪态,否则就会因等待该资源而被放入等待列表中。资源驱动线程函数结构如下:

```
void    thread_a ( uint32_t initial_data )
{
    //初始化部分
        …
    while(1)
    {
                //调用等待资源函数
                //线程体部分
    }
}
```

初始化部分和线程体部分与之前两个类型的线程类似,主要区别就是在线程体执行之前会调用等待资源函数,以实现线程体部分的功能。

以上就是3种线程基本形式的介绍,其中的周期执行线程和资源驱动线程从本质上来讲可以归结为一种,也就是资源驱动线程。因为时间也是操作系统的一种资源,只不过时间是一种特殊的资源,特殊在于该资源是整个操作系统的实现基础,系统中大部分函数都是基于时间这一资源的,所以在分类中将周期执行线程单独作为一类。

11.3 RTOS 下应用程序的编程框架

本书通过设计合适的样例,将 RTOS 下的编程实例化、模板化,在需要使用 RTOS 的哪个要素为应用程序服务时,可找到对应的模板,"照葫芦画瓢"地完成编程。

11.3.1 RT-Thread 下基本要素模板列表

本书 RTOS 使用的是国产实时操作系统 RT-Thread(Real Time-Thread),所有 RTOS 大同小异,使用方法类似。从应用开发角度,只要能够正确使用 RTOS 的 5 个基本要素,即**延时函数**、**事件**、**消息队列**、**信号量**、**互斥量**等,就可以使用 RTOS 作为工具服务于应用程序开发,本书的目的是希望通过实例,让读者快速了解 RTOS 下的编程。对应 RTOS 的 5 个基本要素,设计 5 个实例,见表 11-1,所有实例基于硬件 AHL-D1-H,通过 AHL-GEC-IDE 编译后下载运行,下面逐一介绍这些实例。

表 11-1 RTOS 下编程实例列表

工 程 名	知识要素	程序功能
RTOS01-Delay	延时函数	软件控制红、绿、蓝各灯每 5s、10s、20s 状态变化,对外表现为三色灯的合成色,即开始时为暗,依次变化为红、绿、黄(红+绿)、蓝、紫(红+蓝)、青(蓝+绿)、白(红+蓝+绿),周而复始
RTOS02- Event-ISR	事件	当串口接收到一帧数据(帧头 3A+4 位数据+帧尾 0D 0A)即可控制红灯的亮暗
RTOS03-MessageQueue	消息队列	每当串口接收到一个字节,就将一条完整的消息放入到消息队列中,消息成功放入队列后,消息队列接收线程(run_messagerecv)会通过串口(波特率设置为 115 200bps)打印出消息,以及消息队列中消息的数量
RTOS04-Semaphore	信号量	当线程申请、等待和释放信号量时,串口都会输出相应的提示
RTOS05-Mutex-3LED	互斥量	说明如何通过互斥量来实现线程对资源的独占访问,RTOS01-Delay 的样例工程,仍然实现红灯线程每 5s 闪烁一次、绿灯线程每 10s 闪烁一次和绿灯线程每 20s 闪烁一次。在 RTOS01-Delay 的样例工程中红灯线程、蓝灯线程和绿灯线程有时会同时亮的情况(出现混合颜色),而本工程通过单色灯互斥量使得每一时刻只有一个灯亮,不出现混合颜色情况

11.3.2 第一个样例程序功能及运行

1. 样例程序的功能

第一个样例程序见"CH11\RTOS01-Delay",硬件是红、绿、蓝三色一体的发光二极管

（小灯），由 3 个 GPIO 引脚控制其亮暗。

　　软件控制红灯每 5s、绿灯每 10s、蓝灯每 20s 变化一次，对外表现为三色灯的合成色，经过分析，其实际效果如图 11-2 所示，即开始时为暗，依次变化为红、绿、黄（红＋绿）、蓝、紫（红＋蓝）、青（蓝＋绿）、白（红＋蓝＋绿），周而复始。

图 11-2　样例程序功能

2. 样例工程的运行测试

　　编译下载"CH11\RTOS01-Delay"工程，可以观察到三色灯随时间的变化，下载后的运行提示如图 11-3 所示。CH11 文件夹中还给出了 NOS 下三色灯程序的设计（NOS-Delay），运行效果一致，可以体会一下 NOS 下编程与 RTOS 下编程的异同点，至此，RTOS 可以作为工具服务于用户的程序设计。

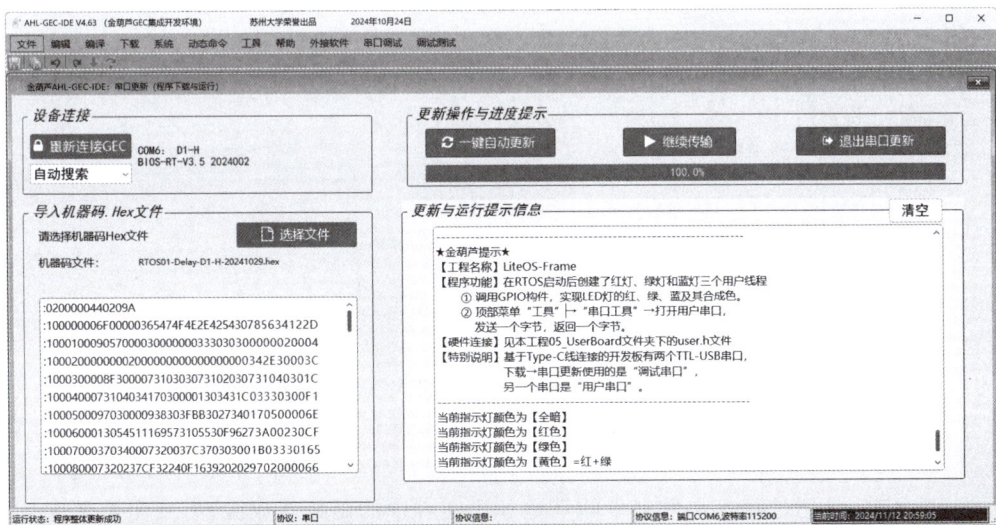

图 11-3　RT-Thread 样例工程测试结果

11.3.3 RT-Thread 工程框架

1. RT-Thread 工程框架的树状结构

RT-Thread 工程框架的树状结构与 NOS 工程框架的树状结构完全一致。以第一个样例程序"CH11\RTOS01-Delay"为例进行说明,两者的不同之处包括:

(1) 在工程的 05_UserBoard 文件夹中增加了 Os_Self_API.h、Os_United_API.h 两个头文件。其中,Os_Self_API.h 头文件给出了 RT-Thread 对外接口函数 API,如事件(rt_event)、消息队列(rt_messagequeue)、信号量(rt_semaphore)、互斥量(rt_mutex)等有关函数,实际函数代码可以驻留于 BIOS 中;Os_United_API.h 头文件给出了 RTOS 的统一对外接口 API,目的是实现不同的 RTOS 应用程序可移植,可以涵盖 RTOS 基本要素函数。

希望统一使用这个框架,01 文档文件夹相当于提供随工程的电子纸张,用于备忘记录;02 文件夹针对同一内核不再变动;03 文件夹内的面向芯片的驱动,在用到时放入 MCU_drivers 文件夹,在 05 文件夹的 User.h 中包含其头文件即可;04 文件夹是为通用嵌入式计算机 GEC 而设置,实现 BIOS 与 User 独立编译与衔接;05 文件夹作为用户硬件接口而改变;06、07 文件夹希望做到在功能不变,资源满足的条件下,可以在各个芯片、环境下复制使用,达到可移植、可复用的目的。

(2) 工程的"..\07_AppPrg\includes.h"文件给出了线程函数声明:

```
//线程函数声明
void    app_init(void);
void    thread_redlight();
void    thread_greenlight();
void    thread_bluelight();
```

(3) 工程的"..\07_AppPrg\main.c"文件给出了操作系统的启动代码:

```
#define  GLOBLE_VAR
#include  "includes.h"
//----------------------------------------------------------------
//声明使用到的内部函数
//main.c使用的内部函数声明处
//----------------------------------------------------------------
//主函数,一般情况下可以认为程序从此开始运行
int   main(void)
{
    OS_start(app_init);        //启动 RTOS 并执行主线程
}
```

(4) 工程的 07_AppPrg 文件夹中的 threadauto_appinit.c 含有主线程的函数 app_init(),该函数在 RTOS 启动过程中被变成了线程,作为上述 main()函数中调用的 OS_start()函数的入口参数,此时,app_init()线程也称为自启动线程,也就是说,操作系统启动后立即运行这个线程。它的作用是将该文件夹中的其他 3 个文件中的函数变成线程,从而被调度运行。

(5) 工程的 07_AppPrg 文件夹中有 3 个功能性函数文件,即 thread_bluelight.c、thread_

greenlight. c、thread_redlight. c,其内的函数,由于被变成了线程,因此可分别称为蓝灯线程、绿灯线程、红灯线程,它们在内核调度下运行。至此,可以认为有 3 个独立的"主函数"在操作系统的调度下独立地运行,相当于一个大工程变成了 3 个独立运行的小工程。

2. RT-Thread 的启动

样例工程"CH11\RTOS01-Delay"共创建了 5 个线程,如表 11-2 所示。

表 11-2　样例工程线程一览表

归属	线 程 名	执 行 函 数	优先级	线 程 功 能	中 文 含 义
内核	main_thread	app_init	10	创建其他线程	主线程
	idle	idle	31	空闲线程	空闲线程
用户	thd_redlight	thread_redlight	15	红灯以 5s 为周期闪烁	红灯线程
	thd_greenlight	thread_greenlight	15	绿灯以 10s 为周期闪烁	绿灯线程
	thd_bluelight	hread_bluelight	15	蓝灯以 20s 为周期闪烁	蓝灯线程

执行 OS_start(app_init)进行 RT-Thread 的启动,在启动过程中依次创建了**主线程**(main_thread,其线程函数是 app_init)和**空闲线程**(idle)。app_init 源码是在本工程中直接给出的,空闲线程 idle 被驻留在 BIOS 中,它的作用是在没有线程可运行时保持 CPU 运行,一旦其他任何线程就绪,就会运行其他线程。

3. 主线程的执行过程

1)主线程功能概要

主线程被内核调度首先运行,具体过程简单介绍如下:

(1)在主线程中依次创建蓝灯线程、绿灯线程和红灯线程,红灯线程实现红灯每 5s 闪烁一次,绿灯线程实现绿灯每 10s 闪烁一次,蓝灯线程实现蓝灯每 20s 闪烁一次,创建完这些用户线程之后主线程被终止。

(2)此时,在就绪列表中剩下红灯线程、绿灯线程、蓝灯线程和空闲线程这 4 个线程。

(3)由于**就绪列表**优先级最高的第一个线程是红灯线程(thd_redlight),因此它优先得到激活运行。它的执行函数 thread_redlight 线程实现每隔 5s 控制一次红灯的亮暗状态,当红灯线程调用系统的延时函数 delay_ms()时,调度系统暂时剥夺该线程对 CPU 的使用权,将该线程从就绪列表中移出,并将该线程的定时器放入延时列表中。

(4)接着,系统开始依次调度执行蓝灯线程(thd_blueligh)和绿灯线程(thd_greenlight)线程,根据延时时长将线程从就绪列表中移出,并将线程的定时器放到**延时列表**中。

(5)最后,当这 3 个线程的定时器都被放到延时列表中时,就绪列表中就只剩下空闲线程,此时空闲线程会得到运行。

从工作原理角度来说,调度切换是基于每 1ms(时钟滴答)的 SysTick 中断,在 SysTick 中断服务例程中,查看延时列表中线程的延时时间是否到期,若有线程的延时时间到,则将该线程将被从延时列表移出放到就绪列表中。同时,由于到期线程的优先级大于空闲线程的优先级,因此会抢占 CPU 的使用权,通过上下文切换激活,再次得到运行。这些工作属于 RTOS 内核,应用层面只要了解即可。

由于蓝、绿、红 3 个小灯物理上对外表现是一盏灯,所以样例工程功能的对外表现应该达到图 1-2 的效果(与 NOS 样例工程运行效果相同)。

2)主线程源码解析

主线程的运行函数 app_init()主要完成全局变量初始化、外设初始化、创建其他用户线程、启动用户线程等工作,它在 07_AppPrg\threadauto_appinit.c 中定义。

(1)创建用户线程。在 threadauto_appinit.c 文件的 app_init()函数中,首先创建了 3 个用户线程,即红灯线程 thd_redlight、蓝灯线程 thd_bluelight 和绿灯线程 thd_greenlight,它们的堆栈空间设置为 512 字节,优先级都设置为 15[①],时间片设置为 10 个时钟滴答。

```
thread_t      thd_redlight;
thread_t      thd_greenlight;
thread_t      thd_bluelight;
thread_redlight = thread_create("redlight ",      //线程名称
                (void *)thread_redlight,           //线程入口函数
                0,                                  //线程参数
                250,                                //线程栈空间
                15,                                 //线程优先级
                20);                                //线程轮询调度的时间片
thd_greenlight = rt_thread_create("greenlight", (void *)thread_greenlight, 0, 250, 15,
20);
thd_bluelight = rt_thread_create("bluelight", (void *)thread_bluelight, 0, 250, 15, 20);
```

(2)启动用户线程。在 07_AppPrg 文件夹下创建了 thread_redlight.c、thread_bluelight.c 和 thread_greenlight.c 3 个文件,在这 3 个文件中分别定义了 3 个用户线程执行函数 thread_redlight()、thread_bluelight()和 thread_greenlight()。这 3 个用户线程执行函数在定义上与普通函数没有差别,但是在使用上不是作为子函数进行调用,而是由 RT-Thread 进行调度,并且这 3 个用户线程执行函数基本上是一个无限循环,在执行过程由 RT-Thread 分配 CPU 使用权。

```
thread_startup(thd_redlight);      //启动红灯线程
thread_startup(thd_greenlight);    //启动绿灯线程
thread_startup(thd_bluelight);     //启动蓝灯线程
```

3)app_init 函数代码剖析

```
#include "includes.h"

void app_init(void)
{
    //printf 提示区
    printf("--------------------------------------------------------- \n");
    printf("★金葫芦提示★                                            \n");
    printf("【工程名称】LiteOS - Frame                               \n");
    printf("【程序功能】在 RTOS 启动后创建了红灯、绿灯和蓝灯三个用户线程    \n");
```

---

① RT-Thread 中优先级数值范围是 0~31,数值越小,所表示的优先级越高。

```
    printf("          ① 调用 GPIO 构件,实现 LED 灯的红、绿、蓝及其合成色。          \n");
    printf("          ② 顶部菜单"工具"→"串口工具"→打开用户串口,          \n");
    printf("                发送 1 字节,返回 1 字节。          \n");
    printf("【硬件连接】见本工程 05_UserBoard 文件夹下的 user.h 文件          \n");
    printf("【特别说明】基于 Type - C 线连接的开发板有两个 TTL - USB 串口,          \n");
    printf("                下载→串口更新使用的是"调试串口",          \n");
    printf("                另一个串口是"用户串口"。          \n");
    printf(" ---------------------------------------------------- \n");

    //【1】====== 启动部分(开头) ======================================
    //(1.1)声明 main()函数使用的局部变量
    thread_t thd_redlight;
    thread_t thd_greenlight;
    thread_t thd_bluelight;
    //(1.2)【不变】BIOS 中 API 接口表首地址、用户中断处理程序名初始化
    //(1.3)【不变】关总中断
    DISABLE_INTERRUPTS;

    //(1.4)给主函数使用的局部变量赋初值

    //(1.5)给全局变量赋初值

    //(1.6)用户外设模块初始化
    gpio_init(LIGHT_RED,GPIO_OUTPUT,LIGHT_OFF);
    gpio_init(LIGHT_GREEN,GPIO_OUTPUT,LIGHT_OFF);
    gpio_init(LIGHT_BLUE,GPIO_OUTPUT,LIGHT_OFF);
    //(1.7)【根据所使用的硬件模块中断】使能模块中断
    uart_enable_re_int(UART_User);                    //使能用户串口接收中断

    //(1.8)【不变】开总中断
    ENABLE_INTERRUPTS;

    //【2】【根据实际需要增删】线程创建(不能放在步骤 1.1～步骤 1.8)
    thd_redlight = thread_create("redlight",          //线程名称
                                (void * )thread_redlight,  //线程入口函数
                                NULL,                 //线程参数
                                1024,                 //线程栈空间
                                15,                   //线程优先级
                                20);                  //线程轮询调度的时间片
    thd_greenlight = thread_create("greenlight", (void * )thread_greenlight, NULL, 1024, 15,
20);
    thd_bluelight = thread_create("bluelight", (void * )thread_bluelight, NULL, 1024, 15,
20);

    //【3】【根据实际需要增删】线程启动
    thread_startup(thd_redlight);
    thread_startup(thd_greenlight);
    thread_startup(thd_bluelight);
}
```

4. 红灯、绿灯、蓝灯线程函数

根据 RT-Thread 样例程序的功能,设计了红灯 thd_redlight、蓝灯 thd_bluelight 和绿灯

thd_greenlight 3 个小灯闪烁线程,其执行函数分别定义在工程 07_AppPrg 文件夹下的 thread_redlight.c、thread_bluelight.c 和 thread_greenlight.c 这 3 个文件中。

小灯闪烁线程首先将小灯初始设置为暗,然后在 while(1)的永久循环体内,通过 delay_ms()函数实现延时,每隔指定的时间间隔切换灯的亮暗一次。这里的 delay_ms()**延时操作并非停止其他操作的空跑等待,在延时期间,这个线程被放入到延时列表中,处于延时阻塞状态,RTOS 内核可以调度其他线程运行**。当延时时间到达时,RTOS 内核会将该线程从延时列表中移出到就绪列表,从而被调度运行,此时,delay_ms()后面的语句得以运行,红灯循环继续。这就是在操作系统情况下 delay_ms()的作用。

下面给出红灯线程函数 thread_redlight()的具体实现代码,蓝灯线程函数 thread_bluelight()和绿灯线程函数 thread_greenlight()与红灯线程函数 thread_redlight()类似,读者自行分析。

```c
# include "includes.h"

// ================================================================
//函数名称: thread_redlight
//函数返回: 无
//参数说明: 无
//功能概要: 每 5s 红灯反转
//内部调用: 无
// ================================================================
void thread_redlight()
{
    char * lightstate[8] = {"【全暗】", "【红色】", "【绿色】",
                            "【黄色】=红+绿", "【蓝色】", "【紫色】=红+蓝",
                            "【青色】=蓝+绿", "【白色】=红+蓝+绿"};
    static uint32_t mCount = 0;             //静态变量(计数)
    gpio_init(LIGHT_RED,GPIO_OUTPUT,LIGHT_OFF);
    while (1)
    {
        printf("当前指示灯颜色为 % s\r\n",lightstate[mCount]);
        delay_ms(5000);                     //延时 5s
        gpio_reverse(LIGHT_RED);
        mCount = mCount + 1;
        if (mCount > = 8) mCount = 0;
    }
}
```

11.4 RTOS 中同步与通信的应用编程方法

在 RTOS 中,每个线程作为独立的个体,接受内核调度器的调度运行。但是,线程之间不是完全不联系的,其联系的方式就是同步与通信。只有掌握同步与通信的编程方法,才能编写出较为完整的程序。RTOS 中主要的同步与通信手段有事件与消息队列,它们是 RTOS 提供给应用编程的重要工具,这是 RTOS 下进行应用程序开发需要重点掌握的内容之一。在多线程的工程中,还会涉及对共享资源的排他使用问题。RTOS 提供了信号量与互斥量来协调多线程下的共享资源的排他使用,它们也属于同步与通信范畴。这里从应用编程视角,给出事件、消息队列、信号量及互斥量的含义、应用场合、操作函数以及编程举例。

11.4.1 RTOS 中同步与通信基本概念

在百米比赛起点,运动员正在等待发令枪响,一旦发令枪响,运动员立即起跑,这就是一种同步。当一个人采摘苹果放入篮子中,另一个人只要见到篮子中有苹果,就取出加工,这也是一种同步。RTOS 中也有类似的机制应用于线程之间,或者中断服务例程与线程之间。

1. 同步的含义与通信手段

为了实现各线程之间的合作,保证无冲突地运行,一个线程的运行过程就需要和其他线程进行配合,线程之间的配合过程称为**同步**。由于线程间的同步过程通常是由某种条件来触发的,又称为**条件同步**。在每一次同步的过程中,其中一个线程(或中断)为"控制方",它使用 RTOS 提供的某种通信手段发出控制信息;另一个线程为"被控制方",通过通信手段得到控制信息后,进入就绪列表,被 RTOS 调度执行。被控制方的状态受到控制方发出的信息实现控制,即被控制方的状态由控制方发出的信息来同步。

为了实现线程之间的同步,RTOS 提供了灵活多样的通信手段,如事件、消息队列、信号量、互斥量等,它们适用于不同的场合。

1) 从是否需要通信数据的角度看

(1) 如果只发同步信号,不需要数据,那么可使用事件、信号量、互斥量。同步信号为多个信号的逻辑运算结果时,一般使用事件作为同步手段。

(2) 如果既有同步功能,又能传输数据,那么可使用消息队列。

2) 从产生与使用数据速度的角度看

若产生数据的速度快于处理速度,则会有未处理的数据堆积,在这种情况下只能使用有缓冲功能的通信手段,如消息队列。但是,产生数据的总平均速度应该慢于处理速度,否则消息队列会溢出。

2. 同步类型

在 RTOS 中,有中断与线程之间的同步、两个线程之间的同步、两个以上线程与一个线程同步、多个线程相互同步等同步类型。

1) 中断和线程之间的同步

若一个线程与某一中断相关联,则在中断服务例程中产生同步信号,处于阻塞态的线程等待这个信号。一旦这个信号发出,该线程就会从阻塞态变为就绪态,接受 RTOS 内核的调度。例如,一个小灯线程与一个串口接收中断相关联,小灯亮暗切换由串口接收的数据控制,这种情况可用事件方式实现中断和线程之间的同步。在串口接收中断的过程中,当中断服务例程收到一个完整数据帧时,可发出一个事件信号,处于阻塞态的小灯线程收到这个事件信号后,就可以进行灯的亮暗切换。

2）两个线程之间的同步

两个线程之间的同步分为单向同步和双向同步。

（1）单向同步。如果单向同步发生在两个线程之间，则实际同步效果与两个线程的优先级有很大关系，当控制方线程的优先级低于被控制方线程的优先级时，控制方线程发出信息后使被控制方线程进入就绪状态，并立即发生线程切换，然后被控制方线程直接进入激活态，瞬时同步效果较好。当控制方线程的优先级高于被控制方线程的优先级时，控制方线程发出信息后虽然使被控制方线程进入就绪态，但并不发生线程切换，只有当控制方再次调用系统服务函数（如延时函数）使自己挂起时，被控制方线程才有机会被调度运行，其瞬时同步效果较差。在单向同步过程中，必须保证消息的平均生产时间比消息的平均消费时间长，否则，再大的消息队列也会溢出。以采摘苹果与将苹果放入运输车为例，若有两个人（A、B），A 拿着篮子采摘苹果放入袋子中，每个袋子固定可装 8 个苹果，篮子最多可以放下 10 袋苹果（每袋苹果就相当于一个消息），A 手中的篮子就是消息队列。单向同步的功能是，B 的眼睛盯着 A 手中的篮子，只要篮子有一袋苹果，他就"立即"取出放入运输车中。如果 A 采摘苹果的速度快于 B 放入运输车中，篮子总有放不下的时候，所以要求这个情况消息堆积不能大于消息队列可容纳的最大消息数，A 的总平均速度慢于 B 的总平均速度。

（2）双向同步。在单向同步中，要求消息的平均生产时间比消息的平均消费时间长，那么如何实现产销平衡呢？可以通过协调生产者和消费者的关系来建立一个产销平衡的理想状态。通信的双方相互制约，生产者通过提供消息来同步消费者，消费者通过回复消息来同步生产者，即生产者必须得到消费者的回复后才能进行下一个消息的生产。这种运行方式称为双向同步，它使生产者的生产速度受到消费者的反向控制，达到产销平衡的理想状态。双向同步的优点是能确认每次通信均成功，没有遗漏。

3）两个以上线程与一个线程同步

当需要由两个以上线程来同步一个线程时，简单的通信方式难以实现，可采用事件按"逻辑与"的方式来实现，此时被同步线程的执行次数不超过各个同步线程中发出信号最少的线程的执行次数。只要被同步线程的执行速度足够快，被同步线程的执行次数就可以等于各个同步线程中发出信号最少的线程的执行次数。"逻辑与"的控制功能具有安全控制的特点，可用来保障一个重要线程必须在万事俱备的前提下才可以执行。

4）多个线程相互同步

多个线程相互同步可以将若干相关线程的运行频度保持一致，每个相关线程在运行到同步点时都必须等待其他线程，只有全部相关线程都到达同步点，才可以按优先级顺序依次离开同步点，从而达到相关线程的运行频度保持一致的目的。多个线程相互同步可保证在任何情况下各个线程的有效执行次数都相同，而且等于运行速度最低的线程的执行次数。这种同步方式具有团队作战的特点，它可用在一个需要多线程配合进行的循环作业中。

11.4.2 事件

在 RTOS 中，为了协调中断与线程之间或者线程与线程之间同步，但又不需要传送数据时,常采用事件作为同步手段。

1. 事件的含义及应用场合

当某个线程需要等待另一线程(或中断)的信号才能继续工作,或需要将两个及两个以上的信号进行某种逻辑运算,用逻辑运算的结果作为同步控制信号时,可采用"事件字"来实现,而这个信号或运算结果可以看作一个事件。例如,在串行中断服务例程中,将接收到的数据放入接收缓冲区,当缓冲区数据是一个完整的数据帧时,可以把数据帧放入全局变量区,随后使用一个事件来通知其他线程及时对该数据帧进行剖析,这样就把两件事情交由不同主体完成:中断服务例程负责接收数据,并负责初步识别,比较费时的数据处理交由线程函数完成。中断服务例程"短小精悍"是程序设计的基本要求。

一个事件用一位二进制数(0、1)表达,每一位称为一个事件位,在 RT-Thread 中,通常用一个字(如 32 位)来表达事件,这个字被称为事件字(用变量 set 表示)[1]。事件字每一位可记录一个事件,且事件之间相互独立,互不干扰。

事件字可用于实现多个线程(或中断)协同控制一个线程,当各个相关线程(或中断)先后发出自己的信号后(使事件字的对应事件位有效),预定的逻辑运算结果有效,触发被控制的线程,使其脱离阻塞态,进入就绪态。

2. 事件的常用函数

事件的常用函数有创建事件函数 event_create()、获取事件函数 event_recv()、发送事件函数 event_send()。

1) 创建事件变量函数 event_create()

在使用事件之前必须调用创建事件函数创建一个事件控制块结构体变量。

```
// ============================================================
//函数名称: event_create
//功能概要: 创建一个事件结构体指针变量
//参数说明: name——事件名称
//         flag——事件标志位,设置唤醒阻塞线程的模式,可选择:
//         IPC_FLAG_PRIO——优先级高的线程优先
//         IPC_FLAG_FIFO——先进先出顺序
//函数返回: 返回一个事件结构体指针变量
// ============================================================
event_t    event_create(const char * name, uint8_t flag);
```

2) 获取事件函数 event_recv()

当调用事件获取函数时,线程进入阻塞状态。等待 32 位事件字指定的一位或几位置位,就退出阻塞态。

```
// ============================================================
//函数名称: event_recv
//功能概要: 等待 32 位事件字的指定的一位或几位置位
```

_____

[1]　每个事件字可以表示 32 个单独事件,一般能满足一个中小型工程的需要。若所需事件多于 32 个,则可以根据需要创建多个事件字。

```
//参数说明: event——指定的事件字
//          set——指定要等待的事件位,32 位中的一位或几位
//          option——接收选项,可选择:
//          EVENT_FLAG_AND——等待所有事件位
//          EVENT_FLAG_OR——等待任一事件位
//          可与 EVENT_FLAG_CLEAR(清标志位)通过"|"操作符连接使用
//          timeout——设置等待的超时时间,一般为 WAITING_FOREVER: 永久等待
//          recved——用于保存接收的事件标志结果,可用于判断是否成功接收到事件
//函数返回: 返回成功代码或错误代码
// =======================================================================
err_t   event_recv(event_t  event, uint32_t  set, uint8_t option, int32_t timeout,  uint32_
t * recved);
```

3) 发送事件函数 event_send()

发送事件函数 event_send()用于发送事件字的指定事件位。该函数运行后(即事件位被置位后),因执行获取事件函数而进入阻塞列表的线程会退出阻塞状态,进入就绪列表,接受调度。一般编程过程可以认为在获取事件函数之后,语句开始执行。

```
// =======================================================================
//函数名称: event_send
//功能概要: 发送事件字的指定事件位
//参数说明: event——指定的事件字
//          set——指定要等待的事件位,32 位中一位,或几位
//函数返回: 返回成功代码或错误代码
// =======================================================================
err_t     event_send(event_t event, uint32_t set);
```

3. 事件的编程实例

1) 事件样例程序的功能

事件编程实例见"03-Software\CH11\RTOS02-Event-ISR"。该工程给出了利用事件进行中断与线程同步的实例,其功能为:

(1) 用户串口中断为收到一个字节产生中断,在 isr.c 文件的中断服务例程 UART_User_Handler 中,进行接收组帧操作。

(2) 当串口接收到一个完整的数据帧(帧头 3A+4 位数据+帧尾 0D 0A),发送一个事件(命名为红灯事件)。

(3) 在红灯线程中,有等待红灯事件的语句,没有红灯事件时,该线程进入阻塞队列,一旦有红灯事件发生,就运行随后的程序,红灯状态反转。

2) 准备阶段

(1) **声明事件字全局变量并创建事件字**。在使用事件之前,首先在 07_AppPrg 文件夹下的工程总头文件(includes.h 文件)中声明一个事件字全局变量 g_EventWord。

```
G_VAR_PREFIX    event_t    g_EventWord;             //声明事件字 g_EventWord
```

这一个事件字全局变量有 32 位,可以满足 32 个事件的需要,一般工程足够使用。

（2）**确定要用的事件名称、使用事件字的哪一位**。设事件位名称为红灯事件，英文名为 RED_LIGHT_EVENT，使用事件字的第3位（可任意使用哪一位，只要不冲突即可），在样例工程总头文件 includes.h 的"全局使用的宏常数"处，按照下述方式进行宏定义即可。

```
#define    RED_LIGHT_EVENT          (1 << 3)       //定义红灯事件为事件字第3位
```

可以思考一下，为何这样进行宏定义？

（3）**创建事件字实例**。在 threadauto_appinit.c 文件的 app_init() 函数中创建事件字实例。

```
g_EventWord = event_create("g_EventWord",IPC_FLAG_PRIO);       //创建事件字
```

3）应用阶段

（1）**等待事件发生**。这一步是在等待事件触发的线程中进行的，使用 event_recv() 函数。等待事件位有两类参数选项：一类是等待事件位"逻辑与"的选项，即等待屏蔽字中逻辑值为1的所有事件位都被置位，选项名为 EVENT_FLAG_AND；另一类是等待事件位"逻辑或"的选项，即等待屏蔽字中逻辑值为1的任意一个事件位被置位，选项名为 EVENT_FLAG_OR。例如，在本节样例程序中，在线程 thread_redlight 中等待"红灯事件位"置位，代码如下：

```
event_recv(g_EventWord,RED_LIGHT_EVENT,
               EVENT_FLAG_OR|EVENT_FLAG_CLEAR, WAITING_FOREVER,&recvedstate);
uart_send_string(UART_User,(void *)"在红灯线程中,收到红灯事件,红灯反转\r\n");
gpio_reverse(LIGHT_RED);                //反转红灯
```

这段代码的主要目的是便于测试，下面一旦设置事件位，上面的 event_recv() 函数之后的代码即被运行，这叫作"事件的触发功能"，利用事件对两处程序进行同步。RTOS 内核提供了此功能，服务于用户程序。

（2）**设置事件位**。这一步是在触发事件的线程中进行的（也可以在中断服务例程中进行），在线程的相应位置使用 event_send() 函数对事件位置位，用来表示某个特定事件发生。例如，在本节样例程序中，在串行中断服务例程（UART_User_Handler）中设置了"红灯闪烁事件"的事件位，代码如下：

```
event_send(g_EventWord,RED_LIGHT_EVENT);               //设置红灯事件
```

4）样例程序源码

数据帧可在工程的 01_Doc\ readme.txt 文件中复制使用。

（1）红灯线程（事件等待线程）。

```
#include "includes.h"
//=============================================================
//线程函数: thread_redlight
```

```c
//功能概要：等待红灯事件被触发,反转红灯
//内部调用：无
// ================================================================
void thread_redlight()
{
        //(1)线程初始化部分
        uint32_t   i;                    //临时变量
        printf(" --- 第一次进入运行红灯线程!\r\n");
        gpio_init(LIGHT_RED,GPIO_OUTPUT,LIGHT_OFF);
        //(2) ====== 主循环(开始) =========================
        while (1)
        {
        uart_send_string(UART_User,(void * )"在红灯线程中,等待红灯事件被触发...\r\n");
         event_recv(g_EventWord,RED_LIGHT_EVENT,
                 EVENT_FLAG_OR|EVENT_FLAG_CLEAR,WAITING_FOREVER,&i);
        //RED_LIGHT_EVENT 产生后运行下述语句
        uart_send_string(UART_User,(void * )"在红灯线程中,收到红灯事件,红灯反转\r\n");
        gpio_reverse(LIGHT_RED);   //反转红灯
        }//(2) ====== 主循环(结束) =========================
}
```

（2）用户串口中断服务例程。

在用户串口中断服务例程（UART_User_Handler）中，当接收到一个完整数据帧时，将发出一个事件。

```c
#include "includes.h"
// ================================================================
//程序名称：UART_User_Handler 接收中断服务例程
//触发条件：UART_User_Handler 收到一个字节触发
//备注说明：进入本程序后,可使用 uart_get_re_int 函数可再进行中断标志判断
//               (1 - 有 UART 接收中断,0 - 没有 UART 接收中断)
//硬件连接：UART_User 的所接串口号参见 User.h
// ================================================================
void UART_User_Handler(void)
{
uint8_t ch;
        uint8_t flag;
        DISABLE_INTERRUPTS;                     //关总中断
        // -------------------------------------------------
        //接收一个字节
        ch = uart_re1(UART_User, &flag);        //调用接收一个字节的函数,清接收中断位
        if  (flag)
        {
                //判断组帧是否成功
                if  (CreateFrame(ch,g_recvDate))
                {
                        //组帧成功,则设置红灯事件位
                        uart_send_string(UART_User,(void * )"中断中,设置红灯事件位 A\r\n");
                        event_send(g_EventWord,RED_LIGHT_EVENT);
                }
        }
        // -------------------------------------------------
```

```
ENABLE_INTERRUPTS;                              //开总中断
}
```

（3）程序执行流程分析。

红灯线程初始运行后，遇到 **event_recv** 语句，因需要等待"红灯事件"而阻塞，即红灯线程的状态由激活态转化为阻塞态，**event_recv** 语句之后的不再运行；当用户串口接收到一个完整的数据帧（帧头 3A＋4 位数据＋帧尾 0D 0A）之后，设置红灯事件（事件字的第 3 位），红灯线程被从阻塞列表中移出，红灯线程状态由阻塞态转化为就绪态，并放入就绪列表中，由 RTOS 内核进行调度运行，**event_recv** 语句之后的程序被运行，切换红灯亮暗。

5）运行结果

样例程序操作方法：

（1）下载运行后，退出下载窗口。

（2）打开工程的 01_Doc 文件夹下的 readme.txt 文件。

（3）在 readme.txt 文件中复制"3A,01,02,03,04,0D,0A"。

（4）在顶部菜单进入"工具"→"串口工具"。

（5）打开用户串口，选择十六进制发送，粘贴上述数据，单击"发送数据"按钮。打开串口时，可以根据接收数据框信息判断是否是用户串口，若不是，则更换一个串口打开。程序运行效果如图 11-4 所示，通过串口输出的数据可以清晰地看出，在中断中设置红灯事件，从而实现中断与线程之间的通信，实际效果是在发送完一帧数据后红灯的状态反转。通过这个样例，在实际项目中，可以"照葫芦画瓢"地使用 RTOS 的事件，为在应用程序中实现不同程序单元之间同步服务。

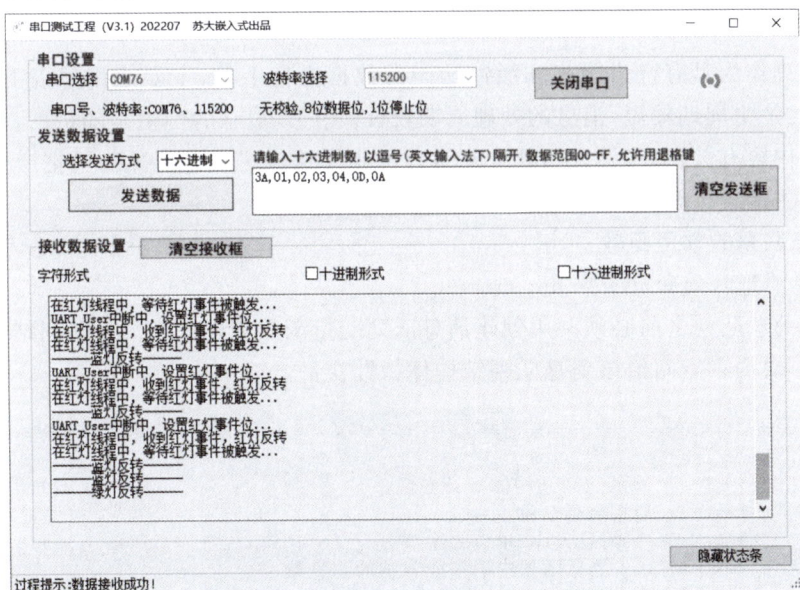

图 11-4 通过事件实现中断与线程的通信

11.4.3　消息队列

在 RTOS 中,如果需要在线程间或线程与中断间传送数据,则采用消息队列作为同步与通信手段。

1. 消息队列的含义及应用场合

消息(Message)是一种线程间数据传送的单位,它可以是只包含文本的字符串或数字,也可以更复杂,如结构体类型等,相比使用事件时传递的少量数据(1 位或 1 个字),消息可以传递更多、更复杂的数据,它的传送需要通过消息队列来实现。

消息队列(Message Queue)是在消息传输过程中保存消息的一种容器,是将消息从它的源头发送到目的地的中转站,它是能够实现线程之间同步和大量数据交换的一种通信机制。在该机制下,消息发送方在消息队列未满时将消息发往消息队列,接收方则在消息队列非空时将消息队列中的首个消息取出;而在消息队列满或者空时,消息发送方及接收方既可以等待消息队列满足条件,也可以不等待而直接进行后续操作。这样只要消息的平均发送速度小于消息的平均接收速度,就可以实现线程间的同步数据交换,哪怕偶尔产生消息堆积,也可以在消息队列中获得缓冲,从而解决了消息的堆积问题。

11.4.1 节中给出了一个简明的比喻,这里再重复一下,可以更直观地体会消息队列的含义。两个人分别为 A、B,A 拿着篮子采摘苹果放在袋子中,每个袋子固定装入 8 个苹果,篮子最多可以放下 10 袋苹果(每袋苹果就是一个消息),A 手中的篮子就是消息队列。同步要实现的功能是,B 的眼睛会盯着 A 手中的篮子,只要篮子有一袋苹果,他就"立即"取出放入运输车中。如果 A 采摘苹果的速度快于 B 放入运输车中,篮子总有放不下的时候,所以要求这个情况消息堆积不能大于消息队列可容纳的最大消息数,A 的总平均速度慢于 B 的总平均速度。

消息队列作为具有行为同步和缓冲功能的数据通信手段,主要适用于以下两个场合:第一,消息的产生周期较短,消息的处理周期较长;第二,消息的产生是随机的,消息的处理速度与消息内容有关,某些消息的处理时间有可能较长。这两种情况均可把产生与处理分在两个程序主体进行编程,它们之间通过消息队列通信。

2. 消息队列的常用函数

1) 创建消息队列变量函数 mq_create()

在使用消息队列之前必须调用创建消息队列变量函数创建一个消息队列结构体指针变量,并分配一块内存空间给该消息队列结构体指针变量。

```
//==============================================================
//函数名称: mq_create
//功能概要: 创建一个消息队列结构体指针变量
//参数说明: name——消息队列名称
//          msgsize——消息大小,单位为字节
//          max_msgs——消息队列中最多能容纳的消息数
//          flag——消息队列标志位,设置消息队列的阻塞唤醒模式,可选择如下参数
```

```
//              IPC_FLAG_PRIO：优先级高的线程优先
//              PC_FLAG_FIFO：先进先出顺序
//函数返回：返回一个消息队列结构体指针变量
// ================================================================
mq_t   mq_create(const char * name,size_t msg_size, size_t max_msgs, uint8_t flag)
```

2）发送消息函数 mq_send()

此函数将消息放入消息队列,若消息阻塞队列中有等待消息的线程,则 RTOS 内核将其移出放入就绪队列,并被调度运行。

```
// ================================================================
//函数名称：mq_send
//功能概要：发送消息(即将消息放入消息队列)
//参数说明：mq——消息队列控制块
//         buffer——消息内容
//         size——消息的大小(即一条消息的字节数)
//函数返回：返回成功或错误代码
// ================================================================
err_t    mq_send(mq_t mq, void * buffer, size_t size);
```

3）获取消息函数 mq_recv()

运行到此函数时,若消息队列为空,则线程阻塞,直到消息队列中有消息,阻塞解除,运行其后代码。

```
// ================================================================
//函数名称：mq_recv
//函数返回：状态代码值
//参数说明：mq——消息队列控制块
//         buffer——接收消息的地址
//         size——接收缓冲区的大小
//         timeout——设置等待的超时时间,一般为 WAITING_FOREVER：永久等待
//功能概要：将消息从消息队列中取出
// ================================================================
err_t   mq_recv(mq_t mq,void * buffer, size_t size, int32_t timeout)
```

3. 消息队列的编程实例

1）消息队列样例程序的功能

消息队列编程实例见"03-Software\CH11\RTOS03-MessageQueue"。该工程实现的功能是在中断服务例程与线程之间传递消息,具体过程如下：

（1）用户串口中断为收到一个字节产生中断,在 isr.c 文件的中断服务例程 UART_User_Handler 中,进行接收组帧操作。

（2）串口接收到一个完整的数据帧(帧头 3A+8 字节数据＋帧尾 0D 0A)后,会发送一个消息,每个消息就是数据帧中的 8 字节数据。注意,每个消息的字节数是在创建消息队列时确定的,且为定长。

（3）在等待消息的线程(thread_message_recv)中,有等待消息的语句,若消息队列中没

有消息,则该线程进入消息阻塞队列,一旦消息队列中有消息,就运行随后的程序,通过串口(波特率为115 200bps)打印出消息,以及消息队列中剩余消息的个数。

2)准备阶段

(1)**声明消息队列变量**。在使用消息队列之前,首先在07_AppPrg文件夹下的工程总头文件(includes.h)中声明一个全局消息队列变量g_mq。

```
G_VAR_PREFIX   mq_t    g_mq;          //声明一个全局消息变量
```

(2)**创建消息队列实例**。在threadauto_appinit.c文件的app_init()函数中创建消息队列实例,实参为:消息变量名字为g_mq,每个消息8字节,最大消息个数4个,进出方式为先进先出。

```
//创建消息队列,参数为:名字、单个消息字节数、消息个数、进出方式(先进先出)
g_mq = mq_create("g_mq",8,4,IPC_FLAG_FIFO);
```

3)应用阶段

(1)**等待消息**。即通过mq_recv()函数获取消息队列中存放的消息。例如,在本节样例程序的thread_messagerecv.c文件中,有如下语句:

```
mq_recv(g_mq,&temp,sizeof(temp),WAITING_FOREVER);
```

上述语句之后的程序,等待消息队列中有消息时才会被运行。

(2)**发送消息**(将消息放入消息队列)。通过mq_send()函数将消息放入消息队列中,若消息队列已满,则会直接舍弃该条消息。例如,在本节样例程序的中断服务例程UART_User_Handler中,将收到的消息放入消息队列。

```
mq_send(g_mq,recv_data,sizeof(recv_data));
```

4)样例程序源码

(1)等待消息的线程。

当消息队列中有消息时,可获取消息队列中的消息,并输出消息,具体代码如下:

```
// ================================================================
//线程函数: thread_message_recv
//功能概要:如果队列中有消息,则取出消息并打印取出的消息和队列中剩余的消息数量
//内部调用:无
// ================================================================
void thread_message_recv()
{
    printf("第一次进入消息接收线程!\r\n");
    gpio_init(LIGHT_RED,GPIO_OUTPUT,LIGHT_OFF);
    //(1)声明局部变量
    uint8_t   temp[8];              //存放一个消息(每个消息为8字节)
    uint8_t mq_cnt_str[2];          //存放消息数转为的字符
    //(2)主循环(开始) ===================================
```

```
    while (1)
    {
    //(2.1)等待消息,参数:消息名,消息内容,消息的字节数,永久等待
        mq_recv(g_mq,&temp,sizeof(temp),WAITING_FOREVER);
    //(2.2)有消息时,会执行随后程序
    //              将剩余消息数转为字符串
        IntConvertToStr(g_mq->entry,mq_cnt_str);  //g_mq:全局变量,entry:剩余的消息数
    //              从用户串口输出有关
        uart_send_string(UART_User,(void *)"当前取出的消息 = ");
        uart_sendN(UART_User,8,temp);         //取出的消息内容
        uart_send_string(UART_User,(void *)"\r\n");
        uart_send_string(UART_User,(void *)"消息队列中剩余的消息数 = ");
        uart_send_string(UART_User,(uint8_t *)mq_cnt_str);
        uart_send_string(UART_User,(void *)"\r\n\r\n");
        delay_ms(1000);                      //延迟,为了演示消息堆积的情况
    }
    //(2)主循环(结束)=============================================
}
```

(2) 用户串口中断服务例程。

在用户串口中断服务例程(UART_User_Handler)中成功接收到一个完整帧后,将其组成一条完整的消息,并放入消息队列中。

```
// =====================================================================
//文件名称:isr.c(中断处理程序源文件)
//框架提供:苏州大学嵌入式实验室(sumcu.suda.edu.cn)
//版本更新:201708 - 202306
//功能描述:提供中断处理程序编程框架
// =====================================================================
# include "includes.h"

//本文件内部函数声明处-------------------------------------------------
uint8_t     CreateFrame(uint8_t Data,uint8_t * buffer);         //组帧函数
void     ArrayCopy(uint8_t * dest,uint8_t * source,uint16_t len); //数组复制

// =====================================================================
//中断服务例程名称:UART_User_Handler
//触发条件:UART_User 串口收到一个字节触发
//基本功能:串口收到一个字节后,进入本程序运行;本程序内部调用组帧函数
//              CreateFrame,当组帧完成,放入消息队列
// =====================================================================
void    UART_User_Handler(void)
{
    //局部变量
    uint8_t ch;
    uint8_t flag;
    uint8_t recv_data[8];
    static uint8_t recv_dateframe[11];                          //串口接收字符数组
    uint8_t recv_data[8];
    DISABLE_INTERRUPTS;                                        //关总中断
```

```
    //接收一个字节
    ch = uart_re1(UART_User,&flag);
    if (flag)                            //若收到一帧数据
    {
        if (CreateFrame(ch,recv_dateframe))
          {
              //取出收到的数据作为一个消息
              for (int i = 0;i < 8;i++)    recv_data[i] = recv_dateframe[1 + i];
              //将该消息存放到消息队列
              printf("发送消息\r\n");
              mq_send(g_mq,recv_data,sizeof(recv_data));
          }
    }
    //-------------------------------
    ENABLE_INTERRUPTS;                       //开总中断
}
```

（3）程序执行流程分析。

等待消息的线程 thread_message_recv 初始化运行后,由于消息队列中无消息而阻塞(因为开始消息队列中没有消息),此时该线程的状态由激活态转化为阻塞态,mq_recv()之后的语句不再运行;用户串口接收到一个完整的数据帧(帧头 3A＋8 位数据＋帧尾 0D 0A)后,mq_send()函数将 8 位数据作为一个消息放入消息队列,则会触发 thread_message_recv 线程中 mq_recv()函数的后续程序运行,这就是消息队列的触发机制。可以看到,利用这种机制不仅实现了同步,还实现了信息的传送。

每放入一个消息到消息队列,消息队列中的消息数量自动增 1,消息队列未满时,消息才可继续放入;当消息放入的速度快于消息取出的速度且消息队列满后,再放入消息则被舍弃。

为了模拟消息堆积的情况,等待消息的线程 thread_message_recv 中使用了 1s 延时,这样,每隔 1s 从消息队列中获取消息,收到消息后输出消息内容,同时消息数量减 1,若无消息可获取,则消息接收线程会被放入消息阻塞列表中,直到有新的消息到来,才会从消息阻塞列表中移出,放入就绪列表中。

5）运行结果

样例程序**操作方法**:

（1）下载运行后,退出下载窗口;

（2）打开工程的 01_Doc 文件夹下的 readme.txt 文件;

（3）在 readme.txt 文件中复制"3A,30,31,32,33,34,35,36,37,0D,0A";

（4）在顶部菜单进入"工具"→"串口工具";

（5）打开用户串口,选择十六进制发送,粘贴上述数据,单击"发送数据"按钮。

打开串口时,可以根据接收数据框信息判断是否是用户串口,若不是,则更换一个串口打开。程序运行效果如图 11-5 所示,通过串口输出的数据可以清晰地看出剩余消息数、消息内容等信息。快速单击"发送数据"按钮,可以看到消息堆积与消息丢失的情况。通过这个样例,在实际项目中,可以"照葫芦画瓢"地使用 RTOS 的消息队列为应用程序同步并传送数据服务。

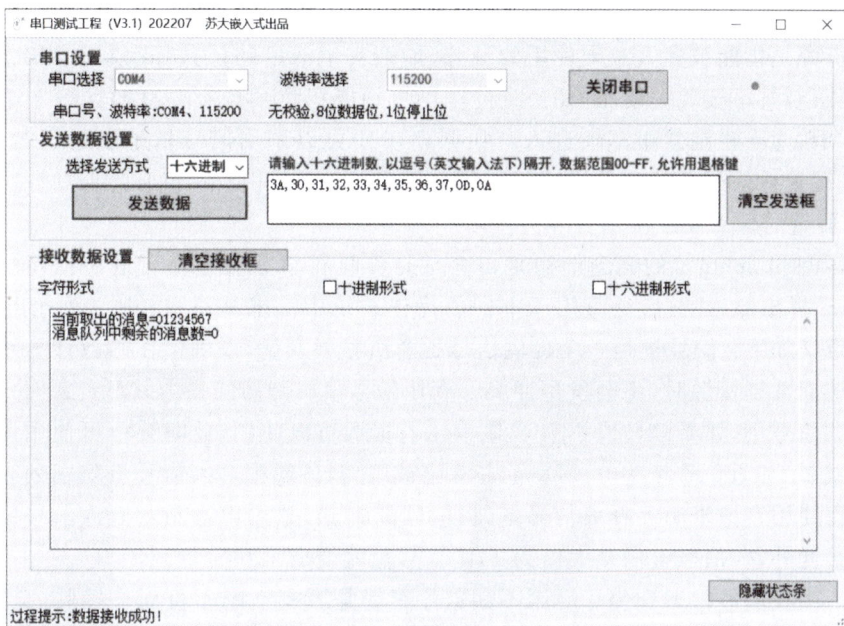

图 11-5　有一个消息

快速单击"发送数据"按钮，可以模拟消息堆积与消息丢失的情况，如图 11-6 所示。

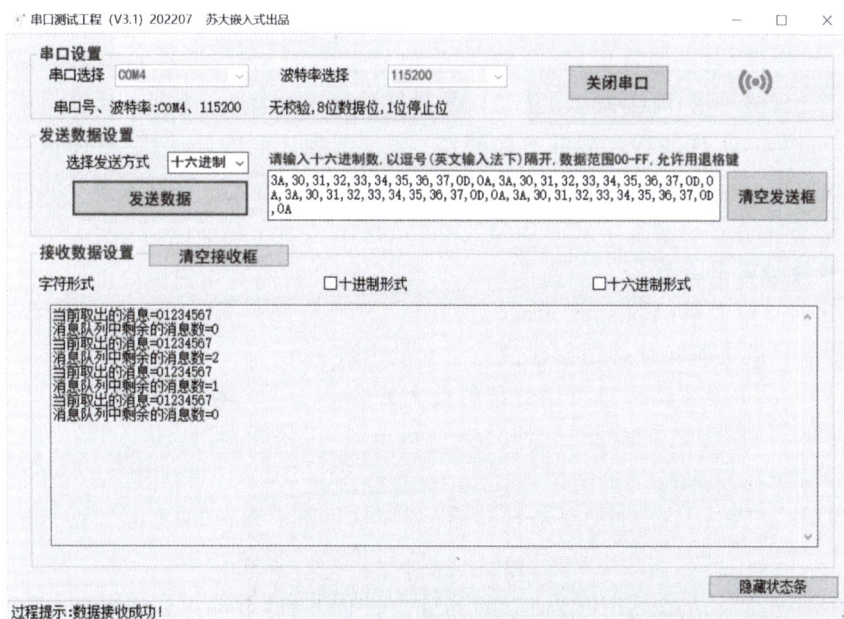

图 11-6　消息堆积或消息丢失测试

11.4.4 信号量

共享资源是指能被多人共同使用的资源,如现实生活中的公共停车场。当共享资源有限时,就要限制共享资源的使用,如公共停车场可用停车位个数不为 0 时允许车辆进入,可用停车位个数为 0 时则禁止车辆进入。在 RTOS 中可以采用信号量来表达资源可使用的次数,当线程获得信号量时就可以访问该共享资源了。

1. 信号量的含义及应用场合

信号量(Semaphore)的概念最初是由荷兰计算机科学家艾兹格·迪杰斯特拉(Edsger W. Dijkstra)提出的,并被广泛应用于不同的操作系统中。维基百科(zh. wikipedia. org)对信号量的定义如下:信号量是一个提供信号的非负整型变量,以确保在并行计算环境中,不同线程在访问共享资源时,不会发生冲突。利用信号量机制访问一个共享资源时,线程必须获取对应的信号量,如果信号量不为 0,则表示有资源可以使用,此时线程可使用该资源,并将信号量减 1;如果信号量为 0,则表示资源已被用完,该线程进入信号量阻塞列表,排队等候其他线程使用完该资源后释放信号量(将信号量加 1),才可以重新获取该信号量,访问该共享资源。此外,若信号量的最大值为 1,则信号量就变成了互斥量。

在生活中我们经常遇到停车时因不知道停车场是否有空闲车位而直接驶入,进入停车场后才发现没有空闲车位而无法停车的情况,有时当停车场只有 1 个空闲车位时停车场驶入多辆车辆还会造成停车纠纷。对于停车场车位这个共享资源我们可以通过引入信号量来进行管理,信号量初始值为停车场可用车辆数量,车辆进入停车场前先申请(等待信号量)可用的停车位,若没有可用停车位,则车辆只能等待(对应线程阻塞),当有车辆离开(释放信号量)停车场,可用停车位(信号量)就会加 1,当信号量大于 0 时,等待的车辆可以进入停车场,可用停车位(信号量)就会减 1。正是信号量这种有序的特性,使之在计算机中有着较多的应用场合,例如,实现线程之间的有序操作;实现线程之间的互斥执行,使信号量个数为 1,对临界区加锁,保证同一时刻只有一个线程在访问临界区;为了实现更好的性能而控制线程的并发数等。

2. 信号量的常用函数

1) 创建信号量变量函数 sem_create()

在使用信号量之前必须调用创建信号量变量函数 sem_create()创建一个信号量结构体指针变量,同时可以设置信号量可用资源的最大数量。

```
// ==============================================================
//函数名称: sem_create
//功能概要: 创建一个信号量结构体指针变量,设置可用资源的最大数量
//参数说明: name——信号量名称
//          value——可用信号量初始值,即可用资源的最大数量
//          flag——信号量标志位,设置信号量的阻塞唤醒模式,可选择
//          IPC_FLAG_PRIO——优先级高的线程优先
//          IPC_FLAG_FIFO——先进先出顺序
//函数返回: 返回一个信号量结构体指针变量
```

```
// ================================================================
sem_t  sem_create(const  char * name, uint32_t  value,  uint8_t  flag);
```

2）等待获取信号量函数 sem_take()

在获取共享资源之前，需要等待获取信号量。若可用信号量个数大于 0，则获取一个信号量，并将可用信号量个数减 1。若可用信号量个数为 0，则阻塞线程，直到其他线程释放信号量之后才能够获取共享资源的使用权。

```
// ================================================================
//函数名称: sem_take
//功能概要: 等待一个可用的信号量资源
//参数说明: sem——信号量控制块
//         time——设置等待的超时时间,一般为 WAITING_FOREVER: 永久等待
//函数返回: 返回成功或错误代码
// ================================================================
err_t  sem_take(sem_t  sem, int32_t  time);
```

3）释放信号量函数 sem_release()

当线程使用完共享资源后，需要释放占用的共享资源，使可用信号量值加 1。

```
// ================================================================
//函数名称: sem_release
//功能概要: 释放一个信号量资源
//参数说明: sem——信号量控制块
//函数返回: 返回成功或错误代码
// ================================================================
err_t  sem_release(sem_t  sem)
```

3. 信号量的编程实例

1）信号量样例程序的功能

信号量编程实例见"03-Software\CH11\RTOS04-Semaphore"。该工程以 3 辆车进入只有 2 个停车位的停车场为例，讨论如何通过信号量来实现车辆的有序进场停车。空闲车位对应信号量，只有在空闲车位（信号量）>0 时，车辆才可以进场停车，空闲车位（信号量）减 1；车辆出来时，空闲车位（信号量）加 1，对应信号量的获取与释放。信号量的获取和释放必须成对出现，即某个线程获取了信号量，那该信号量必须在该线程中进行释放。模拟程序设计的功能是车辆 1 进场停车 20s，车辆 2 进场停车 10s，车辆 3 进场停车 5s，可以看到需要等待进场的情况。

2）准备阶段

通过 sem_create()函数初始化信号量结构体指针变量，设置最大可用资源数。例如，在本节样例程序的在 app_init()中初始化信号量结构体指针变量，为了模拟演示设置最大可用停车位为 2，代码如下：

（1）在 includes.h 中定义信号量。

```
G_VAR_PREFIX    sem_t    g_sp;              //声明一个全局变量(信号量)
```

(2) 在 threadauto_appinit.c 的 app_init()函数中创建信号量。

```
g_sp = sem_create("g_sp",2,IPC_FLAG_FIFO);            //创建信号量g_sp,初值为2
```

3）应用阶段

（1）**等待信号量**。在线程访问资源前,通过 sem_take()函数等待信号量;若无可用信号量,则线程进入信号量阻塞列表,等待可用信号量的到来。例如,在本节样例程序中,在对应线程中获取信号量,代码如下:

```
sem_take( g_sp ,WAITING_FOREVER);        //等待信号量
```

（2）**释放信号量**。在线程使用完资源后,通过 sem_release()函数释放信号量。例如,在本节样例程序中,在对应线程中释放信号量,代码如下:

```
sem_release( g_sp);          //释放信号量
```

4）样例程序源码

（1）停车线程 1。

```
#include "includes.h"

// ================================================================
//线程名称: thread_Stop1
//参数说明:无
//功能概要:输出信号量变化情况,获得信号量后延时 20s
//内部调用:无
// ================================================================
void thread_Stop1()
{
    //(1) ====== 声明局部变量 ======================================
    int SPcount;                        //记录信号量的个数
    //(2) ====== 主循环(开始) ======================================
    while (1)
    {
        delay_ms(2000);                //延时 2s
        printf("\r\n");
        printf("车辆 1 到达停车场!\r\n");
        SPcount = g_sp->value;        //读取信号量的值
        printf("车辆 1 请求空闲车位,当前空闲车位为: %d\r\n",SPcount);
        if(SPcount == 0)
        {
            printf("空闲车位为 0,车辆 1 等待(进入阻塞列表)...\r\n\r\n");
        }
        //等待一个信号量
        sem_take(g_sp,WAITING_FOREVER);
        //信号量被自动减 1
        SPcount = g_sp->value;        //读取信号量的值
        printf("车辆 1 获得空闲车位,模拟停车 20s。此时空闲车位还剩: %d \r\n\r",SPcount);
        if(SPcount == 0)
```

```
        {
            printf("空闲车位为 0,红灯亮,随后车辆不允许进入\r\n");
            gpio_set(LIGHT_GREEN,LIGHT_OFF);
            gpio_set(LIGHT_RED,LIGHT_ON);
        }
        delay_ms(20000);
        //释放一个信号量
        sem_release(g_sp);
        //此时信号量自动加 1
                SPcount = g_sp->value;
        printf("车辆 1 驶离,空闲车位为:%d,绿灯亮,车辆允许进入\r\n",SPcount);
        gpio_set(LIGHT_RED,LIGHT_OFF);
        gpio_set(LIGHT_GREEN,LIGHT_ON);
    }
    //(2) ====== 主循环(结束) ========================================
    printf("\r\n");
}
```

（2）停车线程 2 与停车线程 3。

停车线程 2 与停车线程 3 的程序与停车线程 1 的代码完全相同,只是其中的提示及延时参数发生变化,停车线程 2 的模拟停车时间为 10s,停车线程 3 的模拟停车时间为 5s。

（3）程序执行流程分析。

每当有车辆进入停车场直到车辆离开,才会输出车辆对空闲车位(信号量)的使用过程以及线程的状态。车辆到达停车场先请求空闲车位(信号量),如果当前空闲车位(信号量)个数为 0,即无空闲车位(信号量),则会输出当前车辆等待空闲车位(信号量)的提示;若车辆申请到空闲车位(信号量),则输出剩余空闲车位(信号量)的个数;车辆离开停车场释放空闲车位(信号量),并输出提示以释放车位(信号量)。在车辆获取空闲车位(信号量)时和车辆驶离停车场释放空闲车位(信号量)时,增加了当前空闲车位(信号量)数量的判断,有空闲车位绿灯亮,表示允许停车;无空闲车位红灯亮,表示禁止停车。

5）运行结果

程序开始运行后,可以看到各个线程对信号量(空闲车位)的请求和使用情况,运行结果如图 11-7 所示。

g_sp 为自定义的信号量名称,通过提示,可以明显地看到信号量增减的变化,g_sp 申请和释放都会有相应提示,而无可用 g_sp 时也会提示哪个线程正在等待。

11.4.5　互斥量

当信号量的初值为 1 时,就被称为互斥量,其值要么为 1,表示可以使用该资源;要么为 0,表示不能使用该资源。因为其作用比较特殊,因此 RTOS 把它单独作为一个部件来看待。

1. 互斥量的含义及应用场合

1）互斥量的概念

互斥量(Mutex,也称为互斥锁)是一种用于保护操作系统中的临界区(或是共享资源)

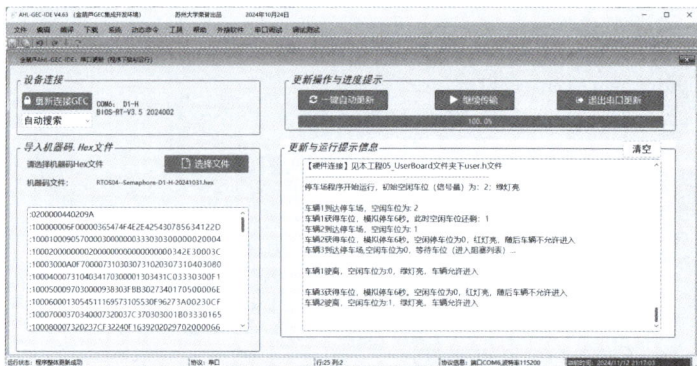

图 11-7　信号量示例运行结果

的同步工具之一。它能够保证在任意时刻只有一个线程能够操作临界区,从而实现线程间同步。互斥量的操作只有加锁和解锁两种,每个线程都可以对一个互斥量进行加锁和解锁操作,必须按照先加锁、后解锁的顺序进行操作。一旦某个线程对互斥量加锁,在它对互斥量进行解锁操作之前,任何线程都无法再对该互斥量进行加锁,这是一种独占资源的行为。在无操作系统的情况下,一般通过声明独立的全局变量,在主循环中使用条件判断语句对全局变量的特定取值进行判断,从而实现对资源的独占,互斥量的使用方法如图 11-8 所示。

图 11-8　互斥量的使用方法

2)互斥关系

互斥关系是指多个需求者为了争夺某个共用资源而产生的关系。在生活中就存在很多互斥关系的场景,如停车场内有两辆车争夺一个停车位、食堂里几个人排队打饭等。这些竞争者之间可能彼此并不认识,但是为了竞争共用资源,产生了互斥关系。就像食堂排队打饭一样,互斥关系中没有得到资源的需求者都需要排队等待第一个需求者使用完资源后,才能开始使用资源。

3)互斥应用场合

在一个计算机系统中,有很多受限的资源,如串行通信接口、读卡器和打印机等硬件资源以及公用全局变量、队列和数据等软件资源。

2. 互斥量的常用函数

1)创建互斥量变量函数 mutex_create()

在使用互斥量之前必须调用创建互斥量变量函数 mutex_create()创建一个互斥量结构体指针变量。

```
//================================================================
//函数名称: mutex_create
```

```
//功能概要:创建一个互斥量结构体指针变量
//参数说明:name-互斥量名称
//                      flag-互斥量标志位,设置互斥量的阻塞唤醒模式
//                           IPC_FLAG_PRIO:优先级高的线程优先
//                           IPC_FLAG_FIFO:先进先出顺序
//函数返回:返回一个互斥量结构体指针变量
// =================================================================
mutex_t  mutex_create(const  char * name, uint8_t  flag);
```

2) 获取互斥量函数 mutex_take()

调用获取互斥量函数 mutex_take(),将在指定的等待时间内获取指定的互斥量。

```
// =================================================================
//函数名称:mutex_take
//功能概要:获取互斥量
//参数说明:mutex-互斥量控制块
//              time-设置等待的超时时间,一般为 WAITING_FOREVER:永久等待
//函数返回:返回成功或错误代码
// =================================================================
err_t  mutex_take(mutex_t  mutex, int32_t  time)
```

3) 互斥量释放函数 mutex_release()

调用互斥量释放函数 mutex_release(),将释放指定的互斥量。

```
// =================================================================
//函数名称:mutex_release
//功能概要:释放互斥量
//参数说明:mutex-互斥量控制块
//函数返回:返回成功或错误代码
// =================================================================
err_t  mutex_release(mutex_t  mutex)
```

3. 互斥量的编程实例

1) 互斥量样例程序的功能

下面举例说明如何通过互斥量来实现线程对资源的独占访问,实现红灯线程每 5s 闪烁一次、绿灯线程每 10s 闪烁一次和绿灯线程每 20s 闪烁一次,不出现混合色,小灯颜色显示情况如图 11-9 所示。样例工程参见"03-Software\CH11\RTOS05-Mutex-3LED"。

互斥量的锁定和解锁必须成对出现,即若某个线程锁定了某个互斥量,则该互斥量必须在该线程中进行解锁。

2) 准备阶段

(1) 在 includes.h 中定义互斥量。

```
G_VAR_PREFIX  mutex_t    g_mutex;
```

(2) 在 app_init() 函数中初始化互斥量。

```
g_mutex = mutex_create("g_mutex",IPC_FLAG_PRIO);          //初始化互斥量
```

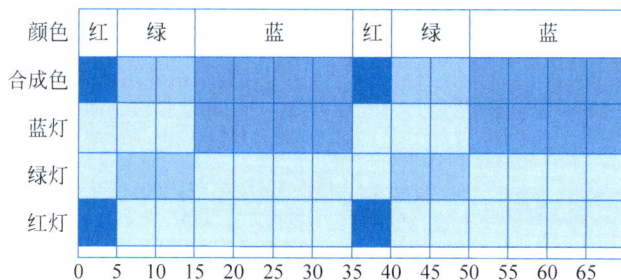

图 11-9　互斥量样例程序功能示意图

3）应用阶段

（1）锁定互斥量。在线程访问独占资源前,通过 mutex_take()函数锁定互斥量,以获取共享资源使用权;若此时独占资源已被其他线程锁定,则线程进入互斥量的阻塞列表中,等待锁定此独占资源的线程解锁该互斥量。

```
mutex_take(g_mutex,WAITING_FOREVER);
```

（2）解锁互斥量。在线程使用完独占资源后,通过 mutex_release()函数解锁互斥量,释放对独占资源的使用权,以便其他线程能够使用独占资源。

```
mutex_release(mutex);
```

4）样例程序源码与运行过程分析

这里给出红灯线程源码,蓝灯线程和绿灯线程的源码与红灯线程源码基本一致,只是延时时间不同。

```
#include "includes.h"
// ================================================================
//函数名称: thread_redlight
//函数返回: 无
//参数说明: 无
//功能概要: 每 5s 红灯反转
//内部调用: 无
// ================================================================
void thread_redlight()
{
    gpio_init(LIGHT_RED,GPIO_OUTPUT,LIGHT_OFF);
    printf("第一次进入红灯线程!\r\n");
    //(1) ====== 声明        局部变量 =====================================

    //(2) ====== 主循环(开始) ============================================
    while (1)
    {
        //1.锁住单色灯互斥量
        mutex_take(g_mutex,WAITING_FOREVER);
        printf("\r\n 红灯锁定单色互斥量成功!红灯反转,延时 5s\r\n");
```

```
        //2.红灯变亮
        gpio_reverse(LIGHT_RED);
        //3.延时 5s
        delay_ms(5000);
        //4.红灯变暗
        gpio_reverse(LIGHT_RED);
        //5.解锁单色灯互斥量
        mutex_release(g_mutex);
    }//(2) ====== 主循环(结束) ========================================
}
```

本例程与 11.3 节给出例程的区别在于使用了互斥量机制。添加了互斥量机制后,红、绿、蓝 3 种颜色的小灯会按照红灯 5s、绿灯 10s、蓝灯 20s 的顺序单独实现亮暗,每种颜色的小灯线程之间通过锁定单色灯互斥量独占资源,不会产生黄、青、紫、白的混合颜色。若不添加互斥量机制,则现象与 11.3 节无区别。具体流程如下:红灯线程调用 mutex_take() 函数申请锁定单色灯互斥量成功,互斥锁为 1,红灯线程切换亮暗。在红灯线程锁定单色灯互斥量期间,蓝灯线程和绿灯线程申请锁定单色灯互斥量均失败,都会被放到互斥量阻塞列表中,直到红灯线程解锁单色灯互斥量之后,蓝灯线程和绿灯线程才会从互斥量阻塞列表中移出,获得单色灯互斥量,然后进行灯的亮暗切换。由于单色灯互斥量是由红灯线程锁定的,因此红灯线程能成功解锁它。5s 后,红灯线程解锁单色灯互斥量,解锁后互斥锁为 0,此时单色灯互斥量会从互斥量列表移出,并转移给正在等待单色灯互斥量的绿灯线程。绿灯线程变为单色灯互斥量所有者,就表示绿灯线程成功锁定单色灯互斥量,互斥锁变为 1,同时切换绿灯亮暗。10s 后,绿灯线程解锁单色灯互斥量,互斥锁再次变为 0,此时仍处于等待状态的蓝灯线程成为单色灯互斥量所有者。20s 后,蓝灯线程解锁单色灯互斥量,红灯线程又会重新锁定单色灯互斥量,进而实现一个周期循环的过程。

5) 运行结果

通过串口工具查看输出结果,如图 11-10 所示。当在实际项目中需要资源互斥使用时,

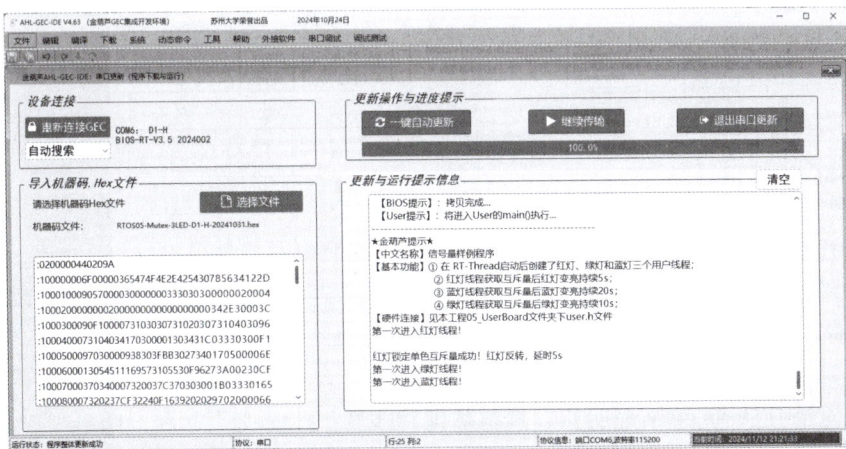

图 11-10 互斥量示例运行效果

可以"照葫芦画瓢"地参照这个例子进行编程。RT-Thread 中的互斥量还具有解决优先级反转问题的功能,具体本书不再阐述,有兴趣的读者可参阅"王宜怀等著《嵌入式实时操作系统——基于 RT-Thread 的 EAI&IoT 系统开发》,机械工业出版社,2021 年 7 月"一书。

本章小结

本章从应用角度给出了 RTOS 的基本工作过程,主要目的是说明其 RTOS 作为应用程序开发的工具,可以为我们提供哪些基本服务。本章通过 AHL-D1-H,给出了 RT-Thread 的基本要素实例。通过这些实例,试图把复杂问题简单化。应用得好,RTOS 就会为我们服务,协助我们做好应用程序;应用得不好,RTOS 就会变成累赘,成为负担。可以通过实例学习,并模仿实例进行实际应用程序开发,在应用中进一步巩固提高,学习实时操作系统时就不会感到那么困难。

为了真正掌握 RTOS 的应用,不仅要学会在 RTOS 下进行应用程序的开发,还要理解 RTOS 的工作原理。若能理解原理,对应用编程肯定有益处,但不能陷入原理,而忽视应用编程。对于应用开发人员,可以把学习实时操作系统的目标定位在"知其然且**了解**其所以然",原理服务于应用。为了达到这个目的,可以参阅"王宜怀等著《实时操作系统应用技术——基于 RT-Thread 与 ARM 的编程实践》,机械工业出版社,2024 年 4 月"一书的"第 9 章 初步理解 RT-Thread 的调度原理"。

习题

1. 简要说明 RTOS 可以为我们提供哪些基本服务。

2. 简述线程上下文的含义及作用。

3. 线程有哪 4 种基本状态? 在火车站安检情景下乘客有以下 4 种状态,请给出与线程 4 种状态的对应关系。

(1)乘客在广场上;

(2)乘客到安检区排队;

(3)乘客正在进行安检;

(4)乘客忘记带身份证,无法进行安检。

4. 简述在 RTOS 框架下,delay_ms()延时函数的作用。

5. 思考一下:在本章的 RT-Thread 工程框架中,若把红灯线程中延时函数改为机器码指令空延时,会出现什么情况? 若能保证原来效果,如何编程?

6. 通常情况下,RTOS 使用哪些列表对线程进行管理与调度?

7. 针对消息队列,总结说明比较规范的编程步骤。

8. 简述消息队列的含义及应用场景,自行设计一个程序体现消息队列的工作过程。

## 第 12 章

嵌入式人工智能：物体认知系统

本章导读　目前的人工智能算法大多在性能较高的通用计算机上运行,但是,种类繁多的嵌入式计算机系统也是人工智能的重要落地途径之一。嵌入式人工智能就是指含有基本学习或推理算法的嵌入式智能产品,本章给出嵌入式人工智能的一个实例:物体认知系统,目的是将复杂问题简单化。主要内容包括:

（1）嵌入式人工智能概述；

（2）物体认知系统的设计目标；

（3）AHL-EORS-D1-H 的基本构成与操作过程、PC 程序。

视频讲解

12.1　嵌入式人工智能概述

与通用计算机及嵌入式计算机的分类相类似,人工智能也可分为通用人工智能和嵌入式人工智能,首先从人类智能与人工智能的区别谈起。

12.1.1　人类智能与人工智能

人工智能源于人类智能,人们试图利用计算机的程序模拟人类智能。人类智能是一个复杂的过程,因此,要模拟人类智能也是一个复杂的过程。

人类智能是基于人的大脑、眼睛、触觉、听觉、手脚及肢体动作而产生的输入输出系统。所谓人工智能,其本质就是利用计算机程序模拟人类智能,为此,人们提出了数量众多的人工智能算法,适用于不同场景,性能也各有差异,犹如不同的人及人的不同阶段知识水平的差异。

人工智能的三要素:标记、训练与推理。举个例子来说,人们通过眼睛采集图像,通过示教了解其图像代表什么,经过多次反复学习,认识周围世界。这在人工智能的语境下,叫作"标记、训练与推理"。可以简单地将标记、训练与推理称为人工智能的三要素。实际上,人工智能基于机器学习算法,而在机器学习的讨论中,一般将机器的学习模式划分为有监督学习（Supervised Learning）和无监督学习（Unsupervised Learning）,有些文献分别称之为有教师指导的学习模式和无教师指导的学习模式。这里给出的人工智能三要素是指有教指导的学习模式,标记这一步骤就是教师说这是什么;训练就是训练一个网络模型,对应人的学习过程,使得人脑具备某些方面的能力;推理就相当于学成后,可以进行实际工作啦。

从眼睛认识世界的角度来看,在现实世界中,标记,就是说你看到的这个东西是什么?训练,就是有一定量的反复学习,在人的头脑中形成记忆蓝图;推理,就是一看那个具体对象,就知道是什么。

计算机要做到这一点可不容易。以图像识别为例,采样是相对简单的,就是拍摄图片,接下来对大量图片进行标记,用合适的数学模型进行训练,这种训练需要较高的算力资源,可在个人计算机或云计算机上进行,这个过程将大量模型参数确定下来,训练完成后具有确定参数的人工智能模型,就成了某一特定问题的"专家",把这个模型放到嵌入式微型计算机上,就可以用于具体的实践中,这就是推理过程。

12.1.2 通用人工智能与嵌入式人工智能

一般意义上,通用人工智能(General Artificial Intelligence,GAI)也可称为普适人工智能,它是以通用计算机为运行载体,进行学习与推理的系统。而嵌入式人工智能(Embedded Artificial Intelligence,EAI)是以嵌入式计算机为运行载体进行学习与推理的系统。可以类比通用计算机与嵌入式计算机之间的异同来理解 GAI 与 EAI 之间的异同。

定义:嵌入式人工智能是以嵌入式微型计算机为核心,以嵌入式软件为基础,包含人工智能的基本算法,具备采样、推理及基本学习功能的软硬件融合系统,它是人工智能算法的重要落地形式之一。与大模型相比,嵌入式人工智能属于小模型范畴。

嵌入式人工智能出现的时机:机器学习理论与算法的发展;嵌入式芯片性能的提高;嵌入式智能终端的市场需求,EAI 的市场前景巨大,目前处于启蒙阶段。

嵌入式人工智能与人类智能最简单的对比:人的眼睛对应于摄像头,触觉对应于开关量及模拟量采集,听觉对应于语音识别、手脚及肢体动作对应于执行机构等。

12.2 物体认知系统的设计目标

如何设计一个系统,让用户在无须了解人工智能算法原理的情况下,也能进行基本的人工智能实践?这是我们的出发点。人类幼年的学习过程给了我们启发——人是通过认识各种各样的物体来逐步掌握知识的。

12.2.1 基本思路

物体认知(Object Recognition)即说出物体的名字,是幼儿学习启蒙的开端,蕴含了人类智能中的"示教、学习、识别"基本过程。

若可以将物体认知过程做成一个软件/硬件系统,则可以帮助我们在不了解人工智能算法基本原理的情况下,完成一个物体认知的过程,从而体会人工智能与人类智能的相似之处。

当然,这是一件比较困难的事情,苏州大学嵌入式人工智能实验室(SD-EAI)经过 5 年多的努力,开发了一套面向嵌入式人工智能学习与实践的**物体认知系统,把这个复杂过程变成易于实践的流程**,读者可以跟随本书一步一步进行实践,在实践中逐步体会人工智能的基本内涵,进而在此基础上,进行人工智能实际应用的开发。

12.2.2　AHL-EORS 的目标

为了使得人工智能更好地应用于各个智能化产品中,苏州大学嵌入式人工智能与物联网实验室(简称 SD-EAI&IoT)开发了基于机器视觉的低成本、低资源的嵌入式物体认知系统 AHL-EORS,其主要目的是用于嵌入式人工智能入门教学,试图把复杂问题简单化,利用最小的资源、最清晰的流程体现人工智能中"标记、训练、推理"的基本知识要素。同时,提供完整源码、编译及调试环境,期望达到"学习汉语拼音从 a、o、e 开始,学习英语从 A、B、C 开始,学习嵌入式人工智能从物体认知系统开始"之目标。学生可通过本系统来获得人工智能的相关基础知识,并真实体会到人工智能的学习快乐,消除畏惧心理,敢于进行开发自己的人工智能系统的实践活动。AHL-EORS 除了用于教学,本身亦可用于产品缺陷检测、数字识别、数量计数等实际应用系统中。

12.3　AHL-EORS-D1-H 的基本构成

物体认知系统涉及的芯片型号是 AHL-EORS-D1-H,这是基于 D1-H 芯片及摄像头设计的基于图像识别的嵌入式物体认知系统。它利用嵌入式计算机通过摄像头采集物体图像,利用图像识别相关算法进行训练、标记,训练完成后,可进行推理完成对图像的识别。体现了人类智能中的"示教、学习、识别"基本过程,展示了人工智能中"标记、训练、推理"的基本要素。

12.3.1　总体说明

AHL-EORS-D1-H 是一套面向嵌入式人工智能应用开发的开源平台。其中,AHL 是英文名字"Auhulu"的缩写,中文名字为"金葫芦",其含义是"照葫芦画瓢";EORS 是嵌入式物体认知系统(Embedded Object Recognition System)的缩写。D1-H 是 2022 年全志半导体推出的 64 位 RISC-V 架构阿里平头哥玄铁 C906 内核的微处理器。

EORS 由 SD-EAI&IoT 自 2018 年开始研发,历经 5 年,于 2021 年首次发布,其软硬件系统后经持续研发升级,至 2024 年 11 月为 3.1 版本。该平台专用于在资源受限的嵌入式环境中为实现高效、轻量 AI 应用开发提供工具,具有数据采集、模型训练、构件生成、模型部署、编译下载及二次编程等功能,可以实现 EAI 应用开发的完整流程。

AHL-EORS-D1-H 基于通用嵌入式计算机(General Embedded Computer,GEC)理念构建,不仅可以方便地用于 EAI 的教学,也可直接用于 EAI 的实际产品开发。通用嵌入式计算机的目的在于降低嵌入式学习与开发的门槛,提供深浅自由裁量的技术方案,目前已形成包括硬件开发板、集成开发环境、标准软件框架、底层驱动构件、RTOS、配套图书及教学资源等相对完备的学习生态系统,为嵌入式学习与应用开发提供了一种新模式。

12.3.2　硬件系统

嵌入式物体认知系统 AHL-EORS-D1-H 以 D1-H 微控制器为核心,外围搭载 LCD 显示屏与摄像头等,采用标准 USB 接口进行数据传输与系统供电,如图 12-1 所示,其硬件清单见表 12-1。

图 12-1　AHL-EORS-D1-H 硬件系统

表 12-1　AHL-EORS-D1-H 嵌入式物体认知系统硬件清单

序号	名　称	数量	说　明
1	GEC 主机	1	(1) 内含 D1-H 核心板、5V 转 3.3V 电源等 (2) 接口底板:含光敏、热敏等,外设接口 UART、SPI、I2C、A/D、PWM 等
2	Type-C 线	1	用于连接 USB 接口供电和串口程序下载及调试
3	摄像头	1	OV7670 摄像头,用于获取图像
4	LCD 显示屏	1	2.8 英寸(240×320px)彩色 LCD,用于显示图像,显示图像的默认设置为 112×112px 大小

D1-H 是全志科技首款基于 64 位 RISC-V 指令集的芯片,集成了阿里平头哥 64 位玄铁 C906 核心(32KB I-cache + 32KB D-cache),1GHz+主频,可支持 Linux、RTOS 等系统。同时支持最高 4K 的 H.265/H.264 解码,内置一颗 HiFi4 DSP(32 KB I-cache + 32 KB D-cache、64 KB I-RAM + 64 KB D-RAM),最高可外接 2GB DDR3,可以应用于智慧城市、智能汽车、智能商显、智能家电、智能办公和科研教育等多个领域。

AHL-EORS-D1-H 的主体部分为以 D1-H 构建的通用嵌入式计算机 AHL-D1-H,其特点和引出脚见附录 A。

12.3.3　相关资源下载与软件安装

1. 下载 AHL-EORS-D1-H 电子资源

AHL-EORS-D1-H 电子资源的名称为"AHL-EORS-D1-H-版本号-日期",可扫描左侧二维码获取。该电子资源包括文档、硬件、软件及工具文件夹,如表 12-2 所示。

电子资源

表 12-2　AHL-EORS-D1-H 电子资源

文件夹名	内　容
01-Document	内核及芯片相关手册;人工智能模型相关文献;摄像头相关手册;AHL-EORS-D1-H 用户手册
02-Hardware	AHL-D1-H 硬件原理图

续表

文件夹名	内　　容	
03-Software	EORS_PC_Src	PC 方程序源码
	EORS_Template_MobileNetV2_D1-H	基于 MobileNetV2 模型的终端推理工程模板
	EORS_DataCollection_D1-H	图像采集工程的终端程序
04-Tool	AHL-BIOS-D1-H 下载工具；串口驱动等	

2. 下载 PC 方训练与构件生成软件安装包

进入下载网址后，PC 方训练与构件生成软件的安装包为"EORS_Setup_版本号.exe"。

3. 下载终端工程的开发环境及编译脚本

进行嵌入式软件开发，需要交叉编译环境及下载程序到目标机中，AHL-D1-H 开发板可免费使用金葫芦 GEC 集成开发环境 AHL-GEC-IDE 及 AHL-GEC-vsCode-IDE，本书前面已经使用。

4. PC 方训练与构件生成软件的安装

EORS 系统的 PC 方训练与构件生成软件包含数据采集、模型训练和构件生成等功能。该软件安装后，初始界面如图 12-2 所示。

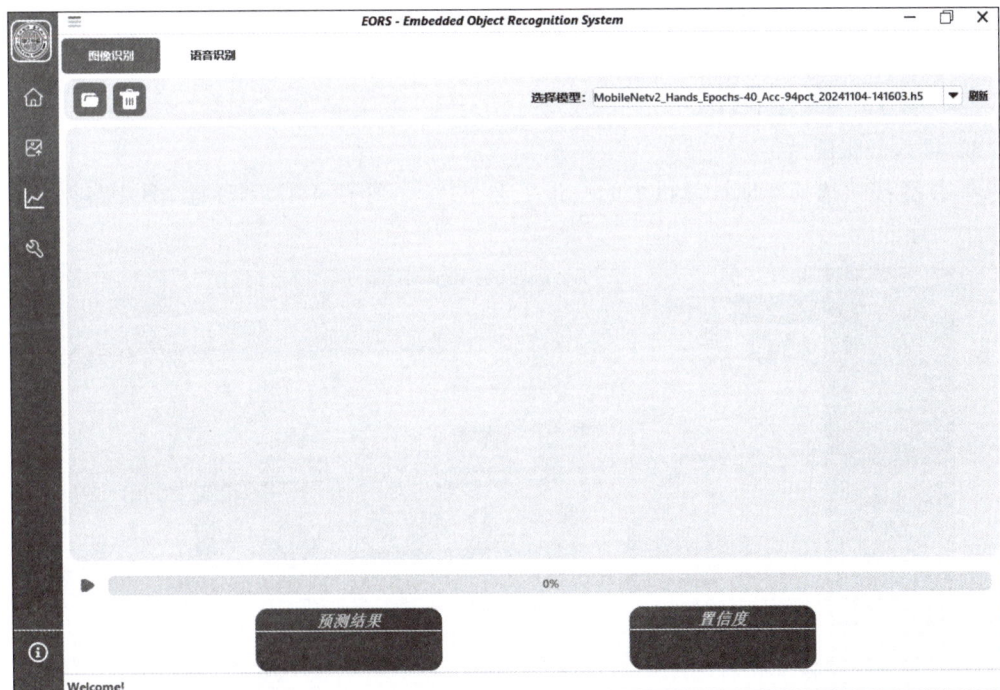

图 12-2　EORS 软件初始界面

第一次执行时会提示错误信息，这是因为 EORS 软件的部分功能需要依赖 Graphviz 图形可视化工具，在 EORS 软件界面左下角，单击 ⓘ 查看帮助文档并完成 Graphviz 图形可视化工具的安装。步骤如下：

（1）在 Graphviz 官网下载与自己的操作系统所对应的版本。

（2）双击运行 Graphviz 安装包，依照安装向导完成安装。注意，在 Graphviz 安装向导中选中 ⊙Add Graphviz to the system PATH for all users ，添加环境变量选项。

（3）完成安装后打开指令行终端输入"dot -v"会显示 Graphviz 的版本信息，如图 12-3 所示。安装 Graphviz 后需要重启计算机方可生效。

图 12-3　Graphviz 安装验证

12.4　AHL-EORS-D1-H 的操作过程

12.4.1　模型测试

1. 导入一张图片

单击 按钮选择本地计算机中的一张手势图片，如图 12-4 所示，注意，图片路径中不可包含中文字符。

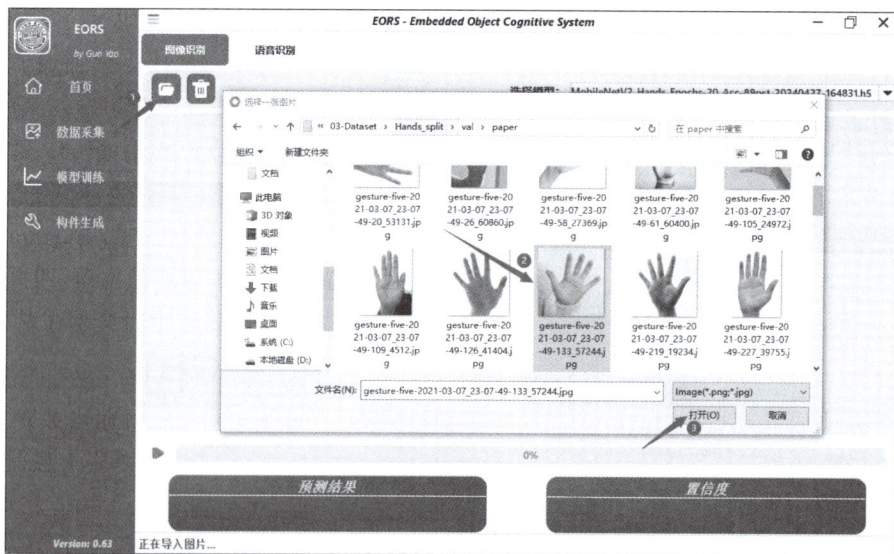

图 12-4　导入预测图片

2. 选择模型

单击界面右侧下三角按钮,选择一个训练好的模型文件,这些模型文件均保存在 EORS 工程的 03-Model 文件夹中。

模型文件为 H5 格式,文件中保存有模型结构、训练好的参数以及自定义的一些数据。模型文件名的组成为:模型名_图片数据集类型_模型训练轮数(Epochs-xx)_模型准确度(Acc-xx)_模型训练时间(年月日-时分秒)。

3. 开始预测

单击 ▶ 按钮,开始预测图片,等待进度条到 100%,预测结果和置信度将显示在下方的标签中,如图 12-5 所示。

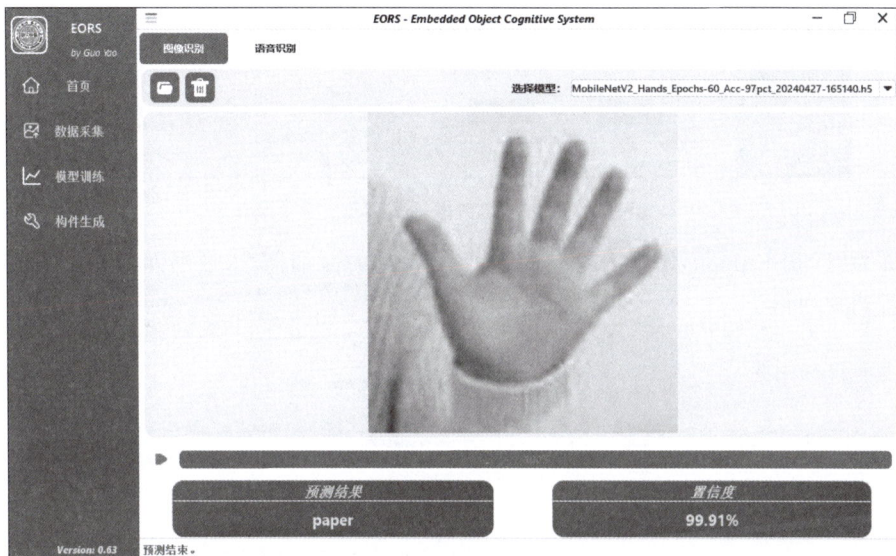

图 12-5　图片识别结果

置信度的概念:在图像分类任务中,置信度表示模型对于预测结果的信心程度。如果模型对某个类别的预测概率较高,那么模型就认为该图像属于这个类别的可能性较大。

12.4.2　数据采集

1. 进入"数据采集"界面

单击左侧菜单栏中的"数据采集"按钮,进入"数据采集"界面,如图 12-6 所示。界面分左右两大部分。左侧进行图像采集,采集方式有两种:拍照采集和视频解析。右侧部分是对采集的图片做批量处理,可以实现批量删除、批量保存等功能。

2. 选择串口

在 EORS 的数据采集部分,通过拍照功能进行数据收集时,首先需要选择串口。在界面中的下拉列表框中会显示当前系统中所有可用的串口,如图 12-7 所示。

在选择串口时,用户可以通过查看设备管理器中的"端口(COM 和 LPT)"部分,找到并

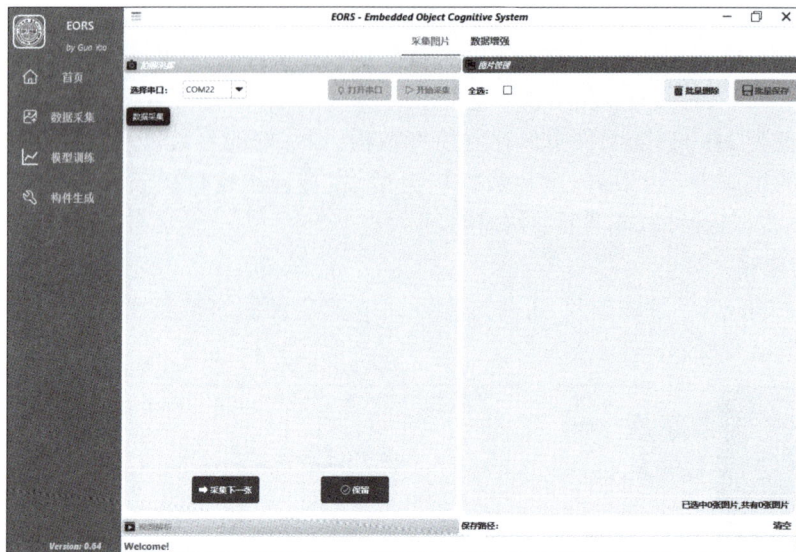

图 12-6　数据采集界面

选择名称为"USB-Enhanced-SERIAL-A CH342"的设备,如图 12-8 所示,以确保与正确的硬件设备建立通信。

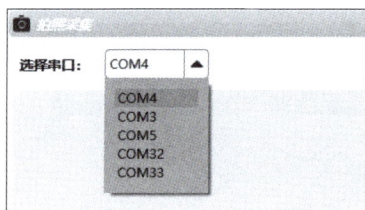

图 12-7　可用串口列表

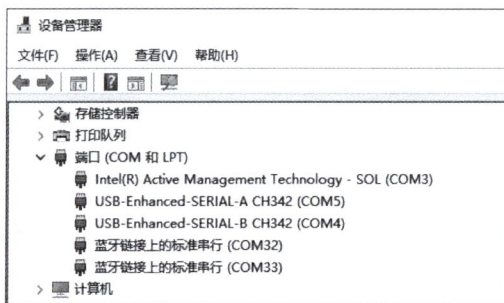

图 12-8　选择正确的串口

3. 拍照采集

首先通过 AHL-GEC-IDE 将电子资源中的 EORS_DataSend_Color_20240525 工程编译生成的可执行文件烧录到 D1-H 开发板中。此工程可以实现采集摄像头数据并将图像像素数据通过串口发送到 PC 端。

程序烧录成功后,将 D1 开发板通过 Type-C 线连接到运行 EORS 软件的 PC 上,在 EORS 界面中选择串口(Debug 口),单击"打开串口"按钮,若打开串口成功,则下方状态栏会显示"串口 xxx 打开成功"的提示。若串口打开失败,则检查是否有其他软件打开了该串口。串口打开后,单击"开始采集"按钮,稍等一段时间后,界面中会显示采集到的图像,如图 12-9 所示。

若对所拍摄图片比较满意,则单击"保留"按钮将这张图片暂存在右侧图片管理区;若

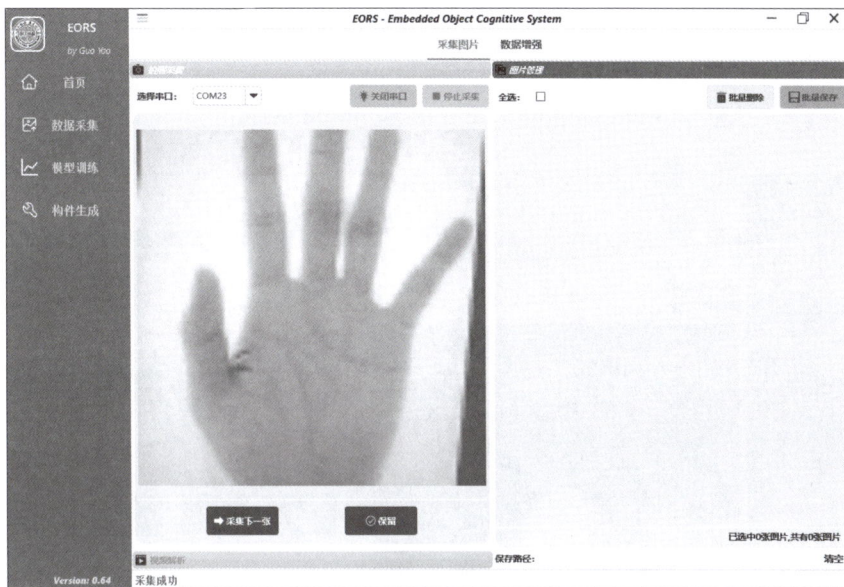

图 12-9　拍照采集图像

不想保存这张图片，可单击"采集下一张"按钮继续采集图片。

4. 视频解析

也可以使用视频获得图片。数据采集界面中默认展开的是"拍照采集"功能界面，可单击图 12-10 下方的"视频解析"栏展开视频解析功能界面。

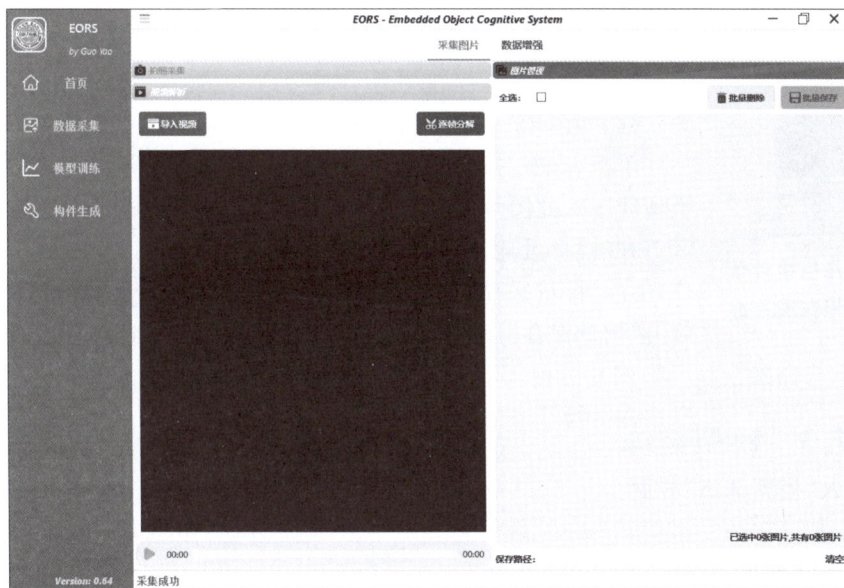

图 12-10　视频解析界面

单击"导入视频"按钮可导入本地计算机上的一个视频文件,界面中还提供了播放视频的功能。视频导入成功后,单击"逐帧分解"按钮,可将视频分解为图片集,因为视频帧数较多,所以设置每秒解析一张图片,解析出的图片将展示在右侧的图片管理区中,如图 12-11 所示。

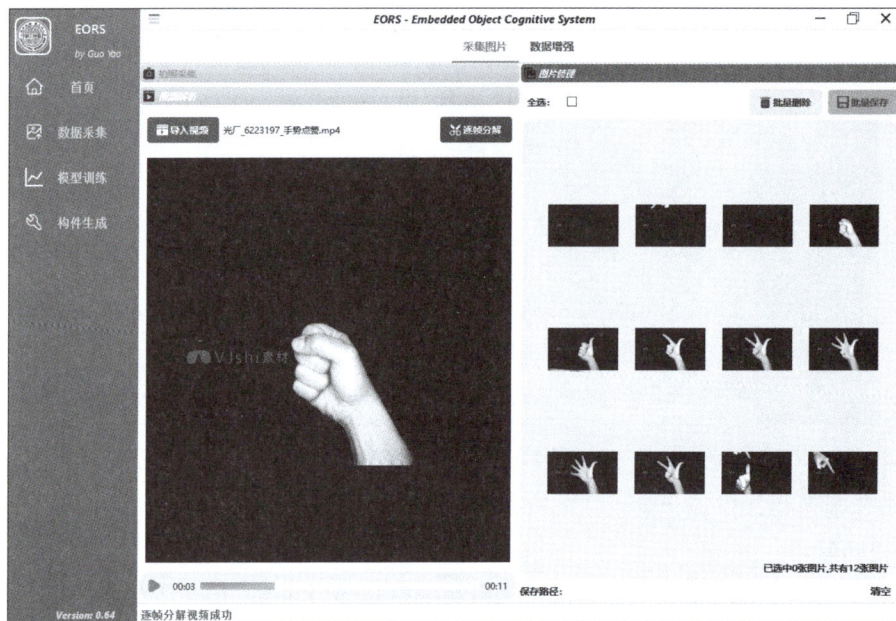

图 12-11   逐帧分解视频

图 12-12   鼠标指针悬停在图片上

5. 图片管理

当鼠标指针悬停在图片上时会出现"查看"按钮、"删除"按钮和确认框,如图 12-12 所示。

单击"查看"按钮可放大查看此图片;单击"删除"按钮可从图片管理区删除此图片;单击确认框可用于选中此图片。单击图片管理区上方的"批量删除"按钮可用于批量删除图片管理区中选中的图片,单击"批量保存"按钮可用于批量保存图片管理区中选中的图片。单击"批量保存"按钮时,会先弹出窗口,在其中选择保存路径,并且所选择的保存路径会显示在图片管理区下方。

12.4.3   模型训练

1. 进入"模型训练"界面

单击左侧菜单栏中的"模型训练"按钮,进入"模型训练"界面,如图 12-13 所示。

2. 导入数据集

单击"导入数据集"按钮,选择包含数据集的文件夹,单击"确定"按钮,将数据集导入。每导入一类数据,界面中将显示此类图片数据集标签、形状以及大小,如图 12-14 所示。

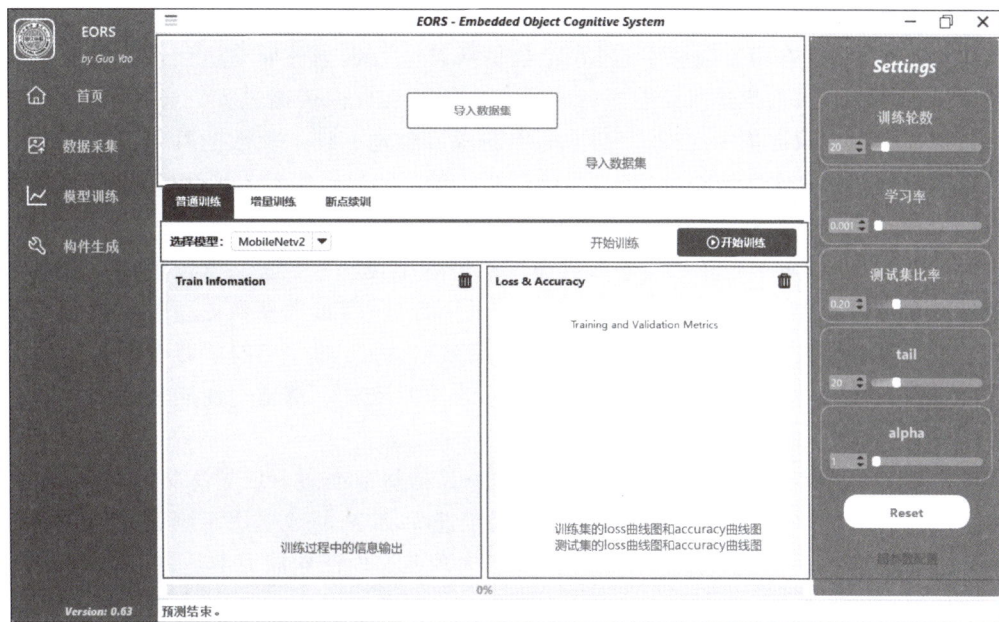

图 12-13　"模型训练"界面

#	Label	Shape	Size
1	paper	(312, 56, 56, 3)	2646KB
2	rock	(320, 56, 56, 3)	1682KB
3	scissors	(398, 56, 56, 3)	2965KB

🗑 清空数据集

图 12-14　导入数据集信息

数据集文件夹结构如表 12-3 所示。

表 12-3　数据集文件夹结构

数据集种类名	原始数据集	数据集标签名	数据集图片
		paper	paper-image1.jpg
			paper-image2.jpg
			…
Hands	data	rock	rock-image1.jpg
			…
		scissors	scissors-image1.jpg
			…

3. 设置超参数

软件设置有默认的超参数值，您也可以根据需要，在模型训练界面右侧 Settings 区自行设置超参数，单击 Settings 区下方的 Reset 按钮可以重置为默认的超参数值。

软件中涉及的超参数有如下 5 个。

（1）训练轮数：在模型训练中，训练轮数是指整个数据集被模型迭代训练的次数。每一轮训练都将整个数据集送入模型进行一次正向传播和反向传播过程。通过多轮训练，模型可以逐渐学习到数据集中的模式和特征，不断提升性能。训练轮数的具体值需要根据具体任务和数据集的复杂程度来确定，过少的训练轮数可能导致模型欠拟合，而过多的训练轮数则可能导致模型过拟合。

（2）学习率：学习率是在机器学习模型训练过程中控制参数更新幅度的超参数。它决定了模型在每一次迭代中对于损失函数梯度的反应程度，即每次参数更新的步长大小。过大的学习率可能导致模型在参数空间中振荡或错过最优解，而过小的学习率则可能导致训练过程缓慢或陷入局部最优解。因此，选择合适的学习率对于模型的性能和训练效率至关重要。

（3）测试集比率：在模型训练中，测试集比率是指将数据集分成训练集和测试集时，测试集所占的比例。常见的比例是 70% 的数据用于训练，30% 的数据用于测试。测试集的比率不宜过高或过低，过高会导致模型在训练集上表现良好但泛化能力不足，过低则可能无法准确评估模型的性能。因此，选择合适的测试集比率对于模型的训练和评估至关重要。

（4）tail：应对每个类别中每个样本对应向量与其类别中心的距离进行排序，并针对排序后的 tail 个尾部极大值进行极大值理论分析，这些极大值的分布符合威布尔分布，所以使用威布尔分布来拟合 tail 个尾部极大的距离，得到一个拟合分布的模型。tail 值越大，模型对未知类识别的能力越强，但是过高，会影响对部分已知类的判断。

（5）alpha：对全连接层的元素值进行排序，仅前 alpha 个值会进行修正，对越靠前的值修正力度越大。alpha 值越大，对未知类识别能力越强，同样过高也会影响对已知类的判断，范围是 $2 \sim (k-1)$，其中 k 为类别数。

4. 开始训练

在"普通训练"选项卡中，首先在左侧下拉列表框中选择需要训练的模型类型，之后单击右侧"开始训练"按钮开始模型训练。

开始模型训练后，软件首先会根据测试集比率超参数将整个数据集分为训练集、验证集和测试集，并将保存至 EORS 工程的 02-Dataset 对应类别的数据集目录中。

按照测试集比率分开的数据集文件夹结构如表 12-4 所示。

表 12-4　分离数据集文件夹结构

数据集种类名	训练或测试	数据集标签名	图片
Hands	train	paper	paper-image1.jpg
			...
		rock	rock-image1.jpg
		scissors	scissors-image1.jpg
			...

续表

数据集种类名	训练或测试	数据集标签名	图片
Hands	val	paper	paper-image1.jpg …
		rock	rock-image1.jpg …
		scissors	scissors-image1.jpg …
	test	paper	paper-image1.jpg …
		rock	rock-image1.jpg …
		scissors	scissors-image1.jpg …

在模型训练中，界面会显示训练过程中的具体信息并绘制每轮训练中训练数据集和测试数据集的 loss 曲线图和 accuracy 曲线图，如图 12-15 所示。

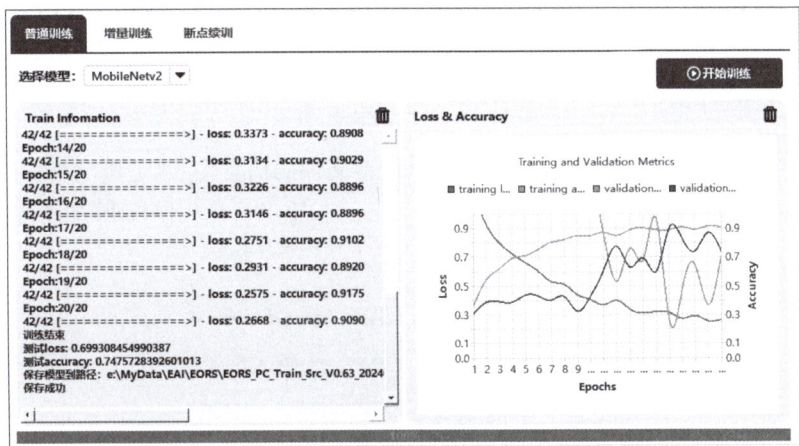

图 12-15　模型训练

在模型训练中，loss(损失)是指模型预测与真实标签之间的差异。训练的目标是最小化这个损失。常见的损失函数包括均方误差(Mean Squared Error)和交叉熵(Cross Entropy)，它们在不同类型的任务中有着不同的应用。监督学习任务通常使用损失函数来衡量模型的性能，并通过优化算法来最小化损失，从而使模型更有效地学习数据的特征。

accuracy(准确率)表示模型在所有样本中正确分类的比例。高准确率意味着模型对输入数据的分类能力较强。

5. 保存模型

模型训练结束后，软件会将模型的结构、权重和配置以 H5 格式文件的形式保存至 EORS 工程目录的 03-Model 文件夹中。

12.4.4 构件生成

训练完成后,可生成算法构件。

1. 进入"构件生成"界面

单击左侧菜单栏中的"构件生成"按钮,进入"构件生成"界面,如图 12-16 所示。

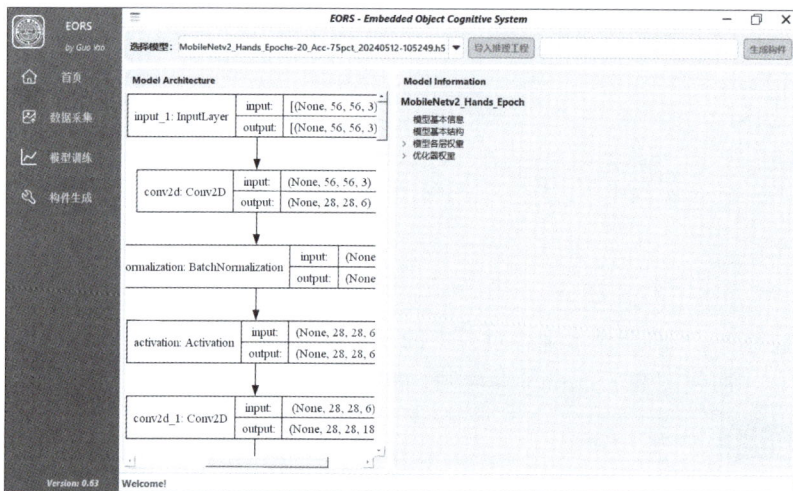

图 12-16 "构件生成"界面

界面中默认显示上方下拉列表框中第一个模型文件的信息,左侧是模型结构图,右侧是一个树状列表,可以查看模型的基本信息、基本结构、各层权重以及优化器权重,如图 12-17 所示。

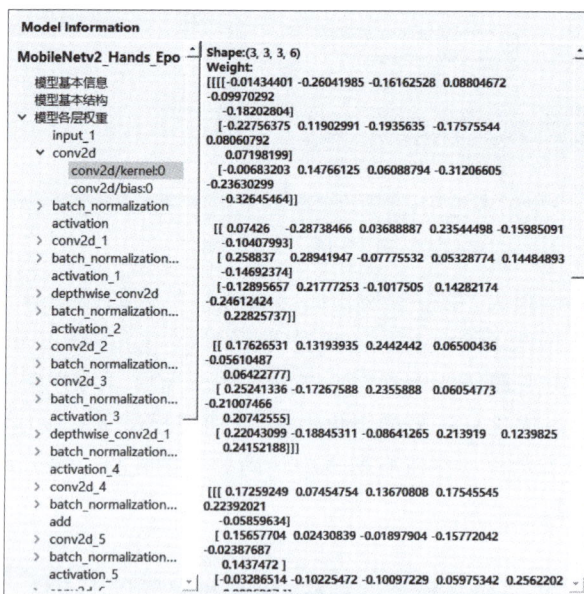

图 12-17 查看模型权重值

2. 导入推理工程

单击"导入推理工程"按钮，选择终端推理工程文件夹，单击"选择文件夹"，将终端推理工程目录导入，如图 12-18 所示。

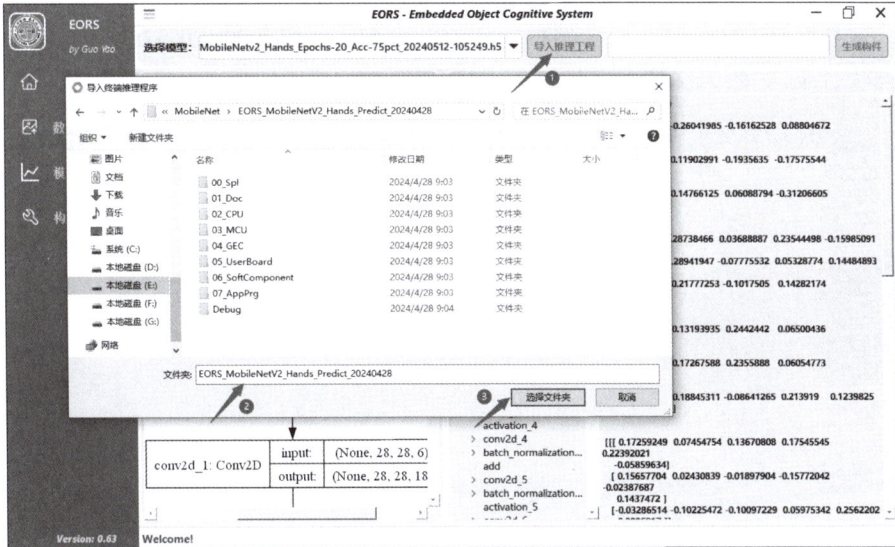

图 12-18 导入推理工程

3. 生成构件

单击"生成构件"按钮，将生成模型参数构件文件，替换掉终端推理工程中 06_SoftComponent 中相应的模型构件，生成成功后，软件界面中将弹出窗口，提示构件生成成功，如图 12-19 所示。

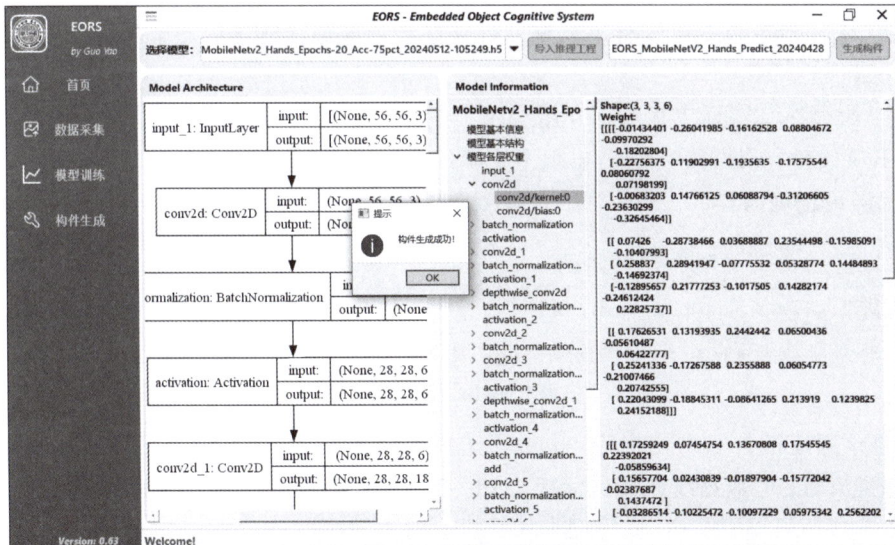

图 12-19 构件生成成功

12.4.5 GEC 推理

1. 打开环境,导入工程

双击运行桌面"金葫芦"图标,运行集成开发环境 AHL-GEC-IDE。在 AHL-GEC-IDE 中,单击"文件"→"导入工程"→"EORS_Template_MobileNetV2_D1-H",出现的窗口左侧为工程树状目录,右侧为文件内容编辑区,初始显示 main.c 文件的内容,如图 12-20 所示。

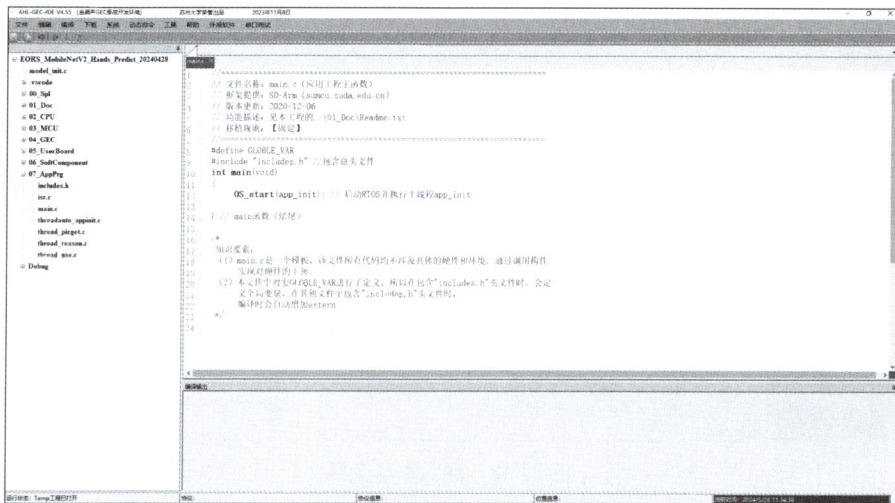

图 12-20　打开推理工程

2. 删除 Debug 文件夹,重新编译

在工程结构窗口,若存在 Debug 文件夹,则将鼠标指针移至其上,右击,出现弹出菜单,选择"删除"指令,在弹出的对话框中单击"是"按键,随后又出现删除确认对话框,再次单击"是"按钮,就会删除 Debug 文件夹。该文件夹是源程序编译链接后产生的机器码.hex 文件的存放位置。

单击"编译"→"编译工程",则开始编译。正常情况下,会重新生成 Debug 文件夹,内含机器码.hex 文件,见图 12-21。若出现不正确编译情况,则重新启动计算机再进行一次。大多数情况即可正确编译。

图 12-21　编译工程

3. 烧录并运行

用标准 Type-C 数据线连接目标板与 PC 或笔记本计算机上的 USB。注意,Type-C 接小板子上的接口,USB 接 PC 或笔记本计算机上的 USB 口。

单击"下载"→"串口更新",将进入更新窗体界面。单击"连接 GEC",查找到目标 GEC,

可看到当前串口号等信息。

单击"选择文件"按钮，导入被编译工程目录下 Debug 中的 .hex 文件，单击"一键自动更新"按钮，等待程序自动更新完成。

此时程序自动运行，将白色背景的手势图放置在距离摄像头前 20cm 左右的位置，终端通过推理程序可以识别到该手势类别，并在上位机端输出相应的信息，如图 12-22 所示。

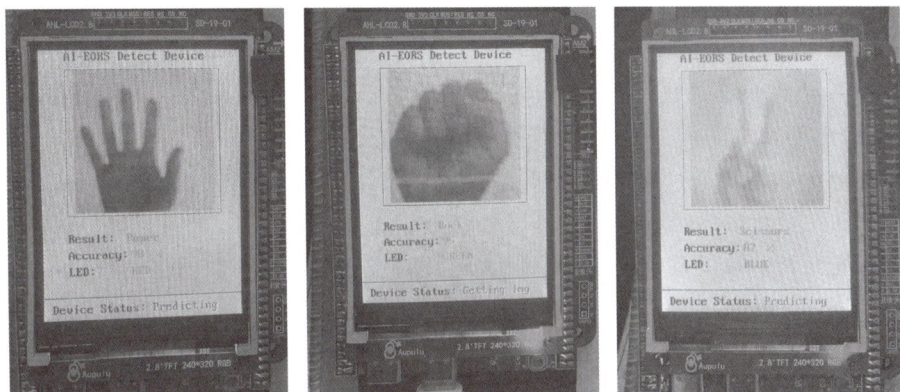

图 12-22　终端推理结果

12.4.6　完整流程

本节的开发流程将通过简洁明了的步骤，帮助用户快速上手，顺利完成从数据准备到模型部署的全过程，具体的开发流程如下。

1. 数据准备

用户需准备用于训练的图像数据集，按照表 12-5 要求组织。

表 12-5　数据集目录结构要求

数据集类别	data	class1	img1.jpg
			img2.jpg
			...
		class2	img1.jpg
			img2.jpg
			...
		class3	img1.jpg
			img2.jpg
			...
		...	...
		classN	img1.jpg
			img2.jpg
			...

（1）最外层文件夹以数据集类别命名，例如，Hands 表示手势数据集，Numbers 表示手

写数字数据集。注意：最外层文件夹名称将作为模型文件名的一部分。例如，如果选择 Hands 数据集进行，那么生成的模型文件将会命名为｛模型名｝_Hands_Epochs-｛训练轮数｝_Acc-｛精确度｝pct_｛训练时间｝.h5。

（2）第二层文件夹：固定命名为 data，表示包含所有的原始数据。在模型训练启动后，系统会自动将 data 文件夹中的数据集划分为 3 类，其中，训练集（train）用于模型训练；验证集（val）用于调整模型的超参数；测试集（test）用于评估模型性能。

（3）第三层文件夹：以具体的分类标签命名。文件夹名称会作为分类标签的名称，建议简短且具有实际意义，例如，手势数据集中的 paper 表示手势"布"、rock 表示手势"石头"。

2. 数据集导入

将准备好的数据集通过以下方式导入 EORS 系统。

（1）在训练模块的"数据集导入"区域选择数据集路径。

（2）系统会自动解析目录结构，并显示分类标签、样本形状等数据集信息。

3. 配置训练参数

用户可在"训练参数设置"区域调整模型的以下关键参数。

（1）学习率：控制模型优化速度，推荐值为 0.001～0.1。

（2）训练轮次：模型训练的迭代次数，推荐值为 40～100。

（3）验证比例：用于验证集的样本比例，推荐值为 28%。

（4）调整参数后，单击"开始训练"按钮，系统将实时显示训练进度、误差和准确率。

4. 推理模板的自定义修改

为了完成特定分类任务，用户需要对推理模板进行适当修改。

（1）定义分类标签：将 07_AppPrg/includes.h 中的宏常量 SORTn 替换为自定义分类标签，如图 12-23 所示。

```
19    //------------------------------------------
20    // （2）全局使用的宏常数。
21    #define SORT1 "Paper"
22    #define SORT2 "Rock"
23    #define SORT3 "Scissors"
24    #define SORT4 "3"
25    #define SORT5 "4"
26    #define SORT6 "5"
27    #define SORT7 "6"
28    #define SORT8 "7"
29    #define SORT9 "8"
30    #define SORT10 "9"
```

图 12-23　定义自定义分类标签

（2）修改模型：模板中默认采用 MobileNetv2 模型，若选用其他模型，则需修改模型函数，如图 12-24 所示。

5. 编译与部署

（1）使用 AHL-IDE 打开修改后的推理项目。

（2）编译生成可执行文件，确保无错误。

（3）将生成的文件下载到开发板，系统会自动运行推理程序。

```
798        }
799
800    //=========================================================
801    // 函数名称:Model_PredictImage
802    // 函数返回:回归后数组指针
803    // 参数说明:input:输入层元素数组指针
804    // 功能概要:将数组进行softmax回归
805    //=========================================================
806    void Model_PredictImage(float input[Pic_Nums][Pic_Width][Pic_Height], float *softmax, float *openmax)
807    {
808
809        // 定义模型传播用的特征图像数组
810        //  Model_Conv8_Output c7={0};
811        Model_GlobalAveragePooling mgp = {0};
812        Model_Conv9_Output c8 = {0};
813        MODEL_FC fc = {0};
814        // 输出结果，数组大小为SortNum，存放不同类别的概率
815        Model_Output result_output = {0};
816        //  float * output;
817
818        // 开始推理
819        // 对卷积层1、2进行推导运算
820        clear();
821
822        ModelPredict_Part1(input);
823        // 对深度可卷积1进行推导运算
824        ModelPredict_Part2();
```

图 12-24   修改模型函数

6. 验证与优化

运行推理程序后,测试实际分类结果是否符合预期。若分类效果不佳,则可以通过以下方式优化:

(1) 增加训练数据量,特别是难分类样本。

(2) 调整训练参数,如降低学习率或增加训练轮次。

(3) 使用更复杂的模型。

12.5   运行 AHL-EORS-D1-H 的 PC 源码

读者若需要深入理解采样、训练、构件生成全过程,可直接运行 PC 源码。

1. 安装 Visual Studio 集成开发环境

本程序需要用到 Visual Studio(简称 VS)集成开发环境(Integrated Development Environment,IDE)中的插件,因此需要安装 VS 开发环境。Visual Studio 是美国微软公司的开发工具包系列产品。VS 是一个基本完整的开发工具集,它包括了整个软件生命周期中所需的大部分工具,如集成开发环境(IDE)、UML 工具、代码管控工具等,所写的目标代码适用于微软支持的所有平台,包括 Microsoft Windows,. NET Framework、Windows Phone 等。Visual Studio 目前新版本为 Visual Studio 2022 版本,工程框架版本为. NET Framework 4.8。

本系统使用 Visual Studio 2022 社区免费版本,可在微软官网(https://visualstudio. microsoft. com/zh-hans/downloads/?icid＝mscom_marcom_CPW3a_VisualStudio22)下

载。下载后的安装文件名为"VisualStudioSetup.exe"(3.80MB),安装时需联网。

进入实质性安装界面后,在安装选项选择界面,需要选中"Python 开发"和".NET 桌面开发"选项。若没有安装完全,后面也可以运行 Visual Studio Installer,通过其"修改(M)"按钮继续补充安装。

2. 安装 Visual Studio Code 集成开发环境

本 PC 训练程序使用 Python 语言编程,其集成开发环境采用由微软公司开发的免费开源代码编辑器 Visual Studio Code(简称 VSCode),本系统使用版本为 VSCode 1.88.0。

(1) 下载与安装 VSCode 1.88.0 版本的软件。进入 VSCode 官方网站:https://code.visualstudio.com/,在网站的首页,会看到一个大的蓝色按钮,上面写着" Download for Windows "(适用于 Windows 的下载),单击这个按钮。

下载完成后,双击下载的安装程序(VSCodeUserSetup-x64-1.88.0.exe)以运行安装向导,按照向导的指示进行操作,选中"选择附加任务"选项卡下的全部选项全。

(2) 启动 VSCode。安装完成后,通过"开始"菜单的 Visual Studio Code 或双击桌面上的 Visual Studio Code 图标,启动 VSCode。

(3) 安装相关插件。

① 进入安装插件状态。在左侧边栏中找到并单击扩展图标 ,则进入安装插件状态,随后一个一个插件进行安装。

② 安装 Python 支持包。在顶部的搜索框中输入 Python 并稍等一会儿,VSCode 将会列出相关的 Python 扩展,如图 12-25 所示。单击第一个支持包的 Install 按钮,安装完成后, Install 按钮变成 ,表示该插件安装完毕,这个插件提供了 Python 语言的支持。

③ 安装 Code Runner 插件。在顶部的搜索框中输入"Code Runner",采用与上面类似的步骤进行安装,这个插件可以让你在 VSCode 中直接运行代码,提供了更方便的开发环境。

④ 安装 Chinese (Simplified)插件。在顶部的搜索框中输入"Chinese (Simplified)",采用与上面类似的步骤进行安装,这个插件为 VSCode 软件提供了中文界面。

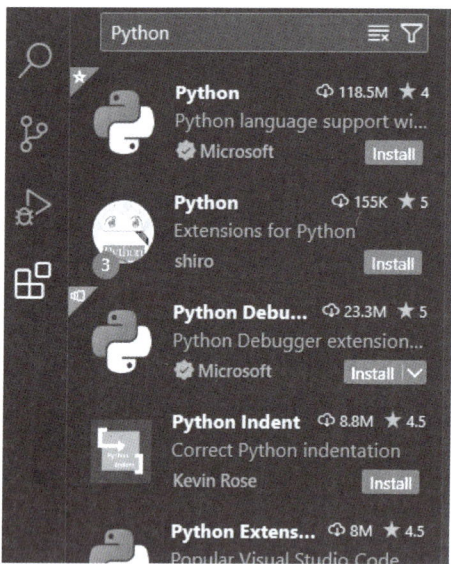

图 12-25　Python 扩展

⑤ 使安装的插件生效。关闭本环境,重启本环境,已安装的插件生效。

⑥ 使汉化生效。"Chinese(Simplified)"插件需要重启后选择相关配置才能生效。配置步骤如下:复制"Configure Display Language"文字备用,进入 VSCode 的界面,按键盘上的 Ctrl+Shift+P 键打开 VSCode 的指令面板,在指令面板顶部的输入框中粘贴上述文字,按

回车键,打开语言选择下拉列表框,单击选择"中文(简体)",弹出提示重启窗口,单击 Restart 按钮,软件重启后将看到 VSCode 软件界面已被汉化。

3. 安装科学算法库 Anaconda

在利用 Python 语言进行程序设计时,需要调用现成的科学算法库,Continuum Analytics 于 2012 年开始发布命名为 Anaconda 的科学算法库,包含了 Conda、Python 等 180 多个科学包及其依赖项。Conda 是一个开源的包(环境管理器),可以用于在同一个机器上安装不同版本的软件包及其依赖项,并能够在不同的环境之间切换。

进入 Anaconda 下载网址:https://mirrors.tuna.tsinghua.edu.cn/anaconda/archive/,找到安装文件 Anaconda3-2024.02-1-Windows-x86_64.exe(注意,文件名与此处要一致),下载后安装。

安装选项如图 12-26 所示。同时记下其安装位置,如 d:\Anaconda3 文件夹。

Conda 是一个开源的软件包管理系统和环境管理系统,用于安装和管理软件包及其依赖项。它可以安装不同版本的软件包,并且可以轻松地在不同的环境之间切换,使得不同项目可以独立地拥有自己的软件包集合。Anaconda 中已包含了 Conda 工具,直接使用即可。

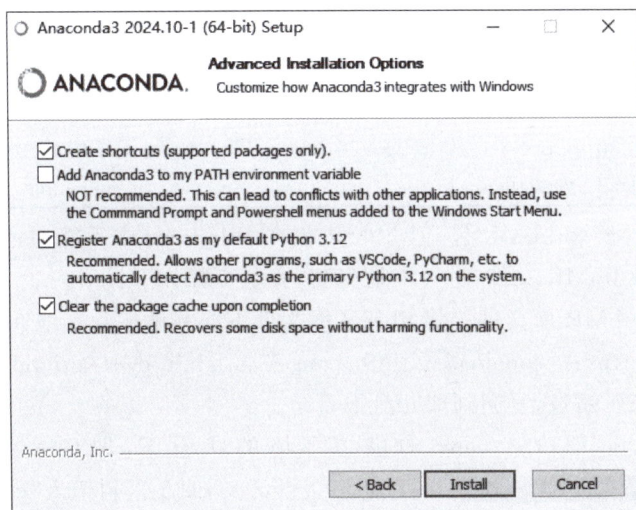

图 12-26　安装选项

4. 创建并激活虚拟环境

通过 Conda 配置本工程的 Python 环境步骤如下:

(1)进入指令行输入状态。在科学算法库 Anaconda 安装完成后,将文字"Anaconda Prompt"复制到 Windows 的底部搜索输入框,找到" Anaconda Prompt ",单击打开 Anaconda 的指令提示窗口,进入指令行输入状态" (base) C:\Users\Administrator> "。

(2)创建被名为 EORS_venv 的虚拟环境。输入虚拟环境创建指令:conda create --name EORS_venv python=3.9 -y。等待依赖包全部安装完毕后,进行下一步。

(3)激活 EORS_venv 虚拟环境。输入虚拟环境激活指令:conda activate EORS_

venv。成功激活后指令提示窗口有类似于"`(EORS_venv) C:\Users\Administrator>`"的显示(注意有 EORS_venv),这表示已经激活了一个被名为 EORS_venv 的虚拟环境,为后续的安装操作做好了准备。

5. 安装工程所需依赖包

在这个 EORS_venv 的虚拟环境的状态下,即"`(EORS_venv) C:\Users\Administrator>`"提示后,可以输入"pip install"指令。

(1) 继续在 Anaconda Prompt 的 DOS 指令行状态,依次输入表 12-6 中的 pip 指令。

表 12-6　需要运行的 pip install 指令

顺序	指　　令
1	pip install tensorflow==2.6　-i https://pypi.tuna.tsinghua.edu.cn/simple
2	pip install numpy==1.22.4　-i https://pypi.tuna.tsinghua.edu.cn/simple
3	pip install scikit-learn -i https://pypi.tuna.tsinghua.edu.cn/simple
4	pip install matplotlib==3.3.4 -i https://pypi.tuna.tsinghua.edu.cn/simple
5	pip install keras==2.6.0 -i https://pypi.tuna.tsinghua.edu.cn/simple
6	pip install protobuf==3.20 -i https://pypi.tuna.tsinghua.edu.cn/simple
7	pip install pyside6 -i https://pypi.tuna.tsinghua.edu.cn/simple
8	pip install opencv-python　-i https://pypi.tuna.tsinghua.edu.cn/simple
9	pip install pydot-ng -i https://pypi.tuna.tsinghua.edu.cn/simple
10	pip install scipy==1.11.4 -i https://pypi.tuna.tsinghua.edu.cn/simple
11	pip install pyinstaller -i https://pypi.tuna.tsinghua.edu.cn/simple

(2) 本工程需要安装 libMR 包,但 libMR 包在 Windows 中不能通过"pip install"指令直接安装,需要下载 libMR 文件,进行本地安装,安装步骤如下:

步骤一,下载 libMR 库文件。将 libMR 库文件下载并解压到本地计算机的任意位置。下载地址为:https://codeload.github.com/Vastlab/libMR/zip/refs/heads/master。

步骤二,解压该压缩包,复制到如 d 盘根目录。

步骤三,继续在 EORS_venv 的虚拟环境的状态下,即显示的指令提示符为"`(EORS_venv) C:\Users\Administrator>`"的状态下,输入"cd\回车",再输入"d:回车",再输入"cd libMR-master",进入 d 盘 libMR-master,提示符为"`(EORS_venv) D:\libMR-master>`"。

步骤四,依次复制以下指令到光标处后,按回车键。

① 从需求文件中安装包。

pip install − r python/requirements.txt　− i https://pypi.tuna.tsinghua.edu.cn/simple

② 安装当前目录下的安装包(会查找当前目录下的 setup.py 文件,并根据这个文件中的配置信息来安装包)。

pip install .　− i https://pypi.tuna.tsinghua.edu.cn/simple

(3) 安装并配置 Graphviz 图形可视化工具。

步骤一,打开 Graphviz 的官方下载界面,地址为:https://www.graphviz.org/

download/。

步骤二,选择合适的 Windows 版本(通常是 64 位)的安装程序并下载。

步骤三,双击下载的.exe 文件,遵循安装向导的指示完成安装过程。注意,在安装过程中选中"自动添加到环境变量"。

步骤四,若在上一步中未选择添加到环境变量,则在计算机的"编辑系统环境变量"窗口将 Graphviz 的 bin 目录添加到 Path 环境变量中,单击"确定"按钮保存修改。

步骤五,重启计算机使环境变量生效。

步骤六,打开计算机上的 cmd 指令提示窗口,输入"dot -V"并按回车键,如果 Graphviz 已正确安装并配置,那么应该会显示 Graphviz 的版本信息,如图 12-27 所示。

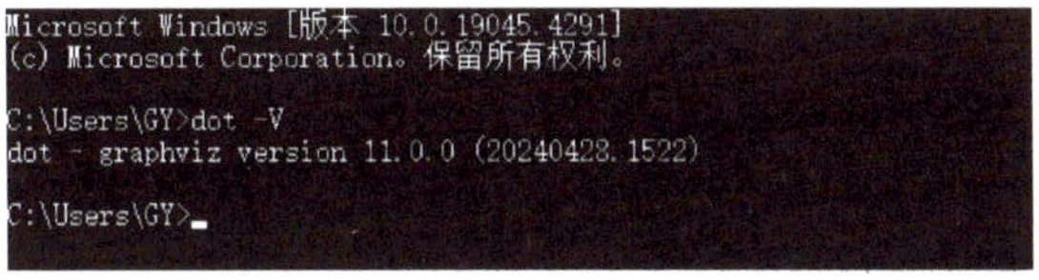

图 12-27　验证 Graphviz 安装与配置

至此,环境安装完成。

6. PC 方训练程序的工程框架

AHL-EORS 的 PC 方训练程序的工程框架,如表 12-7 所示。

表 12-7　PC 方训练程序的工程框架

文件夹	内　　　容			简明功能及特点
01-Doc	readme.docx			项目说明文档
02-Dataset	数据集文件夹			例如,彩色手势"锤子剪刀布"数据集
03-Model	模型文件夹			生成的模型训练参数文件,例如,MobileNetv2_Hands_Epochs-20_Acc-96pct_20240518-181003.h5
04-Image				软件使用图片资源
05-Src	components	models		自定义模型模块
		SerialPort		自定义串口模块
		ui	customWidget	自定义控件模块
			pages	存放每个页面的功能代码
			UIFunction.py	页面功能初始化文件
			EORS.ui	软件界面设计文件
			ui_EORS.py	Qt Designer 自动生成
			EORS_image.qrc	软件资源文件,Qt Designer 自动生成
			EORS_image_rc.py	通过指令行自动生成
	main.py			工程运行入口文件
	settings.json			工程配置文件

7. 工程各模块介绍

01-Doc 文件夹。用于存放项目说明文档,通常会包含对整个训练程序的详细介绍,比如项目的背景、目标、使用方法、各部分模块功能的概述等,方便使用者或开发者快速了解项目的整体情况。

02-Dataset 文件夹。用于存放训练模型所需要的数据集,数据集的质量和特性对模型最终的训练效果起着关键作用,像这里特定的彩色手势数据集,就是针对相关手势识别等任务准备的素材。

03-Model 文件夹。保存模型训练过程中产生的参数信息,这些参数文件反映了模型经过一定轮次(如示例中的 20 轮次)训练后达到的准确率(96%)等状态,后续可以利用这些参数文件来加载已训练好的模型进行预测等操作。

04-Image 文件夹。为软件运行时提供所需的各类图片,比如界面展示用到的图标、示例图片等,有助于提升软件的可视化效果和用户交互体验。

05-Src 文件夹包括以下内容。

(1) components 子文件夹。

① models 子文件夹:存放自定义模型模块,开发者可在此根据具体需求构建适合项目的独特模型结构,以更好地处理相应的数据和完成任务。

② SerialPort 子文件夹:自定义串口模块,可能用于和外部设备进行串口通信,比如连接一些硬件设备来采集数据或者传输控制指令等。

③ ui 子文件夹。

customWidget 子文件夹:自定义控件模块,通过自定义控件可以打造出符合项目特定交互需求和视觉风格的界面元素,增强软件的个性化和易用性。

pages 子文件夹:存放每个页面的功能代码,对软件不同页面的具体功能实现进行模块化管理,便于代码的维护和扩展。

UIFunction.py 文件:页面功能初始化文件,用于对软件页面相关功能进行初始化设置,确保页面加载时各功能处于正确的初始状态。

EORS.ui 文件:软件界面设计文件,应该是通过相关界面设计工具(如 Qt Designer)进行可视化设计生成的,定义了软件界面的布局、控件摆放等外观内容。

ui_EORS.py 文件:由 Qt Designer 自动生成,与界面设计文件配合,将可视化设计转化为可被程序调用的 Python 代码形式,辅助实现界面相关功能。

EORS_image.qrc 文件:软件资源文件,也是 Qt Designer 自动生成,通常用于管理软件中用到的各类资源(如图片等)的引用路径等信息。

EORS_image_rc.py 文件:通过指令行自动生成,进一步处理资源相关的配置和引用,使得软件在运行时能正确加载和使用对应的资源。

(2) main.py 文件。作为工程运行入口文件,整个训练程序从这里开始启动执行,它会按顺序调用其他模块和文件来实现完整的功能流程。

(3) settings.json 文件。该文件为工程配置文件,用于保存项目的各种配置参数,例如,模型训练的一些超参数设置、软件界面相关的配置选项等,方便对整个工程进行灵活的参数调整和定制化配置。

8. 主程序源码介绍

(1) 程序启动准备阶段。导入必要模块：导入了诸多需要使用的模块，包括操作系统相关的 os 模块，系统相关的 sys 模块，处理 JSON 数据的 json 模块，用于数值计算的 numpy 模块，以及 PySide6 库中用于图形界面开发的各类模块，像 QLabel、QMainWindow、QApplication 等，这些模块为后续构建图形化应用程序提供了基础功能支持。

(2) 自定义信号定义(MySignals 类)。定义了 MySignals 类，它继承自 QObject，用于创建一系列自定义信号，这些信号在整个应用程序不同功能模块间起到通信和事件通知的作用，例如，loadImage 信号用于在首页加载图片时通知相关组件进行处理，传递的参数是图片数据(numpy. ndarray 类型)和用于显示图片的 QLabel 组件。popMessageBox 信号可以触发弹出提示框，传递提示框的类型、标题和内容等信息。还有众多其他信号，分别对应诸如填充下拉框、显示图像识别结果、设置进度条、显示各种页面信息等不同功能场景下的通信需求。

(3) 配置文件解析(Settings 类)。

① 配置路径确定与文件检查：Settings 类负责解析应用程序配置文件 settings. json。首先确定配置文件所在的文件夹路径(通过当前工作目录与固定的相对路径拼接得到)以及配置文件的绝对路径，若配置文件不存在，则会输出相应警告信息，提醒用户检查文件位置。

② 配置文件反序列化：在类的初始化方法 __init__()中调用 deserialize()方法，通过读取配置文件内容，并使用 json. loads 将 JSON 格式的字符串反序列化，最终将解析后的配置信息存储在 self. items 属性中，方便后续在应用程序中获取相应配置项来进行不同的设置和操作。

(4) 应用程序窗口初始化(EORS 类的 __init__()方法)。

① UI 组件初始化与窗口样式设置：创建 EORS 类实例时，其 __init__()方法首先调用父类构造函数完成初始化，接着通过 setupUi()方法初始化主窗口的 UI 布局和组件，然后设置窗口的背景为透明(WA_TranslucentBackground 属性)以及隐藏窗口边框(使用特定的窗口标志 Qt. Window|Qt. FramelessWindowHint)，赋予窗口独特的外观样式。

② 信号连接与自定义视口添加：实例化 MySignals 类创建 ms 对象，并将各个自定义信号与对应的处理函数进行连接，例如，ms. loadImage 信号连接到 UIFunctions. showImage()函数，当信号被触发时就会执行相应处理函数来完成具体功能。同时，实例化自定义可滚动视口 view，设置其拖曳模式方便用户操作，并将其添加到布局中，增强界面交互性。

③ 配置获取与页面初始化：创建 Settings 类实例获取配置信息，存储在 self. settings 中，同时获取应用程序工程目录路径并保存到 self. projectRoot 中。之后依次初始化应用程序内不同功能的页面，像 ModelValidationPage、ModelTrainPage 等多个页面，为不同功能模块搭建好基础框架。另外，还初始化了自定义提示控件 _tooltip，根据配置设置其初始隐藏状态，并进行位置设置相关的初始化操作。

④ 事件绑定与初始状态设置：调用 UIFunctions. uiDefinitions()方法定义应用程序中所有组件的响应事件，将 ToggleButton 按钮的单击事件与 UIFunctions. toggleMenu()函数绑定，实现特定菜单切换等功能，最后通过触发 ms. showStatus 信号在软件底部状态栏显示"Welcome!"欢迎文本，设置窗口状态标识的初始值等。至此，便完成了主窗口初始化时的各种设置和准备工作。

（5）窗口关闭处理（closeEvent）。当用户关闭应用程序窗口触发 closeEvent 事件时，代码中会执行关闭数据采集页面中打开的串口（通过 self. DataCollector. serial. close()）操作，完成对相关资源的清理，然后接受关闭事件，确保程序能正常关闭并释放相应资源。

（6）主程序入口执行逻辑。在 if __name__ == "__main__" 代码块中（这是整个程序的入口点），首先创建 QApplication 实例 app，用于管理整个应用程序的事件循环和资源分配，它是整个图形化应用程序运行的基础，负责协调各个组件之间的交互以及处理系统级别的事件，如窗口绘制、用户输入响应等。接着创建 EORS 类的实例 window，也就是创建应用程序的主窗口，此时会执行 EORS 类的 __init__()方法完成上述提到的一系列初始化和设置操作。如果程序是经过打包生成的可执行文件（通过 hasattr(sys, 'frozen') 判断），则导入 pyi_splash 模块并关闭应用程序启动时的闪屏（通过 pyi_splash. close()实现）。然后调用 window. show() 方法显示主窗口，让用户可以看到并与之交互。最后通过 sys. exit(app. exec()) 启动应用程序的事件循环，应用程序会一直处于可响应状态，等待用户操作等各类事件触发，处理相应的业务逻辑，直到用户关闭窗口等操作导致事件循环结束，程序正常退出。

本章小结

本章通过物体认知系统实例，希望将嵌入式人工智能这一复杂问题简单化。通过 PC 软件结合嵌入式终端实现数据采集，在 PC 上进行模型训练，训练完成后生成人工智能的算法构件，纳入推理工程中，实现嵌入式终端推理，可以对终端进行二次编程。主要目标是帮助完成嵌入式人工智能的入门教学，利用最小的资源、最清晰的流程体现人工智能中"标记、训练、推理"的基本知识要素。同时，提供完整源码、编译及调试环境，期望达到"学习汉语拼音从 a、o、e 开始，学习英语从 A、B、C 开始，学习嵌入式人工智能从物体认知系统开始"之目标。

## 第13章

进一步学习导引

视频讲解

13.1　关于进一步阅读的有关资料

　　本书作为教材,通用知识占用一部分篇幅,给出了嵌入式应用中的主要模块例程,电子资源中给出了补充阅读材料可深化一些知识。此外,D1-H 芯片的 USB、以太网模块也在补充阅读材料中可以获得。

13.2　关于嵌入式系统稳定性问题

　　学习到这里,读者基本上具备了进行嵌入式系统开发的软硬件基础,但是实际开发嵌入式产品的要求远不止于此。稳定性是嵌入式系统的生命线,而实验室中的嵌入式产品在调试、测试、安装之后,最终投放到实际应用,往往还会出现很多故障和不稳定的现象。由于嵌入式系统是一个综合了软件和硬件的复杂系统,因此单单依靠哪个方面都不能完全地解决其抗干扰问题,只有从嵌入式系统硬件、软件以及结构设计等方面进行全面的考虑,综合应用各种抗干扰技术来全面应对系统内外的各种干扰,才能有效提高其抗干扰性能。在这里,作者根据多年来的嵌入式产品开发经验,对实际项目中较常出现的稳定性问题做简要阐述,供读者在进一步学习中参考。

　　嵌入式系统的抗干扰设计主要包括硬件和软件两个方面。在硬件方面,通过提高硬件的性能和功能,能有效地抑制干扰源,阻断干扰的传输信道,这种方法具有稳定、快捷等优点,但会使成本增加。而软件抗干扰设计采用各种软件方法,通过技术手段来增强系统的输入输出、数据采集、程序运行、数据安全等抗干扰能力,具有设计灵活、节省硬件资源、低成本、高系统效能等优点,且能够处理某些用硬件无法解决的干扰问题。

1. 保证 CPU 运行的稳定

　　CPU 指令由操作码和操作数两部分组成,取指令时先取操作码后取操作数。当程序计数器 PC 因干扰出错时,程序便会跑飞,引起程序混乱失控,严重时会导致程序陷入死循环或者误操作。为了避免这样的错误发生或者从错误中恢复,通常使用指令冗余、软件拦截技术、数据保护、计算机操作正常监控(看门狗)和定期自动复位系统等方法。

2. 保证通信的稳定

在嵌入式系统中,会使用各种各样的通信接口,以便与外界进行交互,因此,必须要保证通信的稳定。在设计通信接口的时候,通常从通信数据速度、通信距离等方面进行考虑,一般情况下,通信距离越短越稳定,通信速率越低越稳定。例如,对于 UART 接口,通常可选用 9600bps、38 400bps、115 200bps 等波特率来保证通信的稳定性,另外,对于板内通信,使用 TTL 电平即可,而板间通信通常采用 232 电平,有时为了使传输距离更远,可以采用差分信号进行传输。

另外,通过为数据增加校验也是增强通信的稳定性的常用方法,甚至有些校验方法不仅具有检错功能,还具有纠错功能。常用的校验方法有奇偶校验、循环冗余校验法(CRC)、海明码、求和校验和异或校验等。

3. 保证物理信号输入的稳定

模拟量和开关量都属于物理信号,它们在传输过程中很容易受到外界的干扰,雷电、可控硅、电动机和高频时钟等都有可能成为其干扰源。在硬件上选用高抗干扰性能的元器件可有效地克服干扰,但这种方法通常面临着硬件开销和开发条件的限制。相比之下,在软件上可使用的方法比较多,且开销低,容易实现较高的系统性能。

通常的做法是进行软件滤波,对于模拟量,主要的滤波方法有限幅滤波法、中位值滤波法、算术平均值法、滑动平均值法、防脉冲干扰平均值法、一阶滞后滤波法以及加权递推平均滤波法等;对于开关量滤波,主要的方法有同态滤波和基于统计计数的判定方法等。

4. 保证物理信号输出的稳定

系统的物理信号输出,通常是通过对相应寄存器的设置实现的。由于寄存器数据也会因干扰而出错,所以使用合适的办法来保证输出的准确性和合理性很有必要,主要方法有输出重置、滤波和柔和控制等。

在嵌入式系统中,输出类型的内存数据或输出 I/O 口寄存器也会因为电磁干扰而出错,输出重置是非常有效的办法。定期向输出系统重置参数,这样,即使输出状态被非法更改,也会在很短的时间里得到纠正。但是,使用输出重置时需要注意的是,对于某些输出量,如 PWM,短时间内多次的设置会干扰其正常输出。通常采用的办法是,在重置前先判断目标值是否与现实值相同,只有在不相同的情况下才启动重置。对于有些嵌入式应用的输出,应进行某种程度的柔和控制,可使用前面所介绍的滤波方法来实现。

总之,系统的稳定性关系到整个系统的成败,所以在实际产品的整个开发过程中都必须予以重视,并通过科学的方法进行解决,这样才能有效地避免不必要的错误的发生,提高产品的可靠性。

金葫芦AHL-D1-H用户手册

AHL-D1-H 系统提供一种嵌入式开发的快速途径。学习一个新的微控制器或微处理器从快速运行一个标准例程开始,首先了解其有其用途、配套图书、硬件资源、软件资源等,随后编译、下载与运行第一个嵌入式程序。这个过程约需要一小时。

1. AHL-D1-H 概述

1)什么是 AHL-D1-H

AHL-D1-H 是一套以阿里平头哥 RISC-V 架构玄铁 C906 内核 D1-H 微处理器构建的通用嵌入式计算机(General Embedded Computer,GEC)系统,不仅可以方便地用于教学,也可直接用于实际项目开发。通用嵌入式计算机的应用目的在于降低嵌入式学习与开发的门槛,提供深浅自由裁量的技术方案,目前已形成包括硬件开发板、集成开发环境、标准软件框架、底层驱动构件、RTOS、配套图书及教学资源等较为完备的学习生态系统,为嵌入式学习与应用开发提供了一种新模式。

2)AHL-D1-H 配套图书

本书为 AHL-D1-H 的配套图书。

2. AHL-D1-H 的硬件资源

1)AHL-D1-H 的板载芯片概述

2022 年全志半导体开始推出的 64 位 RISC-V 架构 D1-H 微处理器。D1-H 的工作频率为 1GHz,集成了音频接口、显示输出接口,内部硬件模块主要包括 GPIO、UART、Timer、PWM、RTC、WDG、SPI、I2C、GPADC、TPADC、LRADC、USB 等,内部 SDRAM 大小为32KB,最高可外接 2GB 大小的双倍速率同步动态随机存储器第二代(Double Data Rate Ⅱ,DDR2)和第三代,无片内 Flash,但支持外接 SPI Nor Flash、SPI Nand Flash、SD 卡和eMMC4 种非易失存储器(Non Volatile Storage Medium,NVM)。

AHL-D1-H 基于 D1-H 设计,外接 Flash 大小为 256MB,外接 RAM 大小为 512MB,主要资源及技术指标见表 A-1,其他信息参见该芯片数据手册。

表 A-1　D1-H 芯片主要技术指标及内部资源

序号	名　称	描　述
1	芯片型号及引脚	芯片型号:D1-H
2	供电电压	3.3V

序号	名　　称	描　　述
3	温度范围	−25～＋125℃
4	主频	最高 1GHz
5	程序空间 Flash	内部 Flash 引导程序,需要外接 Flash,AHL-D1-H 外接 256MB Flash
6	RAM 空间	内部 RAM 引导程序用,需要外接 RAM,AHL-D1-H 外接 512MB RAM
7	内部主要硬件模块	GPIO、UART、Timer、PWM、12 位 ADC、SPI、I2C、DMA、看门狗、USB、以太网等

2）AHL-D1-H 的引脚排列图与硬件电路图

金葫芦 AHL-D1-H 开发套件引脚排列如图 A-1 所示。

图 A-1　AHL-D1-H 开发套件引脚排列

AHL-D1-H 的硬件电路图见电子资源 02-Hardware 文件夹中"AHL-D1-H 硬件电路图.pdf"文件。

3）AHL-D1-H 的对外引脚功能表

通用嵌入式计算机 AHL-D1-H 以 D1-H 芯片为核心制作,板载芯片硬件最小系统、三色灯、温度传感器、扩充 RAM、Flash 等,引出了芯片的全部功能引脚,还增加了一些应用过程可能用到的接口,如表 A-2 所示,在进行具体应用时可查阅此表。

表 A-2　通用嵌入式计算机 AHL-D1-H 的对外引脚

编号	MCU 引脚名	类型	复用功能
1	PB11	I/O	DMIC-DATA0、 PWM2、 TWIO-SDA、 SPI1-CLK/DBI-SCLK、 CLK-FANOUT1、UART1-CTS、PB-EINT11
2	PB10	I/O	DMIC-DATA1、 PWM7、 TWIO-SCK、 SPI1-MOSI/DBI-SDO、 CLK-FANOUT0、UART1-RTS、PB-EINT10
3	PB7	I/O	LCD0-D17、I2S2-MCLK、TWI3-SDA、IR-RX、LCD0-D23、UART3-RX、CPUBIST1、PB-EINT7
4	PB6	I/O	LCD0-D16、I2S2-LRCK、WI3-SCK、PWM1、LCD0-D22、UART3-TX、CPUBIST0、PB-EINT6

编号	MCU 引脚名	类型	复用功能
5	PB3	I/O	LCD0-D1、I2S2-DOUT1、TWI0-SCK、I2S2-DIN0、LCD0-D19、UART4-RX、PB-EINT3
6	PB2	I/O	LCD0-D0、I2S2-DOUT2、TWI0-SDA、I2S2-DIN2、LCD0-D18、UART4-TX、PB-EINT2
7	HTX0N	AO	HDMI 的 TMDS 差分线驱动数据 0 输出(负)
8	HTX0P	AO	HDMI 的 TMDS 差分线驱动数据 0 输出(正)
9	HTX1N	AO	HDMI 的 TMDS 差分线驱动数据 1 输出(负)
10	HTX1P	AO	HDMI 的 TMDS 差分线驱动数据 1 输出(正)
11	HTX2N	AO	HDMI 的 TMDS 差分线驱动数据 2 输出(负)
12	HTX2P	AO	HDMI 的 TMDS 差分线驱动数据 2 输出(正)
13	HSCL	O	HDMI 的串行时钟
14	HSDA	I/O	HDMI 的串行数据
15	HHPD	I/O	HDMI 的热插拔检测信号
16	HCEC	I/O	HDMI 的用户电器控制
17	MIC-DET	AI	耳机麦克风检测
18	MICIN3P	AI	麦克风差分输入 3(正)
19	HBIAS	AO	头戴式麦克风的第二偏置电压输出
20	LINEINL	AI	LINEIN 左单端输入
21	LINEINR	AI	LINEIN 右单端输入
22	MICIN3N	AI	麦克风差分输入 3(负)
23	HP-DET	AI	耳机插孔检测
24	GPADC1	AI	通用目的 ADC 输入通道 1
25	HPOUTR	AO	耳机右输出
26	HPOUTFB	AI	伪差分耳机接地参考
27	HPOUTL	AO	耳机左输出
28	LRADC	AI	低速率 ADC
29	TP-X1	AI	触摸面板 X1 输入
30	USB1-DP	I/O	USB 主机数据信号 DP
31	USB1-DM	I/O	USB 主机数据信号 DM
32	PG18	I/O	UART2-RX、TWI3-SDA、PWM6、CLK-FANOUT1、OWA-OUT、UART0-RX、PG-EINT18
33	PG17	I/O	UART2-TX、TWI3-SCK、PWM7、CLK-FANOUT0、IR-TX、UART0-TX、PG-EINT17
34	PG16	I/O	IR-RX、TCON-TRIG、PWM5、CLK-FANOUT2、OWA-IN、LEDC-DO、PG-EINT16
35	PG15	I/O	I2S1-DOUT0、TWI2-SDA、MDIO、I2S1-DIN1、SPI0-HOLD、UART1-CTS、PG-EINT15
36	PG14	I/O	I2S1-DIN0、TWI2-SCK、MDC、I2S1-DOUT1、SPI0-WP、UART1-RTS、PG-EINT14

编号	MCU 引脚名	类型	复用功能
37	PG13	I/O	I2S1-BCLK、TWI0-SDA、RGMII-CLKIN/RMII-RXER、PWM2、LEDC-D0、UART1-RX、PG-EINT13
38	PG12	I/O	I2S1-LRCK、TWI0-SCK、RGMII-TXCTRL/RMII-RXER、CLK-FANOUT2、PWM0、UART1-TX、PG-EINT12
39	PG11	I/O	I2S1-MCLK、TWI3-SDA、EPHY-25M、CLK-FANOUT1、TCON-TRIG、PG-EINT11
40	PG10	I/O	PWM3、TWI3-SCK、RGMII-RXCK、CLK-FANOUT0、IR-RX、PG-EINT10
41	PG9	I/O	UART1-CTS、TWI1-SDA、RGMII-RXD3、UART3-RX、PG-EINT9
42	PG8	I/O	UART1-RTS、TWI1-SCK、RGMII-RXD2、UART3-TX、PG-EINT8
43	PG7	I/O	UART1-RX、TWI2-SDA、RGMII-TXD3、OWA-IN、PG-EINT7
44	PG6	I/O	UART1-TX、TWI2-SCK、RGMII-TXD2、PWM1、PG-EINT6
45	PG5	I/O	SDC1-D3、UART5-RX、RGMII-TXD1/RMII-TXD1、PWM4、PG-EINT5
46	PG4	I/O	SDC1-D2、UART5-TX、RGMII-TXD0/RMII-TXD0、PWM5、PG-EINT4
47	PG3	I/O	SDC1-D1、UART3-CTS、RGMII-TXCK/RMII-TXCK、UART4-RX、PG-EINT3
48	PG2	I/O	SDC1-D0、UART3-RTS、RGMII-RXD1/RMII-RXD1、UART4-TX、PG-EINT2
49	PG1	I/O	SDC1-CMD、UART3-RX、RGMII-RXD0/RMII-RXD0、PWM6、PG-EINT1
50	PG0	I/O	SDC1-CLK、UART3-TX、RGMII-RXCTRL/RMII-CRS-DV、PWM7、PG-EINT0
51	PF6	I/O	OWA-OUT、IR-RX、I2S2-MCLK、PWM5、PF-EINT6
52	PF5	I/O	SDC0-D2、R-JTAG-CK、I2S2-LRCK、PF-EINT5
53	PF4	I/O	SDC0-D3、UART0-RX、TWI0-SDA、PWM6、IR-TX、PF-EINT4
54	PF3	I/O	SDC0-CMD、R-JTAG-DO、I2S2-BCLK、PF-EINT3
55	PF2	I/O	SDC0-CLK、UART0-TX、TWI0-SCK、LEDC-DO、OWA-IN、PF-EINT2
56	PF1	I/O	SDC0-D0、R-JTAG-DI、I2S2-DOUT0、I2S2-DIN1、PF-EINT1
57	PF0	I/O	SDC0-D1、R-JTAG-MS、I2S2-DOUT1、I2S2-DIN0、PF-EINT0
58	PC1	I/O	UART2-RX、TWI2-SDA、PC-EINT1
59	PC0	I/O	UART2-TX、TWI2-SCK、LEDC-DO、PC-EINT0
60	REFCLK-OUT	AO	数字补偿晶体振荡器时钟(输出)
61	NMI	I/O OD	非可屏蔽中断
62	TEST	I	测试信号
63	PE17	I/O	TWI3-SDA、D-JTAG-CK、IR-TX、I2S0-MCLK、DMIC-CLK、PE-EINT17
64	PE16	I/O	TWI3-SCK、D-JTAG-DO、PWM7、I2S0-BCLK、DMIC-DATA0、PE-EINT16
65	PE15	I/O	TWI1-SDA、D-JTAG-DI、PWM6、I2S0-LRCK、DMIC-DATA1、RGMII-RXCK、PE-EINT15

续表

编号	MCU 引脚名	类型	复用功能
66	PE14	I/O	TWI1-SCK、D-JTAG-MS、I2S0-DOUT1、I2S0-DIN0、DMIC-DATA2、RGMII-RXD3、PE-EINT14
67	PE13	I/O	TWI2-SDA、PWM5、I2S0-DOUT0、I2S0-DIN1、DMIC-DATA3、RGMII-RXD2、PE-EINT13
68	PE12	I/O	TWI2-SCK、NCSI0-FIELD、I2S0-DOUT2、I2S0-DIN2、RGMII-TXD3、PE-EINT12
69	PE11	I/O	NCSI0-D7、UART1-RX、I2S0-DOUT3、I2S0-DIN3、RGMII-TXD2、PE-EINT11
70	PE10	I/O	NCSI0-D6、UART1-TX、PWM4、IR-RX、EPHY-25M、PE-EINT10
71	PE9	I/O	NCSI0-D5、UART1-CTS、PWM3、UART3-RX、MDIO、PE-EINT9
72	PE8	I/O	NCSI0-D4、UART1-RTS、PWM2、UART3-TX、MDC PE-EINT8
73	PE7	I/O	NCSI0-D3、UART5-RX、TWI3-SDA、OWA-OUT、D-JTAG-CK、R-JTAG-CK、RGMII-CLKIN/ RMII-RXER、PE-EINT7
74	PE6	I/O	NCSI0-D2、UART5-TX、TWI3-SCK、OWA-IN、D-JTAG-DO、R-JTAG-DO、RGMII-TXCTRL /RMII-TXEN、PE-EINT6
75	PE5	I/O	NCSI0-D1、UART4-RX、TWI2-SDA、LEDC-DO、D-JTAG-DI、R-JTAG-DI、RGMII-TXD1/ RMII-TXD1、PE-EINT5
76	PE4	I/O	NCSI0-D0、UART4-TX、TWI2-SCK、CLK-FANOUT2、D-JTAG-MS、R-JTAG-MS、RGMII-TXD0/ RMII-TXD0、PE-EINT4
77	PE3	I/O	NCSI0-MCLK、UART2-RX、TWI0-SDA、CLK-FANOUT1、UART0-RX、RGMII-TXCK/ RMII-TXCK、PE-EINT3
78	PE2	I/O	NCSI0-PCLK、UART2-TX、TWI0-SCK、CLK-FANOUT0、UART0-TX、RGMII-RXD1/ RMII-RXD1、PE-EINT2
79	PE1	I/O	NCSI0-VSYNC、UART2-CTS、TWI1-SDA、LCD0-VSYNC、RGMII-RXD0/ RMII-RXD0、PE-EINT1
80	PE0	I/O	NCSI0-HSYNC、UART2-RTS、TWI1-SCK、LCD0-HSYNC、RGMII-RXCTRL /RMII-CRS-DV、PE-EINT0
81	PD0	I/O	LCD0-D2、LVDS0-V0P、DSI-D0P、TWI0-SCK、PD-EINT0
82	PD1	I/O	LCD0-D3、LVDS0-V0N、DSI-D0N、UART2_TX、PD-EINT1
83	PD2	I/O	LCD0-D4、LVDS0-V1P、DSI-D1P、UART2_RX、PD-EINT2
84	PD3	I/O	LCD0-D5、LVDS0-V1N、DSI-D1N、UART2_RTS、PD-EINT3
85	PD4	I/O	LCD0-D6、LVDS0-V2P、DSI-CKP、UART2_CTS、PD-EINT4
86	PD5	I/O	LCD0-D7、LVDS0-V2N、DSI-CKN、UART5_TX、PD-EINT5
87	PD6	I/O	LCD0-D10、LVDS0-CKP、DSI-D2P、UART5_RX、PD-EINT6
88	PD7	I/O	LCD0-D11、LVDS0-CKN、DSI-D2N、UART4_TX、PD-EINT7
89	PD8	I/O	LCD0-D12、LVDS0-V3P、DSI-D3P、UART4-RX、PD-EINT8
90	PD9	I/O	LCD0-D13、LVDS0-V3N、DSI-D3N、PWM6、PD-EINT9
91	PD10	I/O	LCD0-D14、LVDS1-V0P、SPI1-CS/DBI-CSX、UART3-TX、PD-EINT10

续表

编号	MCU 引脚名	类型	复用功能
92	PD11	I/O	LCD0-D15、 LVDS1-V0N、 SPI1-CLK/DBI-SCLK、 UART3-RX、 PD-EINT11
93	PD12	I/O	LCD0-D18、LVDS1-V1P、SPI1-MOSI/DBI-SDO、TWI0-SDA、PD-EINT12
94	PD13	I/O	LCD0-D19、 LVDS1-V1N、 SPI1-MISO/DBI-SDI/ DBI-TE/DBI-DCX、 UART3-RTS、PD-EINT13
95	PD14	I/O	LCD0-D20、LVDS1-V2P、SPI1-HOLD/DBI-DCX /DBI-WRX、UART3-CTS、PD-EINT14
96	PD15	I/O	LCD0-D21、LVDS1-V2N、SPI1-WP/DBI-TE IR-RX、PD-EINT15
97	GND		
98	PD17	I/O	LCD0-D23、LVDS1-CKN、DMIC-DATA2、PWM1、PD-EINT17
99	PD18	I/O	LCD0-CLK、LVDS1-V3P、DMIC-DATA1、PWM2、PD-EINT18
100	PD19	I/O	LCD0-DE、LVDS1-V3N、DMIC-DATA0、PWM3、PD-EINT19
101	PD20	I/O	LCD0-HSYNC、TWI2-SCK、DMIC-CLK、PWM4、PD-EINT20
102	PD22	I/O	OWA-OUT、IR-RX、UART1-RX、PWM5、PD-EINT22
103	HTXCP	I/O	HDMI 的 TMDS 差分线驱动时钟输出(正)
104	HTXCN	I/O	HDMI 的 TMDS 差分线驱动时钟输出(负)

3. 配套电子资源

配套电子资源中包含了芯片资料、AHL-D1-H 用户手册、硬件原理图、各章的源程序、常用软件工具等。

1)电子资源的下载途径

通过百度搜索"苏州大学嵌入式学习社区"官网,根据使用的图书,随后进入"教材"→AHL-D1-H。

2)AHL-D1-H 提供的程序样例

参见本书相关内容。

4. AHL-D1-H 的开发环境下载及安装

进行嵌入式软件开发,需要交叉编译环境及下载程序到目标机中,AHL-D1-H 开发板可免费使用金葫芦 GEC 集成开发环境 AHL-GEC-IDE 及 AHL-GEC-vsCode-IDE。

1)开发环境与编译脚本(riscv64)的下载

AHL-GEC-IDE 及 AHL-GEC-vsCode-IDE 为苏州大学研发,具有编辑、编译、链接等功能,特别是配合"金葫芦"硬件,可直接运行、调试程序,根据芯片型号不同兼容常用嵌入式集成开发环境。注意:PC 的操作系统需要使用 Windows 10/Windows 11。

AHL-GEC-IDE 下载途径:百度搜索"苏州大学嵌入式学习社区"官网,随后进入"金葫芦专区"→"AHL-GEC-IDE",也可以直接复制网址 http://sumcu. suda. edu. cn/AHLwGECwIDE/list. htm,下载后安装即可。特别说明,由于是校内子网,工作时间可下载。

在编译链接过程中,需要 RISC-V 的编译脚本(riscv64),该脚本仍在该网页下载,脚本文件为 riscv64-elf-mingw.rar。

2）将编译脚本设置为系统环境变量

为了能正确编译工程源程序，需要将 RISC-V 的编译脚本（riscv64）设置为系统环境变量。方法如下：

（1）把 riscv64-elf-mingw.rar 解压，例如，解压到 D:\Software 文件夹，这样就有了 D:\Software\riscv64-elf-mingw 文件夹，该文件夹中有 bin 子文件夹，将它设为系统环境变量；

（2）在操作系统界面左下角的搜索栏目，输入"编辑系统环境变量"后回车，进入"系统属性"界面；

（3）在该界面下，`环境变量(N)...` → 系统变量（S）→ `Path` → 编辑环境变量 → `新建(N)` → `浏览(B)...`，选择 D:\Software\riscv64-elf-mingw\bin 文件夹后，单击"确定"按钮即可完成设置。

若没有正确设置好 RISC-V 的编译脚本（riscv64）作为环境变量，则不能编译。另外一种方法是，以管理员身份运行金葫芦开发环境 AHL-GEC-IDE，在开发环境的顶部菜单，选择"工具"→"环境变量设置"，选择目录路径，选择 D:\Software\riscv64-elf-mingw\bin，设置 Path 环境变量，查看 Path 环境变量，即可看到 D:\Software\riscv64-elf-mingw\bin 在环境变量中。

环境变量设置后，一般需要重启计算机后才生效。

5. 编译、下载与运行第一个嵌入式程序

在正确安装 AHL-GEC-IDE 及获得本书电子资源的前提下，可以进行第一个嵌入式程序编译、下载与运行，以便直观体会嵌入式程序的运行。

1）硬件接线。

将 Type-C 数据线的小端连接主板的 Type-C 接口，另外一端接通用计算机的 USB 接口。

2）打开环境导入工程

打开集成开发环境 AHL-GEC-IDE，单击菜单"文件"→"导入工程"，随后选择电子资源中的"03-Software\CH01\Test-AHL-D1-H"（其中，文件夹名就是工程名。**注意**：路径中不能包含汉字，也不能太深，末尾的日期表示更新时间）。导入工程后，左侧为工程树状目录，右侧为文件内容编辑区，初始显示 main.c 文件内容，如图 A-2 所示。

3）编译工程

单击菜单"编译"→"编译工程"，就开始编译。正常情况下，编译后会显示"编译成功！"。

4）连接 GEC

单击菜单"下载"→"串口更新"，将进入更新窗体界面。单击"连接 GEC"查找目标 GEC，若提示"成功连接……"，则可进行下一步操作。若连接不成功，则可参阅电子资源中 02-Document 文件夹下 AHL-D1-H 用户手册中的"常见问题及解决办法"一节进行解决。

5）下载机器码

单击"选择文件"按钮，导入被编译工程目录下 Debug 中的.hex 文件，然后单击"一键自

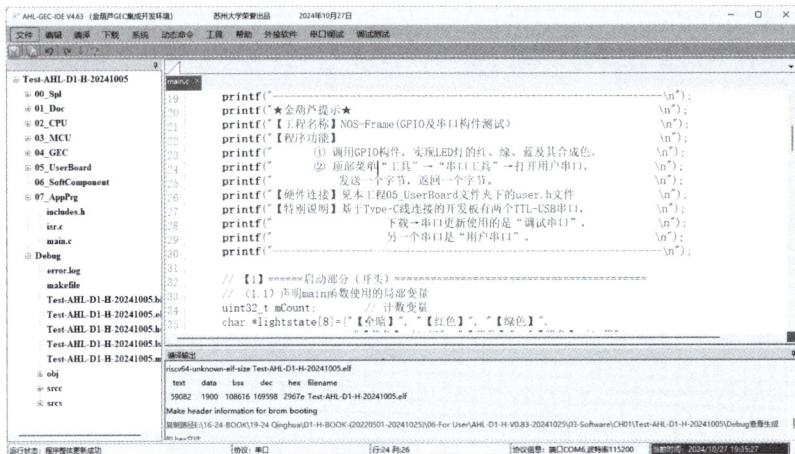

图 A-2　IDE 界面及编译结果

动更新"按钮,等待程序自动更新完成。当更新完成之后,程序将自动运行。

6)观察运行结果

运行时界面如图 A-3 所示,该程序为出厂时写入,可用于观察板载三色灯颜色的变化。

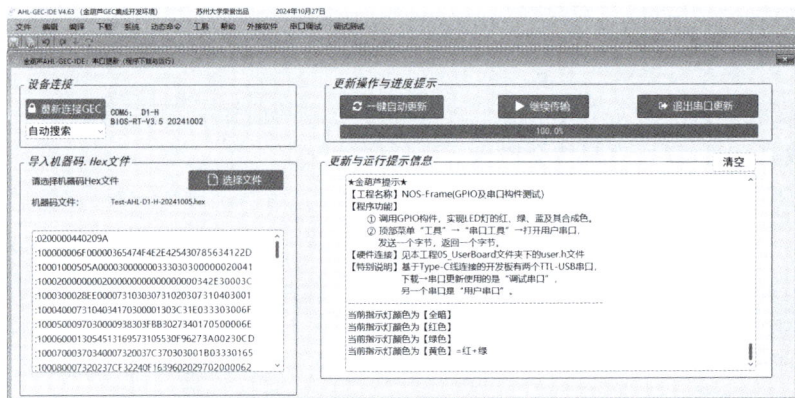

图 A-3　程序下载后运行界面

7)通过串口观察运行情况。

(1)观察程序运行过程。在 IDE 的顶部菜单栏目,单击"工具"→"串口工具",选择其中一个串口,波特率设为 115 200bps 并打开,串口调试工具页面会显示三色灯的状态、温度等信息。

(2)验证串口收发。关闭已经打开的串口,打开另一个串口,"波特率选择"保持默认设置,在"请输入字符串"框中输入字符串,单击"发送数据"按钮。正常情况下,主板会回送数据给 PC,并在接收框中显示,效果如图 A-4 所示。

6. 常见错误及解决办法

1)编译问题:整体不能编译

若编译输出提示:'makeAHL' 不是内部或外部指令,也不是可运行的程序。即编译时

图 A-4　IDE 内嵌的串口调试工具

出现如图 A-5 所示的提示。这是由于一些机器的环境变量设置造成的问题,可以手动设置环境变量解决。参见前面第 4 点,完成主要设置后,一般需**重启计算机**。

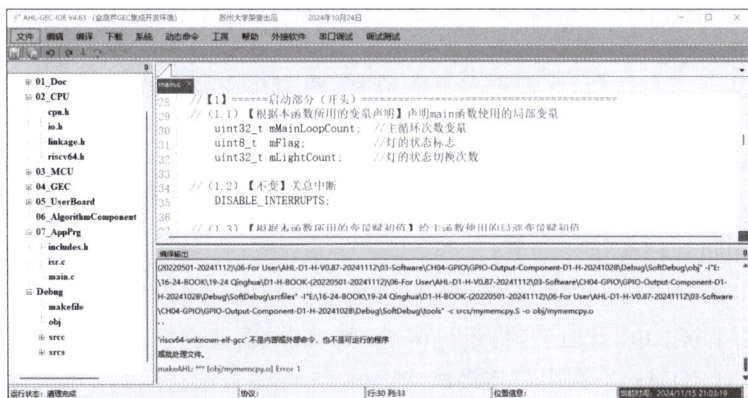

图 A-5　编译整体出错提示

2) 连接问题:没有找到串口

可能原因:没有找到驱动,或计算机设备管理器中有蓝牙串口。

解决办法:通过"🖥 设备管理器"→" 🖨 端口(COM 和 LPT)"查看计算机的是否有两路 CH342 串口,若没有,则需要运行电子资源 Tool 文件夹中的 CH343CDC.EXE 文件安装 CH342 串口驱动,再重启计算机。此外,若有蓝牙串口等,需要禁用。

3) 连接问题:已连接串口 COMx,但未找到设备

现象:若进行"重新连接 GEC"操作时,提示"已连接串口 COMx,但未找到设备",错误如图 A-6 所示,出现该提示的原因可能是:

（1）串口中断被误关；

（2）该串口已经被另外一个程序打开；

（3）USB 串口未连接终端设备；

（4）终端程序未执行；

（5）串口驱动问题。

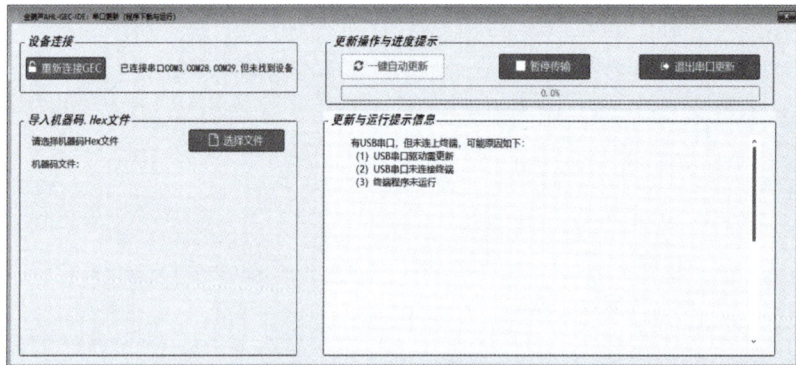

图 A-6　串口连接错误示意图

可能原因排查步骤：

步骤一，怀疑用户软件关闭了串口中断，导致 GEC 的 BIOS 串口中断没有产生。解决办法：若板上有复位按钮，则按复位按钮 6 次以上，绿灯闪烁，表示进入 BIOS 状态，重新操作即可。若板上无复位按钮，则需要找一根导线，将复位引脚与点接实现芯片复位 6 次以上，绿灯闪烁，表示进入 BIOS 状态，重新操作即可。

步骤二，怀疑 Type-C 线没有插紧。检查 USB 串口线是否连接至终端，可能存在串口线松动的情况，可重新连接串口线，单击"重新连接"，若提示"成功连接 GEC-xxxx（COMx）"，则串口连接成功。

步骤三，怀疑 MCU 没有运行，处于运行状态的终端模块指示灯处于闪烁状态。若未运行，则尝试终端重新上电，此时，若指示灯闪烁，则单击"重新连接 GEC"按钮，若提示"成功连接 GEC-xxxx（COMx）"，则串口连接成功。

步骤四，若以上步骤均不能检测到终端设备，则可能是串口驱动问题，可右击"我的计算机"（Win10 系统为"此计算机"），选择"管理"，单击"设备管理器"，选择"端口"（COM 和 LPT），查看串口驱动情况（正常的是 🖥 USB-SERIAL-A CH342 、🖥 USB-SERIAL-B CH342 两个串口，没有其他的），可以尝试更新驱动。特别说明：只有在设备管理器中查到串口正确，才能正常工作。

4）操作问题：打开串口失败

可能原因：另外一个软件已经打开该串口。

解决办法：关闭另一软件，重新操作。

实 验 指 导

实验一　熟悉实验开发环境及 GPIO 编程

结构合理、条理清晰的程序结构，有助于提高程序的可移植性与可复用性，有利于程序的维护。学习嵌入式软件编程，从一开始就应养成规范编程的习惯，为未来发展打下踏实基础。本实验的目的是以通用输入输出为例，达到熟悉实验开发环境、理解规范编程结构、掌握基本调试方法等目的。

1. 实验目的

本实验通过编程控制 LED 小灯，体会 GPIO 的输出作用，如可用于扩展控制蜂鸣器、继电器等；通过编程获取引脚状态，体会 GPIO 的输入作用，如可用于获取开关的状态，主要目的如下：

（1）了解集成开发环境的安装与基本使用方法。

（2）掌握 GPIO 构件的基本应用方法，理解第一个 C 程序框架结构，了解汇编语言与 C 语言如何相互调用。

（3）掌握硬件系统的软件测试方法，初步理解 printf 输出调试的基本方法。

2. 实验准备

（1）硬件部分。PC 或笔记本计算机一台、AHL-D1 开发套件一套。

（2）软件部分。从苏州大学嵌入式学习社区网站，按照本书 1.1.2 节的介绍，下载合适的电子资源。

（3）软件环境。按照附录 A 的介绍，进行有关软件工具的安装。

3. 参考样例

（1）03-Software\ GPIO\GPIO-Output-DirectAddress-D1-H。该程序使用直接地址编程方式，点亮一个发光二极管。从中可了解到，模块的哪个寄存器的哪一位变化使得发光二极管亮了，由此理解硬件是如何干预软件工作的。但这个程序不作为标准应用编程模板，因为要真正进行规范的嵌入式软件编程，必须封装底层驱动构件，在此基础上进行嵌入式软件开发。

（2）03-Softwaret\ GPIO\GPIO-Output-Component-D1-H。该程序通过调用 GPIO 驱动构件方式，使得一个发光二极管闪烁。使用构件方式编程干预硬件是今后编程的基本方式。而使用直接地址编程方式干预硬件，仅用于底层驱动构件制作过程中的第一阶段（打通硬件），为构件封装做准备。

4. 实验过程或要求

1）验证性实验

（1）下载开发环境。

（2）建立自己的工作文件夹。按照"分门别类，各有归处"的原则，建立自己的工作文件夹，并考虑随后内容安排，建立其下级子文件夹。

（3）复制模板工程并重命名。所有工程可通过复制模板工程建立。例如，将"03-Softwaret\ GPIO\GPIO-Output-DirectAddress-D1-H"工程复制到自己的工作文件夹，可以改为自己确定的工程名，建议尾端增加"-20241116"字样，表示日期，避免混乱。

（4）导入工程。打开集成开发环境 AHL-GEC-IDE。接着单击"文件"→"导入工程"，导入复制到自己文件夹并重新命名的工程。导入工程后，界面左侧为工程树状目录，右边为文件内容编辑区，初始显示 main.c 文件的内容，参见图 B-1。

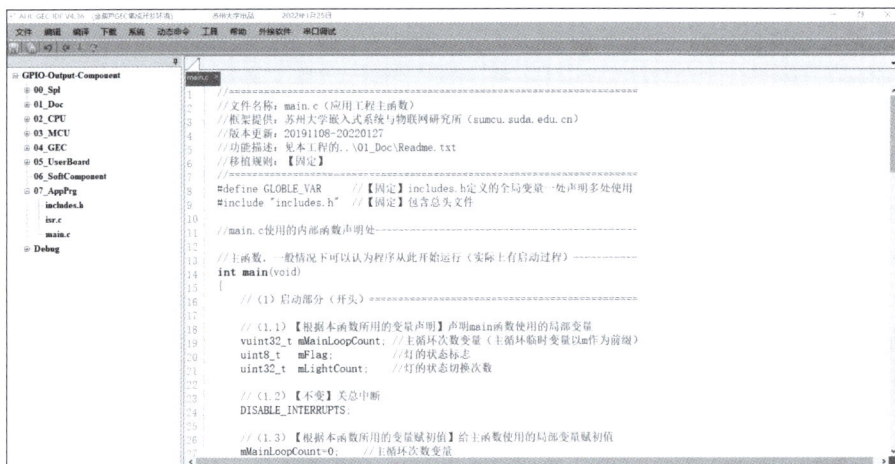

图 B-1 AHL-GEC-IDE 界面

（5）编译工程。在打开工程，并显示文件内容前提下，可编译工程。单击"编译"→"编译工程"，开始编译。

（6）下载并运行。

步骤一，硬件连接。用 Type-C 线连接 GEC 底板上的 Type-C 口与计算机的 USB 口。

步骤二，软件连接。单击"下载"→"串口更新"，进入更新窗体界面。单击"连接 GEC"查找到目标 GEC，则提示"串口号＋BIOS 版本号"。

步骤三，下载机器码。单击 选择文件 按钮导入被编译工程目录下 Debug 中的 .hex 文件，例如，GPIO-Output-DirectAddress_D1.hex 文件，然后单击"一键自动更新"按钮，等待程序自动更新完成。

（7）观察运行结果。第一个程序运行结果（PC 界面显示情况）如图 B-2 所示。

图 B-2　第一个程序运行结果（PC 界面显示情况）

（8）继续验证其他样例。对于"03-Softwaret\CH04"文件夹下提供的每个样例均进行体验以理解执行过程（以 main()函数为启动理解即可）。特别是，可以使用"for(;;)｛　｝"打个"桩"，这里"桩"特指运行到这里"看结果"，"桩"前面可以加 printf 语句，充分利用本开发环境的下载后立即运行及 printf()函数同步显示功能，进行基本语句功能测试。测试正确之后，删除 printf 语句及"桩"，继续后续编程。相对于更复杂的调试方法，这个方法十分简便。初学时，每编写几个语句，就可利用这种方法进行测试。不要编写过多语句再测试，否则查找错误可能花费太多时间。

2）设计性实验

自行编程实现开发板上的红、蓝、绿及组合颜色交替闪烁。LED 三色灯电路原理图如图 3-6 所示，对应 3 个控制端接 MCU 的 3 个 GPIO 引脚。可以通过程序，测试你使用的开发套件中的发光二极管是否与图中接法一致。

3）进阶实验★

（1）用直接地址编程方式，实现设计性实验。

（2）用汇编语言编程方式，实现设计性实验。

5. 实验报告要求

（1）基本掌握 Word 文档的排版方法。

（2）用适当的文字、图表描述实验过程。

（3）用 200～300 字写出实验体会。

（4）在实验报告中完成实践性问答题。

6. 实践性问答题

（1）X &= ～(1<<3)的目的是什么？X |= (1<<3)的目的是什么？给出详细演算过程，举例说明其用途。

（2）volatile 的作用是什么？举例说明其使用场景。

（3）给出一个全局变量的地址。

（4）集成的红绿蓝三色灯最多可以实现几种不同颜色 LED 灯的显示？通过实验给出组合列表。

（5）给出获得一个开关量状态的基本编程步骤。

实验二　串口通信及中断实验

串口通信简单方便使用，是最早普及的一种通信方式，也是嵌入式系统学习中简单常用的一种通信技术，可直接与 PC 通信。其他嵌入式通信方式大多需要通过串口通信与 PC 连接实现基本调试与现象观察。

1．实验目的

本次实验内容较多，涉及 UART 通信基本编程、中断编程、组帧解帧，以及 PC 方的 C♯ 串口通信编程方法。掌握了这些知识，就为后续的深入学习打好了工具知识基础。

（1）以串行接收中断为例，掌握中断的基本编程步骤。

（2）通过接收多个字节组成一帧，掌握串口通信组帧编程方法。

（3）掌握 PC 的 C♯ 串口通信编程方法。

2．实验准备

（1）软硬件工具：与实验一相同。

（2）运行并理解"03-Software\CH06"中几个程序。

3．参考样例

（1）MCU 方样例程序：03-Software\CH06\UART\UART-ISR-D1-H，以下 MCU 方样例程序均指这个程序。该程序使用 UART 构件，实现串口接收中断编程。MCU 收到一个字节后，进入串口接收中断处理程序，在该程序中，读出该字节，对其进行加一操作后发送出去。可以利用 PC 串口通信程序进行测试。

（2）PC 方样例程序：04-Tool\C♯快速入门\11-C♯串口测试程序。这是 PC 方串口通信 C♯ 源程序。无论是否学习过 C♯ 语言，都可以通过实例顺利理解其执行流程，基本掌握其编程方法，把它作为辅助工具，为学习 MCU 服务。"C♯快速入门"文件夹还给出了 C♯ 快速入门指南。

4．实验过程或要求

1）验证性实验

验证 MCU 方样例程序，其主要功能是实现开发板上的小灯闪烁、通过 MCU 串口发送字符串、回发接收数据。

（1）复制样例工程并重命名。将 MCU 方样例程序工程复制到自己的工作文件夹，改为自己确定的工程名，建议尾端增加日期标识。

（2）导入工程、编译、下载到 GEC 中。

（3）观察实验现象。在开发环境下，使用"工具"→"串口工具"可进行串口调试。也可利用 C♯ 串口测试程序或其他通用串口调试工具进行测试。在此基础上，理解 main.c 程序和中断服务例程 isr.c。PC 的 C♯ 界面设计了发送文本框和接收字符型文本框、十进制型文本框、十六进制型文本框，理解接收、发送等程序功能。

（4）修改程序。MCU 收到的一个字节后，将其减 3，再发送回去，分析观察到的现象。

2）设计性实验

（1）参考 MCU 方样例程序，利用该程序框架实现：通过串口调试工具或“..\06-Other\ C♯ 2019 串口测试程序”，PC 发送字符'1'或者'0'来控制开发板上三色灯中的一个 LED 灯，MCU 方接收到字符'1'时打开 LED 灯，接收到字符'0'时关闭 LED 灯。

（2）参考 MCU 方样例程序，利用该程序框架实现：通过串口调试工具或“..\06-Other\ C♯ 2019 串口测试程序”，PC 发送字符串"Open"或者"Close" 来控制开发板上三色灯中的一个 LED 灯，MCU 的接收到字符串"Open"时打开 LED 灯，接收到字符串"Close"时关闭 LED 灯。

3）进阶实验★

（1）参考 MCU 方样例程序，利用该程序框架实现：修改编写 MCU 方和 C♯ 方程序，利用组帧方法来完成串口任意长度数据的接收和发送。实现 C♯ 程序发送字符串"Open"或者"Close"来控制开发板上三色灯中的一个 LED 灯，MCU 方接收到字符串"Open"时打开 LED 灯，接收到字符串"Close"时关闭 LED 灯。

提示：组帧的双方可约定"帧头＋数据长度＋有效数据＋帧尾"为数值帧的格式，帧头和帧尾请自行设定。

（2）利用上述实验中的组帧方法完成 C♯ 方和 MCU 方程序功能，C♯ 方程序实现鼠标单击相应按钮，控制开发板上的三色灯完成"红、绿、蓝、青、紫、黄、白、暗"显示的控制。

5. 实验报告要求

（1）描述进行串口通信及中断编程实验中遇到的 3 个以上问题，说明出现的原因、解决方法及体会。

（2）用适当的文字，描述接收中断方式下，MCU 方串口通信程序的执行流程，PC 方的 C♯ 串口通信程序的执行流程。

（3）在实验报告中完成实践性问答题。

6. 实践性问答题

（1）在波特率 9600bps 和 115 200bps 下发送一个字节需要多少时间？

（2）有哪些简单的方法可以测试 MCU 串口的 TX 引脚发出了信号？

（3）串口通信中用电平转换芯片（RS-485 或 RS-232）进行电平转换，程序是否需要修改？说明原因。

（4）组帧中如何增加校验字段？查找资料，说一说有哪些常用校验方法。

（5）MCU 方的串口接收中断编程，在 PC 方的 C♯ 编程中是如何描述的？

实验三　定时器及 PWM 实验

1. 实验目的

(1) 熟悉定时中断计时的工作及编程方法。

(2) 掌握 PWM 编程方法。

2. 实验准备

(1) 软硬件工具：与实验一相同。

(2) 运行并理解"..\03-Software\CH07"中的几个程序。

3. 参考样例

(1) 定时器程序。MCU 方程序：03-Software\CH07\Timer-D1-H，PC 方程序：该文件夹下"时间测试程序"。

(2) PWM。MCU 方程序：03-Software\CH07\PWM-D1-H，PC 方程序：该文件夹下"PWM-Incapture-测试程序 C♯"。

4. 实验过程或要求

1) 验证性实验

参照类似实验二的验证性实验方法，验证本部分电子资源中的样例程序，体会基本编程原理与过程。

2) 设计性实验

(1) 复制样例程序(Timer-D1-H)，利用该程序框架实现：PC 方通过串口调试工具或参考时间测试程序自行编程发送当前 PC 系统时间(如："10:55:12")来设置 MCU 开发板上的初始计时时间。请在实验报告中给出 MCU 端程序 main.c 和 isr.c 的流程图及程序语句。

(2) 将 MCU 开发板上具备 PWM 功能的某个引脚连接一个 LED 小灯(一端接 PWM 对应引脚，一端接 GND)，PC 设法通过串口发送数值 0~100，改变 LED 小灯的亮度。请在实验报告中给出 MCU 端程序 main.c 和 isr.c 的流程图及程序语句。

3) 进阶实验★

利用 PWM 引脚发出波形，利用输入捕捉引脚进行采样，利用串口通信在 PC 上绘制出 PWM 波形。

5. 实验报告要求

(1) 用适当的文字、图表描述实验过程。

(2) 用 200~300 字写出实验体会。

(3) 在实验报告中完成实践性问答题。

6. 实践性问答题

(1) 如何改变 PWM 的分辨率？你的实验中 PWM 的分辨率是多少？

(2) 给出你编制的 MCU 工程中的 PWM 结构体，在工程中找出其基地址的宏定义位置。

（3）Timer 中断最小定时时间是多少？比它更小会出现什么问题？Timer 中断最大定时时间是多少？比它更大用什么方法实现？

实验四　ADC 实验

ADC 模块即模/数转换模块，其功能是将电压信号转换为相应的数字信号。在实际应用中，这个电压信号可能由温度、湿度、压力等实际物理量经过传感器和相应的变换电路转化而来。经过模/数转换后，MCU 就可以处理这些物理量。

1．实验目的
（1）掌握 ADC 构件的使用。
（2）掌握 ADC 的技术指标。
（3）基本理解构件的制作过程。

2．实验准备
（1）软硬件工具：与实验一相同。
（2）运行并理解"..\03-Software\CH08"中的几个程序。

3．参考样例
（1）参照"03-Software\CH08\AHL-ADC-H"工程。
（2）"03-Software\CH08 \ADC-温度图形化界面"样例程序，在 PC 方用 C♯程序实现了温度的图形化输出。

4．实验过程或要求
1）验证性实验
参照类似实验二的验证性实验方法，验证本章电子资源中的样例程序，体会基本编程原理与过程。

2）设计性实验
复制 MCU 样例程序"03-Software\CH08\AHL-ADC-D1-H"，用该程序框架实现：对 GEC 板载热敏电阻进行采集、滤波，使之更加稳定，复制 PC 样例程序"ADC-温度图形化界面"，增加语音功能，优化曲线显示等。

3）进阶实验★
自行购买一种常见类型传感器，制作其驱动构件，进行模/数转换编程，完成 MCU 方及 PC 方曲线显示等基本功能。

5．实验报告要求
（1）用适当的文字、图表描述实验过程。
（2）用 200～300 字写出实验体会。
（3）在实验报告中完成实践性问答题。

6. 实践性问答题

（1）A/D 转换有哪些主要技术指标？

（2）A/D 采集的软件滤波有哪些主要方法？

（3）若 A/D 值与实际物理量并非线性关系，A/D 值回归成实际物理量值有哪些非线性回归方法？

实验五　SPI 通信实验

1. 实验目的

本实验通过编程实现 SPI 主从机之间的通信过程，体会 SPI 的作用以及使用流程，可扩展连接 SPI 接口的传感器。主要目的如下：

（1）理解 SPI 总线的基本概念、协议、连线的电路原理。

（2）理解 SPI 总线的主机与从机的数据发送接收过程。

（3）理解 SPI 模块基本工作原理。

2. 实验准备

（1）软硬件工具：两块 AHL-D1-H 板、4 条杜邦线以及一台带有对应环境的 PC。

（2）运行并理解"03-Software\CH09"中的几个程序。

3. 参考样例

"03-Software\CH09\SPI-Master-D1-H"程序使用 SPI 构件，实现 SPI 模块之间的通信，将"a "字符串通过主机 SPI1 发送给从机 SPI2，从机 SPI2 接收该字符串后，将该字符串通过 printf 语句输出。

4. 实验过程或要求

1）验证性实验

验证样例程序（SPI），主要功能是实现主机 SPI 接口向从机 SPI 接口发送字符，从机 SPI 通过中断接收到字符并送串口 UART 打印显示。主机 SPI 接收从机 SPI 发送的数据并送串口 UART 打印显示（实验中使用一套开发套件的两个 SPI 模块，分别作为主机 SPI 和从机 SPI 来进行测试）。

（1）复制样例工程并重命名。将 MCU 方样例程序工程复制到自己的工作文件夹，改为自己确定的工程名，建议尾端增加日期标识。

（2）导入工程、编译、下载到 GEC 中。

（3）观察实验现象。在开发环境下，使用"工具"→"串口工具"可进行串口调试。也可利用串口测试程序或其他通用串口调试工具进行测试。在此基础上，理解 main.c 程序和中断服务例程 isr.c。

2）设计性实验

（1）复制样例程序（SPI），利用该程序框架实现 SPI 读、写操作，完成主机向从机写字符串"Hello"，主机到从机中读取字符串"Hello"，并通过串口调试工具或"C♯串口测试程序"

显示读取到的字符串。

（2）复制样例程序（SPI），利用该程序框架实现：通过两块开发板实现，主机和从机相互通信，主机 SPI 通过串口调试工具或"C♯串口测试程序"获取待发送的字符串，并将字符串向从机 SPI 发送，从机接收到主机发送来的数据后，发送到 PC 串口调试工具显示。

3）进阶实验★

复制样例程序（SPI），利用该程序框架实现：通过两块开发板实现 SPI 通信，两块开发板通过 UART 与 PC 连接，两块开发板通过 SPI 接口相互通信，其中一块开发板的 SPI 通过 C♯界面向另一块开发板的 SPI 发送字符串并送至 PC 显示。

5. 实验报告要求

（1）描述进行串口通信及中断编程实验中遇到的 3 个以上问题，说明其中的原因、解决方法及体会。

（2）用适当的文字，描述接收中断方式下，MCU 方串口通信程序的执行流程以及 PC 方的 C♯串口通信程序的执行流程。

（3）在实验报告中完成实践性问答题。

6. 实践性问答题

（1）利用 GPIO 如何模拟实现 SPI 通信？

（2）绘制以下 3 种时钟极性与相位选择情况下的时序图：空闲电平低电平，下降沿取数（CPOL＝0，CPHA＝1）；空闲电平高电平，下降沿取数（CPOL＝1，CPHA＝0）；空闲电平高电平，上升沿取数（CPOL＝1，CPHA＝1）。

（3）请修改程序，在连续发送数据位都为 1 或 0 的情况下，用万用表测试 SPI 的 MOSI 引脚输出的电平，记录万用表的读数。

（4）试比较 SPI 模块和 I2C 模块的异同。

实验六　各模块融合实验

将所学模块进行融合，尽可能多地有机组合所学模块，给出明确的功能，提高实际编程能力。

参 考 文 献

[1] 全志科技.D1-H 用户手册[Z].[S. 1.:s. n.],2022.

[2] 全志科技.D1-H 数据手册[Z].[S. 1.:s. n.],2022.

[3] PATTERSON D,WATERMAN A. RISC-V 手册(The RISC-V Reader):一本开源指令集的指南[Z].勾凌睿,黄成,刘志刚,译.加州大学伯克利分校,2018.

[4] Free Software Foundation Inc. Using as The GNU Assembler[Z]. Version2. 11. 90.[S. 1.:s. n.],2012.

[5] BRYANT R E,O'HALLARON D R. Computer Systems:A Programmer's Perspective[M]. 3rd ed. Upper Saddle River:Pearson Prentice Hall,2016.

[6] GANSSLE J.嵌入式系统设计的艺术[M].李中华,张雨浓,译.2 版.北京:人民邮电出版社,2009.

[7] 王宜怀,李跃华,徐文彬,等.嵌入式技术基础与实践——基于 STM32L431 微控制器[M].6 版.北京:清华大学出版社,2021.

[8] 王宜怀,刘洋,黄河,等.实时操作系统应用技术——基于 RT-Thread 与 ARM 的编程实践[M].北京:机械工业出版社,2024.

[9] 王万良.人工智能及其应用[M].3 版.北京:高等教育出版社,2016.